ŒUVRES

COMPLÈTES

DE LAPLACE.

P. S. LAPLACE.

ŒUVRES

COMPLÈTES

DE LAPLACE,

PUBLIÉES SOUS LES AUSPICES

DE L'ACADÉMIE DES SCIENCES,

PAR

MM. LES SECRÉTAIRES PERPÉTUELS.

TOME PREMIER.

PARIS,

GAUTHIER-VILLARS, IMPRIMEUR-LIBRAIRE

DE L'ÉCOLE POLYTECHNIQUE, DU BUREAU DES LONGITUDES,

SUCCESSEUR DE MALLET-BACHELIER.

Quai des Augustins, 55.

M DCCC LXXVIII

AVERTISSEMENT.

Cette nouvelle édition des *OEuvres de Laplace*, publiée par
les soins de sa famille, sous les auspices de l'Académie des
Sciences, réunit, pour la première fois, aux divers Ouvrages
compris dans les éditions précédentes, la collection des Mémoires
de l'illustre Astronome, rangée par ordre chronologique.

Elle permettra de comparer la forme définitive de la pensée
de l'Auteur aux études par lesquelles il s'était préparé pendant
de longues années à élever le monument qui a rendu son nom
inséparable de celui de Newton.

Le nouvel hommage rendu à la mémoire de Laplace est dû
à l'initiative du Général marquis de Laplace, son fils, dont le
testament renfermait les dispositions suivantes :

« Je veux que, sur les plus clairs deniers de ma succession,
» une somme de soixante-dix mille francs soit prélevée, pour
» être affectée à la réimpression des Ouvrages de mon père,
» dont l'édition imprimée aux frais de l'État, par la loi du
» 15 juin 1842, est à peu près épuisée.

» Je prie MM. Dumas et Élie de Beaumont, membres de
» l'Institut, dont l'attachement à la mémoire de mon père est

» si connu, de vouloir bien se charger de surveiller cette nou-
» velle édition. »

Mme la Marquise de Colbert, nièce du Général et petite-fille
du grand Astronome, voulant que le témoignage de vénération
rendu à la mémoire de son aïeul fût complet, a mis à la disposition de l'Académie la somme importante qu'exigeait la publication de son OEuvre entière.

M. Élie de Beaumont, Secrétaire perpétuel de l'Académie
pour les Sciences mathématiques, étant décédé avant l'ouver-
ture du testament du Général Marquis de Laplace, son successeur, M. J. Bertrand, se trouvait naturellement appelé à le
remplacer dans une œuvre de surveillance pour laquelle une
haute et particulière compétence le désignait d'ailleurs.

Les soins qu'exigeait ce travail considérable, long et délicat,
rendaient indispensable l'active coopération de collaborateurs
dévoués et offrant à la Science toutes les garanties nécessaires.

M. Puiseux, Membre de l'Académie des Sciences, et M. Houël,
professeur à la Faculté des Sciences de Bordeaux, ont saisi avec
empressement l'occasion de donner à la mémoire de Laplace un
témoignage de leur vénération. C'est à leurs soins respectueux
et à leur profonde intelligence des questions sur lesquelles s'est
exercé le génie de Laplace que les astronomes et les géomètres
devront reporter toute leur gratitude, lorsqu'ils reconnaîtront avec
quelle scrupuleuse fidélité les textes ont été arrêtés, après des
études et des comparaisons qui ont toujours permis de remonter
à la vraie pensée de l'Auteur.

La partie matérielle de cette importante publication a été
confiée à M. Gauthier-Villars. L'habile et consciencieux éditeur

n'a rien négligé pour que l'œuvre fût digne de la grandeur du sujet, de la gloire de l'Auteur et du sentiment pieux de la famille.

L'Académie, sur le Rapport de la Section d'Astronomie et de la Commission administrative, après avoir pris connaissance des conditions dans lesquelles devait s'accomplir ce travail et des soins dont il était entouré, a décidé, dans la Séance du 16 juillet 1877, que la nouvelle édition serait publiée sous ses auspices et sous sa responsabilité. Les deux Secrétaires perpétuels demeurent, en conséquence, chargés de poursuivre officiellement désormais une mission confiée d'abord à titre privé, par le Général Marquis de Laplace, à l'affection de MM. Dumas et Élie de Beaumont.

Le Général Marquis de Laplace (Charles-Émile-Pierre-Joseph), né à Paris, le 15 avril 1789, fils de l'illustre astronome, avait choisi la carrière militaire. Élève de l'École Polytechnique et de l'École de Metz, il entrait en 1809, à l'âge de vingt ans, au 2ᵉ régiment d'artillerie.

La haute situation de son père, entouré du respect universel. chancelier du Sénat et considéré par Napoléon Iᵉʳ comme l'une des gloires de son époque et de son Empire, lui aurait rendu facile l'accès des voies paisibles et sans péril de la diplomatie ou de l'administration ; il préféra le métier des armes avec les privations, les fatigues et les dangers que ne devaient pas lui épargner les campagnes d'Allemagne, de Russie et de France, pendant lesquelles il s'élevait, par ses services, du grade de sous-lieutenant à celui de chef d'escadron.

Son âme ferme, son amour du devoir et son respect pour la discipline l'avaient préparé à rechercher les périls et à comprendre les obligations de la vie des camps, dans laquelle il avait débuté muni des témoignages de l'affection éclairée et prévoyante de son père :

« C'est avec bien du regret, mon ami », lui écrivait celui-ci, le 17 juin 1809, « que je te vois partir de Metz sans que je puisse t'em-

» brasser et te donner ma bénédiction. J'espère que tu te feras hon-
» neur dans la noble carrière que tu vas parcourir.

» Tu seras ma consolation et celle de ta mère. Je prie Dieu qu'il
» veille sur tes jours. Aie-le toujours présent à ta pensée, ainsi que
» ton père et ta mère. Songe que de toi dépend principalement nôtre
» bonheur.

» Malheureusement, retenu à Paris par mes fonctions, je ne puis
» te témoigner que par écrit combien je t'aime et combien je désire
» que tu te distingues en servant utilement ton pays. »

Sous tous les rapports, les vœux du grand Astronome furent exau-
cés, et lorsque, à sa mort, son fils lui succédait à la Chambre des Pairs,
en 1827, il était déjà parvenu au grade de colonel dans l'arme de
l'artillerie.

Après avoir exercé divers commandements, et notamment à l'École
de la Fère et à Vincennes, il fut nommé Général de division en 1843.
A partir de cette époque, soit par les inspections générales dont il était
chargé chaque année, soit par sa coopération active aux travaux du
Comité d'Artillerie, dont il était Membre, il contribua avec une ardeur
patriotique et convaincue à toutes les améliorations qui ont successivement transformé le matériel de l'artillerie, l'armement de nos places
fortes et la défense de nos côtes.

Jusqu'à la fin de sa carrière, le Général de Laplace a consacré sa vie
au culte de la mémoire de son glorieux père, aux soins qu'il rendait à
sa mère, parvenue aux dernières limites de l'âge avec toute la vivacité
de son rare esprit et toutes les bienveillances de son cœur généreux,
à l'armée enfin, à laquelle, au milieu des troubles politiques, il se
rattachait toujours en serviteur fidèle et dévoué.

A la Chambre des Pairs et au Sénat, si son rang dans l'armée l'ap-
pelait souvent à prendre part à la discussion des projets ayant trait à
la constitution militaire de la France ou à l'organisation de nos
troupes, son nom le signalait naturellement, dès qu'il s'agissait de
questions de nature à intéresser les Sciences.

Si le Système métrique français, à la création duquel son illustre père avait pris une part prépondérante, s'est établi définitivement dans notre pays et s'il s'est étendu chez la plupart des nations civilisées, il serait injuste d'oublier qu'on le doit en grande partie à ses soins persévérants. Mettant tour à tour en jeu l'influence que sa situation élevée dans l'État lui assurait auprès des représentants des pouvoirs publics, et la confiance qu'il inspirait aux représentants de la Science, excitant les uns et soutenant les autres, il parvint à garantir au Système métrique sa place définitive dans nos lois et à faire passer son usage habituel dans nos mœurs.

Les rapports qui existent entre le Système métrique et le Système monétaire avaient amené le Général de Laplace à porter une attention particulière sur toutes les questions que soulèvent la fabrication et la circulation des monnaies. Sa parole sur ces sujets, considérés pendant longtemps comme entourés de mystère, était toujours écoutée avec faveur et souvent décisive dans le débat. Il s'attachait avec une persévérance infatigable à maintenir le système monétaire en concordance absolue avec le système décimal.

Le Général de Laplace était l'homme du devoir. Ses habitudes simples, son caractère bienveillant, la douceur et la sûreté de son commerce l'avaient entouré dans l'armée, à la Chambre des Pairs et au Sénat, d'un respect qui, provoqué par son nom d'abord, s'adressait bientôt plus particulièrement à sa personne. Dans ce milieu du monde de la guerre ou de la politique, où sa destinée l'avait conduit, le nombre des admirateurs compétents des immortelles Œuvres de son père n'était pas grand; mais le culte intérieur qu'il portait à sa mémoire n'avait pas besoin d'être entretenu par des manifestations étrangères. Il aimait à se retirer dans cette maison d'Arcueil et à se recueillir près de ce modeste cabinet de travail, témoins respectés de tant de labeurs et de veilles, point de départ de tant de sublimes conceptions.

Après les événements de 1870, le Général de Laplace s'était éloigné du monde et s'était concentré dans ses souvenirs; il fut enlevé à sa famille et à ses amis le 27 octobre 1874, à la suite d'une longue maladie.

Mme de Laplace avait voulu, en 1842, consacrer une part de son patrimoine à publier une édition des Œuvres de son illustre époux; le Gouvernement ne permit pas ce sacrifice; il jugea qu'il appartenait à la France, assez riche alors pour payer sa gloire, d'acquitter la dette de la Science et celle de la Nation. L'édition fut publiée aux frais de l'État.

Le Général Marquis de Laplace n'a pas accepté que, trente ans après, une semblable libéralité fût imposée au pays épuisé par ses malheurs: il n'a pas voulu cependant que les nouvelles générations fussent privées des grands enseignements que les Œuvres de son père offrent aux intelligences élevées, et, par une disposition qui atteste quelles furent les préoccupations constantes de sa vie, il a confié à sa famille et à deux de ses amis le soin d'élever encore une fois un monument à la mémoire de son glorieux père, par la publication complète de ses Œuvres, mais à ses frais et sur ses propres ressources. L'Académie s'est empressée de réclamer sa part dans l'accomplissement de ce devoir.

La Science, dans sa reconnaissance, n'oubliera jamais que c'est au Général de Laplace et à Mme la Marquise de Colbert qu'elle doit de pouvoir contempler dans leur ensemble les travaux de l'émule de Newton.

TABLE DES MATIÈRES

CONTENUES DANS LE PREMIER VOLUME.

PREMIÈRE PARTIE.

LIVRE I.

DES LOIS GÉNÉRALES DE L'ÉQUILIBRE ET DU MOUVEMENT.

TABLE DES MATIÈRES

CONTENUES DANS LE PREMIER VOLUME.

PREMIÈRE PARTIE.

LIVRE I.

DES LOIS GÉNÉRALES DE L'ÉQUILIBRE ET DU MOUVEMENT.

LIVRE II.

DE LA LOI DE LA PESANTEUR UNIVERSELLE ET DU MOUVEMENT DES CENTRES DE GRAVITÉ DES CORPS CÉLESTES.

c.

Si l'on n'a égard qu'à la première puissance de la force perturbatrice, les moyens mou-

TRAITÉ

DE

MÉCANIQUE CÉLESTE.

QUATRIÈME ÉDITION,

RÉIMPRIMÉE

D'APRÈS L'ÉDITION PRINCEPS DE 1798-1825.

TRAITÉ

DE

MÉCANIQUE CÉLESTE.

Newton publia, vers la fin du dernier siècle, la découverte de la pesanteur universelle. Depuis cette époque, les Géomètres sont parvenus à ramener à cette grande loi de la nature tous les phénomènes connus du Système du monde, et à donner ainsi aux théories et aux Tables astronomiques une précision inespérée. Je me propose de présenter sous un même point de vue ces théories éparses dans un grand nombre d'ouvrages, et dont l'ensemble, embrassant tous les résultats de la gravitation universelle sur l'équilibre et sur les mouvements des corps solides et fluides qui composent le système solaire et les systèmes semblables répandus dans l'immensité des cieux, forme la *Mécanique céleste*. L'Astronomie, considérée de la manière la plus générale, est un grand problème de Mécanique, dont les éléments des mouvements célestes sont les arbitraires; sa solution dépend à la fois de l'exactitude des observations et de la perfection de l'Analyse, et il importe extrêmement d'en bannir tout empirisme et de la réduire à n'emprunter de l'observation que les données indispensables. C'est à remplir, autant qu'il m'a été possible, un objet aussi intéressant, que cet Ouvrage est destiné. Je désire qu'en considération de l'importance et des difficultés de la matière, les Géomètres et les Astronomes le reçoivent avec indulgence, et qu'ils en trouvent les résultats assez simples pour les employer dans leurs recherches. Il sera divisé en deux Parties. Dans la première, je donnerai les méthodes et les formules pour déterminer les mouvements des centres de gravité des corps célestes, la figure de ces corps, les oscillations des fluides qui les recouvrent, et leurs mouvements autour de leurs propres centres de gravité. Dans la seconde Partie, j'appliquerai les formules trouvées dans la première aux planètes, aux satellites et aux comètes; je la terminerai par l'examen de diverses questions relatives au Système du monde et par une Notice historique des travaux des Géomètres sur cette matière. J'adopterai la division décimale de l'angle droit et du jour, et je rapporterai les mesures linéaires à la longueur du mètre, déterminée par l'arc du méridien terrestre compris entre Dunkerque et Barcelone.

PREMIÈRE PARTIE.

THÉORIE GÉNÉRALE DES MOUVEMENTS ET DE LA FIGURE
DES CORPS CÉLESTES.

LIVRE PREMIER.

DES LOIS GÉNÉRALES DE L'ÉQUILIBRE ET DU MOUVEMENT.

Je vais établir dans ce Livre les principes généraux de l'équilibre et du mouvement des corps, et résoudre les problèmes de Mécanique, dont la solution est indispensable dans la théorie du Système du monde.

CHAPITRE PREMIER.

DE L'ÉQUILIBRE ET DE LA COMPOSITION DES FORCES QUI AGISSENT SUR UN POINT MATÉRIEL.

1. Un corps nous paraît se mouvoir, lorsqu'il change de situation par rapport à un système de corps que nous jugeons en repos; mais, comme tous les corps, ceux même qui nous semblent jouir du repos le plus absolu, peuvent être en mouvement, on imagine un espace sans bornes, immobile et pénétrable à la matière : c'est aux parties de cet espace réel ou idéal que nous rapportons par la pensée la position des corps, et nous les concevons en mouvement lorsqu'ils répondent successivement à divers lieux de l'espace.

La nature de cette modification singulière, en vertu de laquelle un corps est transporté d'un lieu dans un autre, est et sera toujours inconnue : on l'a désignée sous le nom de *force*, on ne peut déterminer que ses effets et les lois de son action. L'effet d'une force agissant sur un point matériel est de le mettre en mouvement, si rien ne s'y oppose; la direction de la force est la droite qu'elle tend à lui faire décrire. Il est visible que, si deux forces agissent dans le même sens, elles s'ajoutent l'une à l'autre, et que, si elles agissent en sens contraire, le point ne se meut qu'en vertu de leur différence. Si leurs directions forment un angle entre elles, il en résulte une force dont la direction est moyenne entre celles des forces composantes. Voyons quelle est cette résultante et sa direction.

Pour cela, considérons deux forces x et y, agissant à la fois sur un point matériel M et formant entre elles un angle droit. Soient z leur résultante, et θ l'angle qu'elle fait avec la direction de la force x; les deux forces x et y étant données, l'angle θ sera déterminé, ainsi que la résultante z, en sorte qu'il existe entre les trois quantités x, z et θ une relation qu'il s'agit de connaître.

Supposons d'abord les forces x et y infiniment petites et égalées aux différentielles dx et dy; supposons ensuite que, x devenant successivement dx, $2dx$, $3dx$,..., y devienne dy, $2dy$, $3dy$,...; il est clair que l'angle θ sera toujours le même, et que la résultante z deviendra successivement dz, $2dz$, $3dz$,...; ainsi, dans les accroissements successifs des trois forces x, y et z, le rapport de x à z sera constant et pourra être exprimé par une fonction de θ, que nous désignerons par $\varphi(\theta)$; on aura donc $x = z\varphi(\theta)$, équation dans laquelle on peut changer x en y, pourvu que l'on y change semblablement l'angle θ dans $\frac{\pi}{2} - \theta$, π étant la demi-circonférence dont le rayon est l'unité.

Maintenant, on peut considérer la force x comme la résultante de deux forces x' et x'', dont la première x' est dirigée suivant la résultante z, et dont la seconde x'' est perpendiculaire à cette résultante. La force x, qui résulte de ces deux nouvelles forces, formant l'angle θ avec la force x' et l'angle $\frac{\pi}{2} - \theta$ avec la force x'', on aura

$$x' = x\,\varphi(\theta) = \frac{x^2}{z}, \quad x'' = x\,\varphi\left(\frac{\pi}{2} - \theta\right) = \frac{xy}{z};$$

on peut donc substituer ces deux forces à la force x. On peut substituer pareillement à la force y deux nouvelles forces y' et y'', dont la première est égale à $\frac{y^2}{z}$ et dirigée suivant z, et dont la seconde est égale à $\frac{xy}{z}$ et perpendiculaire à z; on aura ainsi, au lieu des deux forces x et y, les quatre suivantes

$$\frac{x^2}{z}, \quad \frac{y^2}{z}, \quad \frac{xy}{z}, \quad \frac{xy}{z};$$

les deux dernières, agissant en sens contraire, se détruisent; les deux premières, agissant dans le même sens, s'ajoutent et forment la résultante z; on aura donc

$$x^2 + y^2 = z^2;$$

d'où il suit que la résultante des deux forces x et y est représentée, pour la quantité, par la diagonale du rectangle dont les côtés représentent ces forces.

Déterminons présentement l'angle θ. Si l'on fait croître la force x, de la différentielle dx, sans faire varier la force y, cet angle diminuera d'une quantité infiniment petite $d\theta$; or on peut concevoir la force dx décomposée en deux, l'une dx' dirigée suivant z, et l'autre dx'' perpendiculaire à z; le point M sera donc alors sollicité par les deux forces $z + dx'$ et dx'' perpendiculaires entre elles, et la résultante de ces deux forces, que nous nommerons z', fera avec dx'' l'angle $\frac{\pi}{2} - d\theta$; on aura ainsi, par ce qui précède,

$$dx'' = z' \varphi\left(\frac{\pi}{2} - d\theta\right);$$

la fonction $\varphi\left(\frac{\pi}{2} - d\theta\right)$ est par conséquent infiniment petite et de la forme $-k\,d\theta$, k étant une constante indépendante de l'angle θ; on a donc

$$\frac{dx''}{z'} = -k\,d\theta.$$

z' est, à un infiniment petit près, égal à z; de plus, dx'' formant avec

dx l'angle $\frac{\pi}{2} - \theta$, on a

$$dx'' = \varphi\left(\frac{\pi}{2} - \theta\right) dx = \frac{y\,dx}{z},$$

partant

$$d\theta = -\frac{y\,dx}{k\,z^2}.$$

Si l'on fait varier la force y de dy, en supposant x constant, on aura la variation correspondante de l'angle θ, en changeant dans l'équation précédente x en y, y en x, et θ dans $\frac{\pi}{2} - \theta$; ce qui donne

$$d\theta = \frac{x\,dy}{k\,z^2};$$

en faisant donc varier à la fois x et y, la variation totale de l'angle θ sera $\dfrac{x\,dy - y\,dx}{k\,z^2}$, et l'on aura

$$\frac{x\,dy - y\,dx}{z^2} = k\,d\theta.$$

Substituant pour z^2 sa valeur $x^2 + y^2$ et intégrant, on aura

$$\frac{y}{x} = \tang(k\theta + \rho),$$

ρ étant une constante arbitraire. Cette équation, combinée avec celle-ci $x^2 + y^2 = z^2$, donne

$$x = z\cos(k\theta + \rho).$$

Il ne s'agit plus que de connaître les deux constantes k et ρ; or, si l'on suppose y nul, on a évidemment $z = x$ et $\theta = 0$; donc $\cos\rho = 1$ et $x = z\cos k\theta$. Si l'on suppose x nul, on a $z = y$ et $\theta = \frac{1}{2}\pi$; $\cos k\theta$ étant alors égal à zéro, k doit être égal à $2n+1$, n étant un nombre entier, et dans ce cas x sera nul toutes les fois que θ sera égal à $\dfrac{\frac{1}{2}\pi}{2n+1}$; mais, x étant nul, on a évidemment $\theta = \frac{1}{2}\pi$; donc $2n+1 = 1$, ou $n = 0$, et, par conséquent,

$$x = z\cos\theta.$$

De là il suit que la diagonale du rectangle construit sur les droites qui représentent les deux forces x et y représente non-seulement la quantité, mais encore la direction de leur résultante. Ainsi l'on peut, à une force quelconque, substituer deux autres forces qui forment les côtés d'un rectangle dont elle est la diagonale; et il est facile d'en conclure que l'on peut décomposer une force en trois autres qui forment les côtés d'un parallélépipède rectangle dont elle est la diagonale.

Soient donc a, b, c les trois coordonnées rectangles de l'extrémité de la droite qui représente une force quelconque, et dont l'origine est celle des coordonnées; cette force sera exprimée par la fonction $\sqrt{a^2 + b^2 + c^2}$, et, en la décomposant parallèlement aux axes des a, des b et des c, les forces partielles seront exprimées respectivement par ces coordonnées.

Soient a', b', c' les coordonnées d'une seconde force; $a + a'$, $b + b'$, $c + c'$ seront les coordonnées de la résultante des deux forces, et représenteront les forces partielles dans lesquelles on peut la décomposer parallèlement aux trois axes; d'où il est aisé de conclure que cette résultante est la diagonale du parallélogramme construit sur les deux forces.

En général, a, b, c; a', b', c'; a'', b'', c'';... étant les coordonnées d'un nombre quelconque de forces, $a + a' + a'' + ...$, $b + b' + b'' + ...$, $c + c' + c'' + ...$ seront les coordonnées de la résultante, dont le carré sera la somme des carrés de ces dernières coordonnées; on aura donc ainsi la grandeur et la position de cette résultante.

2. D'un point quelconque de la direction d'une force S, point que nous prendrons pour l'origine de cette force, menons au point matériel M une droite, que nous nommerons s; soient x, y, z les trois coordonnées rectangles qui déterminent la position du point M, et a, b, c les coordonnées de l'origine de la force; on aura

$$s = \sqrt{(x - a)^2 + (y - b)^2 + (z - c)^2}.$$

Si l'on décompose la force S parallèlement aux axes des x, des y et des z, les forces partielles correspondantes seront, par le numéro précédent,

$$\mathrm{S}\,\frac{x-a}{s}, \quad \mathrm{S}\,\frac{y-b}{s}, \quad \mathrm{S}\,\frac{z-c}{s}, \quad \text{ou} \quad \mathrm{S}\,\frac{\partial s}{\partial x}, \quad \mathrm{S}\,\frac{\partial s}{\partial y}, \quad \mathrm{S}\,\frac{\partial s}{\partial z},$$

$\frac{\partial s}{\partial x}, \frac{\partial s}{\partial y}, \frac{\partial s}{\partial z}$ exprimant, suivant la notation reçue, les coefficients des variations δx, δy, δz, dans la variation de l'expression précédente de s.

Si l'on nomme pareillement s' la distance de M à un point quelconque de la direction d'une autre force S$'$, pris pour l'origine de cette force, $\mathrm{S}'\frac{\partial s'}{\partial x}$ sera cette force décomposée parallèlement à l'axe des x, et ainsi de suite ; la somme des forces S, S$'$, S$''$,...., décomposées parallèlement à cet axe, sera donc $\Sigma\,\mathrm{S}\frac{\partial s}{\partial x}$, la caractéristique Σ des intégrales finies exprimant ici la somme des termes $\mathrm{S}\frac{\partial s}{\partial x}$, $\mathrm{S}'\frac{\partial s'}{\partial x}$, ...

Soient V la résultante de toutes les forces S, S$'$,..., et u la distance du point M à un point de la direction de cette résultante, pris pour son origine ; $\mathrm{V}\frac{\partial u}{\partial x}$ sera l'expression de cette résultante décomposée parallèlement à l'axe des x ; on aura donc, par le numéro précédent,

$$\mathrm{V}\frac{\partial u}{\partial x} = \Sigma\,\mathrm{S}\frac{\partial s}{\partial x}.$$

On aura pareillement

$$\mathrm{V}\frac{\partial u}{\partial y} = \Sigma\,\mathrm{S}\frac{\partial s}{\partial y}, \quad \mathrm{V}\frac{\partial u}{\partial z} = \Sigma\,\mathrm{S}\frac{\partial s}{\partial z};$$

d'où l'on tire, en multipliant respectivement ces trois équations par δx, δy, δz, et en les ajoutant ensemble,

(a)
$$\mathrm{V}\delta u = \Sigma\,\mathrm{S}\delta s;$$

cette dernière équation ayant lieu, quelles que soient les variations δx, δy, δz, elle équivaut aux trois précédentes. Si son second membre est la variation exacte d'une fonction φ, on aura $\mathrm{V}\delta u = \delta\varphi$, et par conséquent

$$\mathrm{V}\frac{\partial u}{\partial x} = \frac{\partial \varphi}{\partial x};$$

c'est-à-dire que la somme de toutes les forces S, S′,..., décomposées parallèlement à l'axe des x, est égale à la différence partielle $\frac{\partial \varrho}{\partial x}$. Ce cas a généralement lieu lorsque ces forces sont respectivement fonctions de la distance de leur origine au point M. Alors, pour avoir la résultante de toutes ces forces, décomposée parallèlement à une droite quelconque, on prendra l'intégrale $\Sigma f S \, \delta s$, et, en nommant ϱ cette intégrale, on la considérera comme une fonction de x et de deux autres droites perpendiculaires entre elles et à x; la différence partielle $\frac{\partial \varrho}{\partial x}$ sera la résultante des forces S, S′,..., décomposée parallèlement à la droite x.

3. Lorsque le point M est en équilibre en vertu de toutes les forces qui le sollicitent, leur résultante est nulle, et l'équation (a) devient

$$(b) \qquad\qquad o = \Sigma S \, \delta s,$$

c'est-à-dire que, dans le cas de l'équilibre d'un point sollicité par un nombre quelconque de forces, la somme des produits de chaque force par l'élément de sa direction est nulle.

Si le point M est forcé d'être sur une surface courbe, il éprouvera de sa part une réaction, que nous désignerons par R. Cette réaction est égale et directement contraire à la pression que le point exerce sur la surface; car, en le concevant animé des deux forces R et — R, on peut supposer que la force — R est détruite par la réaction de la surface, et qu'ainsi le point M presse la surface avec la force — R. Or la force de pression d'un point sur une surface lui est perpendiculaire; autrement elle pourrait se décomposer en deux, l'une perpendiculaire à la surface, et qui serait détruite par elle, l'autre parallèle à la surface, et en vertu de laquelle le point n'aurait point d'action sur cette surface, ce qui est contre la supposition; en nommant donc r la perpendiculaire menée par le point M à la surface, et terminée à un point quelconque de sa direction, la force R sera dirigée suivant cette perpendiculaire : il faudra donc ajouter $R \, \delta r$ au second membre de l'équation (b), qui devient ainsi

$$(c) \qquad\qquad o = \Sigma S \, \delta s + R \, \delta r;$$

— R étant alors la résultante de toutes les forces S, S',...., elle est perpendiculaire à la surface.

Si l'on suppose que les variations arbitraires δx, δy, δz appartiennent à la surface courbe sur laquelle le point est assujetti, on a, par la nature de la perpendiculaire à cette surface, $\delta r = 0$, ce qui fait disparaître $R\,\delta r$ de l'équation précédente : l'équation (b) a donc encore lieu dans ce cas, pourvu que l'on élimine l'une des trois variations δx, δy, δz au moyen de l'équation à la surface ; mais alors l'équation (b), qui dans le cas général équivaut à trois équations, n'équivaut plus qu'à deux équations distinctes, que l'on obtient en égalant séparément à zéro les coefficients des deux différentielles restantes. Soit $u = 0$ l'équation de la surface ; les deux équations $\delta r = 0$ et $\delta u = 0$ auront lieu en même temps, ce qui exige que δr soit égal à $N\,\delta u$, N étant fonction de x, y, z. Pour la déterminer, nommons a, b, c les coordonnées de l'origine de r ; on aura

$$r = \sqrt{\overline{x - a}^2 + \overline{y - b}^2 + \overline{z - c}^2},$$

d'où l'on tire $\left(\dfrac{\partial r}{\partial x}\right)^2 + \left(\dfrac{\partial r}{\partial y}\right)^2 + \left(\dfrac{\partial r}{\partial z}\right)^2 = 1$, et par conséquent

$$N^2\left[\left(\frac{\partial u}{\partial x}\right)^2 + \left(\frac{\partial u}{\partial y}\right)^2 + \left(\frac{\partial u}{\partial z}\right)^2\right] = 1;$$

en faisant donc

$$\lambda = \frac{R}{\sqrt{\left(\dfrac{\partial u}{\partial x}\right)^2 + \left(\dfrac{\partial u}{\partial y}\right)^2 + \left(\dfrac{\partial u}{\partial z}\right)^2}},$$

le terme $R\,\delta r$ de l'équation (c) se changera dans $\lambda\,\delta u$, et cette équation deviendra

$$0 = \Sigma S \delta s - \lambda\,\delta u,$$

équation dans laquelle on doit égaler séparément à zéro les coefficients des variations δx, δy, δz, ce qui donne trois équations ; mais elles n'équivalent qu'à deux équations entre x, y, z, à cause de l'indéterminée λ qu'elles renferment. On peut donc, au lieu d'éliminer de l'équation (b) une des variations δx, δy, δz au moyen de l'équation différentielle à la surface, lui ajouter cette équation multipliée par une indéterminée λ, et considérer alors les variations δx, δy, δz comme indépendantes. Cette méthode, qui résulte encore de la théorie de l'élimination, réunit à l'avantage de simplifier le calcul celui de faire connaître la pression $-R$ que le point M exerce contre la surface.

Concevons ce point renfermé dans un canal à simple ou à double courbure ; il éprouvera de la part de ce canal une réaction que nous désignerons par k, et qui sera égale et directement contraire à la pression que le point exerce contre le canal, et dont la direction sera perpendiculaire au côté du canal. Or la courbe formée par ce canal est l'intersection de deux surfaces dont les équations expriment sa nature : on peut donc considérer la force k comme la résultante des deux réactions R et R′ que le point M éprouve de la part de chacune des surfaces, puisque, les directions des trois forces R, R′ et k étant perpendiculaires au côté de la courbe, elles sont dans un même plan. En nommant ainsi δr et $\delta r'$ les éléments des directions des forces R et R′, directions respectivement perpendiculaires à chaque surface, il faudra ajouter à l'équation (b) les deux termes $R\delta r$ et $R'\delta r'$, ce qui la change dans celle-ci

$$(d) \qquad 0 = \Sigma S\delta s + R\delta r + R'\delta r'.$$

Si l'on détermine les variations δx, δy, δz de manière qu'elles appartiennent à la fois aux deux surfaces, et par conséquent à la courbe formée par le canal, δr et $\delta r'$ seront nuls, et l'équation précédente se réduira à l'équation (b), qui par conséquent a encore lieu dans le cas où le point M est assujetti à se mouvoir dans un canal ; pourvu qu'au moyen des deux équations qui expriment la nature de ce canal, on fasse disparaître deux des variations δx, δy, δz.

Supposons que $u = 0$ et $u' = 0$ soient les équations de deux surfaces dont l'intersection forme le canal ; si l'on fait

$$\lambda = \frac{R}{\sqrt{\left(\dfrac{\partial u}{\partial x}\right)^2 + \left(\dfrac{\partial u}{\partial y}\right)^2 + \left(\dfrac{\partial u}{\partial z}\right)^2}},$$

$$\lambda' = \frac{R'}{\sqrt{\left(\dfrac{\partial u'}{\partial x}\right)^2 + \left(\dfrac{\partial u'}{\partial y}\right)^2 + \left(\dfrac{\partial u'}{\partial z}\right)^2}},$$

l'équation (d) deviendra

$$0 = \Sigma S \delta s + \lambda \delta u + \lambda' \delta u',$$

équation dans laquelle on égalera séparément à zéro les coefficients de chacune des variations δx, δy, δz; on aura ainsi trois équations au moyen desquelles on déterminera les valeurs de λ et de λ', qui donneront les réactions R et R' des deux surfaces; et, en les composant, on aura la réaction k du canal sur le point M, et par conséquent la pression que ce point exerce contre le canal. Cette réaction, décomposée parallèlement à l'axe des x, est égale à

$$R \frac{\partial r}{\partial x} + R' \frac{\partial r'}{\partial x}, \quad \text{ou à} \quad \lambda \frac{\partial u}{\partial x} + \lambda' \frac{\partial u'}{\partial x};$$

les équations de condition $u = 0$, $u' = 0$, auxquelles le mouvement du point M est assujetti, expriment donc, au moyen des différences partielles des fonctions qui sont nulles en vertu de ces équations, les résistances que le mobile éprouve en vertu des conditions de son mouvement.

On voit, par ce qui précède, que l'équation (b) de l'équilibre a généralement lieu, pourvu que l'on assujettisse les variations δx, δy, δz aux conditions de l'équilibre. Cette équation peut se traduire dans le principe suivant :

Si l'on fait varier infiniment peu la position du point M, en sorte qu'il reste toujours sur la surface ou sur la courbe qu'il doit suivre s'il n'est pas entièrement libre, la somme des forces qui le sollicitent, multipliées chacune par l'espace que le point parcourt suivant sa direction, est égale à zéro, dans le cas de l'équilibre.

Les variations δx, δy, δz étant supposées arbitraires et indépendantes, on peut dans l'équation (a) substituer aux coordonnées x, y, z trois autres quantités qui en soient fonctions, et égaler les coefficients des variations de ces quantités à zéro. Nommons ainsi ρ le rayon mené de l'origine des coordonnées à la projection du point M sur le plan des x et des y, et ϖ l'angle formé par ρ et par l'axe des x; nous aurons

$$x = \rho \cos \varpi, \quad y = \rho \sin \varpi.$$

En considérant donc, dans l'équation (a), u, s, s',.... comme fonctions de ρ, ϖ et z, et comparant les coefficients de $\delta\varpi$, on aura

$$(e) \qquad\qquad V\frac{\partial u}{\partial\varpi} = \Sigma S\frac{\partial s}{\partial\varpi};$$

$\dfrac{V}{\rho}\dfrac{\partial u}{\partial\varpi}$ est l'expression de la force V décomposée suivant l'élément $\rho\,\delta\varpi$. Soit V' cette force décomposée parallèlement au plan des x et des y, et p la perpendiculaire abaissée de l'axe des z sur la direction de V', parallèlement au même plan; $\dfrac{pV'}{\rho}$ sera une seconde expression de la force V décomposée suivant l'élément $\rho\,\delta\varpi$; on aura donc

$$pV' = V\frac{\partial u}{\partial\varpi}.$$

Si l'on conçoit la force V' appliquée à l'extrémité de la perpendiculaire p, elle tendra à la faire tourner autour de l'axe des z; le produit de cette force par la perpendiculaire est ce que l'on nomme *moment* de la force V par rapport à l'axe des z; ce moment est donc égal à $V\dfrac{\partial u}{\partial\varpi}$; et il résulte de l'équation (e) que le moment de la résultante d'un nombre quelconque des forces est égal à la somme des moments de ces forces.

CHAPITRE II.

DU MOUVEMENT D'UN POINT MATÉRIEL.

4. Un point en repos ne peut se donner aucun mouvement, puisqu'il ne renferme pas en lui-même de raison pour se mouvoir dans un sens plutôt que dans un autre. Lorsqu'il est sollicité par une force quelconque, et ensuite abandonné à lui-même, il se meut constamment d'une manière uniforme dans la direction de cette force, s'il n'éprouve aucune résistance. Cette tendance de la matière à persévérer dans son état de mouvement ou de repos est ce que l'on nomme *inertie*. C'est la première loi du mouvement des corps.

La direction du mouvement en ligne droite suit évidemment de ce qu'il n'y a aucune raison pour que le point s'écarte plutôt à droite qu'à gauche de sa direction primitive; mais l'uniformité de son mouvement n'est pas de la même évidence. La nature de la force motrice étant inconnue, il est impossible de savoir *a priori* si cette force doit se conserver sans cesse. A la vérité, un corps étant incapable de se donner aucun mouvement à lui-même, il paraît également incapable d'altérer celui qu'il a reçu; en sorte que la loi d'inertie est au moins la plus naturelle et la plus simple que l'on puisse imaginer; elle est d'ailleurs confirmée par l'expérience : en effet, nous observons sur la Terre que les mouvements se perpétuent plus longtemps, à mesure que les obstacles qui s'y opposent viennent à diminuer; ce qui nous porte à croire que, sans ces obstacles, ils dureraient toujours. Mais l'inertie de la matière est principalement remarquable dans les mouvements célestes, qui, depuis un grand nombre de siècles, n'ont point éprouvé d'altération sensible. Ainsi nous regarderons l'inertie comme une loi de la nature, et, lorsque nous observerons de l'altération dans le mouvement d'un corps, nous supposerons qu'elle est due à l'action d'une cause étrangère.

Dans le mouvement uniforme, les espaces parcourus sont proportionnels aux temps; mais les temps employés à décrire un espace déterminé sont plus ou moins longs, suivant la grandeur de la force motrice. Ces différences ont fait naître l'idée de *vitesse*, qui, dans le mouvement uniforme, est le rapport de l'espace au temps employé à le parcourir; ainsi, s représentant l'espace, t le temps et v la vitesse, on a $v = \frac{s}{t}$. Le temps et l'espace étant des quantités hétérogènes, et par conséquent incomparables, on choisit un intervalle de temps déterminé, tel que la seconde, pour unité de temps; on choisit pareillement une unité d'espace, telle que le mètre; et alors l'espace et le temps sont des nombres abstraits, qui expriment combien ils renferment d'unités de leur espèce, et qui peuvent être comparés l'un à l'autre. La vitesse devient le rapport de deux nombres abstraits, et son unité est la vitesse du corps qui parcourt un mètre dans une seconde.

5. La force n'étant connue que par l'espace qu'elle fait décrire dans un temps déterminé, il est naturel de prendre cet espace pour sa mesure; mais cela suppose que plusieurs forces, agissant dans le même sens, feront parcourir un espace égal à la somme des espaces que chacune d'elles eût fait parcourir séparément, ou, ce qui revient au même, que la force est proportionnelle à la vitesse. C'est ce que nous ne pouvons pas savoir *a priori*, vu notre ignorance sur la nature de la force motrice; il faut donc encore, sur cet objet, recourir à l'expérience; car tout ce qui n'est pas une suite nécessaire du peu de données que nous avons sur la nature des choses n'est pour nous qu'un résultat de l'observation.

Nommons v la vitesse de la Terre, commune à tous les corps qui sont à sa surface. Soit f la force dont un de ces corps M est animé en vertu de cette vitesse, et supposons que $v = \varphi(f)$ soit la relation qui existe

entre la vitesse et la force, $\varphi(f)$ étant une fonction de f, qu'il faut déterminer par l'expérience. Soient a, b, c les trois forces partielles dans
lesquelles la force f se décompose parallèlement à trois axes perpendiculaires entre eux. Concevons ensuite le mobile M sollicité par une
nouvelle force f', qui se décompose en trois autres a', b', c', parallèles
aux mêmes axes. Les forces dont ce mobile sera animé suivant ces axes
seront $a+a'$, $b+b'$, $c+c'$; et, en nommant F la force unique qui en
résulte, on aura, par ce qui précède,

$$F = \sqrt{(a+a')^2 + (b+b')^2 + (c+c')^2}.$$

Si l'on nomme U la vitesse correspondante à F, $\dfrac{(a+a')U}{F}$ sera cette
vitesse décomposée parallèlement à l'axe des a; ainsi la vitesse relative
du mobile sur la Terre sera, parallèlement à cet axe,

$$\frac{(a+a')U}{F} - \frac{av}{f}, \quad \text{ou} \quad (a+a')\varphi(F) - a\varphi'(f).$$

Les forces les plus considérables que nous puissions imprimer aux corps
à la surface de la Terre étant beaucoup plus petites que celles dont ils
sont animés en vertu du mouvement de la Terre, nous pouvons considérer a', b', c' comme des quantités infiniment petites relativement à f:
nous aurons ainsi

$$F = f + \frac{aa' + bb' + cc'}{f}, \quad \text{et} \quad \varphi(F) = \varphi(f) + \frac{(aa' + bb' + cc')}{f}\varphi'(f),$$

$\varphi'(f)$ étant la différentielle de $\varphi(f)$ divisée par df. La vitesse relative
de M, suivant l'axe des a, deviendra ainsi

$$a'\varphi'(f) - \frac{a}{f}(aa' + bb' + cc')\varphi'(f).$$

Ses vitesses relatives, suivant les axes des b et des c, seront

$$b'\varphi(f) + \frac{b}{f}(aa' + bb' + cc')\varphi'(f),$$

$$c'\varphi(f) + \frac{c}{f}(aa' + bb' + cc')\varphi'(f).$$

La position des axes des a, des b et des c étant arbitraire, nous pouvons prendre la direction de la force imprimée pour l'axe des a, et alors b' et c' seront nuls; les vitesses relatives précédentes se changent dans celles-ci

$$a'\left[\varphi(f) + \frac{a^2}{f}\varphi'(f)\right], \quad \frac{ab}{f}a'\varphi'(f), \quad \frac{ac}{f}a'\varphi'(f).$$

Si $\varphi'(f)$ n'est pas nul, le mobile, en vertu de la force imprimée a', aura une vitesse relative perpendiculaire à la direction de cette force, pourvu que b et c ne soient pas nuls, c'est-à-dire, pourvu que la direction de cette force ne coïncide pas avec celle du mouvement de la Terre. Ainsi, en concevant qu'un globe en repos sur un plan horizontal très-uni vienne à être frappé par la base d'un cylindre droit, mû suivant la direction de son axe supposé horizontal, le mouvement relatif apparent du globe ne serait point parallèle à cet axe dans toutes les positions de l'axe par rapport à l'horizon. Voilà donc un moyen simple de reconnaître par l'expérience si $\varphi'(f)$ a une valeur sensible sur la Terre; mais les expériences les plus précises ne font apercevoir, dans le mouvement apparent du globe, aucune déviation de la direction de la force imprimée; d'où il suit que sur la Terre $\varphi'(f)$ est nul à très-peu près. Sa valeur, pour peu qu'elle fût sensible, se manifesterait principalement dans la durée des oscillations du pendule, durée qui serait différente suivant la position du plan de son mouvement par rapport à la direction du mouvement de la Terre. Les observations les plus exactes ne laissant apercevoir aucune différence semblable, nous devons en conclure que $\varphi'(f)$ est insensible et peut être supposé nul sur la Terre.

Si l'équation $\varphi'(f) = 0$ avait lieu quelle que soit la force f, $\varphi'(f)$ serait constant, et la vitesse serait proportionnelle à la force; elle lui serait encore proportionnelle si la fonction $\varphi(f)$ n'était composée que d'un seul terme, puisque, autrement, $\varphi'(f)$ ne serait jamais nul, f ne l'étant pas; il faudrait donc, si la vitesse n'était pas proportionnelle à la force, supposer que, dans la nature, la fonction de la vitesse qui exprime la force est formée de plusieurs termes, ce qui est peu probable; il faudrait supposer, de plus, que la vitesse de la Terre est exactement celle qui convient à l'équation $\varphi'(f) = o$, ce qui est contre toute vraisemblance. D'ailleurs la vitesse de la Terre varie dans les diverses saisons de l'année : elle est d'un trentième environ plus grande en hiver qu'en été. Cette variation est plus considérable encore si, comme tout paraît l'indiquer, le Système solaire est en mouvement dans l'espace; car, selon que ce mouvement progressif conspire avec celui de la Terre, ou selon qu'il lui est contraire, il doit en résulter, pendant le cours de l'année, de grandes variations dans le mouvement absolu de la Terre, ce qui devrait altérer l'équation dont il s'agit et le rapport de la force imprimée à la vitesse absolue qui en résulte, si cette équation et ce rapport n'étaient pas indépendants du mouvement de la Terre : cependant l'observation n'y fait apercevoir aucune altération sensible.

Voilà donc deux lois du mouvement : savoir, la loi d'inertie et celle de la force proportionnelle à la vitesse, qui sont données par l'observation. Elles sont les plus naturelles et les plus simples que l'on puisse imaginer, et sans doute elles dérivent de la nature même de la matière; mais, cette nature étant inconnue, elles ne sont pour nous que des faits observés, les seuls, au reste, que la Mécanique emprunte de l'expérience.

6. La vitesse étant proportionnelle à la force, ces deux quantités peuvent être représentées l'une par l'autre, et tout ce que nous avons établi précédemment sur la composition des forces s'applique à la composition des vitesses. Il en résulte que les mouvements relatifs d'un système de corps animés de forces quelconques sont les mêmes, quel que soit leur mouvement commun; car ce dernier mouvement, décomposé en trois autres parallèles à trois axes fixes, ne fait qu'accroitre d'une même quantité les vitesses partielles de chaque corps parallèlement à ces axes; et comme leur vitesse relative ne dépend que de la différence de ces vitesses partielles, elle est la même, quel que soit le mouvement commun à tous les corps : il est donc impossible alors de juger du mouvement absolu d'un système dont on fait partie, par les apparences que l'on y observe, et c'est ce qui caractérise la loi de la proportionnalité de la force à la vitesse.

Il résulte encore du n° 3 que, si l'on projette chaque force et leur résultante sur un plan fixe, la somme des moments des forces composantes ainsi projetées, par rapport à un point fixe pris sur le plan, est égale au moment de la projection de la résultante : or, si de ce point on mène au mobile un rayon que nous nommerons *rayon vecteur*, ce rayon, projeté sur le plan fixe, y tracerait, en vertu de chaque force agissant séparément, une aire égale au produit de la projection de la ligne qu'elle ferait décrire par la moitié de la perpendiculaire abaissée du point fixe sur cette projection : cette aire est donc proportionnelle au temps. Elle est encore, dans un temps donné, proportionnelle au moment de la projection de la force; ainsi la somme des aires que tracerait la projection du rayon vecteur en vertu de chaque force composante, si elle agissait seule, est égale à l'aire que la résultante fait décrire à cette projection. Il suit de là que, si un mobile, projeté d'abord en ligne droite, est ensuite sollicité par des forces quelconques dirigées vers le point fixe, son rayon vecteur décrira toujours autour de ce point des aires proportionnelles aux temps, puisque les aires, que feraient décrire à ce rayon les nouvelles composantes, seraient nulles. Réciproquement, on voit que, si le mobile décrit autour du point fixe des aires proportionnelles aux temps, la résultante des nouvelles forces qui le sollicitent est constamment dirigée vers ce point.

7. Considérons maintenant le mouvement d'un point sollicité par des forces qui semblent agir d'une manière continue, telles que la pesanteur. Les causes de cette force et des forces semblables qui ont lieu dans la nature étant inconnues, il est impossible de savoir si elles agissent sans interruption, ou si leurs actions successives sont séparées par des intervalles de temps dont la durée est insensible; mais il est facile de s'assurer que les phénomènes doivent être à très-peu près les mêmes dans ces deux hypothèses; car, si l'on représente la vitesse d'un corps sollicité par une force sans cesse agissante, par l'ordonnée d'une courbe dont l'abscisse représente le temps, cette courbe, dans la seconde hypothèse, se changera dans un polygone d'un très-grand nombre de

côtés, et qui, par cette raison, pourra se confondre avec la courbe. Nous adopterons la première hypothèse avec les Géomètres, et nous supposerons que l'intervalle de temps, qui sépare deux actions consécutives d'une force quelconque, est égal à l'élément dt du temps que nous désignerons par t. Il est clair qu'il faut alors supposer l'action de la force d'autant plus considérable, que l'intervalle qui sépare ses actions successives est supposé plus grand, afin qu'après le même temps t la vitesse soit la même; l'action instantanée d'une force doit donc être supposée en raison de son intensité et de l'élément du temps pendant lequel elle est supposée agir. Ainsi, en représentant par P cette intensité, on doit supposer, au commencement de chaque instant dt, le mobile sollicité par une force $P\,dt$, et mû uniformément pendant cet instant. Cela posé :

On peut réduire toutes les forces qui sollicitent un point M à trois forces P, Q, R, agissant parallèlement à trois coordonnées rectangles x, y, z, qui déterminent la position de ce point; nous supposerons ces forces agir en sens contraire de l'origine de ces coordonnées, ou tendre à les accroître. Au commencement d'un nouvel instant dt, le mobile reçoit, dans le sens de chacune de ces coordonnées, les accroissements de force ou de vitesse $P\,dt$, $Q\,dt$, $R\,dt$. Les vitesses du point M, parallèles à ces coordonnées, sont $\dfrac{dx}{dt}$, $\dfrac{dy}{dt}$, $\dfrac{dz}{dt}$; car, dans un instant infiniment petit, elles peuvent être censées uniformes, et par conséquent égales aux espaces élémentaires divisés par l'élément du temps. Les vitesses dont le mobile est animé au commencement d'un nouvel instant sont par conséquent

$$\frac{dx}{dt} + P\,dt, \qquad \frac{dy}{dt} + Q\,dt, \qquad \frac{dz}{dt} + R\,dt,$$

ou

$$\frac{dx}{dt} + d\frac{dx}{dt} - d\frac{dx}{dt} + P\,dt,$$

$$\frac{dy}{dt} + d\frac{dy}{dt} - d\frac{dy}{dt} + Q\,dt,$$

$$\frac{dz}{dt} + d\frac{dz}{dt} - d\frac{dz}{dt} + R\,dt.$$

Mais, dans ce nouvel instant, les vitesses dont le mobile est animé parallèlement aux coordonnées x, y, z sont évidemment

$$\frac{dx}{dt} - d\frac{dx}{dt}, \quad \frac{dy}{dt} - d\frac{dy}{dt}, \quad \frac{dz}{dt} + d\frac{dz}{dt};$$

les forces

$$- d\frac{dx}{dt} - P\,dt, \quad - d\frac{dy}{dt} - Q\,dt, \quad - d\frac{dz}{dt} - R\,dt$$

doivent donc être détruites, en sorte que le mobile M, en vertu de ces forces seules, serait en équilibre. Ainsi, en désignant par δx, δy, δz les variations quelconques des trois coordonnées x, y, z, variations qu'il ne faut pas confondre avec les différences dx, dy, dz qui expriment les espaces que le mobile décrit parallèlement aux coordonnées durant l'instant dt, l'équation (b) du n° 3 deviendra

$$(f) \qquad o = \delta x \left(d\frac{dx}{dt} - P\,dt \right) + \delta y \left(d\frac{dy}{dt} - Q\,dt \right) + \delta z \left(d\frac{dz}{dt} - R\,dt \right).$$

Si le point M est libre, on égalera séparément à zéro les coefficients de δx, δy et δz, et l'on aura, en supposant constant l'élément dt du temps, les trois équations différentielles

$$\frac{d^2x}{dt^2} = P, \quad \frac{d^2y}{dt^2} = Q, \quad \frac{d^2z}{dt^2} = R.$$

Si le point M n'est pas libre, en sorte qu'il soit assujetti à se mouvoir sur une surface ou sur une ligne courbe, on éliminera de l'équation (f), au moyen des équations à la surface ou à la courbe, autant de variations δx, δy, δz qu'il y aura d'équations, et l'on égalera séparément à zéro les coefficients des variations restantes.

8. On peut supposer dans l'équation (f) les variations δx, δy, δz égales aux différentielles dx, dy, dz, puisque ces différentielles sont nécessairement assujetties aux conditions du mouvement du mobile M. En faisant cette supposition, et en intégrant ensuite l'équation (f), on aura

$$\frac{dx^2 + dy^2 + dz^2}{dt^2} = c + 2\int (P\,dx + Q\,dy + R\,dz),$$

c étant une constante arbitraire. $\dfrac{dx^2 + dy^2 + dz^2}{dt^2}$ est le carré de la vitesse de M, vitesse que nous désignerons par v; en supposant donc que $P\,dx + Q\,dy + R\,dz$ soit la différence exacte d'une fonction φ, on aura

$$(g) \qquad\qquad v^2 = c + 2\varphi.$$

Ce cas a lieu lorsque les forces qui sollicitent le point M sont fonctions des distances de leurs origines à ce point, ce qui comprend à peu près toutes les forces de la nature. En effet, S, S',... représentant ces forces, et s, s',... étant les distances du point M à leurs origines, la résultante de toutes ces forces, multipliée par la variation de sa direction, sera, par le n° 2, égale à $\Sigma S\delta s$; elle est encore égale à $P\delta x + Q\delta y + R\delta z$; on a donc

$$P\delta x + Q\delta y + R\delta z = \Sigma S\delta s;$$

ainsi, le second membre de cette équation étant une différence exacte, le premier membre l'est pareillement.

Il résulte de l'équation (g) : 1° que, si le point M n'est sollicité par aucune force, sa vitesse est constante, puisque alors $\varphi = 0$; c'est ce dont il est facile de s'assurer d'ailleurs, en observant qu'un corps mû dans une surface ou sur une ligne courbe ne perd, à la rencontre de chaque plan infiniment petit de la surface ou de chaque côté infiniment petit de la courbe, qu'une partie infiniment petite du second ordre de sa vitesse; 2° que le point M, en partant d'un point donné avec une vitesse donnée pour arriver à un autre point, aura, en parvenant à ce dernier point, la même vitesse, quelle que soit la courbe qu'il aura décrite.

Mais, si le mobile n'est point assujetti à se mouvoir sur une courbe déterminée, la courbe qu'il décrit jouit d'une propriété singulière, à laquelle on a été conduit par des considérations métaphysiques, et qui n'est au fond qu'un résultat remarquable des équations différentielles précédentes. Elle consiste en ce que l'intégrale $\int v\,ds$, comprise entre les deux points extrêmes de la courbe décrite, y est moindre que sur toute autre courbe, si le corps est libre, ou sur toute autre courbe assujettie à la même surface sur laquelle il doit se mouvoir, s'il n'est pas entièrement libre.

Pour le faire voir, nous observerons que, $P\,dx + Q\,dy + R\,dz$ étant supposé une différentielle exacte, l'équation (g) donne

$$v\,\partial v = P\,\partial x + Q\,\partial y + R\,\partial z\,;$$

l'équation (f) du numéro précédent devient ainsi

$$0 = \partial x.d\frac{dx}{dt} + \partial y.d\frac{dy}{dt} + \partial z.d\frac{dz}{dt} - v\,dt.\partial v.$$

Nommons ds l'élément de la courbe décrite par le mobile; nous aurons

$$v\,dt = ds, \quad ds = \sqrt{dx^2 + dy^2 + dz^2},$$

partant

$$(h) \qquad 0 = \partial x.d\frac{dx}{dt} + \partial y.d\frac{dy}{dt} + \partial z.d\frac{dz}{dt} - ds.\partial v\,;$$

en différentiant par rapport à δ l'expression de ds, on a

$$\frac{ds}{dt}\,\partial\,ds = \frac{dx}{dt}\,\partial\,dx + \frac{dy}{dt}\,\partial\,dy + \frac{dz}{dt}\,\partial\,dz.$$

Les caractéristiques d et δ étant indépendantes, on peut les placer à volonté l'une avant l'autre; l'équation précédente peut ainsi prendre cette forme

$$v\,\partial\,ds = \frac{d\,dx\,\partial x + dy\,\partial y + dz\,\partial z}{dt} - \partial x.d\frac{dx}{dt} - \partial y.d\frac{dy}{dt} - \partial z.d\frac{dz}{dt}\,;$$

en retranchant du premier membre de cette équation le second membre de l'équation (h), on aura

$$\partial\,v\,ds = \frac{d\,dx\,\partial x + dy\,\partial y + dz\,\partial z}{dt}.$$

Cette dernière équation, intégrée par rapport à la caractéristique d, donne

$$\partial\int v\,ds = \mathrm{const.} + \frac{dx\,\partial x + dy\,\partial y + dz\,\partial z}{dt}.$$

Si l'on étend l'intégrale à la courbe entière décrite par le mobile, et si l'on suppose les points extrêmes de cette courbe invariables, on aura $\delta \int v\,ds = 0$; c'est-à-dire que, de toutes les courbes suivant lesquelles le mobile assujetti aux forces P, Q, R peut parvenir d'un point donné à un autre point donné, il décrira celle dans laquelle la variation de l'intégrale $\int v\,ds$ est nulle, et dans laquelle, par conséquent, cette intégrale est un *minimum*.

Si le point se meut dans une surface courbe, sans être sollicité par aucune force, sa vitesse est alors constante, et l'intégrale $\int v\,ds$ devient $v \int ds$; ainsi la courbe décrite par le mobile est, dans ce cas, la plus courte que l'on puisse tracer sur la surface, du point de départ au point d'arrivée.

9. Déterminons la pression qu'un point, mû dans une surface, exerce contre elle. Au lieu d'éliminer de l'équation (f) du n° 7 une des variations δx, δy, δz, au moyen de l'équation à la surface, on peut, par le n° 3, ajouter à cette équation l'équation différentielle de la surface, multipliée par une indéterminée $-\lambda\,dt$, et considérer ensuite les trois variations δx, δy, δz comme indépendantes. Soit donc $u = 0$ l'équation de la surface; on ajoutera à l'équation (f) le terme $-\lambda\,\delta u\,dt$, et la pression que le point exerce contre la surface sera, par le n° 3, égale à

$$\lambda \sqrt{\left(\frac{\partial u}{\partial x}\right)^2 + \left(\frac{\partial u}{\partial y}\right)^2 + \left(\frac{\partial u}{\partial z}\right)^2}.$$

Supposons d'abord que le point ne soit sollicité par aucune force, sa vitesse v sera constante; si l'on observe ensuite que $v\,dt = ds$, l'élément dt du temps étant supposé constant, l'élément ds de la courbe décrite le sera pareillement, et l'équation (f), augmentée du terme $-\lambda\,\delta u\,dt$, donnera les trois suivantes

$$0 = v^2 \frac{d^2 x}{ds^2} - \lambda \frac{\partial u}{\partial x}, \quad 0 = v^2 \frac{d^2 y}{ds^2} - \lambda \frac{\partial u}{\partial y}, \quad 0 = v^2 \frac{d^2 z}{ds^2} - \lambda \frac{\partial u}{\partial z},$$

d'où l'on tire

$$\lambda \sqrt{\left(\frac{\partial u}{\partial x}\right)^2 + \left(\frac{\partial u}{\partial y}\right)^2 + \left(\frac{\partial u}{\partial z}\right)^2} = \frac{v^2 \sqrt{d^2 x^2 + d^2 y^2 + d^2 z^2}}{ds^2}$$

Mais, ds étant constant, le rayon osculateur de la courbe décrite par le mobile est égal à

$$\frac{ds^2}{\sqrt{(d^2x)^2 + (d^2y)^2 + (d^2z)^2}}$$

en nommant donc r ce rayon, on aura

$$\sqrt{\left(\frac{\partial u}{\partial x}\right)^2 + \left(\frac{\partial u}{\partial y}\right)^2 + \left(\frac{\partial u}{\partial z}\right)^2} = \frac{c^2}{r};$$

c'est-à-dire que la pression exercée par le point contre la surface est égale au carré de sa vitesse, divisé par le rayon osculateur de la courbe qu'il décrit.

Si le point se meut dans une surface sphérique, il décrira la circonférence du grand cercle de la sphère qui passe par la direction primitive de son mouvement, puisqu'il n'y a pas de raison pour qu'il s'écarte plutôt à droite qu'à gauche du plan de ce cercle : sa pression contre la surface, ou, ce qui revient au même, contre la circonférence qu'il décrit, est donc égale au carré de sa vitesse, divisé par le rayon de cette circonférence.

Concevons le point attaché à l'extrémité d'un fil supposé sans masse, et dont l'autre extrémité soit fixe au centre de la surface; il est visible que la pression exercée par ce point contre la circonférence est égale à la tension qu'éprouverait le fil, si le point n'était retenu que par lui. L'effort, que ce point ferait pour tendre le fil et pour s'éloigner du centre de la circonférence, est ce que l'on nomme *force centrifuge*; ainsi la force centrifuge est égale au carré de la vitesse, divisé par le rayon.

Dans le mouvement d'un point sur une courbe quelconque, la force centrifuge est égale au carré de la vitesse, divisé par le rayon osculateur de la courbe, puisque l'arc infiniment petit de cette courbe se confond avec la circonférence du cercle osculateur; on aura donc la pression que le point exerce contre la courbe qu'il décrit, en ajoutant au carré de sa vitesse, divisé par le rayon osculateur, la pression due aux forces qui sollicitent ce point.

Dans le mouvement d'un point sur une surface, la pression due à la

force centrifuge est égale au carré de la vitesse, divisé par le rayon osculateur de la courbe décrite par ce point, et multiplié par le sinus de l'inclinaison du plan du cercle osculateur sur le plan tangent à la surface :
en ajoutant à cette pression celle qui est due à l'action des forces qui sollicitent le point, on aura la pression totale qu'il exerce contre la surface.

Nous venons de voir que, si le point n'est animé d'aucune force, sa
pression contre la surface est égale au carré de sa vitesse, divisé par le
rayon osculateur de la courbe décrite ; le plan du cercle osculateur,
c'est-à-dire le plan qui passe par deux côtés consécutifs de la courbe
décrite par le point, est donc alors perpendiculaire à la surface. Cette
courbe, relativement à la surface de la Terre, est celle que l'on a nommée *perpendiculaire à la méridienne*, et nous avons prouvé (8) qu'elle est
la plus courte que l'on puisse mener d'un point à un autre sur la surface.

10. De toutes les forces que nous observons sur la Terre, la plus remarquable est la pesanteur ; elle pénètre les parties les plus intimes des
corps, et sans la résistance de l'air elle les ferait tomber avec une égale
vitesse. La pesanteur est à fort peu près la même sur les plus grandes
hauteurs où nous puissions nous élever, et dans les plus grandes pro-
fondeurs où nous puissions descendre ; sa direction est perpendiculaire
à l'horizon, mais dans les mouvements des projectiles on peut supposer,
sans erreur sensible, qu'elle est constante et qu'elle agit suivant des
droites parallèles, vu le peu d'étendue des courbes qu'ils décrivent, relativement à la circonférence de la Terre. Ces corps étant mus dans un
fluide résistant, nous nommerons ζ la résistance qu'ils en éprouvent,
et qui est dirigée suivant le côté de la courbe qu'ils décrivent, côté que
nous désignerons par ds ; nous nommerons, de plus, g la pesanteur.
Cela posé :

Reprenons l'équation (f) du n° 7, et supposons que le plan des x et
des y soit horizontal, et que l'origine des z soit au point le plus élevé ;
la force ζ produira, suivant les coordonnées x, y, z, les trois forces

$$-\zeta\frac{dx}{ds}, \qquad -\zeta\frac{dy}{ds}, \qquad -\zeta\frac{dz}{ds} ;$$

on aura donc, par le n° 7,

$$\mathrm{P} = -\varepsilon\frac{dx}{ds}, \quad \mathrm{Q} = -\varepsilon\frac{dy}{ds}, \quad \mathrm{R} = -\varepsilon\frac{dz}{ds} - g.$$

et l'équation (f) devient

$$0 = \delta x\left(d\frac{dx}{dt} + \varepsilon\frac{dx}{ds}\,dt\right) + \delta y\left(d\frac{dy}{dt} + \varepsilon\frac{dy}{ds}\,dt\right) + \delta z\left(d\frac{dz}{dt} + \varepsilon\frac{dz}{ds}\,dt - g\,dt\right).$$

Si le corps est entièrement libre, on aura les trois équations

$$0 = d\frac{dx}{dt} + \varepsilon\frac{dx}{ds}\,dt, \quad 0 = d\frac{dy}{dt} + \varepsilon\frac{dy}{ds}\,dt, \quad 0 = d\frac{dz}{dt} + \varepsilon\frac{dz}{ds}\,dt - g\,dt.$$

Les deux premières donnent

$$\frac{dy}{dt}\,d\frac{dx}{dt} - \frac{dx}{dt}\,d\frac{dy}{dt} = 0,$$

d'où l'on tire, en intégrant,

$$dx = f\,dy,$$

f étant une constante arbitraire. Cette équation est celle d'une droite horizontale; ainsi le corps se meut dans un plan vertical. En prenant ce plan pour celui des x et des z, on aura $y = 0$; les deux équations

$$0 = d\frac{dx}{dt} + \varepsilon\frac{dx}{ds}\,dt, \quad 0 = d\frac{dz}{dt} + \varepsilon\frac{dz}{ds}\,dt - g\,dt$$

donneront, en faisant dx constant,

$$\varepsilon = \frac{ds\,d^2t}{dt^3}, \quad 0 = \frac{d^2z}{dt} - \frac{dz\,d^2t}{dt^2} + \varepsilon\frac{dz}{ds}\,dt - g\,dt,$$

d'où l'on tire $g\,dt^2 = d^2z$, et, en différentiant,

$$2g\,dt\,d^2t = d^3z;$$

en substituant pour d^2t sa valeur $\dfrac{\varepsilon\,dt^3}{ds}$, et pour dt^2 sa valeur $\dfrac{d^2z}{g}$, on aura

$$\frac{\varepsilon}{g} = \frac{ds\,d^3z}{2\,(d^2z)^2}.$$

Cette équation donne la loi de la résistance $\mathcal{E}$, nécessaire pour faire décrire au projectile une courbe déterminée.

Si la résistance est proportionnelle au carré de la vitesse, $\mathcal{E}$ est égal à $h\frac{ds^2}{dt^2}$, h étant constant dans le cas où la densité du milieu est uniforme. On a alors

$$\frac{\mathcal{E}}{g} = \frac{h\,ds^2}{g\,dt^2} = \frac{h\,ds^2}{d^2z},$$

partant $h\,ds = \frac{d^2z}{2\,d^2z}$; ce qui donne, en intégrant,

$$\frac{d^2z}{dx^2} = 2ac^{2hs},$$

a étant une constante arbitraire, et c étant le nombre dont le logarithme hyperbolique est l'unité. Si l'on suppose nulle la résistance du milieu, ou $h = o$, on aura, en intégrant, l'équation à la parabole

$$z = ax^2 + bx + e,$$

b, e étant des constantes arbitraires.

L'équation différentielle $d^2z = g\,dt^2$ donnera $dt^2 = \frac{2a}{g}dx^2$, d'où l'on tire $t = x\sqrt{\frac{2a}{g}} + f$. Supposons que x, z et t commencent ensemble; on aura $e = o$, $f = o$, et par conséquent

$$t = x\sqrt{\frac{2a}{g}}, \quad z = ax^2 + bx,$$

ce qui donne

$$z = \frac{gt^2}{2} + bt\sqrt{\frac{g}{2a}}.$$

Ces trois équations renferment toute la théorie des projectiles dans le vide; il en résulte que la vitesse est uniforme dans le sens horizontal, et que dans le sens vertical elle est la même que si le corps tombait suivant la verticale.

Si le mobile part de l'état du repos, b sera nul, et l'on aura

$$\frac{dz}{dt} = gt, \quad z = \tfrac{1}{2}gt^2;$$

la vitesse acquise croît donc comme le temps, et l'espace croît comme le carré du temps.

Il est facile, au moyen de ces formules, de comparer la force centrifuge à la pesanteur. On a vu précédemment que, c étant la vitesse d'un corps mû dans une circonférence dont le rayon est r, la force centrifuge est $\frac{c^2}{r}$. Soit h la hauteur dont il devrait tomber pour acquérir la vitesse c; on aura, par ce qui précède, $c^2 = 2gh$: d'où l'on tire

$$\frac{c^2}{r} = g\,\frac{2h}{r}.$$

Si $h = \tfrac{1}{2}r$, la force centrifuge devient égale à la pesanteur g; ainsi un corps pesant attaché à l'extrémité d'un fil fixe par son autre extrémité, sur un plan horizontal, tendra ce fil avec la même force que s'il était suspendu verticalement, pourvu qu'il se meuve sur ce plan avec la vitesse qu'il acquerrait en tombant d'une hauteur égale à la moitié de la longueur du fil.

11. Considérons le mouvement d'un corps pesant dans une surface sphérique. En nommant r son rayon, et fixant à son centre l'origine des coordonnées x, y, z, on aura $r^2 - x^2 - y^2 - z^2 = 0$: cette équation, comparée à celle-ci $u = 0$, donne $u = r^2 - x^2 - y^2 - z^2$; en ajoutant donc à l'équation (f) du n° 7 la fonction δu, multipliée par l'indéterminée $-\lambda\,dt$, on aura

$$0 = \delta x\left(d\frac{dx}{dt} + 2\lambda x\,dt\right) + \delta y\left(d\frac{dy}{dt} + 2\lambda y\,dt\right) + \delta z\left(d\frac{dz}{dt} + 2\lambda z\,dt - g\,dt\right),$$

équation dans laquelle on pourra égaler séparément à zéro les coefficients de chacune des variations δx, δy, δz, ce qui donne les trois équations suivantes

$$(A)\quad\begin{cases} 0 = d\dfrac{dx}{dt} + 2\lambda x\,dt, \\[2ex] 0 = d\dfrac{dy}{dt} + 2\lambda y\,dt, \\[2ex] 0 = d\dfrac{dz}{dt} + 2\lambda z\,dt + g\,dt. \end{cases}$$

L'indéterminée λ fait connaître la pression que le mobile exerce contre la surface. Cette pression est, par le n° 9, égale à

$$\lambda\sqrt{\left(\frac{\partial u}{\partial x}\right)^2 + \left(\frac{\partial u}{\partial y}\right)^2 + \left(\frac{\partial u}{\partial z}\right)^2};$$

elle est par conséquent égale à $2\lambda r$; or on a, par le n° 8,

$$c - 2gz = \frac{dx^2 + dy^2 + dz^2}{dt^2},$$

c étant une constante arbitraire : en ajoutant cette équation aux équations (A) divisées par dt, et multipliées respectivement par x, y, z; en observant ensuite que, l'équation différentielle de la surface étant $0 = x\,dx + y\,dy + z\,dz$, on a

$$0 = x\,d^2x + y\,d^2y + z\,d^2z + dx^2 + dy^2 + dz^2,$$

on trouvera

$$2\lambda r = \frac{c - 3gz}{r}.$$

Si l'on multiplie la première des équations (A) par $-y$, et qu'on l'ajoute à la seconde multipliée par x, on aura, en intégrant leur somme,

$$\frac{x\,dy - y\,dx}{dt} = c',$$

c' étant une nouvelle arbitraire.

Le mouvement du point est ainsi ramené aux trois équations différentielles du premier ordre

$$x\,dx + y\,dy = -z\,dz,$$

$$x\,dy - y\,dx = c'\,dt,$$

$$\frac{dx^2 + dy^2 + dz^2}{dt^2} = c + 2gz.$$

En élevant chaque membre des deux premières au carré et en les ajoutant, on aura

$$(x^2 + y^2)(dx^2 + dy^2) = c'^2\,dt^2 + z^2\,dz^2;$$

si l'on substitue au lieu de $x^2 + y^2$ sa valeur $r^2 - z^2$, et au lieu de $\frac{dx^2 + dy^2}{dt^2}$ sa valeur $c + 2gz - \frac{dz^2}{dt^2}$, on aura, en supposant que le corps s'éloigne de la verticale,

$$dt = \frac{-r\,dz}{\sqrt{(r^2 - z^2)(c + 2gz) - c'^2}},$$

La fonction sous le radical peut être mise sous la forme

$$(a - z)(z - b)(2gz + f),$$

a, b, f étant déterminés par les équations

$$f = \frac{2g(r^2 + ab)}{a + b},$$

$$c = \frac{2g(r^2 - a^2 - ab - b^2)}{a + b},$$

$$c'^2 = \frac{2g(r^2 - a^2)(r^2 - b^2)}{a + b}.$$

On peut ainsi substituer aux arbitraires c et c' les nouvelles arbitraires a et b, dont la première est la plus grande valeur de z, et dont la seconde est la plus petite valeur. En faisant ensuite

$$\sin\psi = \sqrt{\frac{a - z}{a - b}},$$

l'équation différentielle précédente deviendra

$$dt = - \frac{r\sqrt{2\,\frac{a-b}{a-b\,{}^2+r^2-b^2}}}{\sqrt{g}} \cdot \frac{d\theta}{\sqrt{1-\gamma^2\sin^2\theta}},$$

γ^2 étant égal à $\dfrac{a^2-b^2}{a-b\,{}^2+r^2-b^2}.$

L'angle θ donne la coordonnée z au moyen de l'équation

$$z = a\cos^2\theta + b\sin^2\theta,$$

et la coordonnée z, divisée par r, exprime le cosinus de l'angle que le rayon r fait avec la verticale.

Soit ϖ l'angle que le plan vertical qui passe par le rayon r fait avec le plan vertical qui passe par l'axe des x; on aura

$$x = \sqrt{r^2 - z^2}\cos\varpi, \qquad y = \sqrt{r^2 - z^2}\sin\varpi,$$

ce qui donne

$$x\,dy - y\,dx = (r^2 - z^2)\,d\varpi;$$

l'équation $x\,dy - y\,dx = c'\,dt$ donnera ainsi

$$d\varpi = \frac{c'\,dt}{r^2 - z^2}.$$

En substituant pour z et dt leurs valeurs précédentes en θ, on aura l'angle ϖ en fonction de θ; ainsi l'on connaîtra, pour un temps quelconque, les deux angles θ et ϖ, ce qui suffit pour déterminer la position du mobile.

Nommons *demi-oscillation* du mobile le temps qu'il emploie à parvenir de la plus grande à la plus petite valeur de z; soit $\frac{1}{2}$T ce temps. Pour le déterminer, il faut intégrer la valeur précédente de dt depuis $\theta = o$ jusqu'à $\theta = \frac{1}{2}\pi$, π étant la demi-circonférence dont le rayon est l'unité; on trouvera ainsi

$$T = \pi\sqrt{\frac{r}{g}}\sqrt{\frac{2r\,\frac{a-b}{a-b\,{}^2+r^2-b^2}}}\left[1 - \left(\frac{1}{2}\right)^2\gamma^2 + \left(\frac{1.3}{2.4}\right)^2\gamma^4 + \left(\frac{1.3.5}{2.4.6}\right)^2\gamma^6 + \dots\right].$$

Concevons le point suspendu à l'extrémité d'un fil sans masse, et fixe par son autre extrémité; si la longueur du fil est r, le mobile sera mû exactement comme dans l'intérieur d'une surface sphérique; il formera avec le fil un pendule dont le cosinus du plus grand écart de la verticale sera $\frac{b}{r}$. Si l'on suppose que dans cet état la vitesse du mobile soit nulle, il oscillera dans un plan vertical, et l'on aura dans ce cas

$$a = r, \qquad \gamma^2 = \frac{r - b}{2r}.$$

La fraction $\frac{r - b}{2r}$ est le carré du sinus de la moitié du plus grand angle que le fil forme avec la verticale; la durée entière T de l'oscillation du pendule sera donc

$$T = \pi \sqrt{\frac{r}{g}} \left[1 + \left(\frac{1}{2}\right)^2 \frac{r - b}{2r} + \left(\frac{1.3}{2.4}\right)^2 \left(\frac{r - b}{2r}\right)^2 + \left(\frac{1.3.5}{2.4.6}\right)^2 \left(\frac{r - b}{2r}\right)^3 \ldots \right].$$

Si l'oscillation est très-petite, $\frac{r - b}{2r}$ est une très-petite fraction que l'on peut négliger, et alors on a

$$T = \pi \sqrt{\frac{r}{g}},$$

les oscillations fort petites sont donc isochrones, ou de même durée, quelle que soit leur étendue; et l'on peut facilement, au moyen de cette durée et de la longueur correspondante du pendule, déterminer les variations de l'intensité de la pesanteur dans les divers lieux de la Terre.

Soit z la hauteur dont la pesanteur fait tomber les corps pendant le temps T; on aura, par le n° 10, $2z = gT^2$, et par conséquent $z = \frac{1}{2}\pi^2 r$: on aura donc ainsi, avec une grande précision, au moyen de la longueur du pendule à secondes, l'espace que la pesanteur fait parcourir aux corps dans la première seconde de leur chute. Des expériences très-exactes ayant fait voir que la longueur du pendule à secondes est la même, quelles que soient les substances que l'on fait osciller, il en résulte que la pesanteur agit également sur tous les corps, et qu'elle tend, dans le même lieu, à leur imprimer dans le même temps la même vitesse.

5.

12. L'isochronisme des oscillations du pendule n'étant qu'approché, il est intéressant de connaitre la courbe sur laquelle un corps pesant doit se mouvoir, pour arriver dans le même temps au point où son mouvement cesse, quel que soit l'arc qu'il aura décrit depuis le point le plus bas. Mais, pour embrasser ce problème dans toute sa généralité, nous supposerons, conformément à ce qui a lieu dans la nature, que le mobile se meut dans un milieu résistant. Soient s l'arc décrit depuis le point le plus bas de la courbe, z l'abscisse verticale comptée de ce point, dt l'élément du temps et g la pesanteur. La force retardatrice le long de l'arc de la courbe sera : 1° la pesanteur décomposée suivant l'arc ds, et qui devient ainsi égale à $g\frac{dz}{ds}$; 2° la résistance du milieu, que nous exprimerons par $\varphi\left(\frac{ds}{dt}\right)$, $\frac{ds}{dt}$ étant la vitesse du mobile, et $\varphi\left(\frac{ds}{dt}\right)$ étant une fonction quelconque de cette vitesse. La différentielle de cette vitesse sera, par le n° 7, égale à $-g\frac{dz}{ds}-\varphi\left(\frac{ds}{dt}\right)$; on aura donc, en faisant dt constant,

$$(i) \qquad 0 = \frac{d^2s}{dt^2} + g\frac{dz}{ds} + \varphi\left(\frac{ds}{dt}\right).$$

Supposons $\varphi\left(\frac{ds}{dt}\right) = m\frac{ds}{dt} + n\frac{ds^2}{dt^2}$, et $s = \psi(s')$; en désignant par $\psi'(s')$ la différence de $\psi(s')$ divisée par ds', et par $\psi''(s')$ celle de $\psi'(s')$ divisée par ds', on aura

$$\frac{ds}{dt} = \frac{ds'}{dt}\psi'(s'),$$

$$\frac{d^2s}{dt^2} = \frac{d^2s'}{dt^2}\psi'(s') + \frac{ds'^2}{dt^2}\psi''(s'),$$

et l'équation (i) deviendra

$$(l) \qquad 0 = \frac{d^2s'}{dt^2} + m\frac{ds'}{dt} + \frac{ds'^2}{dt^2}\cdot\frac{\psi''(s') + n\,[\psi'(s')]^2}{\psi'(s')} + \frac{g\,dz}{ds'\,[\psi'(s')]^2}.$$

On fera disparaître le terme multiplié par $\dfrac{ds'^2}{dt^2}$ au moyen de l'équation

$$o = \psi''(s') + n[\psi'(s')]^2,$$

d'où l'on tire, en intégrant,

$$\psi(s') = \log\left[h(s' + q)^{\frac{1}{n}}\right] = s,$$

h et q étant des arbitraires. Si l'on fait commencer s' avec s, on aura $hq^{\frac{1}{n}} = 1$, et si l'on fait, pour plus de simplicité, $h = 1$, on aura

$$s' = c^{ns} - 1,$$

c étant le nombre dont le logarithme hyperbolique est l'unité ; l'équation différentielle (l) devient alors

$$o = \frac{d^2s'}{dt^2} - m\frac{ds'}{dt} - n^2g\frac{dz}{ds'}(1 + s'^2)^2.$$

En supposant s' très-petit, nous pourrons développer le dernier terme de cette équation dans une suite ascendante par rapport aux puissances de s', et qui sera de cette forme $ks' + ls'^i + \ldots$, i étant plus grand que l'unité ; ce qui donne

$$o = \frac{d^2s'}{dt^2} - m\frac{ds'}{dt} - ks' - ls'^i + \ldots.$$

Cette équation, multipliée par $c^{\frac{mt}{2}}(\cos\gamma t + \sqrt{-1}\sin\gamma t)$, et ensuite intégrée, devient, γ étant supposé égal à $\sqrt{k - \dfrac{m^2}{4}}$,

$$c^{\frac{mt}{2}}(\cos\gamma t + \sqrt{-1}\sin\gamma t)\left[\frac{ds'}{dt} + \left(\frac{m}{2} - \gamma\sqrt{-1}\right)s'\right]$$
$$= -l\int s'^i \, dt.c^{\frac{mt}{2}}(\cos\gamma t + \sqrt{-1}\sin\gamma t) - \ldots.$$

En comparant séparément les parties réelles et les parties imaginaires, on aura deux équations au moyen desquelles on pourra éliminer $\frac{ds'}{dt}$; mais il nous suffira ici de considérer la suivante

$$c^{\frac{mt}{2}}\frac{ds'}{dt}\sin\gamma t - c^{\frac{mt}{2}}s'\left(\frac{m}{2}\sin\gamma t - \gamma\cos\gamma t\right) = -t\int s'^i dt.\,c^{\frac{mt}{2}}\sin\gamma t - \ldots,$$

les intégrales du second membre étant supposées commencer avec t. Nommons T la valeur de t à la fin du mouvement, où $\frac{ds}{dt}$ est nul; on aura, à cet instant,

$$c^{\frac{mT}{2}}s'\left(\frac{m}{2}\sin\gamma T - \gamma\cos\gamma T\right) = -t\int s'^i dt.\,c^{\frac{mt}{2}}\sin\gamma t - \ldots.$$

Dans le cas de s' infiniment petit, le second membre de cette équation se réduit à zéro par rapport au premier, et l'on a

$$o = \frac{m}{2}\sin\gamma T - \gamma\cos\gamma T,$$

d'où l'on tire

$$\tan g\gamma T = \frac{2\gamma}{m};$$

et, comme le temps T est, par la supposition, indépendant de l'arc parcouru, cette valeur de $\tan g\gamma T$ a lieu pour un arc quelconque, ce qui donne, quel que soit s',

$$o = t\int s'^i dt.\,c^{\frac{mt}{2}}\sin\gamma t - \ldots,$$

l'intégrale étant prise depuis $t = o$ jusqu'à $t = T$. En supposant s' très-petit, cette équation se réduit à son premier terme, et elle ne peut être satisfaite qu'en faisant $t = o$; car, le facteur $c^{\frac{mt}{2}}\sin\gamma t$ étant constamment positif depuis $t = o$ jusqu'à $t = T$, l'intégrale précédente est nécessairement positive dans cet intervalle. Il ne peut donc y avoir de tautochronisme que dans la supposition de

$$n^2 g\frac{dz}{ds'}(1 + s'^2 = ks',$$

ce qui donne pour l'équation de la courbe tautochrone

$$g\,dz = \frac{k\,ds}{n}(1 - c^{-ns}).$$

Dans le vide, et lorsque la résistance est proportionnelle à la simple vitesse, n est nul, et cette équation devient

$$g\,dz = ks\,ds,$$

équation à la cycloïde.

Il est remarquable que le coefficient n de la partie de la résistance, proportionnelle au carré de la vitesse, n'entre point dans l'expression du temps T, et il est visible, par l'analyse précédente, que cette expression serait la même, si l'on ajoutait à la loi précédente de la résistance les termes $p\dfrac{ds^3}{dt^3} + q\dfrac{ds^4}{dt^4} \cdots \cdots$

Soit, en général, R la force retardatrice le long de la courbe ; on aura

$$0 = \frac{d^2s}{dt^2} - R;$$

s est une fonction du temps t et de l'arc total parcouru, qui par conséquent est fonction de t et de s. En différentiant cette dernière fonction, on aura une équation différentielle de cette forme

$$\frac{ds}{dt} = V,$$

V étant une fonction de t et de s, qui doit être nulle, par la condition du problème, lorsque t a une valeur déterminée et indépendante de l'arc total parcouru. Supposons, par exemple, $V = ST$, S étant fonction de s seul, et t étant fonction de T seul ; on aura

$$\frac{d^2s}{dt^2} = T\frac{dS}{ds}\frac{ds}{dt} - S\frac{dT}{dt} = \frac{dS}{Sds}\frac{ds^2}{dt^2} + S\frac{dT}{dt};$$

mais l'équation $\dfrac{ds}{dt} = ST$ donne t, et par conséquent $\dfrac{dT}{dt}$ égal à une fonction de $\dfrac{ds}{S dt}$, fonction que nous désignerons par $\dfrac{ds^2}{S^2 dt^2} \psi\left(\dfrac{ds}{S dt}\right)$; on aura donc

$$\frac{d^2 s}{dt^2} = \frac{ds^2}{S dt^2}\left[\frac{dS}{ds} + \psi\left(\frac{ds}{S dt}\right)\right] \dots\dots R.$$

Telle est l'expression de la résistance qui convient à l'équation différentielle $\dfrac{ds}{dt} = ST$; et il est facile de voir qu'elle embrasse le cas de la résistance proportionnelle aux deux premières puissances de la vitesse, multipliées respectivement par des coefficients constants. D'autres équations différentielles donneraient d'autres lois de résistance.

CHAPITRE III.

DE L'ÉQUILIBRE D'UN SYSTÈME DE CORPS.

13. Le cas le plus simple de l'équilibre de plusieurs corps est celui de deux points matériels qui se choquent avec des vitesses égales et directement contraires; leur impénétrabilité mutuelle anéantit évidemment leur vitesse, et les réduit à l'état du repos.

Concevons présentement un nombre m de points matériels contigus, disposés en ligne droite, et animés de la vitesse u dans la direction de cette droite. Concevons pareillement un nombre m' de points contigus, disposés sur la même droite, et animés de la vitesse u' directement contraire à u, en sorte que les deux systèmes viennent à se choquer. Il doit exister, pour leur équilibre à l'instant du choc, un rapport entre u et u', qu'il s'agit de déterminer.

Pour cela, nous observerons que le système m, animé de la vitesse u, ferait équilibre à un seul point matériel animé de la vitesse mu dirigée en sens contraire; car chaque point du système détruirait dans ce dernier point une vitesse égale à u, et par conséquent ses m points détruiraient la vitesse entière mu; on peut donc substituer à ce système un seul point animé de la vitesse mu. On peut semblablement substituer au système m' un seul point animé de la vitesse $m'u'$; or, les deux systèmes étant supposés se faire équilibre, les deux points qui en tiennent lieu doivent pareillement se faire équilibre, ce qui exige que leurs vitesses soient égales; on a donc pour la condition de l'équilibre des deux systèmes $mu = m'u'$.

La masse d'un corps est le nombre de ses points matériels, et l'on nomme *quantité de mouvement* le produit de la masse par la vitesse; c'est aussi ce que l'on entend par la force d'un corps en mouvement. Pour l'équilibre de deux corps ou de deux systèmes de points qui viennent à se choquer en sens contraire, les quantités de mouvement ou les forces opposées doivent être égales, et par conséquent les vitesses doivent être réciproques aux masses.

La densité des corps dépend du nombre des points matériels qu'ils renferment sous un volume donné. Pour avoir leur densité absolue, il faudrait pouvoir comparer leurs masses à celle d'une substance qui n'aurait point de pores; mais on n'en connaît point de semblables; on ne peut donc avoir que la densité relative des corps, c'est-à-dire, le rapport de leur densité à celle d'une substance donnée. Il est visible que la masse est en raison du volume et de la densité; en nommant donc M la masse d'un corps, U son volume et D sa densité, on a généralement $M = DU$, équation dans laquelle on doit observer que les quantités M, D et U expriment des rapports à des unités de leur espèce.

Ce que nous venons de dire suppose que les corps sont composés de points matériels semblables, et qu'ils ne diffèrent que par la position respective de ces points. Mais, la nature des corps étant inconnue, cette hypothèse est au moins précaire, et il est possible qu'il y ait des différences essentielles entre leurs molécules intégrantes. Heureusement la vérité de cette hypothèse est indifférente à la Mécanique, et l'on peut, sans craindre aucune erreur, en faire usage; pourvu que par *points matériels semblables* on entende des points qui, se choquant avec des vitesses égales et contraires, se font mutuellement équilibre, quelle que soit leur nature.

14. Deux points matériels, dont les masses sont m et m', ne peuvent agir l'un sur l'autre que suivant la droite qui les joint. A la vérité, si les deux points sont liés par un fil qui passe sur une poulie fixe, leur action réciproque peut n'être point dirigée suivant cette droite. Mais on peut considérer la poulie fixe comme ayant à son centre une masse

d'une densité infinie, qui réagit sur les deux corps m et m', dont l'action l'un sur l'autre n'est plus qu'indirecte.

Nommons p l'action que m exerce sur m' au moyen d'une droite inflexible et sans masse, qui est supposée unir ces deux points. En concevant cette droite animée de deux forces égales et contraires p et $-p$, la force $-p$ détruira dans le corps m une force égale à p, et la force p de la droite se communiquera tout entière au corps m'. Cette perte de force dans m, occasionnée par son action sur m', est ce que l'on nomme *réaction de m'* : ainsi, dans la communication des mouvements, *la réaction est toujours égale et contraire à l'action*. L'observation fait voir que ce principe a lieu dans toutes les actions de la nature.

Imaginons deux corps pesants m et m' attachés aux extrémités d'une droite horizontale, inflexible et sans masse, qui puisse tourner librement autour d'un de ses points. Pour concevoir l'action de ces corps l'un sur l'autre lorsqu'ils se font équilibre, il faut supposer la droite infiniment peu rompue à son point fixe, et formée de deux droites faisant à ce point un angle qui ne diffère de deux angles droits que d'une quantité infiniment petite ω. Soient f et f' les distances de m et m' au point fixe ; en décomposant la pesanteur de m en deux forces, l'une agissant sur le point fixe, l'autre dirigée vers m', cette dernière force sera $mg \dfrac{f-f'}{\omega f'}$, g étant la pesanteur. L'action de m' sur m sera pareillement $\dfrac{m'g(f-f')}{\omega f}$; en égalant donc ces deux forces, en vertu de l'équilibre, on aura $mf = m'f'$: ce qui donne la loi connue de l'équilibre du levier, et fait en même temps concevoir l'action réciproque des forces parallèles.

Considérons présentement l'équilibre d'un système de points m, m', m'',.... sollicités par des forces quelconques, et réagissant les uns sur les autres. Soient f la distance de m à m', f' la distance de m à m'', f'' la distance de m' à m'',....; soient encore p l'action réciproque de m sur m', p' celle de m sur m'', p'' celle de m' sur m'',...; enfin, soient mS, $m'S'$, $m''S''$,... les forces qui sollicitent m, m', m'',...., et s, s', s'',... les droites prises depuis leurs origines jusqu'aux corps m, m', m'',....

6.

Cela posé, le point m peut être considéré comme étant parfaitement libre, et en équilibre en vertu de la force mS et des forces que lui communiquent les corps m', m'',....; mais, s'il était assujetti à se mouvoir sur une surface ou sur une courbe, il faudrait ajouter à ces forces la réaction de la surface ou de la courbe. Soit donc δs la variation de s, et désignons par $\delta_{,}f$ la variation de f, prise en regardant m' comme fixe. Désignons pareillement par $\delta_{,}f'$ la variation de f', prise en regardant m'' comme fixe, etc. Soient R, R' les réactions de deux surfaces qui, par leur intersection, forment la courbe sur laquelle le point m est assujetti à se mouvoir, et δr, $\delta r'$ les variations des directions de ces dernières forces. L'équation (d) du n° 3 donnera

$$0 = mS\,\delta s - p\,\delta_{,}f - p'\,\delta_{,}f' + \ldots + R\,\delta r + R'\,\delta r'.$$

Pareillement m' peut être considéré comme un point parfaitement libre, en équilibre en vertu de la force $m'S'$, des actions des corps m, m'',...., et des réactions des surfaces sur lesquelles il peut être assujetti à se mouvoir, réactions que nous désignerons par R'' et R'''. Soient donc $\delta s'$ la variation de s', $\delta_{,,}f$ la variation de f prise en regardant m comme fixe, $\delta_{,}f''$ la variation de f'' prise en regardant m'' comme fixe, etc. Soient de plus $\delta r''$, $\delta r'''$ les variations des directions de R'', R'''; l'équilibre de m' donnera

$$0 = m'S'\,\delta s' - p\,\delta_{,,}f - p''\,\delta_{,}f'' + \ldots + R''\,\delta r'' + R'''\,\delta r'''.$$

On formera de semblables équations relatives à l'équilibre de m'', m''',...; en les ajoutant ensuite, et observant que

$$\delta f = \delta_{,}f + \delta_{,,}f, \quad \delta f' = \delta_{,}f' + \delta_{,,}f', \ldots,$$

δf, $\delta f'$,... étant les variations totales de f, f',...., on aura

$$(k) \qquad\qquad 0 = \Sigma\, mS\,\delta s - \Sigma\, p\,\delta f + \Sigma\, R\,\delta r,$$

équation dans laquelle les variations des coordonnées des différents corps du système sont entièrement arbitraires. On doit observer ici qu'au lieu de $mS\,\delta s$, on peut, en vertu de l'équation (a) du n° 2, substituer la somme des produits de toutes les forces partielles dont m est animé par les variations de leurs directions respectives. Il en est de même des produits $m'S'\,\delta s'$, $m''S''\,\delta s''$, ...

Si les corps m, m', m'', ... sont liés entre eux d'une manière invariable, les distances f, f', f'', ... sont constantes, et l'on a pour la condition de la liaison des parties du système

$$\delta f = 0, \quad \delta f' = 0, \quad \delta f'' = 0, \ldots$$

Les variations des coordonnées étant arbitraires dans l'équation (k), on peut les assujettir à satisfaire à ces dernières équations, et alors les forces p, p', p'', ..., qui dépendent de l'action réciproque des corps du système, disparaissent de cette équation; on peut même en faire disparaitre les termes $R\,\delta r$, $R'\,\delta r'$, ..., en assujettissant les variations des coordonnées à satisfaire aux équations des surfaces sur lesquelles les corps sont forcés de se mouvoir; l'équation (k) devient ainsi

$$(l) \qquad\qquad 0 = \Sigma m S\,\delta s;$$

d'où il suit que, dans le cas de l'équilibre, la somme des variations des produits des forces par les éléments de leurs directions est nulle, de quelque manière que l'on fasse varier la position du système, pourvu que les conditions de la liaison de ses parties soient observées.

Ce théorème, auquel nous sommes parvenus dans la supposition particulière d'un système de corps liés entre eux d'une manière invariable, est général, quelles que soient les conditions de la liaison des parties du système. Pour le démontrer, il suffit de faire voir qu'en assujettissant les variations des coordonnées à ces conditions, on a dans l'équation (k)

$$0 = \Sigma p\,\delta f - \Sigma R\,\delta r;$$

or il est clair que δr, $\delta r'$, ... sont nuls en vertu de ces conditions; il ne s'agit donc que de prouver que l'on a $0 = \Sigma p\,\delta f$, en assujettissant aux mêmes conditions les variations des coordonnées.

Concevons le système animé des seules forces p, p', p'', ..., et supposons que les corps soient forcés de se mouvoir sur des courbes qu'ils puissent décrire en vertu des mêmes conditions. Alors ces forces se décomposeront en d'autres, les unes q, q', q'',.... dirigées suivant les droites f, f', f'',...., et qui se détruiront mutuellement sans produire d'action sur les courbes décrites; les autres T, T', T'',...., perpendiculaires aux courbes décrites; les autres, enfin, tangentielles à ces courbes, et en vertu desquelles le système sera mû. Mais il est aisé de voir que ces dernières forces doivent être nulles; car, le système étant supposé leur obéir librement, elles ne peuvent produire ni pression sur les courbes décrites, ni réaction des corps les uns sur les autres; elles ne peuvent donc pas faire équilibre aux forces $-p$, $-p'$, $-p''$,....; q, q', q'',....; T, T',...; il faut donc qu'elles soient nulles, et que le système soit en équilibre en vertu des seules forces $-p$, $-p'$, $-p''$,....; q, q', q'....; T, T',.... Soient δi, δi,.... les variations des directions des forces T, T'....; on aura, en vertu de l'équation (k),

$$0 = \Sigma \, q - p' \, \delta f = \Sigma \, T \delta i;$$

mais le système étant supposé en équilibre en vertu des seules forces q, q'...., sans qu'il en résulte aucune action sur les courbes décrites, l'équation (k) donne encore $0 = \Sigma \, q \delta f$; partant

$$0 = \Sigma \, p \, \delta f - \Sigma \, T \delta i.$$

Si l'on assujettit les variations des coordonnées à satisfaire aux courbes décrites, on a $\delta i = 0$, $\delta i' = 0$,...; on a donc alors

$$0 = \Sigma \, p \, \delta f;$$

et, comme les courbes décrites sont elles-mêmes arbitraires et ne sont assujetties qu'aux conditions de la liaison des parties du système, l'équation précédente a lieu, pourvu que ces conditions soient remplies, et alors l'équation (k) se change dans l'équation (l). Cette équation est la traduction analytique du principe suivant, connu sous le nom de *principe des vitesses virtuelles.*

Si l'on fait varier infiniment peu la position d'un système de corps, en l'assujettissant aux conditions qu'il doit remplir, la somme des forces qui le sollicitent, multipliées chacune par l'espace que le corps auquel elle est appliquée parcourt suivant sa direction, doit être égale à zéro dans le cas de l'équilibre du système.

Non-seulement ce principe a lieu dans le cas de l'équilibre, mais il en assure l'existence. Supposons, en effet, que, l'équation (l) ayant lieu, les points m, m',... prennent les vitesses v, v',... en vertu des forces mS, $m'S'$,... qui leur sont appliquées. Ce système serait en équilibre en vertu de ces forces et de celles-ci $- mv$, $- m'v'$,...; désignons par δv, $\delta v'$,... les variations des directions de ces nouvelles forces; on aura, par le principe des vitesses virtuelles,

$$ 0 = \Sigma \, mS \, \delta s - \Sigma \, mv \, \delta v; $$

mais on a, par la supposition, $0 = \Sigma \, mS \, \delta s$; on a donc $0 = \Sigma \, mv \, \delta v$. Les variations δv, $\delta v'$,... devant être assujetties aux conditions du système, on peut les supposer égales à $v \, dt$, $v' \, dt$,..., et alors on a

$$ 0 = \Sigma \, mv^2, $$

équation qui donne $v = 0$, $v' = 0$,...; c'est-à-dire que le système est en équilibre en vertu des seules forces mS, $m'S'$,....

Les conditions de la liaison des parties d'un système peuvent toujours se réduire à des équations entre les coordonnées de ses différents corps. Soient $u = 0$, $u' = 0$, $u'' = 0$,... ces diverses équations; on pourra, par le n° 3, ajouter à l'équation (l) la fonction $\lambda . \delta u + \lambda' . \delta u' + \ldots$, ou $\Sigma \lambda . \delta u$, λ, λ',... étant des fonctions indéterminées des coordonnées des corps; cette équation deviendra ainsi

$$ 0 = \Sigma \, mS \, \delta s - \Sigma \lambda . \delta u; $$

dans ce cas, les variations de toutes les coordonnées seront arbitraires, et l'on pourra égaler leurs coefficients à zéro, ce qui donnera autant d'équations au moyen desquelles on déterminera les fonctions λ, λ',....

Si l'on compare ensuite cette équation à l'équation (k), on aura

$$\Sigma \lambda \, \delta u = \Sigma p \, \delta f + \Sigma R \, \delta r,$$

d'où il sera facile de conclure les actions réciproques des corps m, m',... et les pressions $- R$, $- R'$,... qu'ils exercent contre les surfaces auxquelles ils sont assujettis.

15. Si tous les corps du système sont fixement attachés ensemble, sa position sera déterminée par celle de trois de ses points qui ne sont pas en ligne droite; la position de chacun de ces points dépend de trois coordonnées, ce qui produit neuf indéterminées; mais, les distances mutuelles des trois points étant données et invariables, on peut, à leur moyen, réduire ces indéterminées à six autres qui, substituées dans l'équation (l), introduiront six variations arbitraires; en égalant à zéro leurs coefficients, on aura six équations qui renfermeront toutes les conditions de l'équilibre du système. Développons ces équations.

Pour cela, soient x, y, z les coordonnées de m; x', y', z' celles de m'; x'', y', z'' celles de m'', etc.; on aura

$$f = \sqrt{(x' - x)^2 + (y' - y)^2 + (z' - z)^2},$$

$$f' = \sqrt{(x'' - x)^2 + (y'' - y)^2 + (z'' - z)^2},$$

$$f'' = \sqrt{(x'' - x')^2 + (y'' - y')^2 + (z'' - z')^2},$$

$$\dotfill$$

Si l'on suppose

$$\delta x = \delta x' = \delta x'' = \ldots,$$

$$\delta y = \delta y' = \delta y'' = \ldots,$$

$$\delta z = \delta z' = \delta z'' = \ldots,$$

on aura $\delta f = 0$, $\delta f' = 0$, $\delta f'' = 0$, ...; les conditions à satisfaire seront donc remplies, et l'on aura en vertu de l'équation (l)

$$(m) \qquad 0 = \Sigma m S \frac{\partial s}{\partial x}, \quad 0 = \Sigma m S \frac{\partial s}{\partial y}, \quad 0 = \Sigma m S \frac{\partial s}{\partial z};$$

on aura ainsi trois des six équations qui renferment les conditions de l'équilibre du système. Les seconds membres de ces équations sont les sommes des forces du système, décomposées parallèlement aux trois axes des x, des y et des z; chacune de ces sommes doit donc être nulle dans le cas de l'équilibre.

Les équations $\delta f = 0$, $\delta f = 0$, $\delta f = 0,\dots$ seront encore satisfaites si l'on suppose z, z', $z'',\dots$ invariables, et si l'on fait

$$\delta x = y\,\delta\varpi, \qquad \delta y = - x\,\delta\varpi,$$
$$\delta x' = y'\,\delta\varpi, \qquad \delta y' = - x'\,\delta\varpi,$$
$$\dots\dots\dots\dots, \qquad \dots\dots\dots\dots,$$

$\delta\varpi$ étant une variation quelconque. En substituant ces valeurs dans l'équation (l), on aura

$$0 = \Sigma\, mS\left(y\,\frac{\partial s}{\partial x} - x\,\frac{\partial s}{\partial y}\right).$$

Il est visible que l'on peut changer, dans cette équation, soit les coordonnées x, x', $x'',\dots$, soit les coordonnées y, y', $y'',\dots$, en z, z', $z',\dots$ ce qui donnera deux autres équations qui, réunies à la précédente, formeront le système suivant d'équations

$$n \qquad \begin{cases} 0 = \Sigma\, mS\left(y\,\dfrac{\partial s}{\partial x} - x\,\dfrac{\partial s}{\partial y}\right), \\[2ex] 0 = \Sigma\, mS\left(z\,\dfrac{\partial s}{\partial x} - x\,\dfrac{\partial s}{\partial z}\right), \\[2ex] 0 = \Sigma\, mS\left(y\,\dfrac{\partial s}{\partial z} - z\,\dfrac{\partial s}{\partial y}\right); \end{cases}$$

la fonction $\Sigma\, mS y\,\frac{\partial s}{\partial x}$ est, par le n° 3, la somme des moments de toutes les forces parallèles à l'axe des x, pour faire tourner le système autour de l'axe des z. Pareillement, la fonction $\Sigma\, mS x\,\frac{\partial s}{\partial y}$ est la somme des moments de toutes les forces parallèles à l'axe des y, pour faire tourner le système autour de l'axe des z, mais en sens contraire des premières forces; la première des équations (n) indique, par conséquent, que la somme des moments des forces est nulle par rapport à l'axe des z. La seconde et la troisième de ces équations indiquent semblablement que la somme des moments des forces est nulle, soit par rapport à l'axe des y, soit par rapport à l'axe des x. En réunissant ces trois conditions à celle-ci, savoir, que les sommes des forces parallèles à ces axes soient nulles par rapport à chacun d'eux, on aura les six conditions de l'équilibre d'un système de corps invariablement unis ensemble.

Si l'origine des coordonnées est fixe et attachée invariablement au système, elle détruira les forces parallèles aux trois axes, et les conditions de l'équilibre du système autour de cette origine se réduiront à ce que les sommes des moments des forces pour le faire tourner autour des trois axes soient nulles relativement à chacun d'eux.

Supposons que les corps m, m', m'', ... ne soient animés que par la pesanteur. Son action étant la même sur tous ces corps, et les directions de la pesanteur pouvant être supposées les mêmes dans toute l'étendue du système, on aura

$$S = S' = S' = \ldots,$$

$$\frac{\partial s}{\partial x} = \frac{\partial s'}{\partial x'} = \frac{\partial s''}{\partial x''} = \ldots,$$

$$\frac{\partial s}{\partial y} = \frac{\partial s'}{\partial y'} = \frac{\partial s'}{\partial y''} = \ldots,$$

$$\frac{\partial s}{\partial z} = \frac{\partial s'}{\partial z'} = \frac{\partial s''}{\partial z''} = \ldots.$$

Les trois équations (n) seront satisfaites, quelle que soit la direction de s ou de la pesanteur, au moyen des trois suivantes

$$(o), \qquad\qquad 0 = \Sigma\, m x, \quad 0 = \Sigma\, m y, \quad 0 = \Sigma\, m z.$$

L'origine des coordonnées étant supposée fixe, elle détruira parallèlement à chacun des trois axes les forces $S\,\dfrac{\partial s}{\partial x}\,\Sigma m$, $S\,\dfrac{\partial s}{\partial y}\,\Sigma m$, $S\,\dfrac{\partial s}{\partial z}\,\Sigma m$; en composant ces trois forces, on aura une force unique égale à $S\,\Sigma m$, c'est-à-dire, égale au poids du système.

Cette origine des coordonnées, autour de laquelle nous supposons ici

le système en équilibre, est un point du système très-remarquable, en
ce qu'étant soutenu, le système animé par la pesanteur reste en équilibre, quelque situation qu'on lui donne autour de ce point, que l'on
nomme *centre de gravité* du système. Sa position est déterminée par la
condition que, si l'on fait passer par ce point un plan quelconque, la
somme des produits de chaque corps par sa distance à ce plan est nulle ;
car cette distance est une fonction linéaire des coordonnées x, y, z du
corps ; en la multipliant donc par la masse du corps, la somme de ces
produits sera nulle en vertu des équations (o).

Pour fixer la position du centre de gravité, soient X, Y, Z ses trois
coordonnées par rapport à un point donné ; soient x, y, z les coordonnées de m, rapportées au même point ; x', y', z' celles de m', et ainsi
de suite : les équations (o) donneront

$$o = \Sigma m (x - X) ;$$

mais on a $\Sigma m X = X \Sigma m$, Σm étant la masse entière du système ; on a
donc

$$X = \frac{\Sigma m x}{\Sigma m}.$$

On aura pareillement

$$Y = \frac{\Sigma m y}{\Sigma m}, \quad Z = \frac{\Sigma m z}{\Sigma m} ;$$

ainsi, les coordonnées X, Y, Z ne déterminant qu'un seul point, on voit
que le centre de gravité d'un système de corps est unique. Les trois
équations précédentes donnent

$$X^2 + Y^2 + Z^2 = \frac{(\Sigma m x)^2 + (\Sigma m y)^2 + (\Sigma m z)^2}{(\Sigma m)^2},$$

équation que l'on peut mettre sous cette forme :

$$X^2 + Y^2 + Z^2 = \frac{\Sigma m (x^2 + y^2 + z^2)}{\Sigma m} - \frac{\Sigma m m' [(x' - x)^2 + (y' - y)^2 + (z' - z)^2]}{(\Sigma m)^2},$$

l'intégrale finie $\Sigma m m' [(x' - x)^2 + (y' - y)^2 + (z' - z)^2]$ exprimant la
somme de tous les produits semblables à celui qui est renfermé sous la

caractéristique Σ, et que l'on peut former en considérant deux à deux tous les corps du système. On aura donc ainsi la distance du centre de gravité à un point fixe quelconque, au moyen des distances des corps du système à ce même point fixe, et de leurs distances mutuelles. En déterminant de cette manière la distance du centre de gravité à trois points fixes quelconques, on aura sa position dans l'espace; ce qui donne un nouveau moyen de le déterminer.

On a étendu la dénomination de *centre de gravité* à un point d'un système quelconque de corps pesants ou non pesants, déterminé par les trois coordonnées X, Y, Z.

16. Il est facile d'appliquer les résultats précédents à l'équilibre d'un corps solide de figure quelconque, en le concevant formé d'une infinité de points liés fixement entre eux. Soit donc dm un de ces points, ou une molécule infiniment petite du corps; soient x, y, z les coordonnées rectangles de cette molécule; soient encore P, Q, R les forces dont elle est animée parallèlement aux axes des x, des y et des z; les équations (m) et (n) du numéro précédent se changeront dans les suivantes

$$o = \int P\,dm, \quad o = \int Q\,dm, \quad o = \int R\,dm,$$

$$o = \int (Py - Qx)\,dm, \quad o = \int (Pz - Rx)\,dm, \quad o = \int (Ry - Qz)\,dm,$$

le signe intégral $\int$ étant relatif à la molécule dm, et devant s'étendre à la masse entière du solide.

Si le corps ne peut que tourner autour de l'origine des coordonnées, les trois dernières équations suffisent pour l'équilibre.

CHAPITRE IV.

DE L'ÉQUILIBRE DES FLUIDES.

17. Pour avoir les lois de l'équilibre et du mouvement de chacune des molécules fluides, il faudrait connaître leur figure, ce qui est impossible; mais nous n'avons besoin de déterminer ces lois que pour les fluides considérés en masse, et alors la connaissance des figures de leurs molécules devient inutile. Quelles que soient ces figures et les dispositions qui en résultent dans les molécules intégrantes, tous les fluides pris en masse doivent offrir les mêmes phénomènes dans leur équilibre et dans leurs mouvements, en sorte que l'observation de ces phénomènes ne peut rien nous apprendre sur la configuration des molécules fluides. Ces phénomènes généraux sont fondés sur la mobilité parfaite de ces molécules, qui peuvent ainsi céder au plus léger effort. Cette mobilité est la propriété caractéristique des fluides; elle les distingue des corps solides et sert à les définir. Il en résulte que, pour l'équilibre d'une masse fluide, chaque molécule doit être en équilibre en vertu des forces qui la sollicitent et des pressions qu'elle éprouve de la part des molécules environnantes. Développons les équations qui résultent de cette propriété.

Pour cela, considérons un système de molécules fluides formant un parallélépipède rectangle infiniment petit. Soient x, y, z les trois coordonnées rectangles de l'angle de ce parallélépipède le plus voisin de l'origine des coordonnées. Soient dx, dy, dz les trois dimensions de ce parallélépipède; nommons p la moyenne de toutes les pressions qu'éprouvent les différents points de la face $dy\,dz$ du parallélépipède la plus voisine de l'origine des coordonnées, et p' la même quantité relative à la face opposée. Le parallélépipède, en vertu de la pression qu'il éprouve, sera sollicité, parallèlement à l'axe des x, par une force égale à $(p - p')\,dy\,dz$: $p' - p$ est la différence de p prise en ne faisant varier que x; car, quoique la pression p' agisse en sens contraire de p, cependant, la pression qu'éprouve un point du fluide étant la même dans tous les sens, $p' - p$ peut être considéré comme la différence de deux forces infiniment voisines et agissant dans le même sens; on a donc

$$p' - p = \frac{\partial p}{\partial x}\,dx, \quad \text{et} \quad (p - p')\,dy\,dz = -\frac{\partial p}{\partial x}\,dx\,dy\,dz.$$

Soient P, Q, R les trois forces accélératrices qui animent d'ailleurs les molécules fluides parallèlement aux axes des x, des y et des z; si l'on nomme ρ la densité du parallélépipède, sa masse sera $\rho\,dx\,dy\,dz$, et le produit de la force P par cette masse sera la force entière qui en résulte pour la mouvoir; cette masse sera par conséquent sollicitée, parallèlement à l'axe des x, par la force

$$\left(\rho P - \frac{\partial p}{\partial x}\right) dx\,dy\,dz.$$

Elle sera pareillement sollicitée, parallèlement aux axes des y et des z, par les forces

$$\left(\rho Q - \frac{\partial p}{\partial y}\right) dx\,dy\,dz \quad \text{et} \quad \left(\rho R - \frac{\partial p}{\partial z}\right) dx\,dy\,dz;$$

on aura donc, en vertu de l'équation (b) du n° 3,

$$0 = \left(\rho P - \frac{\partial p}{\partial x}\right)\partial x + \left(\rho Q - \frac{\partial p}{\partial y}\right)\partial y + \left(\rho R - \frac{\partial p}{\partial z}\right)\partial z,$$

ou

$$\partial p = \rho\left(P\,\partial x + Q\,\partial y + R\,\partial z\right).$$

Le second membre de cette équation doit être, comme le premier, une variation exacte; ce qui donne les équations suivantes aux différences partielles

$$\frac{\partial \cdot \rho P}{\partial y} = \frac{\partial \cdot \rho Q}{\partial x}, \quad \frac{\partial \cdot \rho P}{\partial z} = \frac{\partial \cdot \rho R}{\partial x}, \quad \frac{\partial \cdot \rho Q}{\partial z} = \frac{\partial \cdot \rho R}{\partial y},$$

d'où l'on tire

$$o = P\frac{\partial Q}{\partial z} - Q\frac{\partial P}{\partial z} + R\frac{\partial P}{\partial y} - P\frac{\partial R}{\partial y} + Q\frac{\partial R}{\partial x} - R\frac{\partial Q}{\partial x}.$$

Cette équation exprime la relation qui doit exister entre les forces P, Q, R, pour que l'équilibre soit possible.

Si le fluide est libre à sa surface ou dans quelques parties de cette surface, la valeur de p sera nulle dans ces parties; on aura donc $\delta p = o$, pourvu que l'on assujettisse les variations δx, δy, δz à appartenir à cette surface; ainsi, en remplissant ces conditions, on aura

$$o = P\delta x + Q\delta y + R\delta z.$$

Soit $\delta u = o$ l'équation différentielle de la surface; on aura

$$P\delta x + Q\delta y + R\delta z = \lambda \delta u,$$

λ étant une fonction de x, y, z; d'où il suit, par le n° 3, que la résultante des forces P, Q, R doit être perpendiculaire aux parties de la surface dans lesquelles le fluide est libre.

Supposons que la variation $P\delta x + Q\delta y + R\delta z$ soit exacte, ce qui a lieu, par le n° 2, lorsque les forces P, Q, R sont le résultat de forces attractives. Nommons alors $\delta \varphi$ cette variation : on aura $\delta p = \rho\delta\varphi$; ρ doit donc être fonction de p et de φ, et, comme en intégrant cette équation différentielle on a φ en fonction de p, on aura p en fonction de φ. La pression p est donc la même pour toutes les molécules dont la densité est la même; ainsi δp est nul relativement aux surfaces des couches de la masse fluide, dans lesquelles la densité est constante, et l'on a, par rapport à ces surfaces,

$$o = P\delta x + Q\delta y + R\delta z.$$

Il suit de là que la résultante des forces qui animent chaque molécule fluide est, dans l'état d'équilibre, perpendiculaire à la surface de ces couches, que l'on a nommées pour cela *couches de niveau*. Cette condition est toujours remplie si le fluide est homogène et incompressible, puisque alors les couches auxquelles cette résultante est perpendiculaire sont toutes de même densité.

Pour l'équilibre d'une masse fluide homogène dont la surface extérieure est libre, et qui recouvre un noyau solide fixe et de figure quelconque, il est donc nécessaire et il suffit : 1° que la différentielle $P\,\delta x + Q\,\delta y + R\,\delta z$ soit exacte; 2° que la résultante des forces à la surface extérieure soit dirigée vers cette surface et lui soit perpendiculaire.

CHAPITRE V.

PRINCIPES GÉNÉRAUX DU MOUVEMENT D'UN SYSTÈME DE CORPS.

18. Nous avons ramené, dans le n° 7, les lois du mouvement d'un point à celles de l'équilibre, en décomposant son mouvement instantané en deux autres, dont l'un subsiste, et dont l'autre est détruit par les forces qui sollicitent ce point; l'équilibre entre ces forces et le mouvement perdu par le corps nous a donné les équations différentielles de son mouvement. Nous allons faire usage de la même méthode pour déterminer le mouvement d'un système de corps m, m', m'',.... Soient donc mP, mQ, mR les forces qui sollicitent m parallèlement aux axes de ses coordonnées rectangles x, y, z; soient m'P', m'Q', m'R' les forces qui sollicitent m' parallèlement aux mêmes axes, et ainsi de suite, et nommons t le temps. Les forces partielles $m\dfrac{dx}{dt}$, $m\dfrac{dy}{dt}$, $m\dfrac{dz}{dt}$ du corps m, à un instant quelconque, deviendront dans l'instant suivant

$$m\frac{dx}{dt} + m\,d\frac{dx}{dt} - m\,d\frac{dx}{dt} + m\mathrm{P}\,dt,$$

$$m\frac{dy}{dt} + m\,d\frac{dy}{dt} - m\,d\frac{dy}{dt} + m\mathrm{Q}\,dt,$$

$$m\frac{dz}{dt} + m\,d\frac{dz}{dt} - m\,d\frac{dz}{dt} + m\mathrm{R}\,dt;$$

et, comme les seules forces

$$m\frac{dx}{dt} + m\,d\frac{dx}{dt}, \quad m\frac{dy}{dt} + m\,d\frac{dy}{dt}, \quad m\frac{dz}{dt} + m\,d\frac{dz}{dt}$$

subsistent, les forces

$$-m\,d\frac{dx}{dt}+mP\,dt,\qquad -m\,d\frac{dy}{dt}-mQ\,dt,\qquad -m\,d\frac{dz}{dt}-mR\,dt$$

seront détruites. En marquant dans ces expressions successivement d'un trait, de deux traits,... les lettres m, x, y, z, P, Q, R, on aura les forces détruites dans les corps m', m'',.... Cela posé, si l'on multiplie respectivement ces forces par les variations δx, δy, δz, $\delta x'$,... de leurs directions, le principe des vitesses virtuelles, exposé dans le n° 15, donnera, en supposant dt constant, l'équation suivante

$$P,\;\begin{cases} 0 = m\,\delta x\left(\frac{d^2x}{dt^2}-P\right)+m\,\delta y\left(\frac{d^2y}{dt^2}-Q\right)+m\,\delta z\left(\frac{d^2z}{dt^2}-R\right) \\[2ex] -m'\,\delta x'\left(\frac{d^2x'}{dt^2}-P'\right)+m'\,\delta y'\left(\frac{d^2y'}{dt^2}-Q'\right)-m'\,\delta z'\left(\frac{d^2z}{dt^2}-R'\right) \\[2ex] \cdots\cdots\cdots\cdots\cdots\cdots\cdots\cdots\cdots\cdots\cdots\cdots\cdots \end{cases}$$

On éliminera de cette équation, au moyen des conditions particulières du système, autant de variations qu'il y a de ces conditions; en égalant ensuite séparément à zéro les coefficients des variations restantes, on aura toutes les équations nécessaires pour déterminer le mouvement des différents corps du système.

19. L'équation (P) renferme plusieurs principes généraux du mouvement, que nous allons développer. On assujettira évidemment les variations δx, δy, δz, $\delta x'$,... à toutes les conditions de la liaison des parties du système, en les supposant égales aux différences dx, dy, dz, dx',.... Cette supposition est donc permise, et alors l'équation (P) donne, en l'intégrant,

$$Q\qquad \Sigma m\frac{dx^2+dy^2+dz^2}{dt^2}=c+2\Sigma\!\int m\;P\,dx+Q\,dy+R\,dz,$$

c étant une constante arbitraire introduite par l'intégration.

Si les forces P, Q, R sont le résultat de forces attractives dirigées vers des points fixes, et des forces attractives des corps les uns vers les autres, la fonction $\Sigma \int m(P\,dx + Q\,dy + R\,dz)$ est une intégrale exacte. En effet, les parties de cette fonction, relatives aux forces attractives dirigées vers des points fixes, sont, par le n° 8, des intégrales exactes. Cela est également vrai par rapport aux parties qui dépendent des attractions mutuelles des corps du système; car, si l'on nomme f la distance de m à m', et $m'F$ l'attraction de m' sur m, la partie de $m(P\,dx + Q\,dy + R\,dz)$, relative à l'attraction de m' sur m, sera, par le numéro cité, égale à $-mm'F\,df$, la différence df étant prise en ne faisant varier que les coordonnées x, y, z. Mais, la réaction étant égale et contraire à l'action, la partie de $m'(P'\,dx' + Q'\,dy' + R'\,dz')$, relative à l'attraction de m sur m', est égale à $-mm'F\,df$, en ne faisant varier, dans f, que les coordonnées x', y', z'; la partie de la fonction $\Sigma m(P\,dx + Q\,dy + R\,dz)$, relative à l'attraction réciproque de m et de m', est donc $-mm'F\,df$, tout étant supposé varier dans f. Cette quantité est une différence exacte lorsque F est une fonction de f, ou lorsque l'attraction est comme une fonction de la distance, ainsi que nous le supposerons toujours; la fonction $\Sigma m(P\,dx + Q\,dy + R\,dz)$ est donc une différence exacte, toutes les fois que les forces qui agissent sur les corps du système sont le résultat de leur attraction mutuelle, ou de forces attractives dirigées vers des points fixes. Soit alors $d\varphi$ cette différence, et nommons v la vitesse de m, v' celle de m', etc.: on aura

$$(R) \qquad \Sigma m v^2 = c - 2\varphi.$$

Cette équation est analogue à l'équation (g) du n° 8; elle est la traduction analytique du principe de la conservation des *forces vives*. On nomme *force vive* d'un corps le produit de sa masse par le carré de sa vitesse. Le principe dont il s'agit consiste en ce que la somme des forces vives, ou la force vive totale du système, est constante, si le système n'est sollicité par aucune force; et, si les corps sont sollicités par des forces quelconques, la somme des accroissements de la force vive totale est la même, quelles que soient les courbes décrites par chacun de ces corps, pourvu que leurs points de départ et d'arrivée soient les mêmes.

Ce principe n'a lieu que dans les cas où les mouvements des corps

8.

changent par des nuances insensibles. Si ces mouvements éprouvent des changements brusques, la force vive est diminuée d'une quantité que l'on déterminera de cette manière. L'analyse qui nous a conduits à l'équation (P) du numéro précédent donne alors, au lieu de cette équation, la suivante

$$0 = \Sigma m\left(\frac{\delta x}{dt}\cdot\Delta\frac{dx}{dt} + \frac{\delta y}{dt}\cdot\Delta\frac{dy}{dt} + \frac{\delta z}{dt}\cdot\Delta\frac{dz}{dt}\right) - \Sigma m\,\overline{P\,\delta x - Q\,\delta y + R\,\delta z},$$

$\Delta\frac{dx}{dt}$, $\Delta\frac{dy}{dt}$ et $\Delta\frac{dz}{dt}$ étant les différences de $\frac{dx}{dt}$, $\frac{dy}{dt}$ et $\frac{dz}{dt}$ d'un instant à l'autre, différences qui deviennent finies lorsque les mouvements des corps reçoivent des altérations finies dans un instant. On peut supposer dans cette équation

$$\delta x = dx - \Delta\,dx, \quad \delta y = dy + \Delta\,dy, \quad \delta z = dz + \Delta\,dz,$$

parce que, les valeurs de dx, dy, dz se changeant, dans l'instant suivant, dans $dx + \Delta\,dx$, $dy + \Delta\,dy$, $dz - \Delta\,dz$, ces valeurs de δx, δy, δz satisfont aux conditions de la liaison des parties du système; on aura ainsi

$$0 = \Sigma m\left[\left(\frac{dx}{dt} - \Delta\frac{dx}{dt}\right)\cdot\Delta\frac{dx}{dt} + \left(\frac{dy}{dt} + \Delta\frac{dy}{dt}\right)\cdot\Delta\frac{dy}{dt} - \left(\frac{dz}{dt} - \Delta\frac{dz}{dt}\right)\cdot\Delta\frac{dz}{dt}\right]$$
$$- \Sigma m\left[P\,\overline{dx + \Delta\,dx} + Q\,\overline{dy + \Delta\,dy} - R\,\overline{dz + \Delta\,dz}\right].$$

Cette équation doit être intégrée comme une équation aux différences finies relative au temps t, dont les variations sont infiniment petites, ainsi que les variations de x, y, z, x', ... Désignons par $\Sigma_{\prime}$ les intégrales finies résultant de cette intégration, pour les distinguer des intégrales finies précédentes, relatives à l'ensemble des corps du système. L'intégrale de $mP(dx + \Delta\,dx)$ est visiblement la même que $\int mP\,dx$; on aura donc

$$\text{const.} = \Sigma m\,\frac{dx^2 + dy^2 + dz^2}{dt^2} + \Sigma_{\prime}.\Sigma m\left[\left(\Delta\frac{dx}{dt}\right)^2 + \left(\Delta\frac{dy}{dt}\right)^2 + \left(\Delta\frac{dz}{dt}\right)^2\right]$$
$$- 2\,\Sigma\int m\,(P\,dx + Q\,dy + R\,dz).$$

En désignant donc par v, v', v'',... les vitesses de m, m', m'',..., on aura

$$\Sigma\, mv^2 = \text{const.} - \Sigma_{,}.\Sigma\, m\left[\left(\Delta\frac{dx}{dt}\right)^2 + \left(\Delta\frac{dy}{dt}\right)^2 + \left(\Delta\frac{dz}{dt}\right)^2\right]$$
$$+\, 2\Sigma\int m\,(\mathrm{P}\,dx + \mathrm{Q}\,dy + \mathrm{R}\,dz).$$

La quantité renfermée sous le signe Σ, étant nécessairement positive, on voit que la force vive du système diminue par l'action mutuelle des corps, toutes les fois que, durant le mouvement, quelques-unes des variations $\Delta\frac{dx}{dt}$, $\Delta\frac{dy}{dt}$,... sont finies. L'équation précédente offre de plus un moyen fort simple d'avoir cette diminution.

À chaque variation brusque du mouvement du système, on peut concevoir la vitesse de m décomposée en deux autres, l'une v qui subsiste dans l'instant suivant, l'autre V détruite par l'action des autres corps; or la vitesse de m étant $\dfrac{\sqrt{dx^2 + dy^2 + dz^2}}{dt}$ avant cette décomposition, et se changeant, après, dans

$$\frac{\sqrt{(dx + \Delta dx)^2 + (dy + \Delta dy)^2 + (dz + \Delta dz)^2}}{dt},$$

il est facile de voir que l'on a

$$\mathrm{V}^2 = \left(\Delta\frac{dx}{dt}\right)^2 + \left(\Delta\frac{dy}{dt}\right)^2 + \left(\Delta\frac{dz}{dt}\right)^2;$$

l'équation précédente peut donc être mise sous cette forme :

$$\Sigma\, mv^2 = \text{const.} - \Sigma_{,}.\Sigma\, m\mathrm{V}^2 + 2\Sigma\int m\,(\mathrm{P}\,dx + \mathrm{Q}\,dy + \mathrm{R}\,dz).$$

20. Si dans l'équation (P) du n° **18** on suppose

$$\delta x' = \delta x + \delta x'_{,}, \quad \delta y' = \delta y + \delta y'_{,}, \quad \delta z' = \delta z + \delta z'_{,},$$
$$\delta x'' = \delta x + \delta x''_{,}, \quad \delta y'' = \delta y + \delta y''_{,}, \quad \delta z'' = \delta z + \delta z''_{,},$$
$$\cdots\cdots\cdots, \quad \cdots\cdots\cdots, \quad \cdots\cdots\cdots,$$

en substituant ces variations dans les expressions des variations δf, $\delta f'$, $\delta f''$,... des distances mutuelles des corps du système, dont on a donné les valeurs dans le n° 15, on voit que les variations δx, δy, δz disparaissent de ces expressions. Si le système est libre, c'est-à-dire, si aucune de ses parties n'a de liaison avec les corps étrangers, les conditions relatives à la liaison mutuelle des corps ne dépendant que de leurs distances mutuelles, les variations δx, δy, δz seront indépendantes de ces conditions : d'où il suit qu'en substituant, au lieu de $\delta x'$, $\delta y'$, $\delta z'$, $\delta x''$,..., leurs valeurs précédentes dans l'équation (P), on doit égaler séparément à zéro les coefficients des variations δx, δy, δz ; ce qui donne les trois équations

$$o = \Sigma\, m\left(\frac{d^2 x}{dt^2} - P\right), \quad o = \Sigma\, m\left(\frac{d^2 y}{dt^2} - Q\right), \quad o = \Sigma\, m\left(\frac{d^2 z}{dt^2} - R\right).$$

Supposons que X, Y, Z soient les trois coordonnées du centre de gravité du système ; on aura, par le n° 15,

$$X = \frac{\Sigma\, m x}{\Sigma\, m}, \quad Y = \frac{\Sigma\, m y}{\Sigma\, m}, \quad Z = \frac{\Sigma\, m z}{\Sigma\, m};$$

partant

$$o = \frac{d^2 X}{dt^2} - \frac{\Sigma\, m P}{\Sigma\, m}, \quad o = \frac{d^2 Y}{dt^2} - \frac{\Sigma\, m Q}{\Sigma\, m}, \quad o = \frac{d^2 Z}{dt^2} - \frac{\Sigma\, m R}{\Sigma\, m};$$

le centre de gravité du système se meut donc comme si, tous les corps m, m',... étant réunis à ce centre, on lui appliquait toutes les forces qui sollicitent le système.

Si le système n'est soumis qu'à l'action mutuelle des corps qui le composent et à leurs attractions réciproques, on aura

$$o = \Sigma\, m P, \quad o = \Sigma\, m Q, \quad o = \Sigma\, m R;$$

car, en exprimant par p l'action réciproque de m et de m', quelle que soit sa nature, et désignant par f la distance mutuelle de ces deux corps, on aura, en vertu de cette action seule,

$$m P = \frac{p(x - x')}{f}, \quad m Q = \frac{p(y - y')}{f}, \quad m R = \frac{p(z - z')}{f},$$

$$m' P' = \frac{p(x' - x)}{f}, \quad m' Q' = \frac{p(y' - y)}{f}, \quad m' R' = \frac{p(z' - z)}{f},$$

d'où l'on tire

$$o = mP + m'P', \quad o = mQ + m'Q', \quad o = mR + m'R' ;$$

et il est clair que ces équations ont lieu dans le cas même où les corps exerceraient les uns sur les autres une action finie dans un instant. Leur action réciproque disparait donc des intégrales ΣmP, ΣmQ, ΣmR, qui par conséquent sont nulles lorsque le système n'est point sollicité par des forces étrangères. Dans ce cas, on a

$$o = \frac{d^2X}{dt^2}, \quad o = \frac{d^2Y}{dt^2}, \quad o = \frac{d^2Z}{dt^2},$$

et, en intégrant,

$$X = a + bt, \quad Y = a' + b't, \quad Z = a'' + b''t,$$

a, b, a', b', a'', b'' étant des constantes arbitraires. En éliminant le temps t, on aura une équation du premier ordre, soit entre X et Y, soit entre X et Z; d'où il suit que le mouvement du centre de gravité est rectiligne. De plus, sa vitesse étant égale à

$$\sqrt{\left(\frac{dX}{dt}\right)^2 + \left(\frac{dY}{dt}\right)^2 + \left(\frac{dZ}{dt}\right)^2}, \quad \text{ou à} \quad \sqrt{b^2 + b'^2 + b''^2},$$

elle est constante, et le mouvement est uniforme.

Il est clair, d'après l'analyse précédente, que cette inaltérabilité du mouvement du centre de gravité d'un système de corps, quelle que soit leur action mutuelle, subsiste dans le cas même où quelques-uns de ces corps perdent dans un instant, par cette action, une quantité finie de mouvement.

21. Si l'on fait

$$\delta x' = \frac{y'\,\delta x}{y} + \delta x'_1, \quad \delta x'' = \frac{y''\,\delta x}{y} + \delta x''_1, \dots,$$

$$\delta y = \frac{-x\,\delta x}{y} + \delta y_1, \quad \delta y' = \frac{-x'\,\delta x}{y} + \delta y'_1, \quad \delta y'' = \frac{-x''\,\delta x}{y} + \delta y''_1, \dots,$$

la variation δx disparait encore des expressions de δf, $\delta f'$, $\delta f''$, …; en supposant donc le système libre, les conditions relatives à la liaison des parties du système n'influant que sur les variations δf, $\delta f'$, ..., la variation δx en est indépendante, et elle est arbitraire; ainsi, en substituant dans l'équation (P) du n° 18, au lieu de $\delta x'$, $\delta x''$, ..., δy, $\delta y'$, $\delta y''$, ..., leurs valeurs précédentes, on doit égaler séparément à zéro le coefficient de δx, ce qui donne

$$o = \Sigma m \frac{x\,d^2y - y\,d^2x}{dt^2} + \Sigma m(Py - Qx),$$

d'où l'on tire, en intégrant par rapport au temps t,

$$c = \Sigma m \frac{x\,dy - y\,dx}{dt} + \Sigma \int m(Py - Qx)\,dt,$$

c étant une constante arbitraire.

On peut, dans cette intégrale, changer les coordonnées y, y', ... dans z, z', ..., pourvu que l'on y substitue, au lieu des forces Q, Q', ..., parallèles à l'axe des y, les forces R, R', ..., parallèles à l'axe des z, ce qui donne

$$c' = \Sigma m \frac{x\,dz - z\,dx}{dt} + \Sigma \int m(Pz - Rx)\,dt,$$

c' étant une nouvelle arbitraire. On aura de la même manière

$$c'' = \Sigma m \frac{y\,dz - z\,dy}{dt} + \Sigma \int m(Qz - Ry)\,dt,$$

c'' étant une troisième arbitraire.

Supposons que les corps du système ne soient soumis qu'à leur action mutuelle et à une force dirigée vers l'origine des coordonnées. Si l'on nomme, comme ci-dessus, p l'action réciproque de m et de m', on aura, en vertu de cette action seule,

$$o = m(Py - Qx) + m'(P'y' - Q'x');$$

ainsi l'action mutuelle des corps disparaît de l'intégrale finie $\Sigma m(Py - Qx)$. Soit S la force qui sollicite m vers l'origine des coordonnées; on aura, en vertu de cette force seule,

$$P = -\frac{Sx}{\sqrt{x^2 + y^2 + z^2}}, \quad Q = -\frac{Sy}{\sqrt{x^2 + y^2 + z^2}};$$

la force S disparaît donc de l'expression de $Py - Qx$; ainsi, dans le cas où les différents corps du système ne sont sollicités que par leur action et leur attraction mutuelle et par des forces dirigées vers l'origine des coordonnées, on a

$$c = \Sigma m \frac{x\,dy - y\,dx}{dt}, \quad c' = \Sigma m \frac{x\,dz - z\,dx}{dt}, \quad c'' = \Sigma m \frac{y\,dz - z\,dy}{dt}.$$

Si l'on projette le corps m sur le plan des x et des y, la différentielle $\frac{x\,dy - y\,dx}{2}$ sera l'aire que trace, durant l'instant dt, le rayon vecteur mené de l'origine des coordonnées à la projection de m; la somme de ces aires, multipliées respectivement par les masses de ces corps, est donc proportionnelle à l'élément du temps; d'où il suit que, dans un temps fini, elle est proportionnelle au temps. C'est en cela que consiste le principe de la conservation des aires.

Le plan fixe des x et des y étant arbitraire, ce principe a lieu pour un plan quelconque, et, si la force S est nulle, c'est-à-dire, si les corps ne sont assujettis qu'à leur action et à leur attraction mutuelle, l'origine des coordonnées est arbitraire, et l'on peut placer à volonté le point fixe. Enfin il est facile de voir, par ce qui précède, que ce principe subsiste dans le cas même où, par l'action mutuelle des corps du système, il survient des changements brusques dans leurs mouvements.

Il existe un plan par rapport auquel c' et c'' sont nuls, et qu'il est, par cette raison, intéressant de connaître; car il est visible que l'égalité de c' et de c'' à zéro doit apporter de grandes simplifications dans la recherche du mouvement d'un système de corps. Pour déterminer ce plan, il est nécessaire de rapporter les coordonnées x, y, z à trois autres axes ayant la même origine que les précédents. Soient donc θ l'inclinaison du plan cherché, formé par deux de ces nouveaux axes, au plan des x et des y, et ψ l'angle que forme l'axe des x avec l'intersection de ces deux plans, en sorte que $\frac{\pi}{2} - \theta$ soit l'inclinaison du troisième axe nouveau sur le plan des x et des y, et que $\frac{\pi}{2} - \psi$ soit l'angle que sa projection sur le même plan fait avec l'axe des x, π étant la demi-circonférence.

Pour fixer les idées, imaginons que l'origine des coordonnées soit au centre de la Terre, que le plan des x et des y soit celui de l'écliptique, et que l'axe des z soit la ligne menée du centre de la Terre au pôle boréal de l'écliptique; concevons, de plus, que le plan cherché soit celui de l'équateur, et que le troisième axe nouveau soit l'axe de rotation de la Terre, dirigé vers le pôle boréal; θ sera l'obliquité de l'écliptique, et ψ sera la longitude de l'axe fixe des x, relativement à l'équinoxe mobile du printemps. Les deux premiers axes nouveaux seront dans le plan de l'équateur, et, en nommant φ la distance angulaire du premier de ces axes à cet équinoxe, φ représentera la rotation de la Terre, comptée du même équinoxe, et $\frac{\pi}{2} + \varphi$ sera la distance angulaire du second de ces axes au même équinoxe. Nous nommerons *axes principaux* ces trois nouveaux axes. Cela posé :

Soient $x_{,}, y_{,}, z_{,}$ les coordonnées de m rapportées : 1° à la ligne menée de l'origine des coordonnées à l'équinoxe du printemps, les $x_{,}$ positifs étant pris du côté de cet équinoxe; 2° à la projection du troisième axe principal sur le plan des x et des y; 3° à l'axe des z; on aura

$$x = x_{,}\cos\psi - y_{,}\sin\psi, \quad y = y_{,}\cos\psi - x_{,}\sin\psi, \quad z = z_{,}.$$

Soient $x_{,,}, y_{,,}, z_{,,}$ les coordonnées rapportées : 1° à la ligne de l'équinoxe du printemps; 2° à la perpendiculaire à cette ligne dans le plan de l'équateur; 3° au troisième axe principal; on aura

$$x_{,} = x_{,,}, \quad y_{,} = y_{,,}\cos\theta - z_{,,}\sin\theta, \quad z_{,} = z_{,,}\cos\theta - y_{,,}\sin\theta.$$

Enfin, soient $x_{,,,}, y_{,,,}, z_{,,,}$ les coordonnées de m rapportées au premier, au second et au troisième axe principal; on aura

$$x_{,,} = x_{,,,}\cos\varphi - y_{,,,}\sin\varphi, \quad y_{,,} = y_{,,,}\cos\varphi + x_{,,,}\sin\varphi, \quad z_{,,} = z_{,,,}.$$

De là il est facile de conclure

$$x = x_{,}(\cos\theta\sin\psi\sin\varphi + \cos\psi\cos\varphi) + y_{,}(\cos\theta\sin\psi\cos\varphi - \cos\psi\sin\varphi) + z_{,}\sin\theta\sin\psi,$$

$$y = x_{,}(\cos\theta\cos\psi\sin\varphi - \sin\psi\cos\varphi) + y_{,}(\cos\theta\cos\psi\cos\varphi + \sin\psi\sin\varphi) + z_{,}\sin\theta\cos\psi,$$

$$z = z_{,}\cos\theta - y_{,}\sin\theta\cos\varphi - x_{,}\sin\theta\sin\varphi.$$

En multipliant ces valeurs de x, y, z respectivement par les coefficients de $x_{,}$ dans ces valeurs, on aura, en les ajoutant,

$$x_{,} = x\cos\theta\sin\psi\sin\varphi + \cos\psi\cos\varphi + y\cos\theta\cos\psi\sin\varphi - \sin\psi\cos\varphi - z\sin\theta\sin\varphi.$$

En multipliant pareillement les valeurs de x, y, z respectivement par les coefficients de $y_{,}$ dans ces valeurs, et ensuite par les coefficients de $z_{,}$, on aura

$$y_{,} = x\cos\theta\sin\psi\cos\varphi - \cos\psi\sin\varphi + y(\cos\theta\cos\psi\cos\varphi + \sin\psi\sin\varphi) + z\sin\theta\cos\varphi,$$

$$z_{,} = x\sin\theta\sin\psi + y\sin\theta\cos\psi + z\cos\theta.$$

Ces diverses transformations des coordonnées nous seront très-utiles dans la suite. En marquant d'un trait en haut, de deux traits, etc. les coordonnées x, y, z, $x_{,}$, $y_{,}$, $z_{,}$, on aura les coordonnées correspondantes aux corps m', m'',.... De là, en substituant c, c', c'' au lieu de

$$\Sigma\, m\frac{x\,dy - y\,dx}{dt}, \quad \Sigma\, m\frac{x\,dz - z\,dx}{dt}, \quad \Sigma\, m\frac{y\,dz - z\,dy}{dt},$$

il est facile de conclure

$$\Sigma\, m\frac{x_{,}\,dy_{,} - y_{,}\,dx_{,}}{dt} = c\cos\theta - c'\sin\theta\cos\psi + c''\sin\theta\sin\psi.$$

$$\Sigma\, m\frac{x_{,}\,dz_{,} - z_{,}\,dx_{,}}{dt} = c\sin\theta\cos\varphi + c'(\sin\psi\sin\varphi - \cos\theta\cos\psi\cos\varphi)$$
$$+ c''(\cos\psi\sin\varphi - \cos\theta\sin\psi\cos\varphi),$$

$$\Sigma\, m\frac{y_{,}\,dz_{,} - z_{,}\,dy_{,}}{dt} = -c\sin\theta\sin\varphi + c'(\sin\psi\cos\varphi - \cos\theta\cos\psi\sin\varphi)$$
$$+ c''(\cos\psi\cos\varphi + \cos\theta\sin\psi\sin\varphi).$$

Si l'on détermine ψ et θ de manière que l'on ait

$$\sin\theta\sin\psi = \frac{c''}{\sqrt{c^2 + c'^2 + c''^2}}, \qquad \sin\theta\cos\psi = \frac{-c'}{\sqrt{c^2 + c'^2 + c''^2}},$$

ce qui donne

$$\cos\theta = \frac{c}{\sqrt{c^2 + c'^2 + c''^2}},$$

on aura

$$\Sigma m\,\frac{x_m\,dy_m - y_m\,dx_m}{dt} = \sqrt{c^2 + c'^2 + c''^2},$$

$$\Sigma m\,\frac{x_m\,dz_m - z_m\,dx_m}{dt} = 0,$$

$$\Sigma m\,\frac{y_m\,dz_m - z_m\,dy_m}{dt} = 0;$$

les valeurs de c' et de c'' sont donc nulles par rapport au plan des $x_{,,}$ et des $y_{,,}$ déterminé de cette manière. Il n'existe qu'un seul plan qui jouisse de cette propriété ; car, en supposant qu'il soit celui des x et des y, on aura

$$\Sigma m\,\frac{x_m\,dz_m - z_m\,dx_m}{dt} = c\sin\theta\cos\psi,$$

$$\Sigma m\,\frac{y_m\,dz_m - z_m\,dy_m}{dt} = - c\sin\theta\sin\psi.$$

En égalant ces deux fonctions à zéro, on aura $\sin\theta = 0$, c'est-à-dire que le plan des $x_{,,}$ et des $y_{,,}$ coïncide alors avec celui des x et des y.

La valeur de $\Sigma m\,\dfrac{x_m\,dy_m - y_m\,dx_m}{dt}$ étant égale à $\sqrt{c^2 + c'^2 + c''^2}$, quel que soit le plan des x et des y, il en résulte que la quantité $c^2 + c'^2 + c''^2$ est la même, quel que soit ce plan, et que le plan des $x_{,,}$ et des $y_{,,}$, déterminé par ce qui précède, est celui relativement auquel la fonction $\Sigma m\,\dfrac{x_m\,dy_m - y_m\,dx_m}{dt}$ est le plus grande ; le plan dont il s'agit jouit donc de ces propriétés remarquables, savoir : 1° que la somme des aires tracées par les projections des rayons vecteurs des corps, et multipliées respectivement par leurs masses, y est le plus grande possible ; 2° que la même somme, relativement à un plan quelconque qui lui est per-

pendiculaire, est nulle, puisque l'angle φ reste indéterminé. On pourra,
au moyen de ces propriétés, retrouver ce plan à un instant quelconque,
quelles que soient les variations survenues par l'action mutuelle des
corps dans leur position respective, de même que l'on peut facilement
retrouver dans tous les temps la position du centre de gravité du système ; et, par cette raison, il est aussi naturel de rapporter à ce plan
les x et les y que de rapporter au centre de gravité l'origine des coordonnées.

22. Les principes de la conservation des forces vives et des aires ont
encore lieu, en supposant à l'origine des coordonnées un mouvement
rectiligne et uniforme dans l'espace. Pour le démontrer, nommons
X, Y, Z les coordonnées de cette origine, supposée mobile, par rapport à un point fixe, et supposons

$$x = X + x_1, \qquad y = Y + y_1, \qquad z = Z + z_1,$$
$$x' = X + x'_1, \qquad y' = Y + y'_1, \qquad z' = Z + z'_1,$$
$$\dots\dots\dots, \qquad \dots\dots\dots, \qquad \dots\dots\dots;$$

$x_1, y_1, z_1, x'_1, \dots$ seront les coordonnées de m, $m', \dots$ relativement à
l'origine mobile. On aura, par l'hypothèse,

$$d^2 X = 0, \qquad d^2 Y = 0, \qquad d^2 Z = 0;$$

mais on a, par la nature du centre de gravité, lorsque le système est
libre,

$$0 = \Sigma m (d^2 X + d^2 x_1) - \Sigma m P \, dt^2,$$
$$0 = \Sigma m (d^2 Y + d^2 y_1) - \Sigma m Q \, dt^2,$$
$$0 = \Sigma m (d^2 Z + d^2 z_1) - \Sigma m R \, dt^2.$$

L'équation (P) du n° 18 deviendra ainsi, en y substituant $\delta X + \delta x_1$,
$\delta Y + \delta y_1, \dots$ au lieu de δx, $\delta y, \dots$,

$$0 = \Sigma m \, \delta x_1 \left(\frac{d^2 x_1}{dt^2} - P \right) + \Sigma m \, \delta y_1 \left(\frac{d^2 y_1}{dt^2} - Q \right) + \Sigma m \, \delta z_1 \left(\frac{d^2 z_1}{dt^2} - R \right),$$

équation exactement de la même forme que l'équation (P), si les forces

P, Q, R ne dépendent que des coordonnées x_i, y_i, z_i, x'_i, ... En lui appliquant donc l'analyse précédente, on en tirera les principes de la conservation des forces vives et des aires par rapport à l'origine mobile des coordonnées.

Si le système n'éprouve point l'action de forces étrangères, son centre de gravité aura un mouvement rectiligne et uniforme dans l'espace, comme on l'a vu dans le n° **20**; en fixant donc à ce centre l'origine des coordonnées x, y, z, ces principes subsisteront toujours. X, Y, Z étant alors les coordonnées du centre de gravité, on aura, par la nature de ce point,

$$ 0 = \Sigma m x_i, \qquad 0 = \Sigma m y_i, \qquad 0 = \Sigma m z_i, $$

ce qui donne

$$ \Sigma m \frac{x\,dy - y\,dx}{dt} = \frac{X\,dY - Y\,dX}{dt} \Sigma m - \Sigma m \frac{x_i\,dy_i - y_i\,dx_i}{dt}, \ldots $$

$$ \Sigma m \frac{dx^2 + dy^2 + dz^2}{dt^2} = \frac{dX^2 + dY^2 + dZ^2}{dt^2} \Sigma m - \Sigma m \frac{dx_i^2 + dy_i^2 + dz_i^2}{dt^2}. $$

Ainsi les quantités résultantes des principes précédents se composent : 1° des quantités qui auraient lieu si tous les corps du système étaient réunis à leur centre commun de gravité; 2° des quantités relatives au centre de gravité supposé immobile; et, comme les premières de ces quantités sont constantes, on voit la raison pour laquelle les principes dont il s'agit ont lieu par rapport au centre de gravité. En fixant donc à ce point l'origine des coordonnées x, y, z, x',... des équations (Z du numéro précédent, elles subsisteront toujours; d'où il résulte que le plan passant constamment par ce centre, et relativement auquel la fonction $\Sigma m \dfrac{x\,dy - y\,dx}{dt}$ est un maximum, reste toujours parallèle à lui-même pendant le mouvement du système, et que la même fonction relative à tout autre plan qui lui est perpendiculaire est nulle.

Les principes de la conservation des aires et des forces vives peuvent se réduire à des relations entre les coordonnées des distances mutuelles des corps du système. En effet, l'origine des x, des y et des z étant

toujours supposée au centre de gravité, les équations (Z) du numéro
précédent peuvent être mises sous la forme

$$c\,\Sigma m = \Sigma mm'\frac{(x'-x)(dy'-dy)-(y'-y)(dx'-dx)}{dt},$$

$$c'\,\Sigma m = \Sigma mm'\frac{(x'-x)(dz'-dz)-(z'-z)(dx'-dx)}{dt},$$

$$c''\,\Sigma m = \Sigma mm'\frac{(y'-y)(dz'-dz)-(z'-z)(dy'-dy)}{dt},$$

On peut observer que les seconds membres de ces équations multipliées
par dt expriment la somme des projections des aires élémentaires tracées par chaque droite qui joint deux corps du système, dont l'un est
supposé se mouvoir autour de l'autre considéré comme immobile,
chaque aire étant multipliée par le produit des deux masses que joint
la droite.

Si l'on applique aux équations précédentes l'analyse du n° 21, on
verra que le plan passant constamment par l'un quelconque des corps
du système, et relativement auquel la fonction

$$\Sigma mm'\frac{(x'-x)(dy'-dy)-(y'-y)(dx'-dx)}{dt}$$

est un maximum, reste toujours parallèle à lui-même dans le mouvement du système, et que ce plan est parallèle au plan passant par le
centre de gravité, et relativement auquel la fonction $\Sigma m\dfrac{x\,dy-y\,dx}{dt}$
est un maximum. On verra encore que les seconds membres des équa-
tions précédentes sont nuls relativement à tout plan passant par le
même corps et perpendiculaire au plan dont il s'agit.

L'équation (Q) du n° 19 peut être mise sous la forme

$$\Sigma mm'\frac{(dx'-dx)^2+(dy'-dy)^2+(dz'-dz)^2}{dt^2}=\text{const.}-2\,\Sigma m.\Sigma\!\int mm'\,\mathrm{F}\,df,$$

équation relative aux seules coordonnées des distances mutuelles des
corps, et dans laquelle le premier membre exprime la somme des car-

rés des vitesses relatives des corps du système les uns autour des autres, en les considérant deux à deux, et en supposant l'un des deux immobile, chaque carré étant multiplié par le produit des deux masses que l'on considère.

23. Reprenons l'équation (R) du n° 19; en la différentiant par rapport à la caractéristique δ, on aura

$$\Sigma\, m v\, \delta v = \Sigma\, m \left(P\, \delta x + Q\, \delta y + R\, \delta z \right);$$

l'équation (P) du n° 18 devient ainsi

$$o = \Sigma\, m \left(\delta x \cdot d\frac{dx}{dt} + \delta y \cdot d\frac{dy}{dt} + \delta z \cdot d\frac{dz}{dt} \right) - \Sigma\, m\, dt \cdot v\, \delta v.$$

Soient ds l'élément de la courbe décrite par m, ds' l'élément de la courbe décrite par m', … ; on aura

$$v\, dt = ds, \qquad v'\, dt = ds', \ldots,$$
$$ds = \sqrt{dx^2 + dy^2 + dz^2}, \ldots,$$

d'où l'on tirera, en suivant l'analyse du n° 8,

$$\Sigma\, m\, \delta (v\, ds) = \Sigma\, m\, d\frac{dx\, \delta x + dy\, \delta y + dz\, \delta z}{dt}.$$

En intégrant par rapport à la caractéristique différentielle d, et en étendant les intégrales aux courbes entières décrites par les corps m, m', …, on aura

$$\Sigma\, \delta \int m v\, ds = \text{const.} + \Sigma\, m\frac{dx\, \delta x + dy\, \delta y + dz\, \delta z}{dt}.$$

les variations δx, δy, δz, … étant, ainsi que la constante du second membre de cette équation, relatives aux points extrêmes des courbes décrites par m, m', ….

Il suit de là que, si ces points sont supposés invariables, on a

$$o = \Sigma\, \delta \int m v\, ds.$$

c'est-à-dire que la fonction $\Sigma \int mv\,ds$ est un minimum. C'est en cela que consiste le principe de la moindre action, dans le mouvement d'un système de corps, principe qui, comme l'on voit, n'est qu'un résultat mathématique des lois primordiales de l'équilibre et du mouvement de la matière. On voit en même temps que ce principe, combiné avec celui des forces vives, donne l'équation (P) du n° 18, qui renferme tout ce qui est nécessaire à la détermination des mouvements du système. Enfin on voit, par le n° 22, que ce principe a lieu encore quand l'origine des coordonnées est mobile, pourvu que son mouvement soit rectiligne et uniforme, et que le système soit libre.

CHAPITRE VI.

DES LOIS DU MOUVEMENT D'UN SYSTÈME DE CORPS, DANS TOUTES LES RELATIONS MATHÉMATIQUEMENT POSSIBLES ENTRE LA FORCE ET LA VITESSE.

24. Nous avons observé, dans le n° 5, qu'il y a une infinité de manières d'exprimer la force par la vitesse, qui n'impliquent point contradiction. La plus simple de toutes est celle de la force proportionnelle à la vitesse, et nous avons vu qu'elle est la loi de la nature. C'est d'après cette loi que nous avons exposé, dans le Chapitre précédent, les équations différentielles du mouvement d'un système de corps; mais il est facile d'étendre l'analyse dont nous avons fait usage à toutes les lois mathématiquement possibles entre la vitesse et la force, et de présenter ainsi, sous un nouveau point de vue, les principes généraux du mouvement. Pour cela, supposons que, F étant la force et v la vitesse, on ait $F = \varphi(v)$, $\varphi(v)$ étant une fonction quelconque de v; désignons par $\varphi'(v)$ la différence de $\varphi(v)$ divisée par dv. Les dénominations des numéros précédents subsistant toujours, le corps m sera animé, parallèlement à l'axe des x, de la force $\varphi(v)\dfrac{dx}{ds}$. Dans l'instant suivant, cette force deviendra

$$\varphi(v)\frac{dx}{ds} + d\left(\varphi(v)\frac{dx}{ds}\right), \quad \text{ou} \quad \varphi(v)\frac{dx}{ds} + d\left(\frac{\varphi(v)}{v}\frac{dx}{dt}\right),$$

parce que $\dfrac{ds}{dt} = v$. Maintenant, P, Q, R étant les forces qui animent le corps m parallèlement aux axes des coordonnées, le système sera, par le n° 18, en équilibre en vertu de ces forces et des différentielles

$d\left(\dfrac{dx}{dt}\dfrac{\varphi'v}{v}\right)$, $d\left(\dfrac{dy}{dt}\dfrac{\varphi'v}{v}\right)$, $d\left(\dfrac{dz}{dt}\dfrac{\varphi'v}{v}\right)$, prises avec un signe contraire : on aura donc, au lieu de l'équation (P) du même numéro, celle-ci

$$(S)\quad o=\Sigma m\left\{\delta x\left[d\left(\frac{dx}{dt}\frac{\varphi'v}{v}\right)-P\,dt\right]+\delta y\left[d\left(\frac{dy}{dt}\frac{\varphi'v}{v}\right)-Q\,dt\right]+\delta z\left[d\left(\frac{dz}{dt}\frac{\varphi'v}{v}\right)-R\,dt\right]\right\},$$

qui n'en diffère qu'en ce que $\dfrac{dx}{dt}$, $\dfrac{dy}{dt}$, $\dfrac{dz}{dt}$ y sont multipliés par la fonction $\dfrac{\varphi'v}{v}$, qui, dans le cas de la force proportionnelle à la vitesse, peut être supposée égale à l'unité. Mais cette différence rend très-difficile la solution des problèmes de Mécanique. Cependant on peut tirer de l'équation (S) des principes analogues à ceux de la conservation des forces vives, des aires et du centre de gravité.

Si l'on change δx en dx, δy en dy, δz en dz, etc., on aura

$$\Sigma m\left[\delta x\,d\left(\frac{dx}{dt}\frac{\varphi'v}{v}\right)+\delta y\,d\left(\frac{dy}{dt}\frac{\varphi'v}{v}\right)+\delta z\,d\left(\frac{dz}{dt}\frac{\varphi'v}{v}\right)\right]=\Sigma m v\,dv\,dt\,\varphi'v,$$

et par conséquent

$$\Sigma \int m v\,dv\,\varphi'v=\text{const.}+\Sigma \int m(P\,dx+Q\,dy+R\,dz).$$

En supposant $\Sigma m(P\,dx+Q\,dy+R\,dz)$ une différentielle exacte égale à $d\lambda$, on aura

$$(T)\qquad\qquad\Sigma \int m v\,dv\,\varphi'v=\text{const.}+\lambda,$$

équation analogue à l'équation (R) du n° 19, et qui se change en elle dans le cas de la nature, où $\varphi'(v)=1$. Le principe de la conservation des forces vives a donc lieu dans toutes les lois mathématiquement possibles entre la force et la vitesse, pourvu que l'on entende par *force vive* d'un corps le produit de sa masse par le double de l'intégrale de sa vitesse multipliée par la différentielle de la fonction de la vitesse qui exprime la force.

Si l'on fait, dans l'équation (S),

$$\delta x'=\delta x+\delta x_{,}\quad \delta y'=\delta y+\delta y_{,}'\quad \delta z'=\delta z+\delta z_{,}'\quad \delta x''=\delta x+\delta x''_{,}\dots,$$

10.

on aura, en égalant séparément à zéro les coefficients de δx, δy, δz,

$$0 = \Sigma m\left[d\left(\frac{dx}{dt}\frac{\varphi'(v)}{v}\right) - P\,dt\right], \quad 0 = \Sigma m\left[d\left(\frac{dy}{dt}\frac{\varphi'(v)}{v}\right) - Q\,dt\right],$$

$$0 = \Sigma m\left[d\left(\frac{dz}{dt}\frac{\varphi'(v)}{v}\right) - R\,dt\right].$$

Ces trois équations sont analogues à celles du n° **20**, d'où nous avons conclu la conservation du mouvement du centre de gravité, dans le cas de la nature, lorsque le système n'est assujetti à d'autres forces qu'à l'action et à l'attraction mutuelle des corps du système. Dans ce cas, $\Sigma m P$, $\Sigma m Q$, $\Sigma m R$ sont nuls, et l'on a

$$\text{const.} = \Sigma m\frac{dx}{dt}\frac{\varphi'(v)}{v}, \quad \text{const.} = \Sigma m\frac{dy}{dt}\frac{\varphi'(v)}{v}, \quad \text{const.} = \Sigma m\frac{dz}{dt}\frac{\varphi'(v)}{v}.$$

$m\dfrac{dx}{dt}\dfrac{\varphi'(v)}{v}$ est égal à $m\varphi'(v)\dfrac{dx}{ds}$, et cette dernière quantité est la force finie du corps décomposée parallèlement à l'axe des x, la force d'un corps étant le produit de sa masse par la fonction de la vitesse qui exprime la force. Ainsi la somme des forces finies du système, décomposées parallèlement à un axe quelconque, est alors constante, quel que soit le rapport de la force à la vitesse; et ce qui distingue l'état du mouvement de celui du repos est que, dans ce dernier état, cette même somme est nulle. Ces résultats sont communs à toutes les lois mathématiquement possibles entre la force et la vitesse; mais ce n'est que dans la loi de la nature que le centre de gravité se meut d'un mouvement rectiligne et uniforme.

Supposons encore, dans l'équation (S),

$$\delta x' = \frac{y'\delta x}{y} + \delta x'_{,}, \quad \delta x'' = \frac{y''\delta x}{y} + \delta x''_{,}, \dots,$$

$$\delta y = \frac{-x\delta x}{y} + \delta y_{,}, \quad \delta y' = \frac{-x'\delta x}{y} + \delta y'_{,}, \dots;$$

la variation δx disparaîtra des variations des distances mutuelles f, f',... des corps du système, et des forces qui dépendent de ces quantités. Si le système est libre d'obstacles étrangers, on aura, en égalant à zéro le coefficient de δx,

$$0 = \Sigma m \left[x\,d\left(\frac{dy}{dt}\cdot\frac{\varphi' v}{v}\right) - y\,d\left(\frac{dx}{dt}\cdot\frac{\varphi' v}{v}\right)\right] - \Sigma m (Py - Qx)\,dt,$$

d'où l'on tire, en intégrant,

$$c = \Sigma m \frac{x\,dy - y\,dx}{dt}\cdot\frac{\varphi' v}{v} - \Sigma \int m (Py - Qx)\,dt.$$

On aura pareillement

$$c' = \Sigma m \frac{x\,dz - z\,dx}{dt}\cdot\frac{\varphi' v}{v} - \Sigma \int m (Pz - Rx)\,dt,$$

$$c'' = \Sigma m \frac{y\,dz - z\,dy}{dt}\cdot\frac{\varphi' v}{v} - \Sigma \int m (Qz - Ry)\,dt,$$

c, c', c'' étant des constantes arbitraires.

Si le système n'est soumis qu'à l'action mutuelle de ses parties, on a, par le n° 21,

$$\Sigma m (Py - Qx) = 0, \quad \Sigma m (Pz - Rx) = 0, \quad \Sigma m (Qz - Ry) = 0;$$

d'ailleurs, $m\left(x\dfrac{dy}{dt} - y\dfrac{dx}{dt}\right)\dfrac{\varphi' v}{v}$ est le moment de la force finie dont le corps m est animé, décomposée parallèlement au plan des x et des y, pour faire tourner le système autour de l'axe des z; l'intégrale finie

$$\Sigma m \frac{x\,dy - y\,dx}{dt}\cdot\frac{\varphi' v}{v}$$

est donc la somme des moments de toutes les forces finies des corps du système, pour le faire tourner autour du même axe; cette somme est par conséquent constante. Elle est nulle dans l'état d'équilibre; il y a donc ici la même différence entre ces deux états que relativement à la somme des forces parallèles à un axe quelconque. Dans la loi de la nature, cette propriété indique que la somme des aires, décrites autour d'un point fixe par les projections des rayons vecteurs des corps, est toujours la même en temps égal; mais cette constance des aires décrites n'a point lieu dans d'autres lois.

Si l'on différentie par rapport à la caractéristique δ la fonction $\Sigma \int m \varphi(v) \, ds$, on aura

$$\delta \Sigma \int m \varphi(v) \, ds = \Sigma \int m \varphi(v) \, \delta ds + \Sigma \int m \delta v \, \varphi'(v) \, ds;$$

mais on a

$$\delta ds = \frac{dx \, \delta dx + dy \, \delta dy + dz \, \delta dz}{ds} = \frac{1}{v} \left(\frac{dx}{dt} \, d\delta x + \frac{dy}{dt} \, d\delta y + \frac{dz}{dt} \, d\delta z \right);$$

on aura donc, en intégrant par parties,

$$\delta \Sigma \int m \varphi(v) \, ds = \Sigma \frac{m \varphi(v)}{v} \left(\frac{dx}{dt} \, \delta x + \frac{dy}{dt} \, \delta y + \frac{dz}{dt} \, \delta z \right)$$

$$- \Sigma \int m \left[\delta x \, d\left(\frac{dx}{dt} \frac{\varphi(v)}{v} \right) + \delta y \, d\left(\frac{dy}{dt} \frac{\varphi(v)}{v} \right) + \delta z \, d\left(\frac{dz}{dt} \frac{\varphi(v)}{v} \right) \right]$$

$$+ \Sigma \int m \, \delta v \, \varphi'(v) \, ds.$$

Les points extrêmes des courbes décrites par les corps du système étant supposés fixes, le terme hors du signe $\int$ disparait dans cette équation; on aura donc, en vertu de l'équation (S),

$$\delta \Sigma \int m \varphi(v) \, ds = \Sigma \int m \delta v \, \varphi'(v) \, ds - \Sigma \int m \, dt \left(P \delta x + Q \delta y + R \delta z \right).$$

Mais l'équation (T), différentiée par rapport à δ, donne

$$\Sigma \int m \, \delta v \, \varphi'(v) \, ds = \Sigma \int m \, dt \left(P \delta x + Q \delta y + R \delta z \right);$$

on a donc

$$0 = \delta \Sigma \int m \varphi(v) \, ds.$$

Cette équation répond au principe de la moindre action dans la loi de la nature. $m \varphi(v)$ est la force entière du corps m; ainsi ce principe revient à ce que la somme des intégrales des forces finies des corps du système, multipliées respectivement par les éléments de leurs directions, est un minimum : présenté de cette manière, il convient à toutes les lois mathématiquement possibles entre la force et la vitesse. Dans l'état de l'équilibre, la somme des forces multipliées par les éléments de leurs directions est nulle, en vertu du principe des vitesses virtuelles; ce qui distingue donc, à cet égard, l'état d'équilibre de celui du mouvement, est que la même fonction différentielle, qui est nulle dans l'état d'équilibre, donne, étant intégrée, un minimum dans l'état de mouvement.

CHAPITRE VII.

DES MOUVEMENTS D'UN CORPS SOLIDE DE FIGURE QUELCONQUE.

25. Les équations différentielles des mouvements de translation et de rotation d'un corps solide peuvent se déduire facilement de celles que nous avons développées dans le Chapitre V; mais leur importance dans la théorie du Système du monde nous engage à les développer avec étendue.

Imaginons un corps solide dont toutes les parties soient sollicitées par des forces quelconques. Nommons x, y, z les coordonnées orthogonales de son centre de gravité; $x + x'$, $y + y'$, $z + z'$ les coordonnées d'une molécule quelconque dm du corps, en sorte que x', y', z' soient les coordonnées de cette molécule, rapportées au centre de gravité du corps. Soient de plus P, Q, R les forces qui sollicitent la molécule parallèlement aux axes des x, des y et des z. Les forces détruites à chaque instant dans la molécule dm, parallèlement à ces axes, seront, par le n° 18, en considérant l'élément dt du temps comme constant,

$$- \frac{d^2x + d^2x'}{dt} \, dm + \mathrm{P} \, dt \, dm,$$

$$- \frac{d^2y + d^2y'}{dt} \, dm + \mathrm{Q} \, dt \, dm,$$

$$- \frac{d^2z + d^2z'}{dt} \, dm + \mathrm{R} \, dt \, dm.$$

Il faut donc que toutes les molécules animées de forces semblables se fassent mutuellement équilibre. On a vu dans le n° 15 que, pour cela, il est nécessaire que la somme des forces parallèles au même axe soit nulle, ce qui donne les trois équations suivantes

$$S \frac{d^2 x - d^2 x'}{dt^2} \, dm = S P \, dm,$$

$$S \frac{d^2 y - d^2 y'}{dt^2} \, dm = S Q \, dm,$$

$$S \frac{d^2 z - d^2 z'}{dt^2} \, dm = S R \, dm,$$

la lettre S étant ici un signe intégral, relatif à la molécule dm, et qui doit s'étendre à la masse entière du corps. Les variables x, y, z sont les mêmes pour toutes les molécules; on peut donc les faire sortir hors du signe S; ainsi, en désignant par m la masse du corps, on aura

$$S \frac{d^2 x}{dt^2} \, dm = m \frac{d^2 x}{dt^2}, \quad S \frac{d^2 y}{dt^2} \, dm = m \frac{d^2 y}{dt^2}, \quad S \frac{d^2 z}{dt^2} \, dm = m \frac{d^2 z}{dt^2}.$$

On a de plus, par la nature du centre de gravité,

$$S x' \, dm = 0, \quad S y' \, dm = 0, \quad S z' \, dm = 0;$$

partant

$$S \frac{d^2 x'}{dt^2} \, dm = 0, \quad S \frac{d^2 y'}{dt^2} \, dm = 0, \quad S \frac{d^2 z'}{dt^2} \, dm = 0.$$

On aura donc

$$(\Lambda) \quad \begin{cases} m \dfrac{d^2 x}{dt^2} = S P \, dm, \\[2mm] m \dfrac{d^2 y}{dt^2} = S Q \, dm, \\[2mm] m \dfrac{d^2 z}{dt^2} = S R \, dm. \end{cases}$$

Ces trois équations déterminent le mouvement du centre de gravité du corps; elles répondent aux équations du n° 20, relatives au mouvement du centre de gravité d'un système de corps.

On a vu, dans le n° 15, que, pour l'équilibre d'un corps solide, la somme des forces parallèles à l'axe des x, multipliées respectivement par leurs distances à l'axe des z, moins la somme des forces parallèles à l'axe des y, multipliées par leurs distances à l'axe des z, est égale à zéro; on aura ainsi

$$S\left[(x-x')\frac{d^2y-d^2y'}{dt^2} - (y+y')\frac{d^2x-d^2x'}{dt^2}\right]dm = S[(x+x')Q - (y+y')P]dm.$$

Or on a

$$S(xd^2y - yd^2x)dm = m(xd^2y - yd^2x);$$

on a pareillement

$$S(Qx - Py)dm = x.SQdm - y.SPdm;$$

enfin on a

$$S(x'd^2y - xd^2y' - y'd^2x - yd^2x')dm$$
$$= d^2y.Sx'dm - d^2x.Sy'dm - x.Sd^2y'dm - y.Sd^2x'dm;$$

et, par la nature du centre de gravité, chacun des termes du second membre de cette équation est nul; l'équation (1) deviendra donc, en vertu des équations (A),

$$S\frac{x'd^2y' - y'd^2x'}{dt^2}\,dm = S(Qx' - Py')dm;$$

en intégrant cette équation par rapport au temps t, on aura

$$S\frac{x'dy' - y'dx'}{dt}\,dm = S\int(Qx' - Py')dt\,dm,$$

le signe intégral $\int$ se rapportant au temps t.

De là il est facile de conclure que, si l'on fait

$$S\int(Qx' - Py')dt\,dm = N,$$
$$S\int(Rx' - Pz')dt\,dm = N',$$
$$S\int(Ry' - Qz')dt\,dm = N'',$$

on aura les trois équations suivantes

$$\mathrm{B} \quad \begin{cases} \mathrm{S}\,\dfrac{x'dy' - y'dx'}{dt}\,dm = \mathrm{N}, \\[2ex] \mathrm{S}\,\dfrac{x'dz' - z'dx'}{dt}\,dm = \mathrm{N}', \\[2ex] \mathrm{S}\,\dfrac{y'dz' - z'dy'}{dt}\,dm = \mathrm{N}''. \end{cases}$$

Ces trois équations renferment le principe de la conservation des aires; elles suffisent pour déterminer le mouvement de rotation du corps autour de son centre de gravité; réunies aux équations (A), elles déterminent complétement les mouvements de translation et de rotation du corps.

Si le corps est assujetti à tourner autour d'un point fixe, il résulte du n° 15 que les équations (B) suffisent pour cet objet; mais alors il faut fixer à ce point l'origine des coordonnées x', y', z'.

26. Considérons particulièrement ces équations, en supposant cette origine fixe à un point quelconque, différent ou non du centre de gravité. Rapportons la position de chaque molécule à trois axes perpendiculaires entre eux, fixes dans le corps, mais mobiles dans l'espace. Soit θ l'inclinaison du plan formé par les deux premiers axes sur le plan des x et des y; soit φ l'angle formé par la ligne d'intersection de ces deux plans et par le premier axe; enfin, soit ψ l'angle que fait avec l'axe des y la projection du troisième axe sur le plan des x et des y. Nous nommerons *axes principaux* ces trois nouveaux axes, et nous désignerons par x'', y'', z'' les trois coordonnées de la molécule dm, rapportées à ces axes. On aura, par le n° 21,

$$x' = x''(\cos\theta\sin\psi\sin\varphi + \cos\psi\cos\varphi) + y''(\cos\theta\sin\psi\cos\varphi - \cos\psi\sin\varphi) - z''\sin\theta\sin\psi,$$
$$y' = x''(\cos\theta\cos\psi\sin\varphi - \sin\psi\cos\varphi) + y''(\cos\theta\cos\psi\cos\varphi + \sin\psi\sin\varphi) - z''\sin\theta\cos\psi,$$
$$z' = z''\cos\theta - y''\sin\theta\cos\varphi - x''\sin\theta\sin\varphi.$$

Au moyen de ces équations, on pourra développer les premiers mem-

bres des équations (B) en fonctions de θ, ψ et φ et de leurs différentielles. Mais on simplifiera considérablement le calcul, en observant
que la position des trois axes principaux dépend de trois arbitraires,
que l'on peut toujours déterminer de manière à satisfaire aux trois
équations

$$S x' y'' dm = 0, \quad S x'' z'' dm = 0, \quad S y'' z'' dm = 0.$$

Soit alors

$$S(y''^2 + z''^2)\, dm = A, \quad S(x''^2 + z''^2)\, dm = B, \quad S(x''^2 + y''^2)\, dm = C,$$

et faisons, pour abréger,

$$d\varphi - d\psi \cos\theta = p\, dt,$$
$$d\psi \sin\theta \sin\varphi - d\theta \cos\varphi = q\, dt,$$
$$d\psi \sin\theta \cos\varphi - d\theta \sin\varphi = r\, dt.$$

Les équations (B) se changeront, après toutes les réductions, dans les
trois suivantes

$$(C) \begin{cases} Aq \sin\theta \sin\varphi + Br \sin\theta \cos\varphi - Cp \cos\theta = -N, \\ \cos\psi (Aq \cos\theta \sin\varphi + Br \cos\theta \cos\varphi + Cp \sin\theta) + \sin\psi (Br \sin\varphi - Aq \cos\varphi) = -N', \\ \cos\psi (Br \sin\varphi - Aq \cos\varphi) - \sin\psi (Aq \cos\theta \sin\varphi + Br \cos\theta \cos\varphi + Cp \sin\theta) = -N''. \end{cases}$$

Ces trois équations donnent, en les différentiant, et en supposant $\psi = 0$
après les différentiations, ce qui revient à prendre l'axe des x' infiniment près de la ligne d'intersection du plan des x' et des y' avec celui
des x'' et des y'',

$$d\theta \cos\theta . (Br \cos\varphi - Aq \sin\varphi) + \sin\theta . d(Br \cos\varphi + Aq \sin\varphi) - d(Cp \cos\theta) = -dN,$$
$$d\psi (Br \sin\varphi - Aq \cos\varphi) - d\theta \sin\theta . (Br \cos\varphi + Aq \sin\varphi)$$
$$+ \cos\theta . d(Br \cos\varphi + Aq \sin\varphi) + d(Cp \sin\theta) = -dN',$$
$$d(Br \sin\varphi - Aq \cos\varphi) - d\psi \cos\theta . (Br \cos\varphi + Aq \sin\varphi) - Cp\, d\psi \sin\theta = -dN''.$$

Si l'on fait

$$Cp = p', \quad Aq = q', \quad Br = r',$$

ces trois équations différentielles donnent les suivantes

$$\left\{\begin{aligned}
& dp' - \frac{B-A}{AB} q'r'dt = dN\cos\theta - dN'\sin\theta,\\[4pt]
& dq' - \frac{C-B}{CB} r'p'dt = -dN\sin\theta + dN'\cos\theta\,\sin\varphi + dN''\cos\varphi,\\[4pt]
& dr' - \frac{A-C}{AC} p'q'dt = -dN\sin\theta + dN'\cos\theta\,\cos\varphi - dN''\sin\varphi.
\end{aligned}\right. \quad (D)$$

Ces équations sont très-commodes pour déterminer le mouvement de rotation d'un corps, lorsqu'il tourne à fort peu près autour de l'un des axes principaux, ce qui est le cas des corps célestes.

27. Les trois axes principaux auxquels nous venons de rapporter les angles θ, ψ et φ méritent une attention particulière; nous allons déterminer leur position dans un solide quelconque. Les valeurs de x', y', z' du numéro précédent donnent, par le n° 21, les suivantes

$$x'' = x'(\cos\theta\sin\psi\sin\varphi + \cos\psi\cos\varphi) + y'(\cos\theta\cos\psi\sin\varphi - \sin\psi\cos\varphi) - z'\sin\theta\sin\varphi,$$
$$y'' = x'(\cos\theta\sin\psi\cos\varphi - \cos\psi\sin\varphi) + y'(\cos\theta\cos\psi\cos\varphi + \sin\psi\sin\varphi) - z'\sin\theta\cos\varphi,$$
$$z' = x'\sin\theta\sin\psi + y'\sin\theta\cos\psi + z'\cos\theta;$$

d'où l'on tire

$$x''\cos\varphi - y''\sin\varphi = x'\cos\psi - y'\sin\psi,$$
$$x''\sin\varphi + y''\cos\varphi = x'\cos\theta\sin\psi + y'\cos\theta\cos\psi - z'\sin\theta.$$

Soit

$$S\,x'^2 dm = a^2, \quad S\,y'^2 dm = b^2, \quad S\,z'^2 dm = c^2,$$
$$S\,x'y'\,dm = f, \quad S\,x'z'\,dm = g, \quad S\,y'z'\,dm = h;$$

on aura

$$\cos\varphi\,.\,S\,x''z''dm - \sin\varphi\,.\,S\,y''z''dm$$
$$= (a^2 - b^2)\sin\theta\sin\psi\cos\psi + f\sin\theta\,(\cos^2\psi - \sin^2\psi) + \cos\theta\,(g\cos\psi - h\sin\psi),$$
$$\sin\varphi\,.\,S\,x''z''dm + \cos\varphi\,.\,S\,y''z''dm$$
$$= \sin\theta\cos\theta\,(a^2\sin^2\psi + b^2\cos^2\psi - c^2 + 2f\sin\psi\cos\psi) + (\cos^2\theta - \sin^2\theta)(g\sin\psi + h\cos\psi)$$

En égalant à zéro les seconds membres de ces deux équations, on aura

$$\operatorname{tang}\theta = \frac{h\sin\psi - g\cos\psi}{(a^2 - b^2)\sin\psi\cos\psi - f(\cos^2\psi - \sin^2\psi)},$$

$$\tfrac{1}{2}\operatorname{tang}2\theta = \frac{g\sin\psi + h\cos\psi}{c^2 - a^2\sin^2\psi - b^2\cos^2\psi - 2f\sin\psi\cos\psi};$$

mais on a

$$\tfrac{1}{2}\operatorname{tang}2\theta = \frac{\operatorname{tang}\theta}{1 - \operatorname{tang}^2\theta};$$

en égalant ces deux valeurs de $\frac{1}{2}\operatorname{tang}2\theta$, et en substituant dans la dernière, au lieu de $\operatorname{tang}\theta$, sa valeur précédente en ψ; en faisant ensuite, pour abréger, $\operatorname{tang}\psi = u$, on trouvera, après toutes les réductions, l'équation suivante du troisième degré

$$0 = (gu + h)(hu - g)^2 + \{(a^2 - b^2)u + f(1 - u^2)\}\{(hc^2 - ha^2 + fg)u + gb^2 - gc^2 - hf\}.$$

Cette équation ayant au moins une racine réelle, on voit qu'il est toujours possible de rendre nulles à la fois les deux quantités

$$\cos\varphi . \mathrm{S}x''z''dm - \sin\varphi . \mathrm{S}y''z''dm,$$

$$\sin\varphi . \mathrm{S}x''z''dm + \cos\varphi . \mathrm{S}y''z''dm,$$

et par conséquent la somme de leurs carrés $(\mathrm{S}x''z''dm)^2 + (\mathrm{S}y''z''dm)^2$, ce qui exige que l'on ait séparément

$$\mathrm{S}x''z''dm = 0, \quad \mathrm{S}y''z''dm = 0.$$

La valeur de u donne celle de l'angle ψ, et par conséquent celle de $\operatorname{tang}\theta$ et de l'angle θ. Il reste maintenant à déterminer l'angle φ, ce que l'on fera au moyen de la condition $\mathrm{S}x''y''dm = 0$, qui reste à remplir. Pour cela, nous observerons que, si l'on substitue dans $\mathrm{S}x''y''dm$, au lieu de x'', y'', leurs valeurs précédentes, cette fonction deviendra de cette forme

$$\mathrm{H}\sin2\varphi + \mathrm{L}\cos2\varphi,$$

H et L étant fonctions des angles θ et ψ et des constantes a^2, b^2, c^2, f,

g, h; en égalant cette expression à zéro, on aura

$$\tan g \varphi = -\frac{\mathrm{L}}{\mathrm{H}}.$$

Les trois axes déterminés au moyen des valeurs précédentes de θ, ψ et φ satisfont aux trois équations

$$\mathbf{S}\,x''y''\,dm = 0, \quad \mathbf{S}\,x''z''\,dm = 0, \quad \mathbf{S}\,y''z''\,dm = 0.$$

L'équation du troisième degré en u semble indiquer trois systèmes d'axes principaux semblables au précédent; mais on doit observer que u est la tangente de l'angle formé par l'axe des x' et par l'intersection du plan des x' et des y' avec celui des x'' et des y''; or il est clair que l'on peut changer les uns dans les autres les trois axes des x'', des y'' et des z'', puisque les trois équations précédentes seront toujours satisfaites; l'équation en u doit donc également déterminer la tangente de l'angle formé par l'axe des x' et par l'intersection du plan des x' et des y', soit avec le plan des x'' et des y'', soit avec le plan des x'' et des z'', soit enfin avec le plan des y'' et des z''. Ainsi les trois racines de l'équation en u sont réelles, et elles appartiennent à un même système d'axes.

Il suit de là que généralement un solide n'a qu'un seul système d'axes qui jouissent de la propriété dont il s'agit. Ces axes ont été nommés *axes principaux de rotation*, à cause d'une propriété qui leur est particulière, et dont nous parlerons dans la suite.

On nomme *moment d'inertie* d'un corps, relativement à un axe quelconque, la somme des produits de chaque molécule du corps par le carré de sa distance à cet axe. Ainsi les quantités A, B, C sont les moments d'inertie du solide que nous venons de considérer par rapport aux axes des x'', des y'' et des z''. Nommons présentement C' le moment d'inertie du même solide par rapport à l'axe des z'; on trouvera, au moyen des valeurs de x' et de y' du numéro précédent,

$$\mathrm{C}' = \mathrm{A}\sin^2\theta\sin^2\varphi + \mathrm{B}\sin^2\theta\cos^2\varphi + \mathrm{C}\cos^2\theta.$$

Les quantités $\sin^2\theta \sin^2\varphi$, $\sin^2\theta \cos^2\varphi$ et $\cos^2\theta$ sont les carrés des cosinus des angles que font les axes des x'', des y'' et des z'' avec l'axe des z'; d'où il suit en général que, si l'on multiplie le moment d'inertie relatif à chaque axe principal de rotation par le carré du cosinus de l'angle qu'il fait avec un axe quelconque, la somme de ces trois produits sera le moment d'inertie du solide relativement à ce dernier axe.

La quantité C' est moindre que la plus grande des trois quantités A, B, C; elle est plus grande que la plus petite de ces trois quantités; le plus grand et le plus petit moment d'inertie appartiennent donc aux axes principaux.

Soient X, Y, Z les coordonnées du centre de gravité du solide, par rapport à l'origine des coordonnées, que nous fixons au point autour duquel le corps est assujetti à tourner, s'il n'est pas libre; $x' - X$, $y' - Y$ et $z' - Z$ seront les coordonnées de la molécule dm du corps, relativement à son centre de gravité; le moment d'inertie, relatif à un axe parallèle à l'axe des z' et passant par le centre de gravité, sera donc

$$S[(x' - X)^2 + (y' - Y)^2]\,dm;$$

or on a, par la nature du centre de gravité,

$$Sx'\,dm = mX, \quad Sy'\,dm = mY;$$

le moment précédent se réduit donc à

$$- m(X^2 + Y^2) + S(x'^2 + y'^2)\,dm.$$

On aura ainsi les moments d'inertie du solide, relativement aux axes qui passent par un point quelconque, lorsque ces moments seront connus par rapport aux axes qui passent par le centre de gravité. On voit en même temps que le plus petit de tous les moments d'inertie a lieu par rapport à l'un des trois axes principaux qui passent par ce centre.

Supposons que, par la nature du corps, les deux moments d'inertie A et B soient égaux; on aura

$$C' = A \sin^2\theta + C \cos^2\theta;$$

en faisant donc θ égal à l'angle droit, ce qui rend l'axe des z' perpendiculaire à celui des z', on aura $C' = A$. Les moments d'inertie relatifs à tous les axes situés dans le plan perpendiculaire à l'axe des z'' sont donc alors égaux entre eux. Mais il est facile de s'assurer que l'on a dans ce cas, pour le système de l'axe des z'' et de deux axes quelconques perpendiculaires entre eux et à cet axe,

$$S.x'y'dm = 0, \quad S.x'z''dm = 0, \quad S.y'z''dm = 0;$$

car, en désignant par x'' et y'' les coordonnées d'une molécule dm du corps, rapportées aux deux axes principaux, pris dans le plan perpendiculaire à l'axe des z'', et par rapport auxquels les moments d'inertie sont supposés égaux, nous aurons

$$S.(x''^2 + z''^2).dm = S.(y''^2 + z''^2).dm,$$

ou simplement

$$S.x''^2dm = S.y''^2dm;$$

mais, en nommant ε l'angle que l'axe des x' fait avec l'axe des x'', on a

$$x' = x''\cos\varepsilon - y''\sin\varepsilon,$$
$$y' = y''\cos\varepsilon - x''\sin\varepsilon;$$

on a donc

$$S.x'y'dm = S.x''y''dm.(\cos^2\varepsilon - \sin^2\varepsilon) + S.(y''^2 - x''^2).dm.\sin\varepsilon\cos\varepsilon = 0.$$

On trouvera semblablement

$$S.x'z''dm = 0, \quad S.y'z''dm = 0;$$

tous les axes perpendiculaires à celui des z'' sont donc alors des axes principaux, et, dans ce cas, le solide a une infinité d'axes semblables.

Si l'on a à la fois $A = B = C$, on aura généralement $C' = A$, c'est-à-dire que tous les moments d'inertie du solide sont égaux; mais alors on a généralement

$$S.x'y'dm = 0, \quad S.x'z'dm = 0, \quad S.y'z'dm = 0,$$

quelle que soit la position du plan des x' et des y', en sorte que tous les axes sont des axes principaux. C'est le cas de la sphère : nous verrons dans la suite que cette propriété convient à une infinité d'autres solides dont nous donnerons l'équation générale.

28. Les quantités p, q, r, que nous avons introduites dans les équations (C) du n° 26, ont cela de remarquable, qu'elles déterminent la position de l'axe réel et instantané de rotation du corps, par rapport aux axes principaux. En effet, on a, relativement aux points situés dans l'axe de rotation,

$$dx' = 0, \quad dy' = 0, \quad dz' = 0.$$

En différentiant les valeurs de x', y', z' du n° 26, et en faisant $\sin\psi = 0$ après les différentiations, ce qui est permis, puisque l'on peut fixer à volonté la position de l'axe des x' sur le plan des x' et des y', on aura

$$dx = x''(d\psi\cos\theta\sin\varphi - d\varphi\sin\varphi) - y''(d\psi\cos\theta\cos\varphi - d\varphi\cos\varphi) + z''d\psi\sin\theta = 0,$$
$$dy = x'(d\varphi\cos\theta\cos\varphi - d\theta\sin\theta\sin\varphi - d\psi\cos\varphi)$$
$$- y''(d\psi\sin\varphi - d\varphi\cos\theta\sin\varphi - d\theta\sin\theta\cos\varphi) - z''d\theta\cos\theta = 0,$$
$$dz = -x''(d\theta\cos\theta\sin\varphi + d\varphi\sin\theta\cos\varphi) - y'(d\theta\cos\theta\cos\varphi - d\varphi\sin\theta\sin\varphi) - z'd\theta\sin\theta = 0.$$

Si l'on multiplie la première de ces équations par $-\sin\varphi$, la seconde par $\cos\theta\cos\varphi$, et la troisième par $-\sin\theta\cos\varphi$, on aura, en les ajoutant,

$$0 = px'' - qz''.$$

Si l'on multiplie la première des mêmes équations par $\cos\varphi$, la seconde par $\cos\theta\sin\varphi$, et la troisième par $-\sin\theta\sin\varphi$, on aura, en les ajoutant,

$$0 = py'' - rz''.$$

Enfin, si l'on multiplie la seconde des mêmes équations par $\sin\theta$, et la troisième par $\cos\theta$, on aura, en les ajoutant,

$$0 = qy'' - rx''.$$

Cette dernière équation résulte évidemment des deux précédentes; ainsi les trois équations $dx' = 0$, $dy' = 0$, $dz' = 0$ se réduisent à ces deux équations, qui sont à une ligne droite formant avec les axes des x', des y'' et des z'' des angles dont les cosinus sont

$$\frac{q}{\sqrt{p^2+q^2+r^2}},\qquad \frac{r}{\sqrt{p^2+q^2+r^2}},\qquad \frac{p}{\sqrt{p^2+q^2+r^2}}.$$

Cette droite est donc en repos, et forme l'axe réel de rotation du corps.

Pour avoir la vitesse de rotation du corps, considérons le point de l'axe des z'' éloigné de l'origine des coordonnées d'une distance égale à l'unité. On aura ses vitesses parallèlement aux axes des x', des y' et des z' en faisant $x' = 0$, $y' = 0$, $z' = 1$ dans les expressions précédentes de dx', dy', dz', et en les divisant par dt, ce qui donne, pour ces vitesses partielles,

$$\frac{d\psi}{dt}\sin\theta,\qquad \frac{d\theta}{dt}\cos\theta,\qquad -\frac{d\psi}{dt}\sin\theta;$$

la vitesse entière du point dont il s'agit est donc $\sqrt{\dfrac{d\theta^2 + d\psi^2\sin^2\theta}{dt}}$, ou $\sqrt{q^2+r^2}$. En divisant cette vitesse par la distance du point à l'axe instantané de rotation, on aura la vitesse angulaire de rotation du corps; or cette distance est évidemment égale au sinus de l'angle que l'axe réel de rotation fait avec l'axe des z'', angle dont le cosinus est $\dfrac{p}{\sqrt{p^2+q^2+r^2}}$; on aura donc $\sqrt{p^2+q^2+r^2}$ pour la vitesse angulaire de rotation.

On voit par là que, quel que soit le mouvement de rotation d'un corps autour d'un point fixe ou considéré comme tel, ce mouvement ne peut être qu'un mouvement de rotation autour d'un axe fixe pendant un instant, mais qui peut varier d'un instant à l'autre. La position de cet axe par rapport aux trois axes principaux et la vitesse angulaire de rotation dépendent des variables p, q, r, dont la détermination est très-importante dans ces recherches, et qui, exprimant des quantités indépendantes de la situation du plan des x' et des y', sont elles-mêmes indépendantes de cette situation.

12.

29. Déterminons ces variables en fonction du temps t, dans le cas où le corps n'est sollicité par aucune force extérieure. Pour cela, reprenons les équations (D) du n° 26 entre les variables p', q', r', qui sont aux précédentes dans un rapport constant. Les différentielles dN, dN' et dN'' sont alors nulles, et ces équations donnent, en les ajoutant ensemble, après les avoir multipliées respectivement par p', q' et r',

$$0 = p'dp' + q'dq' + r'dr',$$

et, en intégrant,

$$p'^2 + q'^2 + r'^2 = k^2,$$

k étant une constante arbitraire.

Les équations (D), multipliées respectivement par ABp', BCq' et ACr', et ensuite ajoutées, donnent, en intégrant leur somme,

$$ABp'^2 + BCq'^2 + ACr'^2 = H^2,$$

H étant une constante arbitraire : cette équation renferme le principe de la conservation des forces vives. On tirera de ces deux intégrales

$$q'^2 = \frac{ACk^2 - H^2}{C\,.\,A - B} - \frac{A\,.\,B - C}{C\,.\,A - B}\,p'^2,$$

$$r'^2 = \frac{H^2 - BCk^2}{C\,.\,A - B} - \frac{B\,.\,A - C}{C\,.\,A - B}\,p'^2;$$

ainsi l'on connaîtra q' et r' en fonction du temps t, lorsque p' sera déterminé. Or la première des équations (D) donne

$$dt = \frac{AB\,dp'}{A - B\,.\,q'r'},$$

partant

$$dt = \frac{ABC\,dp'}{\sqrt{[ACk^2 - H^2 - A\,.\,B - C\,.\,p'^2][H^2 - BCk^2 - B\,.\,A - C\,.\,p'^2]}}$$

équation qui n'est intégrable que dans l'un des trois cas suivants, $B = A$, $B = C$, $A = C$.

La détermination des trois quantités p', q', r' renferme trois arbitraires H^2, k^2, et celle qu'introduit l'intégration de l'équation différentielle précédente. Mais ces quantités ne donnent que la position de l'axe instantané de rotation du corps sur sa surface ou relativement aux trois axes principaux, et sa vitesse angulaire de rotation. Pour avoir le mouvement réel du corps autour du point fixe, il faut connaître encore la position des axes principaux dans l'espace, ce qui doit introduire trois nouvelles arbitraires relatives à la position primitive de ces axes, et ce qui exige trois nouvelles intégrales, qui, jointes aux précédentes, donnent la solution complète du problème. Les équations (C) du n° 26 renferment trois arbitraires N, N', N'' ; mais elles ne sont pas entièrement distinctes des arbitraires H et k. En effet, si l'on ajoute ensemble les carrés des premiers membres des équations (C), on a

$$p'^2 + q'^2 + r'^2 = N^2 + N'^2 + N''^2,$$

ce qui donne

$$k^2 = N^2 + N'^2 + N''^2.$$

Les constantes N, N', N'' répondent aux constantes c, c', c'' du n° 21, et la fonction $\frac{1}{2}t\sqrt{p'^2 + q'^2 + r'^2}$ exprime la somme des aires décrites pendant le temps t par les projections de chaque molécule du corps sur le plan relativement auquel cette somme est un maximum. N' et N'' sont nuls relativement à ce plan; en égalant donc à zéro leurs valeurs trouvées dans le n° 26, on aura

$$o = Br\sin\varphi - Aq\cos\varphi,$$
$$o = Aq\cos\theta\sin\varphi - Br\cos\theta\cos\varphi + Cp\sin\theta,$$

d'où l'on tire

$$\cos\theta = \frac{p'}{\sqrt{p'^2 + q'^2 + r'^2}},$$

$$\sin\theta\sin\varphi = \frac{-q'}{\sqrt{p'^2 + q'^2 + r'^2}},$$

$$\sin\theta\cos\varphi = \frac{-r'}{\sqrt{p'^2 + q'^2 + r'^2}}.$$

Au moyen de ces équations, on connaîtra les valeurs de θ et de φ en fonction du temps, relativement au plan fixe que nous venons de consi-

dérer. Il ne s'agit plus que de connaître l'angle ψ, que l'intersection de
ce plan et de celui des deux premiers axes principaux fait avec l'axe
des x', ce qui exige une nouvelle intégration.

Les valeurs de q et de r du n° **26** donnent

$$d\psi \sin^2 \theta = q\,dt \sin\theta \sin\varphi + r\,dt \sin\theta \cos\varphi,$$

d'où l'on tire

$$d\psi = \frac{-k\,dt}{AB} \frac{Bq'^2 + Ar'^2}{q'^2 + r'^2};$$

or on a, par ce qui précède,

$$q'^2 + r'^2 = k^2 - p'^2, \quad Bq'^2 + Ar'^2 = \frac{H^2 - ABp'^2}{C};$$

on aura donc

$$d\psi = \frac{-k\,dt}{ABC} \frac{H^2 - ABp'^2}{k^2 - p'^2}.$$

Si l'on substitue, au lieu de dt, sa valeur trouvée ci-dessus, on aura la
valeur de ψ en fonction de p' : les trois angles θ, φ et ψ seront ainsi déterminés en fonction des variables p', q', r', qui seront elles-mêmes déterminées en fonction du temps t. On connaitra donc à un instant quelconque les valeurs de ces angles par rapport au plan des x' et des y'
que nous venons de considérer, et il sera facile, par les formules de la
Trigonométrie sphérique, d'en conclure les valeurs des mêmes angles
relatives à tout autre plan; ce qui introduira deux nouvelles arbitraires
qui, réunies aux quatre précédentes, formeront les six arbitraires que
doit renfermer la solution complète du problème que nous venons de
traiter. Mais on voit que la considération du plan dont nous venons de
parler simplifie ce problème.

La position des trois axes principaux étant supposée connue sur la
surface du corps, si l'on connait à un instant quelconque la position
de l'axe réel de rotation à cette surface et la vitesse angulaire de rotation, on aura à cet instant les valeurs de p, q, r, puisque ces valeurs,
divisées par la vitesse angulaire de rotation, expriment les cosinus des
angles que l'axe réel de rotation forme avec les trois axes principaux;

on aura donc les valeurs de p', q', r'; or ces dernières valeurs sont proportionnelles aux sinus des angles que les trois axes principaux forment avec le plan des x' et des y', relativement auquel la somme des aires des projections des molécules du corps, multipliées respectivement par ces molécules, est un maximum; on pourra donc alors déterminer à tous les instants l'intersection de la surface du corps par ce plan invariable, et par conséquent retrouver la position de ce plan par les conditions actuelles du mouvement du corps.

Supposons que le mouvement de rotation du corps soit dû à une impulsion primitive qui ne passe point par son centre de gravité. Il résulte, de ce que nous avons démontré dans les n^{os} **20** et **22**, que le centre de gravité prendra le même mouvement que si cette impulsion lui était immédiatement appliquée, et que le corps prendra autour de ce centre le même mouvement de rotation que si ce centre était immobile. La somme des aires décrites autour de ce point par le rayon vecteur de chaque molécule projetée sur un plan fixe, et multipliées respectivement par ces molécules, sera proportionnelle au moment de la force primitive projetée sur le même plan; or ce moment est le plus grand relativement au plan qui passe par sa direction et par le centre de gravité; ce plan est donc le plan invariable. Si l'on nomme f la distance de l'impulsion primitive au centre de gravité, et c la vitesse qu'elle imprime à ce point, m étant la masse du corps, mfc sera le moment de cette impulsion, et, en le multipliant par $\frac{1}{2}t$, le produit sera égal à la somme des aires décrites pendant le temps t; mais cette somme, par ce qui précède, est $\frac{t}{2}\sqrt{p^2+q^2+r^2}$: on a donc

$$\sqrt{p^2+q^2+r^2}=mfc.$$

Si l'on connaît à l'origine du mouvement la position des axes principaux relativement au plan invariable, ou les angles θ et φ, on aura à cette origine les valeurs de p', q' et r', et par conséquent celles de p, q, r; on aura donc à un instant quelconque les valeurs des mêmes quantités.

Cette théorie peut servir à expliquer le double mouvement de rotation et de révolution des planètes par une seule impulsion primitive. Supposons, en effet, qu'une planète soit une sphère homogène d'un rayon R, et qu'elle tourne autour du Soleil avec une vitesse angulaire U: r étant supposé exprimer sa distance au Soleil, on aura $v = rU$: de plus, si l'on conçoit que la planète se meut en vertu d'une impulsion primitive dont la direction a passé à la distance f de son centre, il est clair qu'elle tournera sur elle-même, autour d'un axe perpendiculaire au plan invariable; en considérant donc cet axe comme le troisième axe principal, on aura $\theta = 0$, et par conséquent $q = 0$, $r = 0$; on aura donc $p = mfv$, ou $Cp = mfrU$. Mais dans la sphère on a $C = \frac{2}{5}mR^2$, partant

$$f = \frac{2}{5}\frac{R^2}{r}\frac{p}{U}.$$

ce qui donne la distance f de la direction de l'impulsion primitive, au centre de la planète, qui satisfait au rapport observé entre la vitesse angulaire p de rotation et la vitesse angulaire U de révolution autour du Soleil. Relativement à la Terre, on a $\frac{p}{U} = 366,25638$; la parallaxe du Soleil donne $\frac{R}{r} = 0,00004\,2665$, et par conséquent $f = \frac{1}{100}R$, à fort peu près.

Les planètes n'étant point homogènes, on peut les considérer ici comme étant formées de couches sphériques et concentriques, d'inégale densité. Soit ρ la densité d'une de ces couches dont le rayon est R, ρ étant fonction de R: on aura

$$C = \frac{2m}{3}\cdot\frac{\int \rho R^4\,dR}{\int \rho R^2\,dR},$$

m étant la masse entière de la planète, et les intégrales étant prises depuis R $= 0$ jusqu'à sa valeur à la surface; on aura ainsi

$$f = \frac{2}{3}\frac{p}{rU}\cdot\frac{\int \rho R^4\,dR}{\int \rho R^2\,dR}$$

Si, comme il est naturel de le supposer, les couches les plus voisines du centre sont les plus denses, la fonction $\dfrac{\int \rho R^4 \, dR}{\int \rho R^2 \, dR}$ sera moindre que $\frac{3}{5} R^2$; la valeur de f sera donc moindre que dans le cas de l'homogénéité.

30. Déterminons présentement les oscillations du corps, dans le cas où il tourne à très-peu près autour du troisième axe principal. On pourrait les déduire des intégrales auxquelles nous sommes parvenus dans le numéro précédent ; mais il est plus simple de les tirer directement des équations différentielles (D) du n° **26.** Le corps n'étant sollicité par aucune force, ces équations deviennent, en y substituant au lieu de p', q', r' leurs valeurs Cp, Aq et Br,

$$dp - \frac{B-A}{C} qr\,dt = 0, \quad dq - \frac{C-B}{A} rp\,dt = 0, \quad dr - \frac{A-C}{B} pq\,dt = 0.$$

Le solide étant supposé tourner à fort peu près autour de son troisième axe principal, q et r sont de très-petites quantités, dont nous négligerons les carrés et les produits ; ce qui donne $dp = 0$, et par conséquent p constant. Si dans les deux autres équations on suppose

$$q = M \sin(nt+\gamma), \quad r = M'\cos(nt+\gamma),$$

on aura

$$n = p\sqrt{\frac{(C-A)(C-B)}{AB}}, \quad M' = -M\sqrt{\frac{A(C-A)}{B(C-B)}},$$

M et γ étant deux constantes arbitraires. La vitesse angulaire de rotation sera $\sqrt{p^2 + q^2 + r^2}$, ou simplement p, en négligeant les carrés de q et de r ; cette vitesse sera donc à très-peu près constante. Enfin le sinus de l'angle formé par l'axe réel de rotation et par le troisième axe principal sera $\dfrac{\sqrt{q^2+r^2}}{p}$.

Si à l'origine du mouvement on a $q = 0$ et $r = 0$, c'est-à-dire si l'axe réel de rotation coïncide à cet instant avec le troisième axe principal, on aura $M = 0$, $M' = 0$; q et r seront donc toujours nuls, et l'axe de rotation coïncidera toujours avec le troisième axe principal ; d'où il suit que, si le corps commence à tourner autour d'un des axes principaux,

il continuera de tourner uniformément autour du même axe. Cette propriété remarquable des axes principaux les a fait nommer *axes principaux de rotation* : elle leur convient exclusivement ; car, si l'axe réel de rotation est invariable à la surface du corps, on a $dp = o$, $dq = o$, $dr = o$; les valeurs précédentes de ces quantités donnent ainsi

$$\frac{B-A}{C}\, rq = o, \qquad \frac{C-B}{A}\, rp = o, \qquad \frac{A-C}{B}\, pq = o.$$

Dans le cas général où A, B, C sont inégaux, deux des trois quantités p, q, r sont nulles en vertu de ces équations, ce qui suppose que l'axe réel de rotation coïncide avec l'un des axes principaux.

Si deux des trois quantités A, B, C sont égales, par exemple si l'on a $A = B$, les trois équations précédentes se réduisent à celles-ci

$$rp = o, \qquad pq = o,$$

et l'on peut y satisfaire par la supposition seule de p égal à zéro. L'axe de rotation est alors dans un plan perpendiculaire au troisième axe principal ; mais on a vu (n° **27**) que tous les axes situés dans ce plan sont des axes principaux.

Enfin, si l'on a à la fois $A = B = C$, les trois équations précédentes seront satisfaites, quels que soient p, q, r ; mais alors, par le n° **27**, tous les axes du corps sont des axes principaux.

Il suit de là que les seuls axes principaux ont la propriété d'être des axes invariables de rotation ; mais ils n'en jouissent pas tous de la même manière. Le mouvement de rotation autour de celui dont le moment d'inertie est entre les moments d'inertie des deux autres axes peut être troublé d'une manière sensible par la cause la plus légère, en sorte qu'il n'y a point de stabilité dans ce mouvement.

On nomme *état stable* d'un système de corps un état tel que le système, lorsqu'il en est infiniment peu dérangé, ne puisse s'en écarter qu'infiniment peu, en faisant des oscillations continuelles autour de cet état. Concevons, cela posé, que l'axe réel de rotation s'éloigne infiniment peu du troisième axe principal ; dans ce cas, les constantes M

et M' sont infiniment petites ; et, si n est une quantité réelle, les valeurs de q et de r resteront toujours infiniment petites, et l'axe réel de rotation ne fera jamais que des excursions du même ordre autour du troisième axe principal. Mais, si n était imaginaire, $\sin(nt+\gamma)$ et $\cos(nt+\gamma)$ se changeraient en exponentielles ; les expressions de q et de r pourraient donc alors augmenter indéfiniment, et cesser enfin d'être infiniment petites ; il n'y aurait donc point de stabilité dans le mouvement de rotation du corps autour du troisième axe principal. La valeur de n est réelle, si C est la plus grande ou la plus petite des trois quantités A, B, C ; car alors le produit $(C-A)(C-B)$ est positif ; mais ce produit est négatif, si C est entre A et B, et dans ce cas n est imaginaire ; ainsi le mouvement de rotation est stable autour des deux axes principaux dont les moments d'inertie sont le plus grand et le plus petit ; il ne l'est pas autour de l'autre axe principal.

Maintenant, pour déterminer la position des axes principaux dans l'espace, nous supposerons le troisième axe principal à fort peu près perpendiculaire au plan des x' et des y', en sorte que θ soit une quantité très-petite dont nous négligerons le carré. Nous aurons, par le n° 26,

$$d\varphi - d\psi = p\,dt,$$

ce qui donne, en intégrant,

$$\psi = \varphi - pt + \varepsilon,$$

ε étant une constante arbitraire. Si l'on fait ensuite

$$\sin\theta\sin\varphi = s, \quad \sin\theta\cos\varphi = u,$$

les valeurs de q et de r du n° 26 donneront, en éliminant $d\psi$,

$$\frac{ds}{dt} - pu = r, \quad \frac{du}{dt} + ps = -q,$$

et en intégrant,

$$s = 6\sin(pt+\lambda) - \frac{AM}{Cp}\sin(nt+\gamma),$$

$$u = 6\cos(pt+\lambda) - \frac{BM'}{Cp}\cos(nt+\gamma),$$

ζ et λ étant deux nouvelles arbitraires : le problème est ainsi complétement résolu, puisque les valeurs de s et de u donnent les angles θ et φ en fonction du temps, et que ψ est déterminé en fonction de φ et de t. Si ζ est nul, le plan des x' et des y' devient le plan invariable auquel nous avons rapporté, dans le numéro précédent, les angles θ, φ et ψ.

31. Si le solide est libre, l'analyse des numéros précédents donnera son mouvement autour de son centre de gravité ; si le solide est forcé de se mouvoir autour d'un point fixe, elle fera connaître son mouvement autour de ce point. Il nous reste à considérer le mouvement d'un solide assujetti à se mouvoir autour d'un axe fixe.

Concevons que x' soit cet axe, que nous supposerons horizontal : dans ce cas, la dernière des équations (B) du n° 25 suffira pour déterminer le mouvement du corps. Supposons, de plus, que l'axe des y' soit horizontal, et qu'ainsi l'axe des z' soit vertical et dirigé vers le centre de la Terre ; supposons enfin que le plan qui passe par les axes des y' et des z' passe par le centre de gravité du corps, et imaginons un axe passant constamment par ce centre et par l'origine des coordonnées. Soit θ l'angle que ce nouvel axe fait avec celui des z' ; si l'on nomme y'' et z'' les coordonnées rapportées à ce nouvel axe, on aura

$$y' = y''\cos\theta - z''\sin\theta, \quad z' = z''\cos\theta - y''\sin\theta,$$

d'où l'on tire

$$S\frac{y'dz' - z'dy'}{dt} \cdot dm = -\frac{d\theta}{dt} \cdot S\,dm(y''^2 + z''^2).$$

$S\,dm(y''^2 + z''^2)$ est le moment d'inertie du corps relativement à l'axe des x' : soit C ce moment. La dernière des équations (B) du n° 25 donnera

$$-C\frac{d^2\theta}{dt^2} = \frac{dN''}{dt}.$$

Supposons que le corps ne soit sollicité que par l'action de la pesanteur; les valeurs de P et de Q du n° 25 seront nulles, et R sera constant, ce qui donne

$$\frac{dN''}{dt} = S R y' dm = R \cos \theta . S y'' dm = R \sin \theta . S z'' dm.$$

L'axe des z'' passant par le centre de gravité du corps, on a $S y'' dm = o$; de plus, si l'on nomme h la distance du centre de gravité du corps à l'axe de x', on aura $S z'' dm = mh$, m étant la masse entière du corps; on aura donc

$$\frac{dN''}{dt} = mh R \sin \theta,$$

et par conséquent

$$\frac{d^2 \theta}{dt^2} = - \frac{mh R \sin \theta}{C}.$$

Considérons présentement un second corps, dont toutes les parties soient réunies dans un seul point, éloigné de la distance l de l'axe des x'; on aura, relativement à ce corps, $C = m' l^2$, m' étant sa masse: de plus, h sera égal à l; partant

$$\frac{d^2 \theta}{dt^2} = - \frac{R}{l} \sin \theta.$$

Ces deux corps auront donc exactement le même mouvement d'oscillation, si leur vitesse initiale angulaire, lorsque leurs centres de gravité sont dans la verticale, est la même, et si l'on a $l = \frac{C}{mh}$. Le second corps dont nous venons de parler est le pendule simple dont on a considéré les oscillations dans le n° 11; on peut donc toujours assigner, par cette formule, la longueur l du pendule simple dont les oscillations sont isochrones à celles du solide que nous considérons ici, et qui forme un pendule composé. C'est ainsi que l'on a déterminé la longueur du pendule simple qui bat les secondes, par des observations faites sur les pendules composés.

CHAPITRE VIII.

DU MOUVEMENT DES FLUIDES.

32. Nous ferons dépendre les lois du mouvement des fluides de celles de leur équilibre, de même que, dans le Chapitre V, nous avons déduit les lois du mouvement d'un système de corps de celles de l'équilibre de ce système. Reprenons donc l'équation générale de l'équilibre des fluides, donnée dans le n° 17,

$$\delta p = \rho \cdot P\delta x + Q\delta y + R\delta z ,$$

la caractéristique δ ne se rapportant qu'aux coordonnées x, y, z de la molécule, et n'étant point relative au temps t. Lorsque le fluide est en mouvement, les forces en vertu desquelles ses molécules seraient en équilibre sont, par le n° 18, en supposant dt constant,

$$P - \frac{d^2x}{dt^2}, \quad Q - \frac{d^2y}{dt^2}, \quad R - \frac{d^2z}{dt^2};$$

il faut donc substituer ces forces, au lieu de P, Q, R, dans l'équation précédente de l'équilibre. En désignant par δV la variation $P\delta x + Q\delta y + R\delta z$, que nous supposerons exacte, on aura

$$(F) \qquad \delta V - \frac{\delta p}{\rho} = \delta x \frac{d^2x}{dt^2} + \delta y \frac{d^2y}{dt^2} + \delta z \frac{d^2z}{dt^2};$$

cette équation équivaut à trois équations distinctes, puisque, les variations δx, δy, δz étant indépendantes, on peut égaler séparément à zéro leurs coefficients.

Les coordonnées x, y, z sont fonctions des coordonnées primitives et du temps t; soient a, b, c ces coordonnées primitives; on aura

$$\delta x = \frac{\partial x}{\partial a}\,\delta a + \frac{\partial x}{\partial b}\,\delta b + \frac{\partial x}{\partial c}\,\delta c,$$

$$\delta y = \frac{\partial y}{\partial a}\,\delta a + \frac{\partial y}{\partial b}\,\delta b + \frac{\partial y}{\partial c}\,\delta c,$$

$$\delta z = \frac{\partial z}{\partial a}\,\delta a + \frac{\partial z}{\partial b}\,\delta b + \frac{\partial z}{\partial c}\,\delta c.$$

En substituant ces valeurs dans l'équation (F), on pourra égaler séparément à zéro les coefficients de δa, δb, δc, ce qui donnera trois équations à différences partielles entre les trois coordonnées x, y, z de la molécule, ses coordonnées primitives a, b, c, et le temps t.

Il nous reste à remplir les conditions de la continuité du fluide. Pour cela, considérons à l'origine du mouvement un parallélépipède fluide rectangle, dont les trois dimensions soient da, db, dc. En désignant par (ρ) la densité primitive de cette molécule, sa masse sera $(\rho)\,da\,db\,dc$. Nommons (A) ce parallélépipède : il est aisé de voir qu'après le temps t il se changera dans un parallélépipède obliquangle; car toutes les molécules situées primitivement sur une face quelconque du parallélépipède (A) seront encore dans un même plan, du moins en négligeant les infiniment petits du second ordre : toutes les molécules situées sur les arêtes parallèles de (A) se trouveront sur de petites droites égales et parallèles entre elles. Nommons (B) ce nouveau parallélépipède, et concevons que par les extrémités de l'arête formée par les molécules qui, dans le parallélépipède (A), composaient l'arête dc, on mène deux plans parallèles à celui des x et des y. En prolongeant les arêtes de (B) jusqu'à la rencontre de ces deux plans, on aura un nouveau parallélépipède (C), compris entre eux et égal à (B); car il est clair qu'autant l'un des deux plans retranche du parallélépipède (B), autant l'autre lui ajoute. Le parallélépipède (C) aura ses deux bases parallèles au plan des x et des y : sa hauteur comprise entre ses bases sera évidemment égale à la différence de z, prise en n'y faisant varier que c; ce qui donne $\frac{\partial z}{\partial c}\, dc$ pour cette hauteur.

On aura sa base, en observant qu'elle est égale à la section de (B) par un plan parallèle à celui des x et des y; nommons (ε) cette section. Par rapport aux molécules dont elle sera formée, la valeur de z sera la même, et l'on aura

$$o = \frac{\partial z}{\partial a}\, da + \frac{\partial z}{\partial b}\, db + \frac{\partial z}{\partial c}\, dc.$$

Soient δp et δq deux côtés contigus de la section (ε), dont le premier soit formé par des molécules de la face $db\,dc$ du parallélépipède (A), et dont le second soit formé par des molécules de sa face $da\,dc$. Si par les extrémités du côté δp on imagine deux droites parallèles à l'axe des x, et que l'on prolonge le côté du parallélogramme (ε), parallèle à δp, jusqu'à la rencontre de ces droites, elles intercepteront entre elles un nouveau parallélogramme (λ) égal à (ε), et dont la base sera parallèle à l'axe des x. Le côté δp étant formé par des molécules de la face $db\,dc$, relativement auxquelles la valeur de z est la même, il est aisé de voir que la hauteur du parallélogramme (λ) est la différence de y, en supposant a, z et t constants, ce qui donne

$$dy = \frac{\partial y}{\partial b}\, db + \frac{\partial y}{\partial c}\, dc,$$

$$o = \frac{\partial z}{\partial b}\, db + \frac{\partial z}{\partial c}\, dc,$$

d'où l'on tire

$$dy = \frac{\dfrac{\partial y}{\partial b}\dfrac{\partial z}{\partial c} - \dfrac{\partial y}{\partial c}\dfrac{\partial z}{\partial b}}{\dfrac{\partial z}{\partial c}}\, db;$$

c'est l'expression de la hauteur du parallélogramme (λ). Sa base est égale à la section de ce parallélogramme par un plan parallèle à l'axe des x; cette section est formée par des molécules du parallélépipède (A) par rapport auxquelles z et y sont constants; sa longueur est donc égale à la différentielle de x, prise en supposant z, y et t constants, ce qui donne les trois équations

$$dx = \frac{\partial x}{\partial a}\,da + \frac{\partial x}{\partial b}\,db + \frac{\partial x}{\partial c}\,dc,$$

$$0 = \frac{\partial y}{\partial a}\,da + \frac{\partial y}{\partial b}\,db + \frac{\partial y}{\partial c}\,dc,$$

$$0 = \frac{\partial z}{\partial a}\,da + \frac{\partial z}{\partial b}\,db + \frac{\partial z}{\partial c}\,dc.$$

Soit, pour abréger,

$$\varepsilon = \frac{\partial x}{\partial a}\frac{\partial y}{\partial b}\frac{\partial z}{\partial c} - \frac{\partial x}{\partial a}\frac{\partial y}{\partial c}\frac{\partial z}{\partial b} + \frac{\partial x}{\partial b}\frac{\partial y}{\partial c}\frac{\partial z}{\partial a} - \frac{\partial x}{\partial b}\frac{\partial y}{\partial a}\frac{\partial z}{\partial c} + \frac{\partial x}{\partial c}\frac{\partial y}{\partial a}\frac{\partial z}{\partial b} - \frac{\partial x}{\partial c}\frac{\partial y}{\partial b}\frac{\partial z}{\partial a};$$

on aura

$$dx = \frac{\varepsilon\,da}{\dfrac{\partial y}{\partial b}\dfrac{\partial z}{\partial c} - \dfrac{\partial y}{\partial c}\dfrac{\partial z}{\partial b}};$$

c'est l'expression de la base du parallélogramme (λ); la surface de ce parallélogramme sera donc $\dfrac{\varepsilon\,da\,db}{\dfrac{\partial z}{\partial c}}$. Cette quantité exprime encore la surface du parallélogramme (ε); en la multipliant par $\dfrac{\partial z}{\partial c}\,dc$, on aura $\varepsilon\,da\,db\,dc$ pour le volume des parallélépipèdes (C) et (B). Soit ρ la densité du parallélépipède (A) après le temps t; on aura $\rho\,\varepsilon\,da\,db\,dc$ pour sa masse; en l'égalant à sa masse primitive $(\rho)\,da\,db\,dc$, on aura

$$(G) \qquad\qquad\qquad \rho\,\varepsilon = (\rho),$$

pour l'équation relative à la continuité du fluide.

33. On peut donner aux équations (F) et (G) une autre forme d'un usage plus commode dans quelques circonstances. Soient u, v et w les vitesses d'une molécule fluide, parallèlement aux axes des x, des y et des z; on aura

$$\frac{\partial x}{\partial t} = u, \qquad \frac{\partial y}{\partial t} = v, \qquad \frac{\partial z}{\partial t} = w.$$

Différentions ces équations, en regardant u, v et w comme fonctions des coordonnées x, y, z de la molécule, et du temps t; nous aurons

$$\frac{\partial^2 x}{\partial t^2} = \frac{\partial u}{\partial t} + u\frac{\partial u}{\partial x} + v\frac{\partial u}{\partial y} + w\frac{\partial u}{\partial z}.$$

$$\frac{\partial^2 y}{\partial t^2} = \frac{\partial v}{\partial t} + u\frac{\partial v}{\partial x} + v\frac{\partial v}{\partial y} + w\frac{\partial v}{\partial z},$$

$$\frac{\partial^2 z}{\partial t^2} = \frac{\partial w}{\partial t} + u\frac{\partial w}{\partial x} + v\frac{\partial w}{\partial y} + w\frac{\partial w}{\partial z}.$$

L'équation (F) du numéro précédent deviendra ainsi

$$(H)\quad\left\{\begin{aligned}\partial V - \frac{\partial p}{\rho} &= \partial x\left(\frac{\partial u}{\partial t} + u\frac{\partial u}{\partial x} + v\frac{\partial u}{\partial y} + w\frac{\partial u}{\partial z}\right)\\[1ex]
&\quad + \partial y\left(\frac{\partial v}{\partial t} + u\frac{\partial v}{\partial x} + v\frac{\partial v}{\partial y} + w\frac{\partial v}{\partial z}\right)\\[1ex]
&\quad + \partial z\left(\frac{\partial w}{\partial t} + u\frac{\partial w}{\partial x} + v\frac{\partial w}{\partial y} + w\frac{\partial w}{\partial z}\right).\end{aligned}\right.$$

Pour avoir l'équation relative à la continuité du fluide, concevons que, dans la valeur de ε du numéro précédent, a, b, c soient égaux à x, y, z, et que x, y, z soient égaux à $x + u\,dt$, $y + v\,dt$, $z + w\,dt$, ce qui revient à prendre les coordonnées primitives a, b, c infiniment près de x, y, z; on aura

$$\varepsilon = 1 + dt\left(\frac{\partial u}{\partial x} + \frac{\partial v}{\partial y} + \frac{\partial w}{\partial z}\right);$$

l'équation (G) devient

$$\rho\,dt\left(\frac{\partial u}{\partial x} + \frac{\partial v}{\partial y} + \frac{\partial w}{\partial z}\right) + \rho - (\rho) = 0.$$

Si l'on considère ρ comme fonction de x, y, z et de t, on a

$$(\rho) = \rho - dt\frac{\partial \rho}{\partial t} - u\,dt\frac{\partial \rho}{\partial x} - v\,dt\frac{\partial \rho}{\partial y} - w\,dt\frac{\partial \rho}{\partial z};$$

l'équation précédente se change ainsi dans la suivante

$$(K)\qquad 0 = \frac{\partial \rho}{\partial t} + \frac{\partial.\rho u}{\partial x} + \frac{\partial.\rho v}{\partial y} + \frac{\partial.\rho w}{\partial z};$$

c'est l'équation relative à la continuité du fluide, et il est aisé de voir qu'elle est la différentielle de l'équation (G) du numéro précédent, prise par rapport au temps t.

L'équation (II) est susceptible d'intégration dans un cas fort étendu, savoir, lorsque $u\,\delta x + v\,\delta y + w\,\delta z$ est une variation exacte de x, y, z; ρ étant d'ailleurs une fonction quelconque de la pression p. Soit alors $\delta\varphi$ cette variation; l'équation (II) donne

$$\delta V - \frac{\delta p}{\rho} = \delta\frac{\partial\varphi}{\partial t} + \tfrac{1}{2}\delta\left[\left(\frac{\partial\varphi}{\partial x}\right)^2 + \left(\frac{\partial\varphi}{\partial y}\right)^2 + \left(\frac{\partial\varphi}{\partial z}\right)^2\right],$$

d'où l'on tire, en intégrant par rapport à δ,

$$V - \int\frac{\delta p}{\rho} = \frac{\partial\varphi}{\partial t} + \frac{1}{2}\left[\left(\frac{\partial\varphi}{\partial x}\right)^2 + \left(\frac{\partial\varphi}{\partial y}\right)^2 + \left(\frac{\partial\varphi}{\partial z}\right)^2\right].$$

Il faudrait ajouter à cette intégrale une constante arbitraire, fonction de t; mais cette constante peut être censée renfermée dans la fonction φ. Cette dernière fonction donne la vitesse des molécules fluides, parallèlement aux axes des x, des y et des z; car on a

$$u = \frac{\partial\varphi}{\partial x}, \quad v = \frac{\partial\varphi}{\partial y}, \quad w = \frac{\partial\varphi}{\partial z}.$$

L'équation (K) relative à la continuité du fluide devient

$$0 = \frac{\partial\rho}{\partial t} + \frac{\partial\rho}{\partial x}\frac{\partial\varphi}{\partial x} + \frac{\partial\rho}{\partial y}\frac{\partial\varphi}{\partial y} + \frac{\partial\rho}{\partial z}\frac{\partial\varphi}{\partial z} + \rho\left(\frac{\partial^2\varphi}{\partial x^2} + \frac{\partial^2\varphi}{\partial y^2} + \frac{\partial^2\varphi}{\partial z^2}\right);$$

ainsi l'on a relativement aux fluides homogènes

$$0 = \frac{\partial^2\varphi}{\partial x^2} + \frac{\partial^2\varphi}{\partial y^2} + \frac{\partial^2\varphi}{\partial z^2}.$$

On peut observer que la fonction $u\,\delta x + v\,\delta y + w\,\delta z$ est une variation exacte de x, y, z à tous les instants, si elle l'est à un seul instant. Supposons, en effet, qu'à un instant quelconque elle soit égale à $\delta\varphi$; dans l'instant suivant, elle sera

$$\delta\varphi - dt\left(\frac{\partial u}{\partial t}\,\delta x + \frac{\partial v}{\partial t}\,\delta y + \frac{\partial w}{\partial t}\,\delta z\right);$$

elle sera donc encore, à ce nouvel instant, une variation exacte, si $\frac{\partial u}{\partial t}\delta x + \frac{\partial v}{\partial t}\delta y + \frac{\partial w}{\partial t}\delta z$ est une variation exacte au premier instant; or l'équation (II) donne à cet instant

$$\frac{\partial u}{\partial t}\delta x + \frac{\partial v}{\partial t}\delta y + \frac{\partial w}{\partial t}\delta z = \delta V - \frac{\partial p}{\rho} - \tfrac{1}{2}\delta\left[\left(\frac{\partial \varphi}{\partial x}\right)^2 + \left(\frac{\partial \varphi}{\partial y}\right)^2 + \left(\frac{\partial \varphi}{\partial z}\right)^2\right];$$

le premier membre de cette équation est par conséquent une variation exacte en x, y, z; ainsi la fonction $u\delta x + v\delta y + w\delta z$ est une variation exacte dans l'instant suivant, si elle l'est dans un instant; elle est donc alors une variation exacte à tous les instants.

Lorsque les mouvements sont très-petits, on peut négliger les carrés et les produits de u, v et w; l'équation (II) devient alors

$$\delta V - \frac{\partial p}{\rho} = \frac{\partial u}{\partial t}\delta x + \frac{\partial v}{\partial t}\delta y + \frac{\partial w}{\partial t}\delta z;$$

ainsi, dans ce cas, $u\delta x + v\delta y + w\delta z$ est une variation exacte, si, comme nous le supposons, p est fonction de ρ; en nommant donc encore $\delta\varphi$ cette différence, on aura

$$V - \int\frac{\partial p}{\rho} = \frac{\partial \varphi}{\partial t},$$

et, si le fluide est homogène, l'équation de continuité deviendra

$$0 = \frac{\partial^2 \varphi}{\partial x^2} + \frac{\partial^2 \varphi}{\partial y^2} + \frac{\partial^2 \varphi}{\partial z^2}.$$

Ces deux équations renferment toute la théorie des ondulations très-petites des fluides homogènes.

34. Considérons une masse fluide homogène douée d'un mouvement uniforme de rotation autour de l'axe des x. Soit n la vitesse angulaire de rotation, à une distance de l'axe que nous prendrons pour unité de distance; on aura $v = -nz$, $w = ny$; l'équation (II) du numéro précédent deviendra ainsi

$$\frac{\partial p}{\rho} = \delta V + n^2(y\delta y + z\delta z),$$

équation possible, puisque ses deux membres sont des différences exactes. L'équation (K) du même numéro deviendra

$$0 = dt\frac{\partial \rho}{\partial t} + u\,dt\frac{\partial \rho}{\partial x} + v\,dt\frac{\partial \rho}{\partial y} + w\,dt\frac{\partial \rho}{\partial z},$$

et il est visible que cette équation est satisfaite, si la masse fluide est homogène. Les équations du mouvement des fluides sont donc alors satisfaites, et par conséquent ce mouvement est possible.

La force centrifuge à la distance $\sqrt{y^2 + z^2}$ de l'axe de rotation est égale au carré $n^2(y^2 + z^2)$ de la vitesse, divisé par cette distance ; la fonction $n^2(y\,\delta y + z\,\delta z)$ est donc le produit de la force centrifuge par l'élément de sa direction ; ainsi, en comparant l'équation précédente du mouvement du fluide avec l'équation générale de l'équilibre des fluides, donnée dans le n° 17, on voit que les conditions du mouvement dont il s'agit se réduisent à celles de l'équilibre d'une masse fluide, sollicitée par les mêmes forces et par la force centrifuge due au mouvement de rotation, ce qui est visible d'ailleurs.

Si la surface extérieure de la masse fluide est libre, on aura $\delta p = 0$ à cette surface, et par conséquent

$$0 = \delta V - n^2(y\,\delta y + z\,\delta z) ;$$

d'où il suit que la résultante de toutes les forces qui animent chaque molécule de la surface extérieure doit être perpendiculaire à cette surface ; elle doit être, de plus, dirigée vers l'intérieur de la masse fluide. Ces conditions étant remplies, une masse fluide homogène sera en équilibre, en supposant même qu'elle recouvre un solide de figure quelconque.

Le cas que nous venons d'examiner est un de ceux dans lesquels la variation $u\,\delta x + v\,\delta y + w\,\delta z$ n'est pas exacte ; car alors cette variation devient $- n(z\,\delta y - y\,\delta z)$; ainsi, dans la théorie du flux et du reflux de la mer, on ne peut pas supposer que la variation dont il s'agit est exacte, puisqu'elle ne l'est pas dans le cas très-simple où la mer n'aurait d'autre mouvement que celui de rotation qui lui est commun avec la Terre.

35. Déterminons, maintenant, les oscillations d'une masse fluide recouvrant un sphéroïde doué d'un mouvement de rotation nt autour de l'axe des x, et supposons-la très-peu dérangée de l'état d'équilibre, par l'action de forces très-petites. Soit, à l'origine du mouvement, r la distance d'une molécule fluide au centre de gravité du sphéroïde qu'elle recouvre, et que nous supposerons immobile; soit θ l'angle que le rayon r forme avec l'axe des x, et ϖ l'angle que le plan qui passe par l'axe des x et par ce rayon forme avec le plan des x et des y. Supposons qu'après le temps t le rayon r se change dans $r + \alpha s$, que l'angle θ se change dans $\theta + \alpha u$, et que l'angle ϖ se change dans $nt + \varpi + \alpha v$, αs, αu et αv étant de très-petites quantités dont nous négligerons les carrés et les produits; on aura

$$x = (r + \alpha s)\cos(\theta + \alpha u),$$
$$y = (r + \alpha s)\sin(\theta + \alpha u)\cos(nt + \varpi + \alpha v),$$
$$z = (r + \alpha s)\sin(\theta + \alpha u)\sin(nt + \varpi + \alpha v).$$

Si l'on substitue ces valeurs dans l'équation (F) du n° 32, on aura, en négligeant le carré de α,

$$(L) \quad \begin{cases} \alpha r^2 \delta\theta \left(\dfrac{\partial^2 u}{\partial t^2} - 2n\sin\theta\cos\theta\, \dfrac{\partial v}{\partial t} \right) \\[2ex] \quad + \alpha r^2 \delta\varpi \left(\sin^2\theta\, \dfrac{\partial^2 v}{\partial t^2} + 2n\sin\theta\cos\theta\, \dfrac{\partial u}{\partial t} - \dfrac{2n\sin^2\theta}{r}\, \dfrac{\partial s}{\partial t} \right) \\[2ex] \quad + \alpha \delta r \left(\dfrac{\partial^2 s}{\partial t^2} - 2nr\sin^2\theta\, \dfrac{\partial v}{\partial t} \right) \\[2ex] = \dfrac{n^2}{2}\delta[(r + \alpha s)\sin(\theta + \alpha u)]^2 + \delta V - \dfrac{\delta p}{\rho}. \end{cases}$$

A la surface extérieure du fluide, on a $\delta p = 0$; on a de plus, dans l'état d'équilibre,

$$0 = \frac{n^2}{2}\delta[(r + \alpha s)\sin(\theta + \alpha u)]^2 + (\delta V),$$

(δV) étant la valeur de δV qui convient à cet état. Supposons que le fluide dont il s'agit soit la mer; la variation (δV) sera le produit de la pesanteur multipliée par l'élément de sa direction. Nommons g la pesanteur, et αy l'élévation d'une molécule d'eau de sa surface, au-dessus de sa surface d'équilibre, surface que nous regarderons comme le véritable niveau de la mer. La variation (δV) croîtra par cette élévation, dans l'état de mouvement, de la quantité $-\alpha g\,\delta y$, parce que la pesanteur est à fort peu près dirigée dans le sens des αy et vers leur origine. En désignant ensuite par $\alpha\delta V'$ la partie de δV relative aux nouvelles forces qui, dans l'état de mouvement, sollicitent la molécule, et qui dépendent soit des changements qu'éprouvent par cet état les attractions du sphéroïde et du fluide, soit des attractions étrangères, on aura à la surface

$$\delta V = (\delta V) - \alpha g\,\delta y - \alpha\delta V'.$$

La variation $\dfrac{n^2}{2}\delta\left[(r+\alpha s)\sin(\theta+\alpha u)\right]^2$ croît de la quantité $\alpha n^2\delta y.\,r\sin^2\theta$, en vertu de la hauteur de la molécule d'eau au-dessus du niveau de la mer; mais cette quantité peut être négligée relativement au terme $-\alpha g\,\delta y$, parce que le rapport $\dfrac{n^2 r}{g}$ de la force centrifuge à l'équateur, à la pesanteur, est une très-petite fraction égale à $\frac{1}{289}$. Enfin le rayon r est à fort peu près constant à la surface de la mer, parce qu'elle diffère très-peu d'une surface sphérique; on peut donc y supposer δr nulle. L'équation (L) devient ainsi, à la surface de la mer,

$$r^2\delta\theta\left(\frac{\partial^2 u}{\partial t^2} - 2n\sin\theta\cos\theta\frac{\partial v}{\partial t}\right)$$
$$+ r^2\delta\varpi\left(\sin^2\theta\frac{\partial^2 v}{\partial t^2} + 2n\sin\theta\cos\theta\frac{\partial u}{\partial t} + \frac{2n\sin^2\theta}{r}\frac{\partial s}{\partial t}\right) = -g\,\delta y + \delta V',$$

les variations δy et $\delta V'$ étant relatives aux deux variables θ et ϖ.

Considérons, présentement, l'équation relative à la continuité du fluide. Pour cela, concevons, à l'origine du mouvement, un parallélépipède rectangle dont la hauteur soit dr, dont la largeur soit $r d\varpi \sin\theta$, et dont la longueur soit $r d\theta$. Nommons r', θ' et ϖ' ce que deviennent r,

θ et ϖ après le temps t. En suivant le raisonnement du n° 32, on trouvera qu'après ce temps le volume de la molécule fluide est égal à un parallélépipède rectangle dont la hauteur est $\dfrac{\partial r'}{\partial r} \, dr$, dont la largeur est

$$r' \sin\theta' \left(\frac{\partial \varpi'}{\partial \varpi} \, d\varpi + \frac{\partial \varpi'}{\partial r} \, dr \right),$$

en éliminant dr au moyen de l'équation

$$0 = \frac{\partial r'}{\partial \varpi} \, d\varpi + \frac{\partial r'}{\partial r} \, dr \, ;$$

enfin, dont la longueur est

$$r' \left(\frac{\partial \theta'}{\partial r} \, dr + \frac{\partial \theta'}{\partial \theta} \, d\theta + \frac{\partial \theta'}{\partial \varpi} \, d\varpi \right),$$

en éliminant dr et $d\varpi$, au moyen des équations

$$0 = \frac{\partial r'}{\partial r} \, dr + \frac{\partial r'}{\partial \theta} \, d\theta + \frac{\partial r'}{\partial \varpi} \, d\varpi,$$

$$0 = \frac{\partial \varpi'}{\partial r} \, dr + \frac{\partial \varpi'}{\partial \theta} \, d\theta + \frac{\partial \varpi'}{\partial \varpi} \, d\varpi.$$

En supposant donc

$$\varepsilon' = \frac{\partial r'}{\partial r} \frac{\partial \theta'}{\partial \theta} \frac{\partial \varpi'}{\partial \varpi} - \frac{\partial r'}{\partial r} \frac{\partial \theta'}{\partial \varpi} \frac{\partial \varpi'}{\partial \theta} + \frac{\partial r'}{\partial \theta} \frac{\partial \theta'}{\partial \varpi} \frac{\partial \varpi'}{\partial r}$$

$$- \frac{\partial r'}{\partial \theta} \frac{\partial \theta'}{\partial r} \frac{\partial \varpi'}{\partial \varpi} + \frac{\partial r'}{\partial \varpi} \frac{\partial \theta'}{\partial r} \frac{\partial \varpi'}{\partial \theta} - \frac{\partial r'}{\partial \varpi} \frac{\partial \theta'}{\partial \theta} \frac{\partial \varpi'}{\partial r}$$

le volume de la molécule après le temps t sera $\varepsilon' r'^2 \sin\theta' dr \, d\theta \, d\varpi$; ainsi, en nommant (ρ) la densité primitive de cette molécule, et ρ sa densité correspondante à t, on aura, en égalant l'expression primitive de sa masse à son expression après le temps t,

$$\rho \varepsilon' r'^2 \sin\theta' = (\rho) \, r^2 \sin\theta \, ;$$

c'est l'équation de la continuité du fluide. Dans le cas présent,

$$r' = r + \alpha s, \quad \theta' = \theta + \alpha u, \quad \varpi' = nt + \varpi + \alpha v ;$$

on aura ainsi, en négligeant les quantités de l'ordre α^2,

$$\theta' = 1 + \alpha \frac{\partial s}{\partial r} + \alpha \frac{\partial u}{\partial \vartheta} + \alpha \frac{\partial v}{\partial \varpi}.$$

Supposons qu'après le temps t la densité primitive (ρ) du fluide se change en $(\rho) + \alpha \rho'$; l'équation précédente, relative à la continuité du fluide, donnera

$$0 = r^2 \left[\rho' + (\rho) \left(\frac{\partial u}{\partial \vartheta} + \frac{\partial v}{\partial \varpi} + \frac{u \cos \vartheta}{\sin \vartheta} \right) \right] + (\rho) \frac{\partial . r^2 s}{\partial r}.$$

36. Appliquons ces résultats aux oscillations de la mer. Sa masse étant homogène, on a $\rho' = 0$, et par conséquent

$$0 = \frac{\partial . r^2 s}{\partial r} + r^2 \left(\frac{\partial u}{\partial \vartheta} + \frac{\partial v}{\partial \varpi} + \frac{u \cos \vartheta}{\sin \vartheta} \right).$$

Supposons, conformément à ce qui paraît avoir lieu dans la nature, la profondeur de la mer très-petite relativement au rayon r du sphéroïde terrestre; représentons-la par γ, γ étant une fonction très-petite de ϑ et de ϖ, qui dépend de la loi de cette profondeur. Si l'on intègre l'équation précédente, par rapport à r, depuis la surface du solide que la mer recouvre jusqu'à la surface de la mer, on voit que la valeur de s sera égale à une fonction de ϑ, ϖ et t, indépendante de r, plus à une très-petite fonction qui sera, par rapport à u et à v, du même ordre de petitesse que la fonction $\frac{\gamma}{r}$; or, à la surface du solide que la mer recouvre, lorsque les angles ϑ et ϖ se changent dans $\vartheta + \alpha u$ et $nt + \varpi + \alpha v$, il est aisé de voir que la distance d'une molécule d'eau, contiguë à cette surface, au centre de gravité de la Terre ne varie que d'une quantité très-petite par rapport à αu et αv, et du même ordre que les produits de ces quantités par l'excentricité du sphéroïde recouvert par la mer : la fonction indépendante de r, qui entre dans l'expression de s, est donc très-petite du même ordre; ainsi l'on peut négliger généralement s vis-à-vis de u et de v. L'équation du mouvement de la mer à sa surface, donnée dans le n° 35, devient par là

$$(\text{M}) \quad \left\{ \begin{aligned} &r^2 \delta\theta \left(\frac{\partial^2 u}{\partial t^2} - 2n \sin\theta \cos\theta \frac{\partial v}{\partial t} \right) \\ &\quad - r^2 \delta\varpi \left(\sin^2\theta \frac{\partial^2 v}{\partial t^2} + 2n \sin\theta \cos\theta \frac{\partial u}{\partial t} \right) = - g\,\partial r + \partial V'. \end{aligned} \right.$$

L'équation (L) du même numéro, relative à un point quelconque de l'intérieur de la masse du fluide, donne, dans l'état d'équilibre,

$$0 = - \frac{n^2}{2} \delta \left[\, r + \alpha s \, \sin\theta + \alpha u \, \right]^2 + (\partial V) - \frac{\partial p}{\rho},$$

(δV) et (δp) étant les valeurs de δV et δp qui, dans l'état d'équilibre, conviennent aux quantités $r + \delta s$, $\theta + \alpha u$ et $\varpi + \alpha v$. Supposons que, dans l'état de mouvement, on ait

$$\partial V = (\partial V) + x\,\partial V'. \qquad \partial p = (\partial p) + x\,\partial p';$$

l'équation (L) donnera

$$\frac{\partial \left(V' - \dfrac{p'}{\rho} \right)}{\partial r} = - \frac{\partial^2 s}{\partial t^2} - 2nr \sin^2\theta \frac{\partial v}{\partial t}.$$

L'équation (M) nous montre que $n \dfrac{\partial v}{\partial t}$ est du même ordre que y ou s, et par conséquent de l'ordre $\dfrac{\gamma u}{r}$; la valeur du premier membre de cette équation est donc du même ordre; ainsi, en multipliant cette valeur par dr, et en l'intégrant depuis la surface du sphéroïde que la mer recouvre jusqu'à la surface de la mer, on aura $V' - \dfrac{p'}{\rho}$ égal à une fonction très-petite, de l'ordre $\dfrac{\gamma s}{r}$, plus à une fonction de θ, ϖ et t, indépendante de r, et que nous désignerons par λ; en n'ayant donc égard, dans l'équation (L) du n° 35, qu'aux deux variables θ et ϖ, elle se changera dans l'équation (M), avec la seule différence que le second membre se changera dans $\partial\lambda$. Mais, λ étant indépendant de la profondeur à laquelle se trouve la molécule d'eau que nous considérons, si l'on suppose cette molécule très-voisine de la surface, l'équation (L) doit évidemment coïncider avec l'équation (M); on a donc $\delta\lambda = \delta V' - g\,\delta y$, et par conséquent

$$\delta\left(V' - \frac{p'}{\rho}\right) = \delta V' - g\,\delta y,$$

la valeur de $\delta V'$ dans le second membre de cette équation étant relative à la surface de la mer. Nous verrons, dans la théorie du flux et du reflux de la mer, que cette valeur est à très-peu près la même pour toutes les molécules situées sur le même rayon terrestre, depuis la surface du solide que la mer recouvre jusqu'à la surface de la mer; on a donc, relativement à toutes ces molécules,

$$\frac{\delta p'}{\rho} = g\,\delta y,$$

ce qui donne p' égal à $\rho g y$, plus une fonction indépendante de θ, ϖ et r. Or, à la surface du niveau de la mer, la valeur de $\alpha p'$ est égale à la pression de la petite colonne d'eau αy qui s'élève au-dessus de cette surface, et cette pression est égale à $\alpha \rho g y$; on a donc, dans tout l'intérieur de la masse fluide, depuis la surface du sphéroïde que la mer recouvre jusqu'à la surface du niveau de la mer, $p' = \rho g y$; ainsi un point quelconque de la surface du sphéroïde recouvert par la mer est plus pressé que dans l'état d'équilibre, de tout le poids de la petite colonne d'eau comprise entre la surface de la mer et la surface du niveau. Cet excès de pression devient négatif dans les points où la surface de la mer s'abaisse au-dessous de la surface du niveau,

Il suit de ce que nous venons de voir que, si l'on n'a égard qu'aux variations de θ et de ϖ, l'équation (L) se change dans l'équation (M) pour toutes les molécules intérieures de la masse fluide. Les valeurs de u et de v, relatives à toutes les molécules de la mer situées sur le même rayon terrestre, sont donc déterminées par les mêmes équations différentielles; ainsi, en supposant, comme nous le ferons dans la théorie du flux et du reflux de la mer, qu'à l'origine du mouvement les valeurs de u, $\dfrac{\partial u}{\partial t}$, v, $\dfrac{\partial v}{\partial t}$ ont été les mêmes pour toutes les molécules situées sur le même rayon, ces molécules resteront encore sur le même rayon durant les oscillations du fluide. Les valeurs de *r*, *u* et *v* peuvent donc être supposées les mêmes, à très-peu près, sur la petite partie du rayon terrestre comprise entre le solide que la mer recouvre et la surface de la mer; ainsi, en intégrant, par rapport à *r*, l'équation

$$0 = \frac{\partial . r^2 s}{\partial r} - r^2\left(\frac{\partial u}{\partial\theta} + \frac{\partial v}{\partial\varpi} + \frac{u\cos\theta}{\sin\theta}\right),$$

on aura

$$0 = r^2 s - (r^2 s) + r^2\gamma\left(\frac{\partial u}{\partial\theta} + \frac{\partial v}{\partial\varpi} + \frac{u\cos\theta}{\sin\theta}\right),$$

$(r^2 s)$ étant la valeur de $r^2 s$ à la surface du sphéroïde recouvert par la mer. La fonction $r^2 s - (r^2 s)$ est égale à très-peu près à $r^2[s - (s)] + 2r\gamma(s)$, (s) étant ce que devient *s* à la surface du sphéroïde; on peut négliger le terme $2r\gamma(s)$, vu la petitesse de γ et de (s); on aura ainsi

$$r^2 s - (r^2 s) = r^2[s - (s)].$$

Maintenant, la profondeur de la mer, correspondante aux angles $\theta + \alpha u$ et $nt + \varpi + \alpha v$, est $\gamma + \alpha[s - (s)]$: si l'on fixe l'origine des angles θ et $nt - \varpi$ à un point et à un méridien fixes sur la surface de la Terre, ce qui est permis, comme on le verra bientôt, cette même profondeur sera $\gamma + \alpha u\frac{\partial\gamma}{\partial\theta} + \alpha v\frac{\partial\gamma}{\partial\varpi}$, plus l'élévation αy de la molécule fluide de la surface de la mer au-dessus de sa surface de niveau; on aura donc

$$s - (s) = y + u\frac{\partial\gamma}{\partial\theta} + v\frac{\partial\gamma}{\partial\varpi}.$$

L'équation relative à la continuité du fluide deviendra, par conséquent,

$$(\text{N})\qquad y = -\frac{\partial . \gamma u}{\partial\theta} - \frac{\partial . \gamma v}{\partial\varpi} - \frac{\gamma u\cos\theta}{\sin\theta}.$$

On peut observer que, dans cette équation, les angles θ et $nt + \varpi$ sont comptés relativement à un point et à un méridien fixes sur la Terre, et que, dans l'équation (M), ces mêmes angles sont comptés relativement

à l'axe des x et à un plan qui, passant par cet axe, aurait autour de lui
un mouvement de rotation égal à n; or cet axe et ce plan ne sont pas
fixes à la surface de la Terre, parce que l'attraction et la pression du
fluide qui la recouvre doivent altérer un peu leur position sur cette
surface, ainsi que le mouvement de rotation du sphéroïde. Mais il est
aisé de voir que ces altérations sont aux valeurs de zu et de zv dans le
rapport de la masse de la mer à celle du sphéroïde terrestre; ainsi,
pour rapporter les angles θ et $nt + \varpi$ à un point et à un méridien invariables à la surface de ce sphéroïde dans les deux équations (M) et (N),
il suffit d'altérer u et v de quantités de l'ordre $\frac{zu}{r}$ et $\frac{zv}{r}$, quantités que
nous nous sommes permis de négliger; on peut donc supposer, dans
ces équations, que zu et zv sont les mouvements du fluide en latitude
et en longitude.

On peut observer encore que, le centre de gravité du sphéroïde étant
supposé immobile, il faut transporter en sens contraire aux molécules
fluides les forces dont il est animé par la réaction de la mer; mais, le
centre commun de gravité du sphéroïde et de la mer ne changeant
point en vertu de cette réaction, il est clair que le rapport de ces forces
à celles dont les molécules sont animées par l'action du sphéroïde est
du même ordre que le rapport de la masse fluide à celle du sphéroïde,
et par conséquent de l'ordre $\frac{z}{r}$; on peut donc les négliger dans le calcul
de δV.

37. Considérons de la même manière les mouvements de l'atmosphère. Nous ferons, dans cette recherche, abstraction de la variation
de la chaleur à différentes latitudes et à diverses hauteurs, ainsi que
de toutes les causes irrégulières qui l'agitent, et nous n'aurons égard
qu'aux causes régulières qui agissent sur elle, comme sur l'océan.
Nous supposerons conséquemment la mer recouverte d'un fluide élas-
tique d'une température uniforme; nous supposerons encore, conformément à l'expérience, la densité de ce fluide proportionnelle à sa
pression. Cette supposition donne à l'atmosphère une hauteur infinie;

mais il est facile de s'assurer qu'à une très-petite hauteur sa densité est si petite, qu'on peut la regarder comme nulle.

Cela posé, nommons s', u' et v', pour les molécules de l'atmosphère, ce que nous avons nommé s, u et v pour les molécules de la mer; l'équation (L) du n° 35 donnera

$$\alpha r^2 \delta\theta\left(\frac{\partial^2 u'}{\partial t^2} - 2n\sin\theta\cos\theta\,\frac{\partial v'}{\partial t}\right)$$
$$+\,\alpha r^2 \delta\varpi\left(\sin^2\theta\,\frac{\partial^2 v'}{\partial t^2} - 2n\sin\theta\cos\theta\,\frac{\partial u'}{\partial t} - \frac{2n\sin^2\theta}{r}\,\frac{\partial s'}{\partial t}\right)$$
$$+\,\alpha\,\delta r\left(\frac{\partial^2 s'}{\partial t^2} - 2nr\sin^2\theta\,\frac{\partial v'}{\partial t}\right)$$
$$= \frac{n^2}{2}\delta[(r-\alpha s')\sin(\theta+\alpha u')]^2 - \delta V - \frac{\partial p}{\rho}.$$

Considérons d'abord l'atmosphère dans l'état d'équilibre, dans lequel s', u', v' sont nuls. L'équation précédente donne alors, en l'intégrant,

$$\frac{n^2}{2}r^2\sin^2\theta - V - \int\frac{\partial p}{\rho} = \text{const.}$$

La pression p étant supposée proportionnelle à la densité, nous ferons $p = lg\rho$, g étant la pesanteur dans un lieu déterminé, que nous supposerons être l'équateur, et l étant une quantité constante qui exprime la hauteur de l'atmosphère, supposée partout de la même densité qu'à la surface de la mer : cette hauteur est très-petite par rapport au rayon du sphéroïde terrestre, dont elle n'est pas la 720ᵉ partie.

L'intégrale $\int\frac{\partial p}{\rho}$ est égale à $lg\log\rho$; l'équation précédente de l'équilibre de l'atmosphère devient, par conséquent,

$$lg\log\rho = \text{const.} + V + \frac{n^2}{2}r^2\sin^2\theta.$$

A la surface de la mer, la valeur de V est la même pour une molécule d'air que pour la molécule d'eau qui lui est contiguë, parce que les forces qui sollicitent l'une et l'autre molécule sont les mêmes; mais la condition de l'équilibre des mers exige que l'on ait

$$V + \frac{n^2}{2} r^2 \sin^2 \theta = \text{const.};$$

on a donc, à cette surface, ρ constant, c'est-à-dire que la densité de la couche d'air contiguë à la mer est partout la même, dans l'état d'équilibre.

Si l'on nomme R la partie du rayon r comprise entre le centre du sphéroïde et la surface de la mer, et r' la partie comprise entre cette surface et une molécule d'air élevée au-dessus, r' sera, aux quantités près de l'ordre $\dfrac{\left(\frac{n^2}{g} r' \right)^2}{R}$, la hauteur de cette molécule au-dessus de la surface de la mer : nous négligerons les quantités de cet ordre. L'équation entre ρ et r donnera

$$lg \log \rho = \text{const.} + V + r' \frac{\partial V}{\partial r} + \frac{r'^2}{2} \frac{\partial^2 V}{\partial r^2} + \frac{n^2}{2} R^2 \sin^2 \theta + n^2 R r' \sin^2 \theta.$$

les valeurs de V, $\dfrac{\partial V}{\partial r}$ et $\dfrac{\partial^2 V}{\partial r^2}$ étant relatives à la surface de la mer, où l'on a

$$\text{const.} = V + \frac{n^2}{2} R^2 \sin^2 \theta.$$

La quantité $-\dfrac{\partial V}{\partial r} - n^2 R \sin^2 \theta$ est la pesanteur à cette même surface : nous la désignerons par g'. La fonction $\dfrac{\partial^2 V}{\partial r^2}$ étant multipliée par la quantité très-petite r'^2, nous pouvons la déterminer dans la supposition de la Terre sphérique, et négliger la densité de l'atmosphère relativement à celle de la Terre ; nous aurons ainsi, à fort peu près,

$$-\frac{\partial V}{\partial r} = g' = \frac{m}{R^2},$$

m étant la masse de la Terre ; partant

$$\frac{\partial^2 V}{\partial r^2} = \frac{2m}{R^3} = \frac{2g'}{R};$$

on aura donc

$$lg \log \rho = \mathrm{const.} - r'g' + \frac{r'^2}{R} g',$$

d'où l'on tire

$$\rho = \Pi c^{-\frac{r'g'}{lg}\left(1-\frac{r'}{R}\right)},$$

c étant le nombre dont le logarithme hyperbolique est l'unité, et Π étant une constante, visiblement égale à la densité de l'air à la surface de la mer. Nommons h et h' les longueurs du pendule à seconde à la surface de la mer, sous l'équateur, et à la latitude de la molécule aérienne que nous considérons; on aura $\frac{g'}{g} = \frac{h'}{h}$, et par conséquent

$$\rho = \Pi c^{-\frac{r'h'}{lh}\left(1-\frac{r'}{R}\right)}.$$

Cette expression de la densité de l'air fait voir que les couches de même densité sont partout également élevées au-dessus de la mer, à la quantité près $\frac{r'}{h} \cdot \frac{h'-h}{h}$; mais, dans le calcul exact des hauteurs des montagnes par les observations du baromètre, cette quantité ne doit point être négligée.

Considérons présentement l'atmosphère dans l'état de mouvement, et déterminons les oscillations d'une couche de niveau, ou de même densité dans l'état d'équilibre. Soit xy l'élévation d'une molécule d'air au-dessus de la surface de niveau à laquelle elle appartient dans l'état d'équilibre; il est clair qu'en vertu de cette élévation la valeur de δV sera augmentée de la variation différentielle $-xg\delta y$; on aura ainsi

$$\delta V = (\delta V) - xg\delta y + x\delta V',$$

(δV) étant la valeur de δV qui, dans l'état d'équilibre, correspond à la couche de niveau et aux angles $\theta + xu$ et $nt + \varpi + xv$; et $\delta V'$ étant la partie de δV due aux nouvelles forces qui, dans l'état de mouvement, agitent l'atmosphère.

Soit $\rho = (\rho) + \alpha \rho'$, (ρ) étant la densité de la couche de niveau dans l'état d'équilibre. Si l'on fait $\dfrac{l\rho'}{(\rho)} = y'$, on aura

$$\frac{\delta p}{p} = \frac{lg\,\partial(\rho)}{(\rho)} + \alpha g\,\partial y';$$

or on a, dans l'état d'équilibre,

$$0 = \frac{n^2}{2}\,\partial[(r + \alpha s)\sin\vartheta + \alpha u]^2 + (\partial V) - \frac{lg\,\partial\rho}{(\rho)};$$

l'équation générale du mouvement de l'atmosphère deviendra donc, relativement aux couches de niveau, par rapport auxquelles δr est nul à très-peu près,

$$r^2\,\partial\vartheta\left(\frac{\partial^2 u'}{\partial t^2} - 2n\sin\vartheta\cos\vartheta\,\frac{\partial v'}{\partial t}\right) + r^2\,\partial\varpi\left(\sin^2\vartheta\,\frac{\partial^2 v'}{\partial t^2} + 2n\sin\vartheta\cos\vartheta\,\frac{\partial u'}{\partial t} + \frac{2n\sin^2\vartheta}{r}\,\frac{\partial s'}{\partial t}\right)$$

$$= \delta V' - g\,\partial\rho - g\,\partial y' + n^2 r\sin^2\vartheta\,\partial[s' - (s')],$$

$\alpha(s')$ étant la variation de r correspondante, dans l'état d'équilibre, aux variations $\alpha u'$ et $\alpha v'$ des angles ϑ et ϖ.

Supposons que toutes les molécules d'air situées à l'origine sur le même rayon terrestre restent constamment sur un même rayon dans l'état de mouvement, ce qui a lieu, par ce qui précède, dans les oscillations de la mer, et voyons si cette supposition peut satisfaire aux équations du mouvement et de la continuité du fluide atmosphérique. Pour cela, il est nécessaire que les valeurs de u' et de v' soient les mêmes pour toutes ces molécules; or la valeur de $\delta V'$ est à très-peu près la même pour ces molécules, comme on le verra lorsque nous déterminerons, dans la suite, les forces d'où résulte cette variation; il est donc nécessaire que les variations $\delta\rho$ et $\delta y'$ soient les mêmes pour ces molécules, et, de plus, que les quantités $2nr\,\partial\varpi\sin^2\vartheta\,\dfrac{\partial s'}{\partial t}$ et

$n^2 r \sin^2\theta\, \delta\, [s' - (s')]$ puissent être négligées dans l'équation précédente.

A la surface de la mer, on a $\rho = y$, αy étant l'élévation de la surface de la mer au-dessus de sa surface de niveau. Examinons si les suppositions de ρ égal à y, et de y constant pour toutes les molécules d'air situées sur le même rayon, peuvent subsister avec l'équation de la continuité de fluide. Cette équation, par le n° 35, est

$$0 = r^2\left[\rho' + \rho\left(\frac{\partial u'}{\partial\theta} + \frac{\partial v'}{\partial\varpi} + \frac{u'\cos\theta}{\sin\theta}\right)\right] + \rho\,\frac{\partial.r^2 s'}{\partial r},$$

d'où l'on tire

$$y = -l\left(\frac{\partial.r^2 s'}{r^2\partial r} + \frac{\partial u'}{\partial\theta} + \frac{\partial v'}{\partial\varpi} + \frac{u'\cos\theta}{\sin\theta}\right).$$

$r + \alpha s'$ est égal à la valeur de r de la surface de niveau, qui correspond aux angles $\theta + \alpha u$ et $\varpi + \alpha v$, plus à l'élévation de la molécule d'air au-dessus de cette surface; la partie de $\alpha s'$ qui dépend de la variation des angles θ et ϖ étant de l'ordre $\dfrac{\alpha n^2 u}{g}$, on peut la négliger dans l'expression précédente de y', et, par conséquent, supposer dans cette expression $s' = \rho$; si l'on fait ensuite $\rho = y$, on aura $\dfrac{\partial\rho}{\partial r} = 0$, puisque la valeur de ρ est alors la même relativement à toutes les molécules situées sur le même rayon. De plus, y est, par ce qui précède, de l'ordre l ou $\dfrac{n^2}{g}$; l'expression de y' deviendra ainsi

$$y' = -l\left(\frac{\partial u'}{\partial\theta} + \frac{\partial v'}{\partial\varpi} + \frac{u'\cos\theta}{\sin\theta}\right);$$

ainsi, u' et v' étant les mêmes pour toutes les molécules situées primitivement sur le même rayon, la valeur de y' sera la même pour toutes ces molécules. De plus, il est visible, par ce que nous venons de dire, que les quantités $2 n r\,\delta\varpi \sin^2\theta\,\dfrac{\partial s'}{\partial t}$ et $n^2 r \sin^2\theta\,\delta[s' - (s')]$ peuvent être négligées dans l'équation précédente du mouvement de l'atmosphère, qui peut alors être satisfaite en supposant que u' et v' sont les mêmes pour toutes les molécules de l'air situées primitivement sur le même rayon; la supposition que toutes ces molécules restent constamment sur un même rayon, durant les oscillations du fluide, peut donc subsister avec les équations du mouvement et de la continuité du fluide atmosphérique. Dans ce cas, les oscillations des diverses couches de niveau sont les mêmes, et se déterminent au moyen des équations

$$r^2\delta\theta\left(\frac{\partial^2 u'}{\partial t^2} - 2n\sin\theta\cos\theta\frac{\partial v'}{\partial t}\right) - r^2\delta\varpi\left(\sin^2\theta\frac{\partial^2 v'}{\partial t^2} + 2n\sin\theta\cos\theta\frac{\partial u'}{\partial t}\right) = \delta V - g\partial y' - g\partial y$$

$$y' = -l\left(\frac{\partial u'}{\partial\theta} + \frac{\partial v'}{\partial\varpi} + \frac{u'\cos\theta}{\sin\theta}\right).$$

Ces oscillations de l'atmosphère doivent produire des oscillations analogues dans les hauteurs du baromètre. Pour déterminer celles-ci au moyen des premières, considérons un baromètre fixe à une hauteur quelconque au-dessus de la surface de la mer. La hauteur du mercure est proportionnelle à la pression qu'éprouve sa surface exposée à l'action de l'air; elle peut donc être représentée par $lg\rho$; mais cette surface est successivement exposée à l'action de diverses couches de niveau, qui s'élèvent et s'abaissent comme la surface de la mer; ainsi la valeur de ρ à la surface du mercure varie : 1° parce qu'elle appartient à une couche de niveau qui, dans l'état d'équilibre, était moins élevée de la quantité αy; 2° parce que la densité d'une couche augmente, dans l'état de mouvement, de $\alpha\rho'$ ou de $\dfrac{\alpha(\rho)y}{l}$. En vertu de la première cause, la variation de ρ est $-\alpha y\dfrac{\partial\rho}{\partial r}$ ou $\dfrac{\alpha(\rho)y'}{l}$; la variation totale de la densité ρ, à la surface du mercure, est donc $\alpha(\rho)\dfrac{y-y'}{l}$. Il suit de là que, si l'on nomme k la hauteur du mercure dans le baromètre, relative à l'état d'équilibre, ses oscillations, dans l'état de mouvement, seront exprimées par la fonction $\dfrac{\alpha k(y-y')}{l}$; elles sont donc semblables à

16.

toutes les hauteurs au-dessus de la mer, et proportionnelles aux hauteurs du baromètre.

Il ne s'agit plus maintenant, pour déterminer les oscillations de la mer et de l'atmosphère, que de connaître les forces qui agitent ces deux masses fluides, et d'intégrer les équations différentielles précédentes : c'est ce que nous ferons dans la suite de cet Ouvrage.

LIVRE II.

DE LA LOI DE LA PESANTEUR UNIVERSELLE ET DU MOUVEMENT DES CENTRES DE GRAVITÉ DES CORPS CÉLESTES.

CHAPITRE PREMIER.

DE LA LOI DE LA PESANTEUR UNIVERSELLE, TIRÉE DES PHÉNOMÈNES.

1. Après avoir développé les lois du mouvement, nous allons, en partant de ces lois et de celles des mouvements célestes, présentées avec détail dans l'Ouvrage intitulé : *Exposition du Système du Monde*, nous élever à la loi générale de ces mouvements. Celui de tous les phénomènes qui semble le plus propre à la faire découvrir est le mouvement elliptique des planètes et des comètes autour du Soleil; voyons ce qu'il donne sur cet objet. Pour cela, nommons x et y les coordonnées rectangles d'une planète, dans le plan de son orbite, et fixons leur origine au centre du Soleil; nommons, de plus, P et Q les forces dont cette planète est animée, dans son mouvement relatif autour du Soleil, parallèlement aux axes des x et des y, et supposons que ces forces tendent vers l'origine des coordonnées; enfin, soit dt l'élément du temps, que nous regarderons comme constant; on aura, par le Chapitre II du premier Livre,

$$(1) \qquad 0 = \frac{d^2 x}{dt^2} + P,$$

$$(2) \qquad 0 = \frac{d^2 y}{dt^2} + Q.$$

Si l'on ajoute la première de ces équations, multipliée par $-y$, à la seconde, multipliée par x, on aura

$$o = \frac{d\,(x\,dy - y\,dx)}{dt^2} - x\,Q - y\,P.$$

Il est aisé de voir que $x\,dy - y\,dx$ est le double de l'aire que le rayon vecteur de la planète décrit autour du Soleil dans l'instant dt; cette aire est proportionnelle à l'élément du temps, suivant la première loi de Kepler, en sorte que l'on a

$$x\,dy - y\,dx = c\,dt,$$

c étant une constante; la différentielle du premier membre de cette équation est donc nulle, ce qui donne

$$x\,Q - y\,P = o.$$

Il suit de là que les forces P et Q sont entre elles dans le rapport de x à y, et qu'ainsi leur résultante passe par l'origine des coordonnées, c'est-à-dire par le centre du Soleil. D'ailleurs, la courbe décrite par la planète étant concave vers le Soleil, il est visible que la force qui la fait décrire tend vers cet astre.

La loi des aires proportionnelles aux temps employés à les décrire nous conduit donc à ce premier résultat remarquable, savoir, que la force qui sollicite les planètes et les comètes est dirigée vers le centre du Soleil.

2. Déterminons maintenant la loi suivant laquelle cette force agit à différentes distances de cet astre. Il est clair que, les planètes et les comètes s'approchant et s'éloignant alternativement du Soleil à chaque révolution, la nature du mouvement elliptique doit nous conduire à cette loi. Reprenons, dans cette vue, les équations différentielles (1) et (2) du numéro précédent. Si l'on ajoute la première, multipliée par dx, à la seconde, multipliée par dy, on aura

$$o = \frac{dx\,d^2x + dy\,d^2y}{dt^2} + P\,dx + Q\,dy,$$

et, en intégrant,

$$0 = \frac{dx^2 + dy^2}{dt^2} - 2f(P\,dx + Q\,dy),$$

la constante arbitraire étant indiquée par le signe intégral. En substituant, au lieu de dt, sa valeur $\dfrac{x\,dy - y\,dx}{c}$, donnée par la loi de la proportionnalité des aires aux temps, on aura

$$0 = \frac{c^2\,(dx^2 + dy^2)}{(x\,dy - y\,dx)^2} + 2f(P\,dx + Q\,dy).$$

Transformons, pour plus de simplicité, les coordonnées x et y en rayon vecteur et en angle traversé, conformément aux usages astronomiques. Soit r le rayon mené du centre du Soleil à celui de la planète, ou son rayon vecteur; soit v l'angle qu'il forme avec l'axe des x; on aura

$$x = r\cos v, \quad y = r\sin v, \quad r = \sqrt{x^2 + y^2},$$

d'où l'on tire

$$dx^2 + dy^2 = r^2\,dv^2 + dr^2, \quad x\,dy - y\,dx = r^2\,dv.$$

Si l'on désigne ensuite par φ la force principale qui anime la planète, on aura, par le numéro précédent,

$$P = \varphi\cos v, \quad Q = \varphi\sin v, \quad \varphi = \sqrt{P^2 + Q^2},$$

ce qui donne

$$P\,dx + Q\,dy = \varphi\,dr;$$

on aura donc

$$0 = \frac{c^2\,(r^2\,dv^2 + dr^2)}{r^4\,dv^2} + 2\int \varphi\,dr,$$

d'où l'on tire

$$dv = \frac{c\,dr}{r\sqrt{-c^2 - 2r^2\int \varphi\,dr}}.$$

Cette équation donnera, au moyen des quadratures, la valeur de v en r, lorsque la force φ sera connue en fonction de r; mais si, cette force

étant inconnue, la nature de la courbe qu'elle fait décrire est donnée,
alors, en différentiant l'expression précédente de $2\int\varphi\,dr$, on aura, pour
déterminer φ, l'équation

$$(4)\qquad \varphi = \frac{c^2}{r^3} - \frac{c^2}{2}\cdot\frac{d\dfrac{dr^2}{r^4 d\upsilon^2}}{dr}.$$

Les orbes des planètes sont des ellipses dont le centre du Soleil occupe
un des foyers; or si, dans l'ellipse, on nomme ϖ l'angle que le grand
axe fait avec l'axe des x; si, de plus, on fixe au foyer l'origine des x,
et que l'on désigne par a le demi-grand axe et par e le rapport de l'excentricité au demi-grand axe, on aura

$$r = \frac{a(1-e^2)}{1 + e\cos(\upsilon - \varpi)},$$

équation qui devient celle d'une parabole, lorsque $e = 1$ et que a est
infini, et qui appartient à l'hyperbole, lorsque e surpasse l'unité et que
a est négatif. Cette équation donne

$$\frac{dr^2}{r^4 d\upsilon^2} = \frac{2}{ar(1-e^2)} - \frac{1}{r^2} - \frac{1}{a^2(1-e^2)},$$

et par conséquent

$$\varphi = \frac{c^2}{a(1-e^2)}\cdot\frac{1}{r^2};$$

ainsi, les orbites des planètes et des comètes étant des sections coniques,
la force φ est réciproque au carré de la distance du centre de ces astres
à celui du Soleil.

On voit, de plus, que, si la force φ est réciproque au carré de la distance ou exprimée par $\dfrac{h}{r^2}$, h étant un coefficient constant, l'équation
précédente des sections coniques satisfera à l'équation différentielle (4)
entre r et υ, que donne l'expression de φ, lorsqu'on y change φ dans $\dfrac{h}{r^2}$.

On a alors $h = \dfrac{c^2}{a(1-e^2)}$, ce qui forme une équation de condition entre
les deux arbitraires a et e de l'équation aux sections coniques; les trois

arbitraires a, e et ϖ de cette équation se réduisent donc à deux seules arbitraires distinctes, et, comme l'équation différentielle entre r et v n'est que du second ordre, l'équation finie aux sections coniques en est l'intégrale complète.

Il suit de là que, si la courbe décrite est une section conique, la force est en raison inverse du carré des distances; et réciproquement que, si la force suit la raison inverse du carré des distances, la courbe décrite est une section conique.

3. L'intensité de la force φ, relativement à chaque planète et à chaque comète, dépend du coefficient $\dfrac{c^2}{a(1-e^2)}$; les lois de Kepler donnent encore le moyen de le déterminer. En effet, si l'on nomme T le temps de la révolution d'une planète, l'aire que son rayon vecteur décrit pendant ce temps étant la surface même de l'ellipse planétaire, elle sera $\pi a^2 \sqrt{1-e^2}$, π étant le rapport de la demi-circonférence au rayon; mais l'aire décrite pendant l'instant dt est, par ce qui précède, $\tfrac{1}{2}c\,dt$: la loi de la proportionnalité des aires aux temps donnera donc la proportion

$$\tfrac{1}{2}c\,dt : \pi a^2 \sqrt{1-e^2} :: dt : T,$$

d'où l'on tire

$$c = \frac{2\pi a^2 \sqrt{1-e^2}}{T}.$$

Relativement aux planètes, la loi de Kepler, suivant laquelle les carrés des temps de leurs révolutions sont comme les cubes des grands axes de leurs ellipses, donne $T^2 = k^2 a^3$, k étant le même pour toutes les planètes; on a donc

$$c = \frac{2\pi \sqrt{a(1-e^2)}}{k}.$$

$2a(1-e^2)$ est le paramètre de l'orbite, et dans diverses orbites les valeurs de c sont comme les aires tracées par les rayons vecteurs en temps égal; ces aires sont donc comme les racines carrées des paramètres des orbites.

Cette proportion a également lieu relativement aux orbites des comètes, comparées soit entre elles, soit aux orbites des planètes; c'est un des points fondamentaux de leur théorie, qui satisfait si exactement à tous leurs mouvements observés. Les grands axes de leurs orbites et les temps de leurs révolutions étant inconnus, on calcule le mouvement de ces astres dans un orbe parabolique, et, en exprimant par D leur distance périhélie, on suppose $c = \frac{2\pi\sqrt{2D}}{k}$, ce qui revient à faire e égal à l'unité et a infini, dans l'expression précédente de c; on a donc encore, relativement aux comètes, $T^2 = k^2 a^3$, en sorte que l'on peut déterminer les grands axes de leurs orbites, lorsque leurs révolutions sont connues.

Maintenant, l'expression de c donne

$$\frac{c^2}{a(1-e^2)} = \frac{4\pi^2}{k^2};$$

on a donc

$$\varphi = \frac{4\pi^2}{k^2} \cdot \frac{1}{r^2}.$$

Le coefficient $\frac{4\pi^2}{k^2}$ étant le même pour toutes les planètes et les comètes, il en résulte que, pour chacun de ces corps, la force φ est réciproque au carré des distances au centre du Soleil, et qu'elle ne varie d'un corps à l'autre qu'à raison de ces distances; d'où il suit qu'elle est la même pour tous ces corps supposés à égale distance du Soleil.

Nous voilà donc conduits par les belles lois de Kepler à regarder le centre du Soleil comme le foyer d'une force attractive qui s'étend à l'infini dans tous les sens, en décroissant en raison du carré des distances. La loi de la proportionnalité des aires décrites par les rayons vecteurs aux temps employés à les décrire nous montre que la force principale qui sollicite les planètes et les comètes est constamment dirigée vers le centre du Soleil; l'ellipticité des orbes planétaires et les mouvements à très-peu près paraboliques des comètes prouvent que, pour chaque planète et pour chaque comète, cette force est réciproque au carré de la distance de ces astres au Soleil; enfin, de la loi de la proportionnalité des carrés des temps des révolutions aux cubes des grands axes des orbites, ou de celle de la proportionnalité des aires décrites en temps égal par les rayons vecteurs, dans différentes orbites, aux racines carrées des paramètres de ces orbites, loi qui renferme la précédente et qui s'étend aux comètes, il résulte que cette force est la même pour toutes les planètes et les comètes placées à égales distances du Soleil, en sorte que, dans ce cas, ces corps se précipiteraient vers lui avec la même vitesse.

4. Si des planètes nous passons aux satellites, nous trouvons que, les lois de Kepler étant à peu près observées dans leurs mouvements autour de leurs planètes, ils doivent graviter vers les centres de ces planètes, en raison inverse du carré de leurs distances à ces centres; ils doivent pareillement graviter à peu près comme leurs planètes vers le Soleil, afin que leur mouvement relatif autour des planètes soit le même à peu près que si ces planètes étaient immobiles. Les satellites sont donc sollicités, vers les planètes et vers le Soleil, par des forces réciproques au carré des distances. L'ellipticité des orbites des trois premiers satellites de Jupiter est peu considérable; mais l'ellipticité du quatrième est très-sensible. Le grand éloignement de Saturne a jusqu'ici empêché de reconnaitre l'ellipticité des orbes de ses satellites, à l'exception du sixième, dont l'orbe parait sensiblement elliptique. Mais la loi de la gravitation des satellites de Jupiter, de Saturne et d'Uranus se fait principalement sentir dans le rapport de leurs moyens mouvements à leurs moyennes distances au centre de ces planètes. Ce rapport consiste en ce que, pour chaque système de satellites, les carrés des temps de leurs révolutions sont comme les cubes de leurs moyennes distances au centre de la planète. Concevons donc qu'un satellite décrive une orbite circulaire d'un rayon égal à sa moyenne distance au centre de la planète principale; soit a cette distance, T le nombre de secondes que renferme la durée de sa révolution sidérale; π exprimant le rapport de la demi-circonférence au rayon, $\frac{2a\pi}{T}$ sera le petit arc que décrit le satellite pendant une seconde. S'il cessait d'être retenu dans son orbite par la force attractive

de la planète, il s'éloignerait de son centre par la tangente, d'une quantité égale au sinus verse de l'arc $\frac{2a\pi}{T}$, c'est-à-dire de la quantité $\frac{2a\pi^2}{T^2}$; cette force attractive le fait donc descendre de cette quantité vers la planète. Relativement à un autre satellite dont a' est la moyenne distance au centre de la planète et T' la durée de sa révolution, réduite en secondes, la chute dans une seconde serait $\frac{2a'\pi^2}{T'^2}$; or, si l'on nomme φ et φ' les forces attractives de la planète aux distances a et a', il est clair qu'elles sont comme les quantités dont elles font descendre les deux satellites pendant une seconde; on a donc

$$\varphi : \varphi' :: \frac{2a\pi^2}{T^2} : \frac{2a'\pi^2}{T'^2}.$$

La loi des carrés des temps des révolutions, proportionnels aux cubes des moyennes distances des satellites au centre de leur planète, donne

$$T^2 : T'^2 :: a^3 : a'^3;$$

de ces deux proportions il est facile de conclure

$$\varphi : \varphi' :: \frac{1}{a^2} : \frac{1}{a'^2};$$

ainsi, les forces φ et φ' sont réciproques aux carrés des distances a et a'.

5. La Terre n'ayant qu'un satellite, l'ellipticité de l'orbe lunaire est le seul phénomène céleste qui puisse nous faire connaître la loi de sa force attractive; mais le mouvement elliptique de la Lune est très-sensiblement troublé par les forces perturbatrices, et cela peut laisser quelques doutes sur la loi de la diminution de la force attractive de la Terre, en raison du carré des distances à son centre. A la vérité, l'analogie qui existe entre cette force et les forces attractives du Soleil, de Jupiter, de Saturne et d'Uranus nous porte à croire qu'elle suit la même loi de diminution; mais les expériences terrestres sur la pesanteur offrent un moyen direct de constater cette loi.

Pour cela, nous allons déterminer la parallaxe lunaire, d'après les expériences sur la longueur du pendule à secondes, et la comparer aux observations célestes. Sur le parallèle dont le carré du sinus de la latitude est $\frac{1}{3}$, l'espace que la pesanteur fait décrire dans une seconde est, d'après les observations de la longueur du pendule, égal à $3^m,65548$, comme on le verra dans le troisième Livre : nous choisissons ce parallèle, parce que l'attraction de la Terre sur les points correspondants de sa surface est à très-peu près, comme à la distance de la Lune, égale à la masse de la Terre, divisée par le carré de sa distance à son centre de gravité. Sur ce parallèle, la pesanteur est plus petite que l'attraction de la Terre, des deux tiers de la force centrifuge due au mouvement de rotation à l'équateur; cette force est $\frac{1}{288}$ de la pesanteur; il faut donc augmenter l'espace précédent de sa 432e partie, pour avoir l'espace entier dû à l'action de la Terre, qui, sur ce parallèle, est égale à sa masse divisée par le carré du rayon terrestre : on aura ainsi $3^m,66394$ pour cet espace. A la distance de la Lune, il doit être diminué dans le rapport du carré du rayon du sphéroïde terrestre au carré de la distance de cet astre, et il est visible qu'il suffit pour cela de le multiplier par le carré du sinus de la parallaxe lunaire; en désignant donc par x ce sinus sous le parallèle que nous considérons, on aura $x^2 . 3^m,66394$ pour la hauteur dont la Lune doit tomber dans une seconde, par l'attraction de la Terre. Mais nous verrons, dans la théorie de la Lune, que l'action du Soleil diminue sa pesanteur vers la Terre, d'une quantité dont la partie constante est $\frac{1}{358}$ de cette pesanteur; de plus, la Lune, dans son mouvement relatif autour de la Terre, est sollicitée par une force égale à la somme des masses de la Terre et de la Lune, divisée par le carré de leur distance mutuelle; il faut donc diminuer l'espace précédent de $\frac{1}{358}$, et l'augmenter dans le rapport de la somme des masses de la Terre et de la Lune à la masse de la Terre; or on verra, dans le quatrième Livre, que les phénomènes du flux et du reflux de la mer donnent la masse de la Lune égale à $\frac{1}{58,7}$ de celle de la Terre; on a donc $\frac{357}{358} \cdot \frac{59,7}{58,7} \cdot x^2 . 3^m,66394$, pour l'espace dont la Lune descend vers la Terre, dans l'intervalle d'une seconde.

Maintenant, si l'on nomme a le rayon moyen de l'orbe lunaire, et T la durée de la révolution sidérale de la Lune, exprimée en secondes, $\frac{2a\pi^2}{T^2}$ sera, comme on l'a vu, le sinus verse de l'arc qu'elle décrit pendant une seconde, et il exprime la quantité dont la Lune descend vers la Terre, dans cet intervalle. La valeur de a est égale au rayon terrestre sous le parallèle que nous considérons, divisé par le sinus de x; ce rayon est égal à 6369514 mètres; on a donc

$$a = \frac{6369514^m}{x}.$$

Mais, pour avoir une valeur de a indépendante des inégalités du mouvement de la Lune, il faut prendre, pour sa parallaxe moyenne dont le sinus est x, la partie de cette parallaxe qui est indépendante de ces inégalités, et que l'on nomme pour cela *constante de la parallaxe*. Ainsi, en prenant pour π le rapport de 355 à 113, et en observant que T $= 2732166''$, l'espace moyen dont la Lune descend vers la Terre sera

$$\frac{2.(355)^2.6369514^m}{(113)^2.x.(2732166)^2}.$$

En égalant les deux expressions que nous venons de trouver pour cet espace, on aura

$$x^3 = \frac{2.(355)^2.358.(58,7)^2.6369514}{(113)^2.357.(59,7).(3,6639)^2.(2732166)^2},$$

d'où l'on tire $10536'',2$ pour la constante de la parallaxe lunaire sous le parallèle dont il s'agit. Cette valeur est très-peu différente de la constante $10540,7$, que Triesnecker a conclue par la comparaison d'un grand nombre d'observations d'éclipses et d'occultations d'étoiles par la Lune; il est donc certain que la force principale qui retient la Lune dans son orbite est la gravité terrestre, affaiblie en raison du carré de la distance; ainsi, la loi de diminution de la pesanteur, qui, pour les planètes accompagnées de plusieurs satellites, est prouvée par la comparaison des temps de leurs révolutions et de leurs distances, est dé-

montrée, pour la Lune, par la comparaison de son mouvement avec
celui des projectiles à la surface de la Terre. Il en résulte que c'est au
centre de gravité des corps célestes que l'on doit fixer l'origine des
distances, dans le calcul de leurs forces attractives sur les corps placés
à leur surface ou au delà, puisque cela est prouvé pour la Terre, dont
la force attractive est, comme on vient de le voir, de la même nature
que celle de tous les corps célestes.

6. Le Soleil et les planètes qui ont des satellites sont, par conséquent,
doués d'une force attractive qui, en décroissant à l'infini, réciproquement au carré des distances, embrasse dans sa sphère d'activité tous les
corps. L'analogie nous porte à penser qu'une pareille force réside généralement dans toutes les planètes et dans les comètes; mais on peut
s'en assurer directement de cette manière. C'est une loi constante de la
nature, qu'un corps ne peut agir sur un autre sans en éprouver une
réaction égale et contraire; ainsi, les planètes et les comètes étant attirées vers le Soleil, elles doivent attirer cet astre suivant la même loi.
Les satellites attirent, par la même raison, leurs planètes; cette propriété attractive est donc commune aux planètes, aux comètes et aux
satellites, et par conséquent on peut regarder la gravitation des corps
célestes les uns vers les autres comme une propriété générale de cet
univers.

Nous venons de voir qu'elle suit la raison inverse du carré des distances; à la vérité, cette raison est donnée par les lois du mouvement
elliptique, auxquelles les mouvements célestes ne sont pas rigoureusement assujettis; mais on doit considérer que, les lois les plus simples
devant toujours être préférées, jusqu'à ce que les observations nous
forcent de les abandonner, il est naturel de supposer d'abord que la
loi de la gravitation est réciproque à une puissance de la distance, et
l'on trouve, par le calcul, que la plus légère différence entre cette puissance et le carré deviendrait extrêmement sensible dans la position des
périhélies des orbes planétaires, dans lesquels l'observation n'a fait
apercevoir que des mouvements presque insensibles dont nous déve-

lopperons la cause. En général, on verra, dans le cours de cet Ouvrage,
que la loi de la gravitation réciproque au carré des distances représente
avec une extrême précision toutes les inégalités observées des mouvements célestes : cet accord, joint à la simplicité de cette loi, nous auto-
rise à penser qu'elle est rigoureusement celle de la nature.

La gravitation est proportionnelle aux masses; car il résulte du n° 3
que, les planètes et les comètes étant supposées à la même distance du
Soleil et abandonnées à leur gravité vers cet astre, elles tomberaient
en temps égal d'une égale hauteur; en sorte que leur pesanteur serait
proportionnelle à leur masse. Les mouvements presque circulaires des
satellites autour de leurs planètes nous prouvent qu'ils pèsent, comme
ces planètes, vers le Soleil, en raison de leurs masses; la plus légère
différence à cet égard serait sensible dans le mouvement des satellites,
et les observations n'ont fait découvrir aucune inégalité dépendante de
cette cause. On voit donc que les comètes, les planètes et leurs satellites, placés à la même distance du Soleil, pèseraient vers cet astre, en
raison de leurs masses; d'où il suit, en vertu de l'égalité de l'action à
la réaction, qu'ils attireraient dans la même raison le Soleil, et qu'ainsi
leur action sur cet astre est proportionnelle à leurs masses divisées par
le carré de leurs distances à son centre.

La même loi s'observe sur la Terre; on s'est assuré par des expériences très-précises, faites au moyen du pendule, que sans la résistance de l'air tous les corps se précipiteraient vers son centre avec une
égale vitesse; les corps terrestres pèsent donc sur la Terre, en raison
de leurs masses, ainsi que les planètes pèsent vers le Soleil et les satellites vers leurs planètes. Cette conformité de la nature avec elle-même,
sur la Terre et dans l'immensité des cieux, nous montre de la manière
la plus frappante que la pesanteur observée ici-bas n'est qu'un cas
particulier d'une loi générale répandue dans l'univers.

La propriété attractive des corps célestes ne leur appartient pas seulement en masse; mais elle est propre à chacune de leurs molécules.
Si le Soleil n'agissait que sur le centre de la Terre, sans attirer particulièrement chacune de ses parties, il en résulterait, dans l'océan, des

oscillations incomparablement plus grandes et très-différentes de celles
que l'on y observe; la pesanteur de la Terre vers le Soleil est donc le
résultat des pesanteurs de toutes ses molécules, qui par conséquent
attirent le Soleil en raison de leurs masses respectives. D'ailleurs,
chaque corps sur la Terre pèse vers son centre, proportionnellement
à sa masse; il réagit donc sur elle, et l'attire suivant le même rapport.
Si cela n'était pas, et si une partie quelconque de la Terre, quelque
petite qu'on la suppose, n'attirait pas l'autre partie comme elle en est
attirée, le centre de gravité de la Terre serait mû dans l'espace en vertu
de la pesanteur, ce qui est impossible.

Les phénomènes célestes, comparés aux lois du mouvement, nous
conduisent donc à ce grand principe de la nature, savoir, que toutes les
molécules de la matière s'attirent mutuellement en raison des masses,
et réciproquement au carré des distances. Déjà l'on entrevoit dans cette
gravitation universelle la cause des perturbations que les corps célestes
éprouvent; car, les planètes et les comètes étant soumises à leur action
réciproque, elles doivent s'écarter un peu des lois du mouvement elliptique, qu'elles suivraient exactement, si elles n'obéissaient qu'à l'action du Soleil. Les satellites, troublés dans leurs mouvements autour
de leurs planètes par leur attraction mutuelle et par celle du Soleil,
s'écartent pareillement de ces lois. On voit encore que les molécules
de chaque corps céleste, réunies par leur attraction, doivent former
une masse à peu près sphérique, et que la résultante de leur action à la
surface du corps doit y produire tous les phénomènes de la pesanteur.
On voit pareillement que le mouvement de rotation des corps célestes
doit altérer un peu la sphéricité de leur figure, et l'aplatir aux pôles,
et qu'alors, la résultante de leurs actions mutuelles ne passant point
exactement par leurs centres de gravité, elle doit produire dans leurs
axes de rotation des mouvements semblables à ceux que l'observation
y fait apercevoir. Enfin, on entrevoit que les molécules de l'océan, iné-
galement attirées par le Soleil et la Lune, doivent avoir un mouvement
d'oscillation pareil au flux et au reflux de la mer. Mais le développement de ces divers effets de la pesanteur universelle exige une pro-

fonde analyse. Pour les embrasser avec la plus grande généralité, nous allons donner les équations différentielles du mouvement d'un système de corps soumis à leur attraction mutuelle, et rechercher les intégrales rigoureuses que l'on peut en obtenir. Nous profiterons ensuite des facilités que les rapports des masses et des distances des corps célestes nous présentent, pour avoir des intégrales de plus en plus approchées, et pour déterminer ainsi les phénomènes célestes avec toute l'exactitude que les observations comportent.

CHAPITRE II.

DES ÉQUATIONS DIFFÉRENTIELLES DU MOUVEMENT D'UN SYSTÈME DE CORPS SOUMIS A LEUR ATTRACTION MUTUELLE.

7. Soient m, m', m''.... les masses des différents corps du système, considérés comme autant de points; soient x, y, z les coordonnées rectangles du corps m; x', y', z' celles du corps m', et ainsi du reste. La distance de m' à m étant

$$\sqrt{(x'-x)^2+(y'-y)^2+(z'-z)^2},$$

son action sur m sera, par la loi de la pesanteur universelle, égale à

$$\frac{m'}{(x'-x)^2+(y'-y)^2+(z'-z)^2}$$

Si l'on décompose cette action parallèlement aux axes des x, des y et des z, la force parallèle à l'axe des x et dirigée en sens contraire de leur origine sera

$$\frac{m'\,(x'-x)}{[(x'-x)^2+(y'-y)^2+(z'-z)^2]^{\frac{3}{2}}},$$

ou

$$\frac{1}{m}\cdot\frac{\partial\cdot\dfrac{mm'}{\sqrt{(x'-x)^2+(y'-y)^2+(z'-z)^2}}}{\partial x}$$

On aura pareillement

$$\frac{1}{m}\cdot\frac{\partial\cdot\dfrac{mm''}{\sqrt{(x''-x)^2+(y''-y)^2+(z''-z)^2}}}{\partial x}$$

18.

pour l'action de m'' sur m, décomposée parallèlement à l'axe des x, et ainsi du reste. Soit donc

$$\lambda = \frac{mm'}{\sqrt{(x'-x)^2+(y'-y)^2+(z'-z)^2}}$$
$$+ \frac{mm''}{\sqrt{(x''-x)^2+(y''-y)^2+(z''-z)^2}}$$
$$+ \frac{m'm''}{\sqrt{(x''-x')^2+(y''-y')^2+(z''-z')^2}},$$

λ étant ainsi la somme des produits deux à deux des masses m, m', m''..... divisés par leurs distances respectives; $\frac{1}{m}\frac{\partial\lambda}{\partial x}$ exprimera la somme des actions des corps m', m'.... sur m, décomposées parallèlement à l'axe des x, en sens contraire de l'origine des coordonnées. En désignant donc par dt l'élément du temps, supposé constant, on aura, par les principes de Dynamique exposés dans le Livre précédent,

$$0 = m\frac{d^2x}{dt^2} - \frac{\partial\lambda}{\partial x}.$$

On aura pareillement

$$0 = m\frac{d^2y}{dt^2} - \frac{\partial\lambda}{\partial y},$$

$$0 = m\frac{d^2z}{dt^2} - \frac{\partial\lambda}{\partial z}.$$

Si l'on considère de la même manière l'action des corps m, m'',... sur m'; celle des corps m, m',... sur m'', et ainsi du reste, on aura les équations

$$0 = m'\frac{d^2x'}{dt^2} - \frac{\partial\lambda}{\partial x'}, \qquad 0 = m'\frac{d^2y'}{dt^2} - \frac{\partial\lambda}{\partial y'}, \qquad 0 = m'\frac{d^2z'}{dt^2} - \frac{\partial\lambda}{\partial z'},$$

$$0 = m''\frac{d^2x''}{dt^2} - \frac{\partial\lambda}{\partial x''}, \qquad 0 = m''\frac{d^2y''}{dt^2} - \frac{\partial\lambda}{\partial y''}, \qquad 0 = m''\frac{d^2z''}{dt^2} - \frac{\partial\lambda}{\partial z''},$$

$$\dots\dots\dots\dots\dots\dots\dots\dots\dots\dots$$

La détermination des mouvements de m, m', m''.... dépend de l'intégration de ces équations différentielles; mais il n'a été possible jusqu'ici de les intégrer complétement que dans le seul cas où le système n'est composé que de deux corps. Dans les autres cas, on n'a pu obtenir qu'un petit nombre d'intégrales rigoureuses, que nous allons développer.

8. Pour cela, considérons d'abord les équations différentielles en x, x', x''....; en les ajoutant ensemble, et en observant que, par la nature de la fonction λ, on a

$$0 = \frac{\partial \lambda}{\partial x} + \frac{\partial \lambda}{\partial x'} + \frac{\partial \lambda}{\partial x''} + \ldots,$$

on aura

$$0 = \Sigma\, m\, \frac{d^2 x}{dt^2}.$$

On aura pareillement

$$0 = \Sigma\, m\, \frac{d^2 y}{dt^2}, \qquad 0 = \Sigma\, m\, \frac{d^2 z}{dt^2}.$$

Soient X, Y, Z les trois coordonnées du centre de gravité du système : on aura, par la propriété de ce centre,

$$X = \frac{\Sigma\, m\, x}{\Sigma\, m}, \qquad Y = \frac{\Sigma\, m\, y}{\Sigma\, m}, \qquad Z = \frac{\Sigma\, m\, z}{\Sigma\, m};$$

on aura donc

$$0 = \frac{d^2 X}{dt^2}, \qquad 0 = \frac{d^2 Y}{dt^2}, \qquad 0 = \frac{d^2 Z}{dt^2},$$

d'où l'on tire, en intégrant,

$$X = a + bt, \qquad Y = a' + b't, \qquad Z = a'' + b''t,$$

a, b, a', b', a'', b'' étant des constantes arbitraires. On voit par là que le mouvement du centre de gravité du système est rectiligne et uniforme, et qu'ainsi il n'est point altéré par l'action réciproque des corps du système; ce qui est conforme à ce que nous avons vu dans le Chapitre V du premier Livre.

Reprenons les équations différentielles du mouvement de ces corps.

Si l'on multiplie les équations différentielles en y, y', y''.... respectivement par x, x', x''....., et qu'on les ajoute aux équations différentielles en x, x', x'',...., multipliées respectivement par $-y$, $-y'$, $-y''$,..... on aura

$$0 = m \frac{x\,d^2y - y\,d^2x}{dt^2} + m' \frac{x'd^2y' - y'd^2x'}{dt^2} + \ldots$$
$$- y \frac{d\lambda}{dx} - y' \frac{d\lambda}{dx'} - \ldots$$
$$- x \frac{d\lambda}{dy} - x' \frac{d\lambda}{dy'} - \ldots;$$

mais la nature de la fonction λ donne

$$0 = y \frac{d\lambda}{dx} + y' \frac{d\lambda}{dx'} + \ldots + x \frac{d\lambda}{dy} + x' \frac{d\lambda}{dy'} + \ldots;$$

on aura donc, en intégrant l'équation précédente,

$$c = \Sigma\, m \frac{x\,dy - y\,dx}{dt}.$$

On trouvera semblablement

$$c' = \Sigma\, m \frac{x\,dz - z\,dx}{dt}, \qquad c'' = \Sigma\, m \frac{y\,dz - z\,dy}{dt},$$

c, c', c'' étant des constantes arbitraires. Ces trois intégrales renferment le principe des aires, que nous avons exposé dans le Chapitre V du premier Livre.

Enfin, si l'on multiplie les équations différentielles en x, x', x'',... respectivement par dx, dx', dx'',...; celles en y, y',... respectivement par dy, dy',...; celles en z, z',... respectivement par dz, dz',..., et qu'on les ajoute ensemble, on aura

$$0 = \Sigma\, m \frac{dx\,d^2x + dy\,d^2y + dz\,d^2z}{dt^2} + d\lambda,$$

et, en intégrant,

$$h = \Sigma\, m \frac{dx^2 + dy^2 + dz^2}{dt^2} + 2\lambda,$$

h étant une nouvelle arbitraire. Cette intégrale renferme le principe de la conservation des forces vives, exposé dans le Chapitre V du premier Livre.

Les sept intégrales précédentes sont les seules intégrales rigoureuses que l'on a pu obtenir jusqu'à présent : dans le cas où le système n'est composé que de deux corps, elles réduisent la détermination de leurs mouvements à des équations différentielles du premier ordre, que l'on peut intégrer, comme on le verra dans la suite; mais, lorsque le système est formé de trois ou d'un plus grand nombre de corps, il faut nécessairement recourir aux méthodes d'approximation.

9. Comme on ne peut observer que des mouvements relatifs, on rapporte les mouvements des planètes et des comètes au centre du Soleil, et les mouvements des satellites au centre de leurs planètes. Ainsi, pour comparer la théorie aux observations, il faut déterminer le mouvement relatif d'un système de corps autour d'un corps considéré comme le centre de leurs mouvements.

Soit M ce dernier corps, m, m', m'', ... étant les autres corps dont on cherche le mouvement relatif autour de M; soient ζ, Π et γ les coordonnées rectangles de M; $\zeta + x$, $\Pi + y$, $\gamma + z$ celles de m; $\zeta + x'$, $\Pi + y'$, $\gamma + z'$ celles de m', etc.; il est visible que x, y, z seront les coordonnées de m par rapport à M; que x', y', z' seront celles de m' par rapport au même corps, et ainsi du reste. Nommons r, r'.... les distances de m, m'.... au corps M, en sorte que

$$r = \sqrt{x^2 + y^2 + z^2}, \quad r' = \sqrt{x'^2 + y'^2 + z'^2},\ldots,$$

et supposons

$$\lambda = \frac{mm'}{\sqrt{(x'-x)^2 + (y'-y)^2 + (z'-z)^2}}$$
$$+ \frac{mm''}{\sqrt{(x''-x)^2 + (y''-y)^2 + (z''-z)^2}}$$
$$+ \frac{m'm''}{\sqrt{(x''-x')^2 + (y''-y')^2 + (z''-z')^2}} + \ldots.$$

Cela posé, l'action de m sur M, décomposée parallèlement à l'axe des x et en sens contraire de leur origine, sera $\frac{mx}{r^3}$; celle de m' sur M, décomposée suivant la même direction, sera $\frac{m'x'}{r'^3}$, et ainsi du reste. On aura donc, pour déterminer ζ, l'équation différentielle

$$0 = \frac{d^2\zeta}{dt^2} - \Sigma\frac{mx}{r^3};$$

on aura pareillement

$$0 = \frac{d^2\mathrm{H}}{dt^2} - \Sigma\frac{my}{r^3},$$

$$0 = \frac{d^2\gamma}{dt^2} - \Sigma\frac{mz}{r^3}.$$

L'action de M sur m, décomposée parallèlement à l'axe des x, et dirigée en sens contraire de leur origine, sera $-\frac{Mx}{r^3}$, et la somme des actions des corps m', m'', … sur m, décomposées suivant la même direction, sera $\frac{1}{m}\frac{\partial\lambda}{\partial x}$; on aura donc

$$0 = \frac{d^2(\zeta + x)}{dt^2} - \frac{Mx}{r^3} - \frac{1}{m}\frac{\partial\lambda}{\partial x};$$

en substituant au lieu de $\frac{d^2\zeta}{dt^2}$ sa valeur $\Sigma\frac{mx}{r^3}$, on aura

(1)			$$0 = \frac{d^2x}{dt^2} + \frac{Mx}{r^3} + \Sigma\frac{mx}{r^3} - \frac{1}{m}\frac{\partial\lambda}{\partial x};$$

on aura pareillement

(2)			$$0 = \frac{d^2y}{dt^2} + \frac{My}{r^3} + \Sigma\frac{my}{r^3} - \frac{1}{m}\frac{\partial\lambda}{\partial y},$$

(3)			$$0 = \frac{d^2z}{dt^2} + \frac{Mz}{r^3} + \Sigma\frac{mz}{r^3} - \frac{1}{m}\frac{\partial\lambda}{\partial z}.$$

Si l'on change successivement, dans les équations (1), (2), (3), les quantités m, x, y, z dans celles-ci, m', x', y', z' ; m'', x'', y'', z'', etc., et réciproquement, on aura les équations du mouvement des corps m'. m'',... autour de M.

Si l'on multiplie l'équation différentielle en ζ par $M + \Sigma m$, celle en x par m, celle en x' par m', et ainsi du reste; en les ajoutant ensemble, et en observant que, par la nature de la fonction λ, on a

$$ 0 = \frac{\partial \lambda}{\partial x} + \frac{\partial \lambda}{\partial x'} + \ldots, $$

on aura

$$ 0 = (M + \Sigma m) \frac{d^2 \zeta}{dt^2} + \Sigma m \frac{d^2 x}{dt^2}. $$

d'où l'on tire, en intégrant,

$$ \zeta = a + bt - \frac{\Sigma m x}{M + \Sigma m}. $$

a et b étant deux constantes arbitraires. On aura pareillement

$$ H = a' + b' t - \frac{\Sigma m y}{M + \Sigma m}. $$

$$ \gamma = a'' + b'' t - \frac{\Sigma m z}{M + \Sigma m}, $$

a', b', a'', b'' étant des constantes arbitraires : on aura ainsi le mouvement absolu de M dans l'espace, lorsque les mouvements relatifs de m, m',... autour de lui seront connus.

Si l'on multiplie l'équation différentielle en x par

$$ - my + m \frac{\Sigma m y}{M + \Sigma m}, $$

et l'équation différentielle en y par

$$ mx - m \frac{\Sigma m x}{M + \Sigma m}, $$

si l'on multiplie pareillement l'équation différentielle en x' par

$$ - m'y' + m' \frac{\Sigma m y}{M + \Sigma m}; $$

et l'équation différentielle en y' par

$$m'x' - m' \frac{\Sigma m x}{M + \Sigma m}.$$

et ainsi du reste; si l'on ajoute ensuite toutes ces équations, en observant que la nature de la fonction λ donne

$$0 = \Sigma x \frac{\partial \lambda}{\partial y} - \Sigma y \frac{\partial \lambda}{\partial x}, \quad 0 = \Sigma \frac{\partial \lambda}{\partial x}, \quad 0 = \Sigma \frac{\partial \lambda}{\partial y},$$

on aura

$$0 = \Sigma m \frac{x d^2 y - y d^2 x}{dt^2} - \frac{\Sigma m x}{M + \Sigma m} \Sigma m \frac{d^2 y}{dt^2} + \frac{\Sigma m y}{M + \Sigma m} \Sigma m \frac{d^2 x}{dt^2}.$$

équation dont l'intégrale est

$$\text{const.} = \Sigma m \frac{x dy - y dx}{dt} - \frac{\Sigma m x}{M + \Sigma m} \Sigma m \frac{dy}{dt} + \frac{\Sigma m y}{M + \Sigma m} \Sigma m \frac{dx}{dt}.$$

ou

$$(4) \quad c = M \Sigma m \frac{x dy - y dx}{dt} + \Sigma m m' \frac{(x' - x)(dy' - dy) - (y' - y)(dx' - dx)}{dt}.$$

c étant une constante arbitraire. On parviendra de la même manière aux deux intégrales suivantes :

$$(5) \quad c' = M \Sigma m \frac{x dz - z dx}{dt} + \Sigma m m' \frac{(x' - x)(dz' - dz) - (z' - z)(dx' - dx)}{dt},$$

$$(6) \quad c'' = M \Sigma m \frac{y dz - z dy}{dt} + \Sigma m m' \frac{(y' - y)(dz' - dz) - (z' - z)(dy' - dy)}{dt},$$

c', c'' étant deux nouvelles arbitraires.

Si l'on multiplie l'équation différentielle en x par

$$2 m dx - 2 m \frac{\Sigma m dx}{M + \Sigma m},$$

l'équation différentielle en y par

$$2 m dy - 2 m \frac{\Sigma m dy}{M + \Sigma m},$$

l'équation différentielle en z par

$$2m\,dz - 2m\,\frac{\Sigma\,m\,dz}{\mathrm{M} + \Sigma\,m};$$

si l'on multiplie pareillement l'équation différentielle en x' par

$$2m'dx' - 2m'\frac{\Sigma\,m\,dx}{\mathrm{M} + \Sigma\,m}.$$

l'équation différentielle en y' par

$$2m'dy' - 2m'\frac{\Sigma\,m\,dy}{\mathrm{M} + \Sigma\,m}.$$

l'équation différentielle en z' par

$$2m'dz' - 2m'\frac{\Sigma\,m\,dz}{\mathrm{M} + \Sigma\,m}.$$

et ainsi du reste ; si l'on ajoute ensuite ces diverses équations, en observant que

$$0 = \Sigma\,\frac{\partial\lambda}{\partial x}, \qquad 0 = \Sigma\,\frac{\partial\lambda}{\partial y}, \qquad 0 = \Sigma\,\frac{\partial\lambda}{\partial z}.$$

on aura

$$0 = 2\Sigma m\,\frac{dx\,d^2x + dy\,d^2y + dz\,d^2z}{dt^2} - \frac{2\Sigma\,m\,dx}{\mathrm{M} + \Sigma\,m}\,\Sigma\,\frac{m\,d^2x}{dt^2}$$

$$- \frac{2\Sigma\,m\,dy}{\mathrm{M} + \Sigma\,m}\,\Sigma\,\frac{m\,d^2y}{dt^2} - \frac{2\Sigma\,m\,dz}{\mathrm{M} + \Sigma\,m}\,\Sigma\,\frac{m\,d^2z}{dt^2} : 2\mathrm{M}\,\Sigma\,\frac{m\,dr}{r^2} - 2\,d\lambda,$$

ce qui donne, en intégrant,

$$\text{const.} = \Sigma m\,\frac{dx^2 + dy^2 + dz^2}{dt^2} - \frac{(\Sigma\,m\,dx)^2 + \Sigma\,m\,dy^2 + (\Sigma\,m\,dz)^2}{(\mathrm{M} + \Sigma\,m)\,dt^2} - 2\mathrm{M}\,\Sigma\,\frac{m}{r} - 2\lambda,$$

ou

$$(7) \quad \begin{cases} h = \mathrm{M}\,\Sigma m\,\dfrac{dx^2 + dy^2 + dz^2}{dt^2} + \Sigma\,mm'\,\dfrac{(dx'-dx)^2 + (dy'-dy)^2 + (dz'-dz)^2}{dt^2} \\[2mm] \qquad - \left(2\mathrm{M}\,\Sigma\,\dfrac{m}{r} + 2\lambda\right)(\mathrm{M} + \Sigma m), \end{cases}$$

h étant une constante arbitraire. Nous sommes déjà parvenus à ces diverses intégrales, dans le Chapitre V du premier Livre, relativement à un système de corps qui réagissent les uns sur les autres d'une manière quelconque; mais, vu leur utilité dans la théorie du système du monde, nous avons cru devoir les démontrer ici de nouveau.

10. Ces intégrales étant les seules que l'on ait obtenues dans l'état actuel de l'Analyse, on est forcé de recourir aux méthodes d'approximation, et de profiter des facilités qu'offre pour cet objet la constitution du système du monde. Une des principales tient à ce que le système solaire est partagé en systèmes particiels, formés par les planètes et par leurs satellites : ces systèmes sont tels, que les distances des satellites à leur planète sont considérablement plus petites que la distance de la planète au Soleil : il en résulte que, l'action du Soleil étant à peu près la même sur la planète et sur ses satellites, ceux-ci se meuvent à peu près comme s'ils n'obéissaient qu'à l'action de la planète. Il en résulte encore cette propriété remarquable, savoir, que le mouvement du centre de gravité d'une planète et de ses satellites est, à fort peu près, le même que si tous ces corps étaient réunis à ce centre.

Pour le démontrer, supposons que les distances mutuelles des corps m, m', m'', ... soient très-petites par rapport à la distance de leur centre commun de gravité au corps M. Soit

$$x = X + x_{,} \quad y = Y + y_{,} \quad z = Z + z_{,}$$
$$x' = X + x'_{,} \quad y' = Y + y'_{,} \quad z' = Z + z'_{,}$$
$$\ldots\ldots\ldots, \quad \ldots\ldots\ldots, \quad \ldots\ldots\ldots$$

X, Y, Z étant les coordonnées du centre de gravité du système des corps m, m', m'', ...; l'origine de ces coordonnées étant, ainsi que celle des coordonnées x, y, z, x', y', z', ..., au centre de M. Il est clair que $x_{,}$, $y_{,}$, $z_{,}$, $x'_{,}$, ... seront les coordonnées de m, m', ..., relativement à leur centre commun de gravité; nous les supposerons très-petites du premier ordre par rapport à X, Y, Z. Cela posé, on aura, comme on l'a vu dans le premier Livre, la force qui sollicite le centre de gravité du système parallèlement à une droite quelconque, en prenant la somme des forces qui animent les corps parallèlement à cette droite, multipliées respectivement par leurs masses, et en divisant cette somme par la somme des masses. On a vu de plus, dans le même Livre, que l'action mutuelle des corps liés entre eux d'une manière quelconque n'altère point le mouvement du centre de gravité du système, et, par le n° 8, l'attraction mutuelle des corps n'influe point sur ce mouvement; il suffit donc, dans la recherche des forces qui animent le centre de gravité du système, d'avoir égard à l'action du corps M, étranger à ce système.

L'action de M sur m, décomposée parallèlement à l'axe des x et en sens contraire de leur origine, est $-\dfrac{Mx}{r^3}$; la force entière qui sollicite parallèlement à cette droite le centre de gravité du système des corps m, m',.... est donc

$$M\,\Sigma\,\frac{\dfrac{mx}{r^3}}{\Sigma\,m}$$

En substituant au lieu de x et de r leurs valeurs, on a

$$\frac{x}{r^3} = \frac{X - x_{\text{,}}}{[(X - x_{\text{,}})^2 + (Y - y_{\text{,}})^2 + (Z - z_{\text{,}})^2]^{\frac{3}{2}}}.$$

Si l'on néglige les quantités très-petites du second ordre, c'est-à-dire les carrés et les produits des variables $x_{\text{,}}$, $y_{\text{,}}$, $z_{\text{,}}$, $x'_{\text{,}}$,....; que l'on désigne par R la distance $\sqrt{X^2 + Y^2 + Z^2}$ du centre de gravité du système au corps M, on aura

$$\frac{x}{r^3} = \frac{X}{R^3} - \frac{x_{\text{,}}}{R^3} - \frac{3X(Xx_{\text{,}} + Yy_{\text{,}} + Zz_{\text{,}})}{R^5}.$$

En marquant successivement d'un trait, de deux traits, etc., dans le second membre de cette équation, les lettres $x_{\text{,}}$, $y_{\text{,}}$, $z_{\text{,}}$, on aura les valeurs de $\dfrac{x'}{r'^3}$, $\dfrac{x''}{r''^3}$,...; mais on a, par la nature du centre de gravité,

$$o = \Sigma\,mx_{\text{,}}, \qquad o = \Sigma\,my_{\text{,}}, \qquad o = \Sigma\,mz_{\text{,}};$$

on aura donc, aux quantités près du second ordre,

$$- \frac{M \, \Sigma \frac{m x}{r^3}}{\Sigma m} = - \frac{MX}{R^3};$$

ainsi le centre de gravité du système est à très-peu près sollicité parallèlement à l'axe des x par l'action du corps M, comme si tous les corps du système étaient réunis à ce centre. Le même résultat a évidemment lieu relativement aux axes des y et des z; en sorte que les forces dont le centre de gravité du système est animé parallèlement à ces axes par l'action de M sont $- \frac{MY}{R^3}$ et $- \frac{MZ}{R^3}$.

Lorsque l'on considère le mouvement relatif du centre de gravité du système autour de M, il faut lui transporter en sens contraire la force qui sollicite ce corps. Cette force résultante de l'action de m, m', m'' .... sur M, et décomposée parallèlement aux x en sens contraire de leur origine, est $\Sigma \frac{m x}{r^3}$; si l'on néglige les quantités du second ordre, cette fonction est, par ce qui précède, égale à

$$\frac{X \, \Sigma m}{R^3}.$$

Pareillement, les forces dont M est animé par l'action du système parallèlement aux axes des y et des z, en sens contraire de leur origine, sont

$$\frac{Y \, \Sigma m}{R^3} \quad \text{et} \quad \frac{Z \, \Sigma m}{R^3}.$$

On voit ainsi que l'action du système sur le corps M est à très-peu près la même que si tous les corps de ce système étaient réunis à leur centre commun de gravité. En transportant à ce centre, et avec un signe contraire, les trois forces précédentes, ce point sera sollicité parallèlement aux axes des x, des y et des z, dans son mouvement relatif autour de M, par les trois forces suivantes :

$$- (M + \Sigma m) \frac{X}{R^3}, \quad - (M + \Sigma m) \frac{Y}{R^3}, \quad - (M + \Sigma m) \frac{Z}{R^3}.$$

Ces forces sont les mêmes que si tous les corps m, m', m'',... étaient réunis à leur centre commun de gravité; ce centre se meut donc, aux quantités près du second ordre, comme si tous ces corps y étaient réunis.

Il suit de là que, si l'on a plusieurs systèmes dont les centres de gravité soient fort éloignés les uns des autres relativement aux distances respectives des corps de chaque système, ces centres seront mus, à fort peu près, comme si les corps de chaque système y étaient réunis; car l'action du premier système sur chaque corps du second système est, par ce qui vient d'être dit, la même à très-peu près que si les corps du premier système étaient réunis à leur centre commun de gravité; l'action du premier système sur le centre de gravité du second sera donc, par ce qui précède, la même que dans cette hypothèse; d'où l'on peut généralement conclure que l'action réciproque des différents systèmes sur leurs centres de gravité respectifs est la même que si les corps de chaque système y étaient réunis, et qu'ainsi ces centres se meuvent comme dans le cas de cette réunion. Il est visible que ce résultat a également lieu, les corps de chaque système étant libres, ou liés entre eux d'une manière quelconque; parce que leur action mutuelle n'influe point sur le mouvement de leur centre commun de gravité.

Le système d'une planète agit donc à très-peu près sur les autres corps du système solaire comme si la planète et ses satellites étaient réunis à leur centre commun de gravité, et ce centre est attiré par les différents corps du système solaire comme dans cette hypothèse.

Chaque corps céleste étant la réunion d'une infinité de molécules douées d'un pouvoir attractif, et ses dimensions étant très-petites relativement à sa distance aux autres corps du système du monde, son centre de gravité est à très-peu près attiré comme si toute sa masse y était réunie, et il agit lui-même sur ces différents corps comme dans cette supposition; on peut donc, dans la recherche du mouvement des centres de gravité des corps célestes, considérer ces différents corps comme autant de points massifs placés à leurs centres de gravité. Mais la sphéricité des planètes et de leurs satellites rend cette supposition, déjà fort approchée, beaucoup plus exacte encore. En effet, ces divers corps peuvent être considérés comme étant formés de couches à très-peu près sphériques, d'une densité variable suivant une loi quelconque, et nous allons faire voir que l'action d'une couche sphérique sur un corps qui lui est extérieur est la même que si sa masse était réunie à son centre. Pour cela, nous allons établir sur les attractions des sphéroïdes quelques propositions générales qui nous seront très-utiles dans la suite.

11. Soient x, y, z les trois coordonnées du point attiré, que nous désignerons par m; soient dM une molécule du sphéroïde, et x', y', z' les coordonnées de cette molécule; si l'on nomme ρ sa densité, ρ étant une fonction de x', y', z', indépendante de x, y, z, on aura

$$dM = \rho\,dx'\,dy'\,dz'.$$

L'action de dM sur m, décomposée parallèlement à l'axe des x et dirigée vers leur origine, sera

$$\frac{\rho\,dx'\,dy'\,dz'.\overline{x-x'}}{\left[\overline{x-x'}^2+\overline{y-y'}^2+\overline{z-z'}^2\right]^{\frac{3}{2}}},$$

et par conséquent elle sera égale à

$$\partial\cdot\frac{\dfrac{\rho\,dx'\,dy'\,dz'}{\sqrt{\overline{x-x'}^2+\overline{y-y'}^2+\overline{z-z'}^2}}}{\partial x};$$

en nommant donc V l'intégrale

$$\int\frac{\rho\,dx'\,dy'\,dz'}{\sqrt{\overline{x-x'}^2+(y-y')^2+(z-z')^2}}.$$

étendue à la masse entière du sphéroïde, on aura $-\dfrac{\partial V}{\partial x}$ pour l'action totale du sphéroïde sur le point m, décomposée parallèlement à l'axe des x et dirigée vers leur origine.

V est la somme des molécules du sphéroïde divisées par leurs distances respectives au point attiré; pour avoir l'attraction du sphéroïde sur ce point parallèlement à une droite quelconque, il faut donc considérer V comme fonction de trois coordonnées rectangles, dont l'une soit parallèle à cette droite, et différentier cette fonction relativement à cette coordonnée; le coefficient de cette différentielle, pris avec un signe contraire, sera l'expression de l'attraction du sphéroïde parallèlement à la droite donnée, et dirigée vers l'origine de la coordonnée qui lui est parallèle.

Si l'on représente par ξ la fonction $[(x-x')^2 + (y-y')^2 + (z-z')^2]^{-\frac{1}{2}}$, on aura

$$V = \int \xi \, \rho \, dx' dy' dz'.$$

L'intégration n'étant relative qu'aux variables x', y', z', il est clair que l'on aura

$$\frac{\partial^2 V}{\partial x^2} + \frac{\partial^2 V}{\partial y^2} + \frac{\partial^2 V}{\partial z^2} = \int \rho \, dx' dy' dz' \left(\frac{\partial^2 \xi}{\partial x^2} + \frac{\partial^2 \xi}{\partial y^2} + \frac{\partial^2 \xi}{\partial z^2} \right);$$

mais on a

$$0 = \frac{\partial^2 \xi}{\partial x^2} + \frac{\partial^2 \xi}{\partial y^2} + \frac{\partial^2 \xi}{\partial z^2};$$

on aura donc pareillement

$$(\Lambda) \qquad\qquad 0 = \frac{\partial^2 V}{\partial x^2} + \frac{\partial^2 V}{\partial y^2} + \frac{\partial^2 V}{\partial z^2};$$

cette équation remarquable nous sera de la plus grande utilité dans la théorie de la figure des corps célestes. On peut lui donner d'autres formes plus commodes dans diverses circonstances; concevons, par exemple, que de l'origine des coordonnées on mène au point attiré un rayon, que nous nommerons r; soit θ l'angle que ce rayon fait avec l'axe des x, et ϖ l'angle que le plan formé par r et par cet axe fait avec le plan des x et des y; on aura

$$x = r\cos\theta, \quad y = r\sin\theta\cos\varpi, \quad z = r\sin\theta\sin\varpi,$$

d'où l'on tire

$$r = \sqrt{x^2 + y^2 + z^2}, \quad \cos\theta = \frac{x}{\sqrt{x^2 + y^2 + z^2}}, \quad \tang\varpi = \frac{z}{y}.$$

On pourra ainsi avoir les différences partielles de r, θ et ϖ relativement aux variables x, y, z, et l'on en conclura les valeurs de $\frac{\partial^2 V}{\partial x^2}$, $\frac{\partial^2 V}{\partial y^2}$, $\frac{\partial^2 V}{\partial z^2}$ en différences partielles de V relatives aux variables r, θ et ϖ. Comme nous ferons souvent usage de ces transformations des différences partielles, il est utile d'en rappeler ici le principe. En considérant V comme fonction des variables x, y, z, et ensuite des variables r, θ et ϖ, on a

$$\frac{\partial V}{\partial x} = \frac{\partial V}{\partial r} \frac{\partial r}{\partial x} + \frac{\partial V}{\partial \theta} \frac{\partial \theta}{\partial x} + \frac{\partial V}{\partial \varpi} \frac{\partial \varpi}{\partial x}.$$

Pour avoir les différences partielles $\frac{\partial r}{\partial x}$, $\frac{\partial \theta}{\partial x}$, $\frac{\partial \varpi}{\partial x}$, il ne faut faire varier que x dans les expressions précédentes de r, $\cos\theta$ et $\tan\varpi$; en différentiant donc ces expressions, on aura

$$\frac{\partial r}{\partial x} = \cos\theta, \qquad \frac{\partial \theta}{\partial x} = -\frac{\sin\theta}{r}, \qquad \frac{\partial \varpi}{\partial x} = 0,$$

ce qui donne

$$\frac{\partial V}{\partial x} = \cos\theta \frac{\partial V}{\partial r} - \frac{\sin\theta}{r} \frac{\partial V}{\partial \theta}.$$

On aura donc ainsi la différence partielle $\frac{\partial V}{\partial x}$ en différences partielles de la fonction V, prises par rapport aux variables r, θ et ϖ. En différentiant de nouveau cette valeur de $\frac{\partial V}{\partial x}$, on aura la différentielle partielle $\frac{\partial^2 V}{\partial x^2}$, en différences partielles de V, prises par rapport aux variables r, θ et ϖ. On aura, par le même procédé, les valeurs de $\frac{\partial^2 V}{\partial y^2}$ et $\frac{\partial^2 V}{\partial z^2}$.

On transformera, de cette manière, l'équation (A) dans la suivante

$$\text{(B)} \qquad 0 = \frac{\partial^2 V}{\partial \theta^2} + \frac{\cos\theta}{\sin\theta} \frac{\partial V}{\partial \theta} + \frac{\frac{\partial^2 V}{\partial \varpi^2}}{\sin^2\theta} + r \frac{\partial^2 . rV}{\partial r^2},$$

et, si l'on fait $\cos\theta = \mu$, cette équation deviendra

$$\text{(C)} \qquad 0 = \frac{\partial . \overline{1 - \mu^2} \cdot \frac{\partial V}{\partial \mu}}{\partial \mu} + \frac{\frac{\partial^2 V}{\partial \varpi^2}}{1 - \mu^2} + r \frac{\partial^2 . rV}{\partial r^2}.$$

12. Supposons maintenant que le sphéroïde soit une couche sphérique dont le centre soit à l'origine des coordonnées; il est clair que V ne dépendra que de r, et qu'il ne renfermera ni φ ni ϖ; l'équation (C) donnera donc

$$0 = \frac{\partial^2 \cdot rV}{\partial r^2},$$

d'où l'on tire, en intégrant,

$$V = A - \frac{B}{r},$$

A et B étant deux constantes arbitraires. On a donc

$$- \frac{\partial V}{\partial r} = \frac{B}{r^2}.$$

$- \frac{\partial V}{\partial r}$ exprime, par ce qui précède, l'action de la couche sphérique sur le point m, décomposée suivant le rayon r et dirigée vers le centre de la couche; or il est clair que l'action totale de la couche doit être dirigée suivant ce rayon; $- \frac{\partial V}{\partial r}$ exprime donc l'action totale de la couche sphérique sur le point m.

Supposons d'abord ce point placé au dedans de la couche. S'il était au centre même, l'action de la couche serait nulle; on a donc $- \frac{\partial V}{\partial r} = 0$, ou $\frac{B}{r^2} = 0$, lorsque $r = 0$, ce qui donne $B = 0$, et par conséquent $- \frac{\partial V}{\partial r} = 0$, quel que soit r; d'où il suit qu'un point placé dans l'intérieur de la couche n'en éprouve aucune action, ou, ce qui revient au même, il est également attiré de toutes parts.

Si le point m est situé au dehors de la couche sphérique, il est visible qu'en le supposant infiniment éloigné de son centre, l'action de la couche sur ce point sera la même que si toute la masse de la couche était réunie à ce centre; en nommant donc M la masse de cette couche, $- \frac{\partial V}{\partial r}$ ou $\frac{B}{r^2}$ deviendra, dans ce cas, égal à $\frac{M}{r^2}$, ce qui donne

$B = M$; on a donc généralement, par rapport aux points extérieurs,

$$-\frac{\partial V}{\partial r} = \frac{M}{r^2},$$

c'est-à-dire que la couche sphérique les attire comme si toute sa masse était réunie à son centre.

Une sphère étant une couche sphérique dont le rayon de la surface intérieure est nul, on voit que son attraction sur un point placé à sa surface ou au delà est la même que si sa masse était réunie à son centre.

Ce résultat a encore lieu pour les globes formés de couches concentriques d'une densité variable du centre à la circonférence suivant une loi quelconque, puisqu'il est vrai pour chacune de ces couches : ainsi, le Soleil, les planètes et les satellites pouvant être considérés, à très-peu près, comme des globes de cette nature, ils attirent, à fort peu près, les corps extérieurs comme si l'on supposait leurs masses réunies à leurs centres de gravité, ce qui est conforme à ce que nous avons trouvé par les observations, dans le n° 5. A la vérité, la figure des corps célestes s'écarte un peu de la sphère; mais la différence est très-petite, et l'erreur qui en résulte sur la supposition précédente est du même ordre que cette différence, relativement aux points voisins de leur surface; et, relativement aux points éloignés, l'erreur est du même ordre que le produit de cette différence par le carré du rapport des rayons des corps attirants à leurs distances aux points attirés; car on a vu, dans le n° 10, que la considération seule de l'éloignement des points attirés rend l'erreur de la supposition précédente du même ordre que le carré de ce rapport. Les corps célestes s'attirent donc, à très-peu près, comme si leurs masses étaient réunies à leurs centres de gravité, non-seulement parce qu'ils sont fort éloignés les uns des autres relativement à leurs dimensions respectives, mais encore parce que leurs figures diffèrent très-peu de la sphère.

La propriété dont les sphères jouissent dans la loi de la nature, d'attirer comme si leurs masses étaient réunies à leurs centres, est très-remarquable, et l'on peut être curieux de savoir si elle a lieu dans d'autres lois d'attraction. Pour cela, nous observerons que, si la loi de la pesanteur est telle qu'une sphère homogène attire un point placé au dehors comme si toute sa masse était réunie à son centre, le même résultat doit avoir lieu pour une couche sphérique d'une épaisseur constante; car, si l'on enlève à une sphère une couche sphérique d'une épaisseur constante, on formera une nouvelle sphère d'un plus petit rayon, mais qui aura, ainsi que la première, la propriété d'attirer comme si toute sa masse était réunie à son centre; or il est évident que ces deux sphères ne peuvent avoir cette propriété commune qu'autant qu'elle l'est encore à la couche sphérique qui forme leur différence. Le problème se réduit donc à déterminer les lois d'attraction suivant lesquelles une couche sphérique d'une épaisseur infiniment petite et constante attire un point extérieur comme si toute sa masse était réunie à son centre.

Soit r la distance du point attiré au centre de la couche sphérique, u le rayon de cette couche, et du son épaisseur. Soit θ l'angle que le rayon u fait avec la droite r, ϖ l'angle que le plan qui passe par les deux droites r et u fait avec un plan fixe passant par la droite r; l'élément de la couche sphérique sera $u^2\,du\,d\varpi\,d\theta\sin\theta$. Si l'on nomme ensuite f la distance de cet élément au point attiré, on aura

$$f^2 = r^2 - 2ru\cos\theta + u^2.$$

Représentons par $\varphi(f)$ la loi de l'attraction à la distance f; l'action de l'élément de la couche sur le point attiré, décomposée parallèlement à r et dirigée vers le centre de la couche, sera

$$u^2\,du\,d\varpi\,d\theta\sin\theta\,\frac{r-u\cos\theta}{f}\,\varphi(f);$$

mais on a

$$\frac{r-u\cos\theta}{f} = \frac{\partial f}{\partial r},$$

ce qui donne à la quantité précédente cette forme

$$u^2\,du\,d\varpi\,d\theta\sin\theta\,\frac{\partial f}{\partial r}\,\varphi(f);$$

partant, si l'on désigne $\int df\,\varphi(f)$ par $\varphi_1(f)$, on aura l'action entière de la couche sphérique sur le point attiré, au moyen de l'intégrale $u^2 du \int d\varpi\, d\theta \sin\theta\, \varphi_1(f)$, différentiée par rapport à r et divisée par dr.

Cette intégrale doit être prise relativement à ϖ, depuis $\varpi = 0$ jusqu'à ϖ égal à la circonférence, et après cette intégration elle devient

$$2\pi u^2 du \int d\theta \sin\theta\, \varphi_1(f),$$

π étant le rapport de la demi-circonférence au rayon. Si l'on différentie la valeur de f par rapport à θ, on aura

$$d\theta \sin\theta = \frac{f\,df}{ru},$$

et par conséquent

$$2\pi u^2 du \int d\theta \sin\theta\, \varphi_1(f) = 2\pi \frac{u\,du}{r}\int f\,df\,\varphi_1(f).$$

L'intégrale relative à θ doit être prise depuis $\theta = 0$ jusqu'à $\theta = \pi$, et à ces deux limites on a $f = r - u$ et $f = r + u$; ainsi l'intégrale relative à f doit être prise depuis $f = r - u$ jusqu'à $f = r + u$; soit donc $\int f\,df\,\varphi_1(f) = \psi(f)$; on aura

$$\frac{2\pi u\,du}{r}\int f\,df\,\varphi_1(f) = \frac{2\pi u\,du}{r}\left[\psi(r + u) - \psi(r - u)\right].$$

Le coefficient de dr, dans la différentielle du second membre de cette équation prise par rapport à r, donnera l'attraction de la couche sphérique sur le point attiré, et il est facile d'en conclure que dans la nature, où $\varphi'(f) = \frac{1}{f^2}$, cette attraction est égale à $\frac{4\pi u^2 du}{r^2}$, c'est-à-dire qu'elle est la même que si toute la masse de la couche sphérique était réunie à son centre, ce qui fournit une nouvelle démonstration de la propriété que nous avons établie précédemment sur l'attraction des sphères.

Déterminons maintenant $\varphi(f)$ d'après la condition que l'attraction de la couche est la même que si sa masse était réunie à son centre.

Cette masse est égale à $4\pi u^2\,du$, et, si elle était réunie à son centre, son action sur le point attiré serait $4\pi u^2\,du\,\varphi(r)$; on aura donc

$$(1)\qquad 2\pi u\,du\,\frac{\partial.\frac{1}{r}\left[\psi(r+u)-\psi(r-u)\right]}{\partial r}=4\pi u^2\,du\,\varphi(r);$$

en intégrant par rapport à r, on aura

$$\psi(r+u)-\psi(r-u)=2ru\int dr\,\varphi(r)+rU,$$

U étant une fonction de u et de constantes, ajoutée à l'intégrale $2u\int dr\,\varphi(r)$. Si l'on représente $\psi(r+u)-\psi(r-u)$ par R, on aura, en différentiant l'équation précédente,

$$\frac{\partial^2 R}{\partial r^2}=\left[u\varphi(r)+2ru\frac{d\varphi(r)}{dr}\right]\qquad \frac{\partial^2 R}{\partial u^2}=r\frac{\partial^2 U}{\partial u^2};$$

mais on a, par la nature de la fonction R,

$$\frac{\partial^2 R}{\partial r^2}=\frac{\partial^2 R}{\partial u^2},$$

partant

$$2u\left(2\varphi(r)+r\frac{d\varphi(r)}{dr}\right)=r\frac{\partial^2 U}{\partial u^2},$$

ou

$$\frac{2\varphi(r)}{r}+\frac{d\varphi(r)}{dr}=\frac{1}{2u}\frac{\partial^2 U}{\partial u^2}.$$

Ainsi, le premier membre de cette équation étant indépendant de u, et le second membre étant indépendant de r, chacun de ces membres doit être égal à une constante arbitraire, que nous désignerons par $3A$: on a donc

$$\frac{2\varphi(r)}{r}+\frac{d\varphi(r)}{dr}=3A,$$

d'où l'on tire, en intégrant,

$$\varphi(r)=Ar+\frac{B}{r^2},$$

B étant une nouvelle constante arbitraire. Toutes les lois d'attraction dans lesquelles une sphère agit sur un point extérieur placé à la distance r de son centre comme si toute sa masse était réunie à ce centre sont donc comprises dans la formule générale

$$A r = \frac{B}{r^2};$$

il est aisé de voir qu'en effet cette valeur satisfait à l'équation (D), quels que soient A et B.

Si l'on suppose A $=$ o, on aura la loi de la nature, et l'on voit que, dans le nombre infini des lois qui rendent l'attraction très-petite à de grandes distances, celle de la nature est la seule dans laquelle les sphères ont la propriété d'agir comme si leurs masses étaient réunies à leurs centres.

Cette loi est encore la seule dans laquelle un corps placé au dedans d'une couche sphérique, partout d'égale épaisseur, est également attiré de toutes parts. Il résulte de l'analyse précédente que l'attraction de la couche sphérique, dont l'épaisseur est du, sur un point placé dans son intérieur, a pour expression

$$2\pi u\, du\, \frac{\partial . \frac{1}{r}\left[\psi\left(u+r\right) - \psi\left(u-r\right)\right]}{\partial r} .$$

Pour que cette fonction soit nulle, on doit avoir

$$\psi\left(u+r\right) - \psi\left(u-r\right) = r\mathrm{U},$$

U étant une fonction de u indépendante de r, et il est facile de voir que cela a lieu dans la loi de la nature où $\varphi(f) = \frac{B}{f^2}.$ Mais, pour faire voir que cela n'a lieu que dans cette loi, nous désignerons par $\psi'(f)$ la différence de $\psi(f)$ divisée par df; nous désignerons encore par $\psi''(f)$ la différence de $\psi'(f)$ divisée par df, et ainsi de suite; nous aurons ainsi, en différentiant deux fois de suite l'équation précédente par rapport à r,

$$\psi''\left(u+r\right) - \psi''\left(u-r\right) = o.$$

Cette équation ayant lieu, quels que soient u et r, il en résulte que
$\psi'f$ doit être égal à une constante, quel que soit f, et qu'ainsi
$\psi'f = o$; or on a, par ce qui précède,

$$\psi'f = f\varphi'f .$$

d'où l'on tire

$$\psi'f = \varphi'f + f\varphi''f :$$

on a donc

$$o = \varphi'f + f\varphi''f .$$

ce qui donne, en intégrant, $\varphi'f = \dfrac{B}{f^2}$, et par conséquent la loi de la
nature.

13. Reprenons l'équation (C) du n° 11. Si l'on pouvait intégrer généralement cette équation, on aurait une expression de V qui renfer-
merait deux fonctions arbitraires, que l'on déterminerait en cherchant
l'attraction du sphéroïde sur un point situé dans une position qui faci-
lite cette recherche, et en comparant cette attraction à son expression
générale. Mais l'intégration de l'équation (C) n'est possible que dans
quelques cas particuliers, tels que celui où le sphéroïde attirant est
une sphère, ce qui réduit cette équation aux différences ordinaires;
elle est encore possible dans le cas où ce sphéroïde est un cylindre dont
la base est une courbe rentrante, et dont la longueur est infinie : on
verra, dans le troisième Livre, que ce cas particulier renferme la théorie
des anneaux de Saturne.

Fixons l'origine des r sur l'axe même du cylindre, que nous supposerons d'une longueur infinie de chaque côté de cette origine. En nommant r' la distance du point attiré à l'axe, on aura

$$r' = r\sqrt{1 - \mu^2}.$$

Il est visible que V ne dépend que de r' et de ϖ, puisqu'il est le même
pour tous les points relativement auxquels ces deux variables sont les
mêmes; il ne renferme donc μ qu'autant que r' est fonction de cette

variable, ce qui donne

$$\frac{\partial V}{\partial \mu} = \frac{\partial V}{\partial r'} \frac{\partial r'}{\partial \mu} = -\frac{r\mu}{\sqrt{1-\mu^2}} \frac{\partial V}{\partial r'},$$

$$\frac{\partial^2 V}{\partial \mu^2} = \frac{r^2\mu^2}{1-\mu^2} \frac{\partial^2 V}{\partial r'^2} - \frac{r}{\left(1-\mu^2\right)^{\frac{3}{2}}} \frac{\partial V}{\partial r'}.$$

l'équation (C) devient ainsi

$$0 = r'^2 \frac{\partial^2 V}{\partial r'^2} + \frac{\partial^2 V}{\partial \varpi^2} + r' \frac{\partial V}{\partial r'}.$$

d'où l'on tire, en intégrant,

$$V = \varphi\left(r'\cos\varpi + r'\sqrt{-1}\sin\varpi\right) + \psi\left(r'\cos\varpi - r'\sqrt{-1}\sin\varpi\right).$$

$\varphi(r')$ et $\psi(r')$ étant des fonctions arbitraires de r', que l'on pourra
déterminer en cherchant l'attraction du cylindre lorsque ϖ est nul, et
lorsqu'il est égal à un angle droit.

Si la base du cylindre est un cercle, V sera évidemment une fonction
de r', indépendante de ϖ; l'équation précédente aux différences partielles deviendra ainsi

$$0 = r'^2 \frac{\partial^2 V}{\partial r'^2} + r' \frac{\partial V}{\partial r'}.$$

ce qui donne, en intégrant,

$$\frac{\partial V}{\partial r'} = \frac{H}{r'},$$

H étant une constante. Pour la déterminer, nous supposerons r' extrêmement grand par rapport au rayon de la base du cylindre, ce qui
permet de considérer le cylindre comme une ligne droite infinie. Soit
A cette base, et z la distance d'un point quelconque de l'axe du cylindre au point où cet axe est rencontré par r'; l'action du cylindre,
considéré comme concentré sur son axe, sera, parallèlement à r',
égale à

$$\int \frac{A r' dz}{\left(r'^2 + z^2\right)^{\frac{3}{2}}},$$

l'intégrale étant prise depuis $z = -\infty$ jusqu'à $z = \infty$, ce qui réduit cette intégrale à $\frac{2A}{r}$; c'est l'expression de $-\frac{\partial V}{\partial r}$, lorsque r est très-considérable. En la comparant à la précédente, on a $H = 2A$, et l'on voit que, quel que soit r', l'action du cylindre sur un point extérieur est $\frac{2A}{r}$.

Si le point attiré est au dedans d'une couche cylindrique circulaire, d'une épaisseur constante et d'une longueur infinie, on a encore $-\frac{\partial V}{\partial r'} = \frac{H}{r}$; et, comme l'attraction est nulle lorsque le point attiré est sur l'axe même de la couche, on a $H = 0$, et par conséquent un point placé dans l'intérieur de la couche est également attiré de toutes parts.

14. On peut étendre au mouvement d'un corps les équations (A), (B) et (C) du n° 11, et en tirer une équation de condition très-utile, soit pour vérifier les calculs de la théorie, soit pour vérifier la théorie même de la pesanteur universelle. Les équations différentielles (1), (2), (3) du n° 9, qui déterminent le mouvement relatif de m autour de M, peuvent être mises sous cette forme

$$ \text{(1)} \qquad \frac{d^2x}{dt^2} = \frac{\partial Q}{\partial x}, \quad \frac{d^2y}{dt^2} = \frac{\partial Q}{\partial y}, \quad \frac{d^2z}{dt^2} = \frac{\partial Q}{\partial z}, $$

Q étant égal à

$$ \frac{M+m}{r} - \Sigma\, \frac{m'\,(xx'+yy'+zz')}{r'^3} - \frac{\lambda}{m}; $$

et il est facile de voir que l'on a

$$ \text{(E)} \qquad 0 = \frac{\partial^2 Q}{\partial x^2} + \frac{\partial^2 Q}{\partial y^2} + \frac{\partial^2 Q}{\partial z^2}, $$

si les variables x', y', z', x'', ..., que Q renferme, sont indépendantes des x, y et z.

Transformons les variables x, y, z en d'autres plus commodes pour les usages astronomiques. r étant le rayon mené du centre de M à celui de m, nous nommerons v l'angle que la projection de ce rayon sur le plan des x et des y fait avec l'axe des x, et θ l'inclinaison de r sur le même plan; on aura

$$x = r\cos\theta\cos v,$$
$$y = r\cos\theta\sin v,$$
$$z = r\sin\theta.$$

L'équation (E) rapportée à ces nouvelles variables sera, par le n° 11,

$$(F) \qquad \ldots = r^2\frac{\partial^2 Q}{\partial r^2} + 2r\frac{\partial Q}{\partial r} + \frac{\dfrac{\partial^2 Q}{\partial v^2}}{\cos^2\theta} + \frac{\partial^2 Q}{\partial\theta^2} - \frac{\sin\theta}{\cos\theta}\frac{\partial Q}{\partial\theta}$$

Si l'on multiplie la première des équations (i) par $\cos\theta\cos v$, la seconde par $\cos\theta\sin v$, la troisième par $\sin\theta$, et si, pour abréger, on fait

$$M = \frac{d^2 r}{dt^2} - \frac{r\,dv^2}{dt^2}\cos^2\theta - \frac{r\,d\theta^2}{dt^2}$$

on aura, en les ajoutant,

$$M = \frac{\partial Q}{\partial r}.$$

Pareillement, si l'on multiplie la première des équations (i) par $-r\cos\theta\sin v$, la seconde par $r\cos\theta\cos v$, et qu'ensuite on les ajoute, et que l'on suppose

$$N' = \frac{d\left(r^2\dfrac{dv}{dt}\cos^2\theta\right)}{dt}$$

on aura

$$N = \frac{\partial Q}{\partial v}.$$

Enfin, si l'on multiplie la première des équations (i) par $-r\sin\theta\cos v$, la seconde par $-r\sin\theta\sin v$, qu'on les ajoute à la troisième, multipliée par $r\cos\theta$, et que l'on fasse

$$P' = r^2\frac{d^2\theta}{dt^2} + r^2\frac{dv^2}{dt^2}\sin\theta\cos\theta + \frac{2r\,dr\,d\theta}{dt^2},$$

on aura

$$p = \frac{\partial Q}{\partial \theta}.$$

Les valeurs de r, v et θ renferment six arbitraires introduites par les intégrations. Considérons trois quelconques de ces arbitraires, que nous désignerons par a, b, c; l'équation $M = \dfrac{\partial Q}{\partial r}$ donnera les trois suivantes

$$\frac{\partial^2 Q}{\partial r^2}\frac{\partial r}{\partial a} + \frac{\partial^2 Q}{\partial r \partial v}\frac{\partial v}{\partial a} + \frac{\partial^2 Q}{\partial r \partial \theta}\frac{\partial \theta}{\partial a} = \frac{\partial M}{\partial a},$$

$$\frac{\partial^2 Q}{\partial r^2}\frac{\partial r}{\partial b} + \frac{\partial^2 Q}{\partial r \partial v}\frac{\partial v}{\partial b} + \frac{\partial^2 Q}{\partial r \partial \theta}\frac{\partial \theta}{\partial b} = \frac{\partial M}{\partial b},$$

$$\frac{\partial^2 Q}{\partial r^2}\frac{\partial r}{\partial c} + \frac{\partial^2 Q}{\partial r \partial v}\frac{\partial v}{\partial c} + \frac{\partial^2 Q}{\partial r \partial \theta}\frac{\partial \theta}{\partial c} = \frac{\partial M}{\partial c}.$$

On tirera de ces équations la valeur de $\dfrac{\partial^2 Q}{\partial r^2}$, et si l'on fait

$$m = \frac{\partial v}{\partial b}\frac{\partial \theta}{\partial c} - \frac{\partial v}{\partial c}\frac{\partial \theta}{\partial b},$$

$$n = \frac{\partial v}{\partial c}\frac{\partial \theta}{\partial a} - \frac{\partial v}{\partial a}\frac{\partial \theta}{\partial c},$$

$$p = \frac{\partial v}{\partial a}\frac{\partial \theta}{\partial b} - \frac{\partial v}{\partial b}\frac{\partial \theta}{\partial a},$$

$$\delta = \frac{\partial r}{\partial a}\frac{\partial v}{\partial b}\frac{\partial \theta}{\partial c} - \frac{\partial r}{\partial a}\frac{\partial v}{\partial c}\frac{\partial \theta}{\partial b} + \frac{\partial r}{\partial b}\frac{\partial v}{\partial c}\frac{\partial \theta}{\partial a} - \frac{\partial r}{\partial b}\frac{\partial v}{\partial a}\frac{\partial \theta}{\partial c} + \frac{\partial r}{\partial c}\frac{\partial v}{\partial a}\frac{\partial \theta}{\partial b} - \frac{\partial r}{\partial c}\frac{\partial v}{\partial b}\frac{\partial \theta}{\partial a},$$

on aura

$$\delta\frac{\partial^2 Q}{\partial r^2} = m\frac{\partial M}{\partial a} + n\frac{\partial M}{\partial b} + p\frac{\partial M}{\partial c}.$$

Si l'on fait pareillement

$$m' = \frac{\partial r}{\partial c}\frac{\partial \theta}{\partial b} - \frac{\partial r}{\partial b}\frac{\partial \theta}{\partial c},$$

$$n' = \frac{\partial r}{\partial a}\frac{\partial \theta}{\partial c} - \frac{\partial r}{\partial c}\frac{\partial \theta}{\partial a},$$

$$p' = \frac{\partial r}{\partial b}\frac{\partial \theta}{\partial a} - \frac{\partial r}{\partial a}\frac{\partial \theta}{\partial b},$$

l'équation $N' = \frac{\partial Q}{\partial v}$ donnera

$$\varepsilon \frac{\partial^2 Q}{\partial v^2} = m' \frac{\partial N'}{\partial a} + n' \frac{\partial N'}{\partial b} + p' \frac{\partial N'}{\partial c}.$$

Enfin, si l'on fait

$$m'' = \frac{\partial r}{\partial b}\frac{\partial v}{\partial c} - \frac{\partial r}{\partial c}\frac{\partial v}{\partial b},$$

$$n'' = \frac{\partial r}{\partial c}\frac{\partial v}{\partial a} - \frac{\partial r}{\partial a}\frac{\partial v}{\partial c},$$

$$p'' = \frac{\partial r}{\partial a}\frac{\partial v}{\partial b} - \frac{\partial r}{\partial b}\frac{\partial v}{\partial a},$$

l'équation $P' = \frac{\partial Q}{\partial \theta}$ donnera

$$\varepsilon \frac{\partial^2 Q}{\partial \theta^2} = m'' \frac{\partial P'}{\partial a} + n'' \frac{\partial P'}{\partial b} + p'' \frac{\partial P'}{\partial c}.$$

L'équation (F) deviendra ainsi

$$(G)\quad \left\{\begin{aligned} 0 = {} & mr^2\cos^2\theta \frac{\partial M'}{\partial a} + nr^2\cos^2\theta \frac{\partial M'}{\partial b} + pr^2\cos^2\theta \frac{\partial M'}{\partial c} \\ & + m' \frac{\partial N'}{\partial a} + n' \frac{\partial N'}{\partial b} + p' \frac{\partial N'}{\partial c} \\ & + m''\cos^2\theta \frac{\partial P'}{\partial a} + n''\cos^2\theta \frac{\partial P'}{\partial b} + p''\cos^2\theta \frac{\partial P'}{\partial c} \\ & + \varepsilon(2rM'\cos^2\theta - P'\sin\theta\cos\theta). \end{aligned}\right.$$

Dans la théorie de la Lune, on néglige les perturbations que son action produit dans le mouvement relatif du Soleil autour de la Terre, ce qui revient à regarder sa masse comme infiniment petite. Alors les variables x', y', z', relatives au Soleil, sont indépendantes de x, y, z, et l'équation (G) a lieu dans cette théorie : il faut donc que les valeurs trouvées pour r, v et θ y satisfassent, ce qui donne un moyen de vérifier ces valeurs. Si les inégalités observées dans le mouvement de la Lune sont le résultat de l'attraction mutuelle de ces trois corps, le Soleil, la Terre et la Lune, il faut que les valeurs de r, v et θ, tirées des observations, satisfassent à l'équation (G), ce qui donne un moyen de vérilier la théorie de la pesanteur universelle; car les longitudes moyennes de la Lune, de son périgée et de son nœud ascendant entrent dans ces valeurs, et l'on peut prendre pour a, b, c ces longitudes.

Pareillement, si, dans la théorie des planètes, on néglige le carré des forces perturbatrices, ce qui est presque toujours permis, alors, dans la théorie de la planète dont les coordonnées sont x, y, z, on peut supposer que les coordonnées x', y', z', x'',... des autres planètes sont relatives à leur mouvement elliptique, et par conséquent indépendantes de x, y, z: l'équation (G) a donc encore lieu dans cette théorie.

15. Les équations différentielles du numéro précédent,

$$\text{H}\quad\begin{cases}\dfrac{d^2r}{dt^2} - \dfrac{r\,dv^2}{dt^2}\cos^2\theta - r\dfrac{d\theta^2}{dt^2} = \dfrac{\partial Q}{\partial r},\\[2em]\dfrac{d\left(r^2\dfrac{dv}{dt}\cos^2\theta\right)}{dt} = \dfrac{\partial Q}{\partial v},\\[2em]r^2\dfrac{d^2\theta}{dt^2} + r^2\dfrac{dv^2}{dt^2}\sin\theta\cos\theta + \dfrac{2r\,dr\,d\theta}{dt^2} = \dfrac{\partial Q}{\partial\theta},\end{cases}$$

ne sont qu'une combinaison des équations différentielles (i) du même numéro, mais elles sont plus commodes et plus adaptées aux usages astronomiques. On peut leur donner d'autres formes qui peuvent être utiles dans diverses circonstances.

Au lieu des variables r et θ, considérons celles-ci u et s, u étant égal à $\dfrac{1}{r\cos\theta}$ ou à l'unité divisée par la projection du rayon vecteur sur le plan des x et des y, et s étant égal à $\tan\theta$ ou à la tangente de la latitude de m au-dessus du même plan. Si l'on multiplie la seconde des équations H par $r^2\,dv\cos^2\theta$, et qu'ensuite on l'intègre, on aura

$$\left(\frac{dv}{u^2\,dt}\right)^2 = h^2 - 2\int\frac{\partial Q}{\partial v}\frac{dv}{u^2};$$

h étant une constante arbitraire; on a donc

$$dt = \frac{dv}{u^2\sqrt{h^2 - 2\int\frac{\partial Q}{\partial v}\frac{dv}{u^2}}}.$$

Si l'on ajoute la première des équations (II), multipliée par $-\cos\theta$, à la troisième, multipliée par $\dfrac{\sin\theta}{r}$, on aura

$$\frac{d^2\frac{1}{u}}{dt^2}-\frac{1}{u}\frac{dv^2}{dt^2}=-u^2\frac{\partial Q}{\partial u}-us\frac{\partial Q}{\partial s};$$

d'où l'on tire

$$d\frac{du}{u^2dt}-\frac{dv^2}{u\,dt}=-u^2dt\left(\frac{\partial Q}{\partial u}+\frac{s}{u}\frac{\partial Q}{\partial s}\right).$$

En substituant pour dt sa valeur précédente et regardant dv comme constant, on aura

$$0=\frac{d^2u}{dv^2}+u+\frac{\dfrac{\partial Q}{\partial v}\dfrac{du}{u^2dv}-\dfrac{\partial Q}{\partial u}-\dfrac{s}{u}\dfrac{\partial Q}{\partial s}}{h^2+2\displaystyle\int\frac{\partial Q}{\partial v}\frac{dv}{u^2}}.$$

La troisième des équations (II) deviendra de la même manière, en y traitant dv comme constant,

$$0=\frac{d^2s}{dv^2}+s+\frac{\dfrac{ds}{dv}\dfrac{\partial Q}{\partial v}-s^2\dfrac{\partial Q}{\partial s}-us\dfrac{\partial Q}{\partial u}}{u^2\left(h^2+2\displaystyle\int\frac{\partial Q}{\partial v}\frac{dv}{u^2}\right)}.$$

On aura donc, au lieu des trois équations différentielles (II), les suivantes

$$\text{(h)}\quad\left\{\begin{aligned}
&dt=\frac{dv}{u^2\sqrt{h^2+2\displaystyle\int\frac{\partial Q}{\partial v}\frac{dv}{u^2}}},\\[2ex]
&0=\frac{d^2u}{dv^2}+u+\frac{\dfrac{\partial Q}{\partial v}\dfrac{du}{u^2dv}-\dfrac{\partial Q}{\partial u}-\dfrac{s}{u}\dfrac{\partial Q}{\partial s}}{h^2+2\displaystyle\int\frac{\partial Q}{\partial v}\frac{dv}{u^2}},\\[2ex]
&0=\frac{d^2s}{dv^2}+s+\frac{\dfrac{ds}{dv}\dfrac{\partial Q}{\partial v}-us\dfrac{\partial Q}{\partial u}+(1-s^2)\dfrac{\partial Q}{\partial s}}{u^2\left(h^2+2\displaystyle\int\frac{\partial Q}{\partial v}\frac{dv}{u^2}\right)}.
\end{aligned}\right.$$

Si l'on veut éviter les fractions et les radicaux, on pourra donner à ces équations la forme suivante

$$(L)\ \begin{cases} 0 = \dfrac{d^2 t}{dv^2} + \dfrac{2\,du\,dt}{u\,dv^2} + u^2 \dfrac{\partial Q}{\partial v} \dfrac{dt^3}{dv^3}, \\[2ex] 0 = \left(\dfrac{d^2 u}{dv^2} + u\right)\left(1 - \dfrac{2}{h^2}\int \dfrac{\partial Q}{\partial v}\dfrac{dv}{u^2}\right) - \dfrac{1}{h^2}\left(\dfrac{\partial Q}{\partial v}\dfrac{du}{u^2 dv} - \dfrac{\partial Q}{\partial u} - \dfrac{s}{u}\dfrac{\partial Q}{\partial s}\right), \\[2ex] 0 = \left(\dfrac{d^2 s}{dv^2} + s\right)\left(1 + \dfrac{2}{h^2}\int \dfrac{\partial Q}{\partial v}\dfrac{dv}{u^2}\right) + \dfrac{1}{h^2 u^2}\left[\dfrac{ds}{dv}\dfrac{\partial Q}{\partial v} - us\dfrac{\partial Q}{\partial u} - 1+s^2,\dfrac{\partial Q}{\partial s}\right]. \end{cases}$$

En employant d'autres coordonnées, on formerait de nouveaux systèmes d'équations différentielles : supposons, par exemple, que l'on change les coordonnées x et y des équations (i) du n° 14 en d'autres relatives à deux axes mobiles situés sur le plan de ces coordonnées, et dont le premier indique la longitude moyenne du corps m, tandis que le second lui est perpendiculaire. Soient $x_,$ et $y_,$ les coordonnées de m relativement à ces axes, et désignons par $nt + \varepsilon$ la longitude moyenne de m ou l'angle que l'axe mobile des $x_,$ fait avec l'axe des x; on aura

$$x = x_, \cos\,nt+\varepsilon - y_, \sin\,nt+\varepsilon\,, \quad y = x_, \sin\,nt+\varepsilon + y_, \cos\,nt+\varepsilon\,,$$

d'où l'on tire, en supposant dt constant,

$$d^2 x \cos\,nt+\varepsilon + d^2 y \sin\,nt+\varepsilon = d^2 x_, - n^2 x_,\, dt^2 - 2n\,dy_,\,dt,$$
$$d^2 y \cos\,nt+\varepsilon - d^2 x \sin\,nt+\varepsilon = d^2 y_, - n^2 y_,\, dt^2 + 2n\,dx_,\,dt.$$

En substituant dans Q, au lieu de x et de y, leurs valeurs précédentes, on aura

$$\frac{\partial Q}{\partial x} = \frac{\partial Q}{\partial x_,}\cos\,nt+\varepsilon - \frac{\partial Q}{\partial y_,}\sin\,nt+\varepsilon\,,$$

$$\frac{\partial Q}{\partial y} = \frac{\partial Q}{\partial x_,}\sin\,nt+\varepsilon + \frac{\partial Q}{\partial y_,}\cos\,nt+\varepsilon\,.$$

Cela posé, les équations différentielles (i) donneront les trois suivantes

$$(M)\ \begin{cases} 0 = \dfrac{d^2 x_,}{dt^2} - n^2 x_, - 2n\dfrac{dy_,}{dt} - \dfrac{\partial Q}{\partial x_,}, \\[2ex] 0 = \dfrac{d^2 y_,}{dt^2} - n^2 y_, + 2n\dfrac{dx_,}{dt} - \dfrac{\partial Q}{\partial y_,}, \\[2ex] 0 = \dfrac{d^2 z}{dt^2} - \dfrac{\partial Q}{\partial z}. \end{cases}$$

Après avoir donné les équations différentielles du mouvement d'un système de corps soumis à leur attraction mutuelle, et après en avoir déterminé les seules intégrales exactes que l'on ait pu obtenir jusqu'à présent, il nous reste à intégrer ces équations par des approximations successives. Dans le système solaire, les corps célestes se meuvent à peu près comme s'ils n'obéissaient qu'à la force principale qui les anime, et les forces perturbatrices sont peu considérables; on peut donc, dans une première approximation, ne considérer que l'action mutuelle de deux corps, savoir, celle d'une planète ou d'une comète et du Soleil dans la théorie des planètes et des comètes, et l'action mutuelle d'un satellite et de sa planète dans la théorie des satellites. Nous commencerons ainsi par donner une détermination rigoureuse du mouvement de deux corps qui s'attirent : cette première approximation nous conduira à une seconde dans laquelle nous aurons égard à la première puissance des forces perturbatrices; ensuite nous considérerons les carrés et les produits de ces forces; en continuant ainsi, nous déterminerons les mouvements célestes avec toute la précision que les observations comportent.

CHAPITRE III.

PREMIÈRE APPROXIMATION DES MOUVEMENTS CÉLESTES, OU THÉORIE DU MOUVEMENT ELLIPTIQUE.

16. Nous avons déjà fait voir, dans le premier Chapitre, qu'un corps attiré vers un point fixé par une force réciproque au carré de la distance décrit une section conique; or, dans le mouvement relatif du corps m autour de M, ce dernier corps étant considéré comme en repos, il faut transporter en sens contraire à m l'action que m exerce sur M; ainsi, dans ce mouvement relatif, m est sollicité vers M par une force égale à la somme des masses M et m divisée par le carré de leur distance; le corps m décrit donc une section conique autour de M. Mais l'importance de cet objet dans la théorie du système du monde exige que nous le reprenions sous de nouveaux points de vue.

Pour cela, considérons les équations (K) du n° 15. Si l'on fait $M + m = \mu$, il est visible, par le n° 14, qu'en n'ayant égard qu'à l'action réciproque de M et de m, Q est égal à $\frac{\mu}{r}$ ou à $\frac{\mu u}{\sqrt{1+s^2}}$; les équations (K) deviennent ainsi

$$dt = \frac{dv}{hu^2},$$

$$0 = \frac{d^2u}{dv^2} + u - \frac{\mu}{h^2(1+s^2)^{\frac{3}{2}}},$$

$$0 = \frac{d^2s}{dv^2} + s.$$

L'aire décrite pendant l'élément de temps dt par la projection du rayon vecteur étant égale à $\frac{1}{2}\frac{dv}{u^2}$, la première de ces équations nous apprend que cette aire est proportionnelle à cet élément, et qu'ainsi, dans un temps fini, elle est proportionnelle au temps. La dernière équation donne, en l'intégrant,

$$s = \gamma \sin(v - \theta),$$

γ et θ étant deux arbitraires. Enfin la seconde donne par son intégration

$$u = \frac{u}{h^2(1-\gamma^2)}\left[\sqrt{1-s^2} - e\cos(v-\varpi)\right] = \frac{\sqrt{1-s^2}}{r},$$

e et ϖ étant deux nouvelles arbitraires. En substituant dans cette expression de u, au lieu de s, sa valeur en v, et substituant ensuite cette expression dans l'équation $dt = \frac{dv}{hu^2}$, l'intégrale de cette équation donnera t en fonction de v; on aura donc ainsi v, u et s en fonction du temps.

On peut simplifier considérablement ce calcul, en observant que la valeur de s indique que l'orbite est toute dans un plan dont γ est la tangente d'inclinaison sur le plan fixe, et dont θ est la longitude du nœud, comptée de l'origine de l'angle v. En rapportant donc à ce plan le mouvement de m, on aura $s = 0$ et $\gamma = 0$, ce qui donne

$$u = \frac{1}{r} = \frac{\mu}{h^2}\left[1 - e\cos(v - \varpi)\right].$$

Cette équation est à une ellipse dans laquelle l'origine des r est au foyer; $\frac{h^2}{\mu(1-e^2)}$ est le demi-grand axe, que nous désignerons par a; e est le rapport de l'excentricité au demi-grand axe; enfin ϖ est la longitude du périhélie. L'équation $dt = \frac{dv}{hu^2}$ devient ainsi

$$dt = \frac{a^{\frac{3}{2}}(1-e^2)^{\frac{3}{2}}\,dv}{\sqrt{\mu}\left[1 + e\cos(v - \varpi)\right]^2}.$$

Développons le second membre de cette équation dans une série de cosinus de l'angle $v - \varpi$ et de ses multiples. Pour cela, nous commencerons par développer $\dfrac{1}{1 - e\cos(v - \varpi)}$ dans une série semblable. Si l'on fait

$$\lambda = \frac{e}{1 + \sqrt{1 - e^2}},$$

on aura

$$\frac{1}{1 - e\cos(v - \varpi)} = \frac{1}{\sqrt{1 - e^2}}\left(\frac{1}{1 - \lambda c^{(v - \varpi)\sqrt{-1}}} - \frac{\lambda c^{(v - \varpi)\sqrt{-1}}}{1 - \lambda c^{(v - \varpi)\sqrt{-1}}}\right),$$

c étant le nombre dont le logarithme hyperbolique est l'unité. En développant le second membre de cette équation en série, savoir, le premier terme relativement aux puissances de $c^{(v - \varpi)\sqrt{-1}}$, et le second terme relativement aux puissances de $c^{-(v - \varpi)\sqrt{-1}}$, et en substituant ensuite, au lieu des exponentielles imaginaires, leurs expressions en sinus et cosinus, on trouvera

$$\frac{1}{1 - e\cos(v - \varpi)} = \frac{1}{\sqrt{1 - e^2}}\left[1 - 2\lambda\cos(v - \varpi) + 2\lambda^2\cos 2(v - \varpi) - 2\lambda^3\cos 3(v - \varpi) \ldots\right].$$

Nommons ρ le second membre de cette équation, et faisons $q = \dfrac{1}{e}$; nous aurons généralement

$$\frac{1}{[1 - e\cos(v - \varpi)]^{m+1}} = \pm \frac{c^{-m} \cdot \dfrac{d^m \rho}{q}}{1 . 2 . 3 \ldots m\, dq^m},$$

dq étant supposé constant, et les signes $+$ ou $-$ ayant lieu, suivant que m est pair ou impair. De là il est aisé de conclure que, si l'on fait

$$\frac{1}{[1 - e\cos(v - \varpi)]^2} = (1 - e^2)^{-\frac{3}{2}}\left[1 + E^{(1)}\cos(v - \varpi) + E^{(2)}\cos 2(v - \varpi) + E^{(3)}\cos 3(v - \varpi) \ldots\right]$$

on aura, quel que soit i,

$$E^{(i)} = \pm \frac{2e^i(1 + i\sqrt{1 - e^2})}{(1 + \sqrt{1 - e^2})^i},$$

le signe $+$ ayant lieu si i est pair, et le signe $-$ ayant lieu si i est impair; en supposant donc $n = a^{-\frac{3}{2}}\sqrt{\mu}$, on aura

$$n\,dt = dv\left[1 - E^{(1)}\cos(v-\varpi) + E^2\cos 2(v-\varpi) - E^{(3)}\cos 3(v-\varpi) - \ldots\right],$$

et, en intégrant.

$$nt + \varepsilon = v + E^{(1)}\sin(v-\varpi) - \tfrac{1}{2}E^2\sin 2(v-\varpi) + \tfrac{1}{3}E^{(3)}\sin 3(v-\varpi) + \ldots,$$

ε étant une arbitraire. Cette expression de $nt + \varepsilon$ est fort convergente lorsque les orbites sont peu excentriques, telles que les orbites des planètes et des satellites; et l'on peut, par le retour des suites, en conclure la valeur de v en t : nous nous occuperons de cet objet dans les numéros suivants.

Lorsque la planète revient au même point de son orbite, v est augmenté de la circonférence, que nous représenterons toujours par 2π; en nommant donc T le temps d'une révolution, on aura

$$\mathrm{T} = \frac{2\pi}{n} = \frac{2\pi a^{\frac{3}{2}}}{\sqrt{\mu}}.$$

Cette expression de T peut être immédiatement déduite de l'expression différentielle de dt, sans recourir aux séries. Reprenons, en effet, l'équation $dt = \dfrac{dv}{hu^2}$, ou $dt = \dfrac{r^2 dv}{h}$. Elle donne $\mathrm{T} = \dfrac{\int r^2 dv}{h}$; $\int r^2 dv$ est le double de la surface de l'ellipse, et par conséquent il est égal à $2\pi a^2\sqrt{1-e^2}$; de plus, h^2 est égal à $\mu a(1-e^2)$; on aura ainsi la même expression de T que ci-dessus.

Si l'on néglige les masses des planètes relativement à celle du Soleil, on a $\sqrt{\mu} = \sqrt{M}$; la valeur de $\sqrt{\mu}$ est alors la même pour toutes les planètes; T est donc proportionnel alors à $a^{\frac{3}{2}}$, et par conséquent les carrés des temps des révolutions sont comme les cubes des grands axes des orbites. On voit que la même loi a lieu dans le mouvement des satellites autour de leur planète, en négligeant leurs masses relativement à celle de la planète.

17. On peut encore intégrer de cette manière les équations du mouvement de deux corps M et m, qui s'attirent en raison réciproque du carré des distances. Reprenons les équations (1), (2) et (3) du n° 9 : elles deviennent, en ne considérant que l'action des deux corps M et m, et faisant $M + m = \mu$,

$$(O)\quad\begin{cases} 0 = \dfrac{d^2 x}{dt^2} + \dfrac{\mu x}{r^3}, \\[2mm] 0 = \dfrac{d^2 y}{dt^2} + \dfrac{\mu y}{r^3}, \\[2mm] 0 = \dfrac{d^2 z}{dt^2} + \dfrac{\mu z}{r^3}. \end{cases}$$

Les intégrales de ces équations donneront, en fonction du temps t, les trois coordonnées x, y, z du corps m, rapportées au centre de M ; on aura ensuite, par le n° 9, les coordonnées ζ, H et γ du corps M, rapportées à un point fixe, au moyen des équations

$$\zeta = a + bt - \frac{mx}{M + m}, \quad H = a' + b't - \frac{my}{M + m}, \quad \gamma = a'' + b''t - \frac{mz}{M + m}.$$

Enfin, on aura les coordonnées de m par rapport au même point fixe, en ajoutant x à ζ, y à H, et z à γ ; on aura ainsi le mouvement relatif des corps M et m et leur mouvement absolu dans l'espace. Tout se réduit donc à intégrer les équations différentielles (O).

Pour cela, nous observerons que, si l'on a, entre les n variables $x^{(1)}$, $x^{(2)}$, $x^{(3)}$, ..., $x^{(n)}$, et la variable t dont la différence est supposée constante, un nombre n d'équations différentielles données par la suivante

$$0 = \frac{d^s x^{(s)}}{dt^s} + A\frac{d^{s-1}x^{(s)}}{dt^{s-1}} + B\frac{d^{s-2}x^{(s)}}{dt^{s-2}} + \ldots + H x^{(s)},$$

dans laquelle on suppose s successivement égal à 1, 2, 3, ..., n : A, B, ..., H étant des fonctions des variables $x^{(1)}$, $x^{(2)}$, ... et de t, symétriques par rapport aux variables $x^{(1)}$, $x^{(2)}$, ..., $x^{(n)}$, c'est-à-dire telles qu'elles restent les mêmes lorsque l'on y change une quelconque de ces variables dans une autre et réciproquement, on peut supposer

$$x^{(1)} = a^{(1)}x^{(n-i+1)} + b^{(1)}x^{(n-i+2)} + \ldots + h^{(1)}x^{(n)},$$
$$x^{(2)} = a^{(2)}x^{(n-i+1)} + b^{(2)}x^{(n-i+2)} + \ldots + h^{(2)}x^{(n)},$$
$$\cdots\cdots\cdots\cdots\cdots\cdots\cdots\cdots\cdots\cdots\cdots$$
$$x^{(n-i)} = a^{(n-i)}x^{(n-i+1)} + b^{(n-i)}x^{(n-i+2)} + \ldots + h^{(n-i)}x^{(n)},$$

$a^{(1)}$, $b^{(1)}$,..., $h^{(1)}$; $a^{(2)}$, $b^{(2)}$,.... étant des arbitraires dont le nombre est $i(n-i)$. Il est clair que ces valeurs satisfont au système proposé des équations différentielles; de plus, elles réduisent ces équations à i équations différentielles entre les i variables $x^{(n-i+1)}$, $x^{(n-i+2)}$,...., $x^{(n)}$. Leurs intégrales introduiront i^2 nouvelles arbitraires, qui, réunies aux $i(n-i)$ précédentes, formeront les in arbitraires que doit donner l'intégration des équations différentielles proposées.

Si l'on applique ce théorème aux équations (O), on voit que $z = ax + by$, a et b étant deux arbitraires. Cette équation est celle d'un plan passant par l'origine des coordonnées: ainsi l'orbite de m est tout entière dans un même plan.

Les équations (O) donnent

$$(\text{O}');\qquad \left\{ \begin{aligned} 0 &= d\left(r^3\frac{d^2x}{dt^2}\right) + \mu\,dx, \\[2mm] 0 &= d\left(r^3\frac{d^2y}{dt^2}\right) + \mu\,dy, \\[2mm] 0 &= d\left(r^3\frac{d^2z}{dt^2}\right) + \mu\,dz. \end{aligned} \right.$$

Or, en différentiant deux fois de suite l'équation $r\,dr = x\,dx + y\,dy + z\,dz$, on a

$$r\,d^2r + 3\,dr\,d^2r = x\,d^3x + y\,d^3y + z\,d^3z + 3\left(dx\,d^2x + dy\,d^2y + dz\,d^2z\right),$$

et par conséquent

$$d\left(r^3\frac{d^2r}{dt^2}\right) = r^2\left(x\frac{d^3x}{dt^2} + y\frac{d^3y}{dt^2} + z\frac{d^3z}{dt^2}\right) + 3r^2\left(dx\frac{d^2x}{dt^2} + dy\frac{d^2y}{dt^2} + dz\frac{d^2z}{dt^2}\right).$$

En substituant dans le second membre de cette équation, au lieu de

d^3x, d^3y, d^3z, leurs valeurs données par les équations (O′), et ensuite, au lieu de d^2x, d^2y, d^2z, leurs valeurs données par les équations (O), on trouvera

$$0 = d\left(r^3\,\frac{d^2r}{dt^2}\right) - \mu\,dr.$$

Si l'on compare cette équation aux équations (O′), on aura, en vertu du théorème exposé ci-dessus, en considérant $\dfrac{dx}{dt}$, $\dfrac{dy}{dt}$, $\dfrac{dz}{dt}$, $\dfrac{dr}{dt}$ comme autant de variables particulières $x^{(1)}$, $x^{(2)}$, $x^{(3)}$, $x^{(4)}$, et r comme fonction du temps t,

$$dr = \lambda\,dx + \gamma\,dy,$$

λ, γ étant des constantes, et, en intégrant,

$$r = \frac{h^2}{\mu} + \lambda x + \gamma y,$$

$\dfrac{h^2}{\mu}$ étant une constante. Cette équation, combinée avec celles-ci

$$z = ax + by, \qquad r^2 = x^2 + y^2 + z^2,$$

donne une équation du second degré, soit en x et y, soit en x et z, soit en y et z; d'où il suit que les trois projections de la courbe décrite par m autour de M sont des lignes du second ordre, et qu'ainsi, cette courbe étant toute dans un même plan, elle est elle-même une ligne du second ordre ou une section conique. Il est facile de s'assurer, par la nature de ce genre de courbes, que, le rayon vecteur r étant exprimé par une fonction linéaire des coordonnées x, y, l'origine de ces coordonnées doit être au foyer de la section. Maintenant l'équation

$$r = \frac{h^2}{\mu} + \lambda x + \gamma y$$

donne, en vertu des équations (O),

$$0 = \frac{d^2r}{dt^2} + \mu\,\frac{r - \dfrac{h^2}{\mu}}{r^3}.$$

En multipliant cette équation par dr et en l'intégrant, on aura

$$r^2 \frac{dr^2}{dt^2} - 2\mu r + \frac{\mu r^2}{a'} + h^2 = 0,$$

a' étant une constante arbitraire. De là on tire

$$dt = \frac{r\,dr}{\sqrt{\mu}\,\sqrt{2r - \frac{r^2}{a'} - \frac{h^2}{\mu}}};$$

cette équation donnera r en fonction de t; et, comme x, y, z sont donnés, par ce qui précède, en fonction de r, on aura les coordonnées de m en fonction du temps.

18. On peut parvenir à ces diverses équations par la méthode suivante, qui a l'avantage de donner les arbitraires en fonction des coordonnées x, y, z et de leurs premières différences, ce qui nous sera très-utile dans la suite.

Supposons que $V =$ const. soit une intégrale du premier ordre des équations (O), V étant une fonction de x, y, z, $\frac{dx}{dt}$, $\frac{dy}{dt}$, $\frac{dz}{dt}$; nommons x', y', z' ces trois dernières quantités. L'équation $V =$ const. donnera par sa différentiation

$$0 = \frac{\partial V}{\partial x}\frac{dx}{dt} + \frac{\partial V}{\partial y}\frac{dy}{dt} + \frac{\partial V}{\partial z}\frac{dz}{dt} + \frac{\partial V}{\partial x'}\frac{dx'}{dt} + \frac{\partial V}{\partial y'}\frac{dy'}{dt} + \frac{\partial V}{\partial z'}\frac{dz'}{dt};$$

mais les équations (O) donnent

$$\frac{dx'}{dt} = -\frac{\mu x}{r^3}, \quad \frac{dy'}{dt} = -\frac{\mu y}{r^3}, \quad \frac{dz'}{dt} = -\frac{\mu z}{r^3};$$

on a donc l'équation identique aux différences partielles

$$(1') \qquad 0 = x'\frac{\partial V}{\partial x} + y'\frac{\partial V}{\partial y} + z'\frac{\partial V}{\partial z} - \frac{\mu}{r^3}\left(x\frac{\partial V}{\partial x'} + y\frac{\partial V}{\partial y'} + z\frac{\partial V}{\partial z'}\right).$$

Il est clair que toute fonction de x, y, z, x', y', z' qui, substituée pour V dans cette équation, la rend identiquement nulle devient, en l'égalant à une constante arbitraire, une intégrale du premier ordre des équations (O).

Supposons

$$V = U + U' + U'' + \ldots,$$

U étant fonction des trois variables x, y, z; U' étant fonction des six variables x, y, z, x', y', z', mais du premier ordre relativement à x', y', z'; U'' étant fonction des mêmes variables, et du second ordre relativement à x', y', z'; et ainsi de suite. Substituons cette valeur dans l'équation (I), et comparons séparément : 1° les termes sans x', y', z'; 2° ceux qui renferment la première puissance de ces variables; 3° ceux qui renferment leurs carrés et leurs produits, et ainsi de suite; nous aurons

$$0 = x\frac{\partial U'}{\partial x'} + y\frac{\partial U'}{\partial y'} + z\frac{\partial U'}{\partial z'},$$

$$(\text{I}) \quad \begin{cases} x'\dfrac{\partial U}{\partial x} + y'\dfrac{\partial U}{\partial y} + z'\dfrac{\partial U}{\partial z} = \dfrac{\mu}{r^3}\left(x\dfrac{\partial U''}{\partial x'} + y\dfrac{\partial U''}{\partial y'} + z\dfrac{\partial U''}{\partial z'}\right), \\[2ex] x'\dfrac{\partial U'}{\partial x} + y'\dfrac{\partial U'}{\partial y} + z'\dfrac{\partial U'}{\partial z} = \dfrac{\mu}{r^3}\left(x\dfrac{\partial U'''}{\partial x'} + y\dfrac{\partial U'''}{\partial y'} + z\dfrac{\partial U'''}{\partial z'}\right), \\[2ex] x'\dfrac{\partial U''}{\partial x} + y'\dfrac{\partial U''}{\partial y} + z'\dfrac{\partial U''}{\partial z} = \dfrac{\mu}{r^3}\left(x\dfrac{\partial U^{\text{iv}}}{\partial x'} + y\dfrac{\partial U^{\text{iv}}}{\partial y'} + z\dfrac{\partial U^{\text{iv}}}{\partial z'}\right), \\ \ldots\ldots\ldots\ldots\ldots\ldots\ldots\ldots\ldots\ldots \end{cases}$$

L'intégrale de la première de ces équations est, comme l'on sait par la théorie des équations à différences partielles,

$$U' = \text{fonct.}(xy' - yx',\ xz' - zx',\ yz' - zy',\ x,\ y,\ z).$$

La valeur de U' devant être linéaire en x', y', z', nous la supposerons de cette forme

$$U' = A(xy' - yx') + B(xz' - zx') + C(yz' - zy'),$$

A, B, C étant des constantes arbitraires. Arrêtons ensuite la valeur de V au terme U'', en sorte que U''', U^{iv}, ... soient nuls; la troisième des équations (I') deviendra

$$o = x'\frac{\partial U'}{\partial x} + y'\frac{\partial U'}{\partial y} + z'\frac{\partial U'}{\partial z}.$$

La valeur précédente de U' satisfait encore à cette équation. La quatrième des équations (I') devient

$$o = x'\frac{\partial U''}{\partial x} + y'\frac{\partial U''}{\partial y} + z'\frac{\partial U''}{\partial z},$$

équation dont l'intégrale est

$$U'' = \text{fonct.}(xy' - yx',\ xz' - zx',\ yz' - zy',\ x',\ y',\ z').$$

Cette fonction doit satisfaire à la seconde des équations (I'), et le premier membre de cette équation multipliée par dt est évidemment égal à dU; le second membre doit donc être la différentielle exacte d'une fonction de x, y, z. Or il est facile de voir que l'on satisfait à la fois à cette condition, à la nature de la fonction U'', et à la supposition que cette fonction doit être du second ordre en x', y', z', en faisant

$$\begin{aligned} U'' = {} & (Dy' - Ex')(xy' - yx') + (Dz' - Fx')(xz' - zx') \\ & + (Ez' - Fy')(yz' - zy') + G(x'^2 + y'^2 + z'^2), \end{aligned}$$

D, E, F, G étant des constantes arbitraires, et alors, r étant égal à $\sqrt{x^2 + y^2 + z^2}$, on a

$$U = -\frac{\mu}{r}(Dx + Ey + Fz + 2G);$$

on aura donc ainsi les valeurs de U, U', U'', et l'équation V = const. deviendra

$$\begin{aligned} \text{const.} = {} & -\frac{\mu}{r}(Dx + Ey + Fz + 2G) + (A + Dy' - Ex')(xy' - yx') \\ & + (B + Dz' - Fx')(xz' - zx') + (C + Ez' - Fy')(yz' - zy') + G(x'^2 + y'^2 + z'^2). \end{aligned}$$

Cette équation satisfait à l'équation (I), et par conséquent aux équations différentielles (O), quelles que soient les arbitraires A, B, C, D,

E, F, G. En les supposant toutes nulles, 1° à l'exception de A, 2° à l'exception de B, 3° à l'exception de C, etc., et restituant $\dfrac{dx}{dt}$, $\dfrac{dy}{dt}$, $\dfrac{dz}{dt}$ au lieu de x', y', z', on aura les intégrales

$$(P) \begin{cases} c = \dfrac{xdy - ydx}{dt}, \quad c' = \dfrac{xdz - zdx}{dt}, \quad c'' = \dfrac{ydz - zdy}{dt}. \\[2ex] 0 = f + x\left(\dfrac{u}{r} - \dfrac{dy^2 + dz^2}{dt^2}\right) + \dfrac{ydydx}{dt^2} + \dfrac{zdzdx}{dt^2}, \\[2ex] 0 = f' + y\left(\dfrac{u}{r} - \dfrac{dx^2 + dz^2}{dt^2}\right) + \dfrac{xdxdy}{dt^2} + \dfrac{zdzdy}{dt^2}, \\[2ex] 0 = f'' + z\left(\dfrac{u}{r} - \dfrac{dx^2 + dy^2}{dt^2}\right) + \dfrac{xdxdz}{dt^2} + \dfrac{ydydz}{dt^2}. \\[2ex] 0 = \dfrac{u}{a} - \dfrac{2u}{r} + \dfrac{dx^2 + dy^2 + dz^2}{dt^2} \end{cases}$$

c, c', c'', f, f', f'' et a étant des constantes arbitraires.

Les équations différentielles (O) ne peuvent avoir que six intégrales distinctes du premier ordre, au moyen desquelles, si l'on élimine les différences dx, dy, dz, on aura les trois variables x, y, z en fonction du temps t; il faut donc qu'au moins l'une des sept intégrales précédentes rentre dans les six autres. On voit même *a priori* que deux de ces intégrales doivent rentrer dans les cinq autres. En effet, puisque l'élément seul du temps entre dans ces intégrales, elles ne peuvent pas donner les variables x, y, z en fonction du temps, et par conséquent elles sont insuffisantes pour déterminer complétement le mouvement de m autour de M. Examinons comment ces intégrales n'équivalent qu'à cinq intégrales distinctes.

Si l'on multiplie la quatrième des équations (P) par $\dfrac{zdy - ydz}{dt}$, et qu'on l'ajoute à la cinquième multipliée par $\dfrac{xdz - zdx}{dt}$, on aura

$$0 = f\frac{zdy - ydz}{dt} + f'\frac{xdz - zdx}{dt}$$
$$+ z\frac{xdy - ydx}{dt}\left(\frac{u}{r} - \frac{dx^2 + dy^2}{dt^2}\right) - \frac{xdy - ydx}{dt}\left(\frac{xdxdz}{dt^2} + \frac{ydydz}{dt^2}\right).$$

En substituant, au lieu de $\dfrac{xdy - ydx}{dt}, \dfrac{xdz - zdx}{dt}, \dfrac{ydz - zdy}{dt}$, leurs valeurs données par les trois premières des équations (P), on aura

$$0 = \frac{f'c' - fc''}{c} + z\left(\frac{u}{r} - \frac{dx^2 + dy^2}{dt^2}\right) - \frac{x\,dx\,dz}{dt^2} - \frac{y\,dy\,dz}{dt^2}.$$

Cette équation rentre dans la sixième des intégrales (P), en y faisant $f = \dfrac{f'c' - fc''}{c}$ ou $0 = fc - f'c' + f''c$. Ainsi la sixième des intégrales (P) résulte des cinq premières, et les six arbitraires c, c', c'', f, f', f'' sont liées entre elles par l'équation précédente.

Si l'on prend les carrés des valeurs de f, f', f'', données par les équations (P), qu'ensuite on les ajoute ensemble, et que, pour abréger, on fasse $f^2 + f'^2 + f''^2 = l^2$, on aura

$$l^2 - u^2 = \left[r^2\frac{dx^2 + dy^2 + dz^2}{dt^2} - \left(\frac{rdr}{dt}\right)^2\right]\left(\frac{dx^2 + dy^2 + dz^2}{dt^2} - \frac{2u}{r}\right);$$

mais, si l'on carre les valeurs de c, c', c'', données par les mêmes équations, qu'ensuite on les ajoute, et que l'on fasse $c^2 + c'^2 + c''^2 = h^2$, on aura

$$r^2\frac{dx^2 + dy^2 + dz^2}{dt^2} - \left(\frac{rdr}{dt}\right)^2 = h^2;$$

l'équation précédente devient ainsi

$$0 = \frac{dx^2 + dy^2 + dz^2}{dt^2} - \frac{2u}{r} + \frac{u^2 - l^2}{h^2}.$$

En comparant cette équation à la dernière des équations (P), on aura l'équation de condition

$$\frac{u^2 - l^2}{h^2} = \frac{u}{a}.$$

La dernière des équations (P) rentre conséquemment dans les six premières, qui n'équivalent elles-mêmes qu'à cinq intégrales distinctes, les sept arbitraires c, c', c'', f, f', f'' et a étant liées par les deux équations de condition précédentes. De là il résulte que l'on aura l'expression la plus générale de V qui satisfasse à l'équation (1), en prenant pour cette expression une fonction arbitraire des valeurs de c, c', c'', f et f' données par les cinq premières des équations (P).

19. Quoique ces intégrales soient insuffisantes pour déterminer x, y, z en fonction du temps, elles déterminent cependant la nature de la courbe décrite par m autour de M. En effet, si l'on multiplie la première des équations (P) par z, la seconde par $-y$, et la troisième par x, on aura, en les ajoutant,

$$0 = cz - c'y + c''x,$$

équation à un plan dont la position dépend des constantes c, c', c''.

Si l'on multiplie la quatrième des équations (P) par x, la cinquième par y, et la sixième par z, on aura

$$0 = fx + f'y + f''z + \mu r - r^2\,\frac{dx^2 + dy^2 + dz^2}{dt^2} + \frac{r^2 dr^2}{dt^2};$$

mais on a, par le numéro précédent,

$$r^2\,\frac{dx^2 + dy^2 + dz^2}{dt^2} - \frac{r^2 dr^2}{dt^2} = h^2;$$

partant,

$$0 = \mu r - h^2 + fx + f'y + f''z.$$

Cette équation, combinée avec celles-ci

$$0 = c''x - c'y + cz, \quad r^2 = x^2 + y^2 + z^2,$$

donne l'équation aux sections coniques, l'origine des r étant au foyer. Les planètes et les comètes décrivent donc à très-peu près, autour du Soleil, des sections coniques dont cet astre occupe un des foyers, et ces astres s'y meuvent de manière que les aires décrites par les rayons vecteurs croissent comme les temps. En effet, si l'on nomme dv l'angle infiniment petit intercepté par les rayons r et $r + dr$, on aura

$$dx^2 + dy^2 + dz^2 = r^2 dv^2 + dr^2;$$

l'équation

$$r^2 \frac{dx^2 + dy^2 + dz^2}{dt^2} - \frac{r^2 dr^2}{dt^2} = h^2$$

deviendra ainsi $r^4 dv^2 = h^2 dt^2$, partant

$$dv = \frac{h\,dt}{r^2}.$$

On voit par là que l'aire élémentaire $\frac{1}{2} r^2 dv$, décrite par le rayon vecteur r, est proportionnelle à l'élément de temps dt; l'aire décrite pendant un temps fini est donc proportionnelle à ce temps. On voit encore que le mouvement angulaire de m autour de M est, à chaque point de l'orbite, réciproque au carré du rayon vecteur; et comme on peut, sans erreur sensible, prendre des intervalles de temps très-courts pour des instants infiniment petits, on aura, au moyen de l'équation précédente, les mouvements horaires des planètes et des comètes dans les divers points de leurs orbites.

Les éléments de la section conique décrite par m sont les constantes arbitraires de son mouvement; ils sont par conséquent fonctions des arbitraires précédentes c, c', c'', f, f', f'' et $\frac{2}{a}$; déterminons ces fonctions. Soit θ l'angle que forme avec l'axe des x l'intersection du plan de l'orbite avec celui des x et des y, intersection que l'on nomme *ligne des nœuds*; soit φ l'inclinaison mutuelle des deux plans. Si l'on nomme x' et y' les coordonnées de m, rapportées à la ligne des nœuds comme axe des abscisses, on aura

$$x' = x \cos\theta + y \sin\theta,$$
$$y' = y \cos\theta - x \sin\theta.$$

On a d'ailleurs

$$z = y' \tang\varphi;$$

on aura donc

$$z = y \cos\theta \, \tang\varphi - x \sin\theta \, \tang\varphi.$$

En comparant cette équation à celle-ci

$$0 = c'' x - c' y + c z,$$

on aura

$$c' = c \cos \theta \, \mathrm{tang}\, \varphi,$$

$$c'' = c \sin \theta \, \mathrm{tang}\, \varphi,$$

d'où l'on tire

$$\mathrm{tang}\, \theta = \frac{c'}{c''},$$

$$\mathrm{tang}\, \varphi = \frac{\sqrt{c'^2 + c''^2}}{c}.$$

Ainsi la position des nœuds et l'inclinaison de l'orbite sont déterminées en fonction des constantes arbitraires c, c', c''.

Au périhélie, on a

$$r \, dr = 0, \quad \text{ou} \quad x \, dx + y \, dy + z \, dz = 0;$$

soient donc X, Y, Z les coordonnées de la planète à ce point; la quatrième et la cinquième des équations (P) du numéro précédent donneront

$$\frac{Y}{X} = \frac{f}{f'}.$$

Mais si l'on nomme I la longitude de la projection du périhélie sur le plan des x et des y, cette longitude étant comptée de l'axe des x, on a

$$\frac{Y}{X} = \mathrm{tang}\, I, \quad \text{partant,} \quad \mathrm{tang}\, I = \frac{f}{f'}.$$

ce qui détermine la position du grand axe de la section conique.

Si de l'équation

$$r^2 \frac{dx^2 + dy^2 + dz^2}{dt^2} - \frac{r^2 dr^2}{dt^2} = h^2$$

on élimine $\dfrac{dx^2 + dy^2 + dz^2}{dt^2}$, au moyen de la dernière des équations (P), on aura

$$2 \mu r - \frac{\mu r^2}{a} - \frac{r^2 dr^2}{dt^2} = h^2;$$

mais dr est nul aux extrémités du grand axe; on a donc à ces points

$$0 = r^2 - 2ar + \frac{ah^2}{\mu}.$$

La somme des deux valeurs de r dans cette équation est le grand axe de la section conique, et leur différence est le double de l'excentricité; ainsi a est le demi-grand axe de l'orbite ou la distance moyenne de m à M, et $\sqrt{1 - \frac{h^2}{\mu a}}$ est le rapport de l'excentricité au demi-grand axe. Soit e ce rapport; on a, par le numéro précédent,

$$\frac{\mu}{a} = \frac{\mu^2 - l^2}{h^2};$$

on aura donc $\mu e = l$. On connaîtra ainsi tous les éléments qui déterminent la nature de la section conique et sa position dans l'espace.

20. Les trois équations finies trouvées dans le numéro précédent entre x, y, z et r donnent x, y, z en fonction de r; ainsi, pour avoir ces coordonnées en fonction du temps, il suffit d'avoir le rayon vecteur r dans une fonction semblable, ce qui exige une nouvelle intégration. Pour cela, reprenons l'équation

$$2\mu r - \frac{\mu r^2}{a} - \frac{r^2 dr^2}{dt^2} = h^2;$$

on a, par le numéro précédent,

$$h^2 = \frac{a}{\mu}\mu^2 - l^2 = a\mu(1 - e^2);$$

on aura donc

$$dt = \frac{dr}{\sqrt{\mu}\sqrt{2r - \frac{r^2}{a} - a(1 - e^2)}}.$$

Pour intégrer cette équation, soit $r = a(1 - e\cos u)$; on aura

$$dt = \frac{a^{\frac{3}{2}} du}{\sqrt{\mu}}(1 - e\cos u),$$

d'où l'on tire, en intégrant,

$$t - T = \frac{a^{\frac{3}{2}}}{\sqrt{2}} \; \overline{u - e\sin u},$$

T étant une constante arbitraire. Cette équation donne u, et par conséquent r en fonction de t; et comme x, y, z sont donnés en fonction
de r, on aura les valeurs de ces coordonnées pour un instant quelconque.

Nous voilà donc parvenus à intégrer complétement les équations différentielles (O) du n° 17, ce qui a introduit les six arbitraires a, e, I,
θ, φ et T : les deux premières dépendent de la nature de l'orbite, les
trois suivantes dépendent de sa position dans l'espace, et la dernière
est relative à la position du corps m à une époque donnée, ou, ce qui
revient au même, elle dépend de l'instant de son passage au périhélie.

Rapportons les coordonnées du corps m à des coordonnées plus commodes pour les usages astronomiques, et pour cela nommons v l'angle
que le rayon vecteur r fait avec le grand axe, en partant du périhélie;
l'équation à l'ellipse sera

$$r = \frac{a\,\overline{1 - e^2}}{1 + e\cos v}.$$

L'équation $r = a(1 - e\cos u)$ du numéro précédent indique que u est
nul au périhélie, en sorte que ce point est l'origine des deux angles u
et v, et il est facile de s'assurer que l'angle u est formé par le grand
axe de l'orbite et par le rayon mené de son centre au point où la circonférence décrite sur le grand axe comme diamètre est rencontrée par
l'ordonnée menée du corps m perpendiculairement sur le grand axe.
Cet angle est ce que l'on nomme *anomalie excentrique*, et l'angle v est
l'*anomalie vraie*. En comparant les deux expressions de r, on a

$$1 - e\cos u = \frac{1 - e^2}{1 + e\cos v},$$

d'où l'on tire

$$\tan\tfrac{1}{2}v = \sqrt{\frac{1 + e}{1 - e}}\,\tan\tfrac{1}{2}u.$$

Si l'on fixe l'origine du temps t à l'instant même du passage du corps m par le périhélie, T sera nul, et, en faisant pour abréger $\frac{\sqrt{u}}{a^{\frac{3}{2}}} = n$, on aura $nt = u - e\sin u$. En rassemblant ces équations du mouvement de m autour de M, on aura

$$(f) \quad \begin{cases} nt = u - e\sin u, \\ r = a(1 - e\cos u), \\ \tang\tfrac{1}{2}v = \sqrt{\dfrac{1+e}{1-e}}\,\tang\tfrac{1}{2}u. \end{cases}$$

l'angle nt étant ce que l'on nomme *anomalie moyenne*. La première de ces équations donne u en fonction du temps t, et les deux autres donneront r et v, lorsque u sera déterminé. L'équation entre u et t est transcendante, et ne peut être résolue que par approximation. Heureusement les circonstances des mouvements célestes donnent lieu à des approximations rapides. En effet, les orbes des corps célestes sont ou presque circulaires, ou fort excentriques, et dans ces deux cas on peut déterminer u en t par des formules très-convergentes que nous allons développer. Pour cela, nous donnerons sur la réduction des fonctions en séries quelques théorèmes généraux qui nous seront utiles dans la suite.

21. Soit u une fonction quelconque de α, que l'on propose de développer par rapport aux puissances de α. En représentant ainsi cette suite,

$$u = u + \alpha q_1 + \alpha^2 q_2 + \alpha^3 q_3 + \ldots + \alpha^n q_n + \alpha^{n+1} q_{n+1} + \ldots,$$

$u, q_1, q_2, \ldots$ étant des quantités indépendantes de α, il est clair que u est ce que devient u lorsqu'on y suppose $\alpha = 0$, et que l'on a, quel que soit n,

$$\frac{\partial^n u}{\partial \alpha^n} = 1 . 2 . 3 \ldots n q_n + 2 . 3 \ldots (n+1)\alpha q_{n+1} + \ldots,$$

la différence $\dfrac{\partial^n u}{\partial \alpha^n}$ étant prise en faisant varier tout ce qui dans u doit varier avec α. Partant, si l'on suppose après les différentiations $\alpha = 0$ dans l'expression de $\frac{\partial^n u}{\partial \alpha^n}$, on aura

$$q_n = \frac{\frac{\partial^n u}{\partial \alpha^n}}{1.2.3\ldots n}.$$

Si u est fonction des deux quantités α et α', et que l'on propose de le développer par rapport aux puissances et aux produits de α et de α', en représentant ainsi cette suite,

$$\begin{aligned} u = u + \alpha q_{1,0} &+ \alpha^2 q_{2,0} + \ldots \\ + \alpha' q_{0,1} &+ \alpha\alpha' q_{1,1} + \ldots \\ &+ \alpha'^2 q_{0,2} + \ldots \\ &+ \ldots, \end{aligned}$$

le coefficient $q_{n,n'}$ du produit $\alpha^n \alpha'^{n'}$ sera pareillement égal à

$$\frac{\frac{\partial^{n+n'} u}{\partial \alpha^n \partial \alpha'^{n'}}}{1.2.3\ldots n.1.2.3\ldots n'},$$

α et α' étant supposés nuls après les différentiations.

En général, si u est fonction de α, α', α'', ..., et qu'en le développant dans une suite ordonnée par rapport aux puissances et aux produits de α, α', α'', ..., on représente par $\alpha^n \alpha'^{n'} \alpha''^{n''} \ldots q_{n,n',n'',\ldots}$ le terme de cette suite qui a pour facteur le produit $\alpha^n \alpha'^{n'} \alpha''^{n''} \ldots$, on aura

$$q_{n,n',n'',\ldots} = \frac{\frac{\partial^{n+n'+n''+\ldots} u}{\partial \alpha^n \partial \alpha'^{n'} \partial \alpha''^{n''} \ldots}}{1.2.3\ldots n.1.2.3\ldots n'.1.2.3\ldots n''\ldots},$$

pourvu que l'on suppose α, α', α'', ... nuls après les différentiations.

Supposons maintenant que u soit fonction de α, α', α'', ... et des variables t, t', t'', ...; si, par la nature de cette fonction ou par une équation aux différences partielles qui la représente, on parvient à obtenir

$$\frac{\partial^{n+n'+\ldots} u}{\partial \alpha^n \partial \alpha'^{n'} \ldots}$$

en fonction de u et de ses différences prises par rapport à t, t',....; en nommant F cette fonction lorsqu'on y change u dans u, u étant ce que devient u lorsqu'on y suppose z, z'.... égaux à zéro, il est visible que l'on aura $q_{n,n'\ldots}$, en divisant F par le produit $1.2.3\ldots n.1.2.3\ldots n'\ldots$; on aura donc la loi de la série dans laquelle u est développé.

Soit d'abord u égal à une fonction quelconque de $t+z$, $t'+z'$, $t''+z''$,...., que nous désignerons par $\varphi(t+z, t'+z', t''+z''\ldots)$: dans ce cas, la différence quelconque $i^{\text{ème}}$ de u, prise par rapport à z et divisée par dz^i, est évidemment égale à cette même différence prise par rapport à t et divisée par dt^i. La même égalité a lieu entre les différences prises par rapport à z' et t', ou par rapport à z'' et t'', etc.; d'où il suit que l'on a généralement

$$\frac{\partial^{n+n'+n''\cdots} u}{\partial z^n \partial z'^{n'} \partial z''^{n''}\ldots} = \frac{\partial^{n+n'+n''\cdots} u}{\partial t^n \partial t'^{n'} \partial t''^{n''}\ldots},$$

En changeant dans le second membre de cette équation u en u, c'est-à-dire en $\varphi(t, t', t''\ldots)$, on aura, par ce qui précède,

$$q_{n,n',n''\ldots} = \frac{\dfrac{\partial^{n+n'+n''\cdots} \varphi(t, t', t''\ldots)}{\partial t^n \partial t'^{n'} \partial t''^{n''}\ldots}}{1.2.3\ldots n.1.2.3\ldots n'.1.2.3\ldots n''\ldots}.$$

Si u est seulement fonction de $t+z$, on aura

$$q_n = \frac{d^n \varphi(t)}{1.2.3\ldots n\, dt^n},$$

partant

$$\text{(i)}, \quad \varphi(t+z) = \varphi(t) + z\frac{d\varphi(t)}{dt} + \frac{\alpha^2}{1.2}\frac{d^2\varphi(t)}{dt^2} + \frac{\alpha^3}{1.2.3}\frac{d^3\varphi(t)}{dt^3} + \ldots$$

Supposons ensuite que u, au lieu d'être donné immédiatement en z et t comme dans le cas précédent, soit une fonction de x, x étant donné par l'équation aux différences partielles $\frac{\partial x}{\partial z} = z\frac{\partial x}{\partial t}$, dans laquelle z est une fonction quelconque de x. Pour réduire u dans une suite ordonnée par rapport aux puissances de α, il faut déterminer la valeur de $\frac{\partial^n u}{\partial z^n}$

dans le cas de $z = 0$; or on a, en vertu de l'équation proposée aux différences partielles,

$$\frac{\partial u}{\partial z} = \frac{\partial u}{\partial x}\frac{\partial x}{\partial z} = z\frac{\partial u}{\partial x}\frac{\partial x}{\partial t};$$

on aura donc

$$(k) \qquad \frac{\partial u}{\partial z} = \frac{\partial . fz\,du}{dt}.$$

En différentiant cette équation par rapport à z, on aura

$$\frac{\partial^2 u}{\partial z^2} = \frac{\partial^2 . fz\,du}{\partial z\,\partial t};$$

or l'équation (k) donne, en y changeant u en $\int z\,du$,

$$\frac{\partial . fz\,du}{\partial z} = \frac{\partial . fz^2\,du}{\partial t};$$

partant,

$$\frac{\partial^2 u}{\partial z^2} = \frac{\partial^2 . fz^2\,du}{\partial t^2}.$$

En différentiant encore par rapport à z, on aura

$$\frac{\partial^3 u}{\partial z^3} = \frac{\partial^3 . fz^2\,du}{\partial z\,\partial t^2};$$

or l'équation (k) donne, en y changeant u en $\int z^2\,du$.

$$\frac{\partial . fz^2\,du}{\partial z} = \frac{\partial . fz^3\,du}{\partial t};$$

partant,

$$\frac{\partial^3 u}{\partial z^3} = \frac{\partial^3 . fz^3\,du}{\partial t^3}.$$

En suivant ce procédé, il est aisé d'en conclure généralement

$$\frac{\partial^n u}{\partial z^n} = \frac{\partial^n . fz^n\,du}{\partial t^n} = \frac{\partial^{n-1} . z^n \frac{\partial u}{\partial t}}{\partial t^{n-1}}.$$

Supposons maintenant qu'en faisant $z = 0$ on ait $x = T$, T étant une fonction de t; on substituera cette valeur de x dans z et dans u. Soient Z et u ce que deviennent alors ces quantités; on aura, dans la supposition de $\alpha = 0$,

$$\frac{\partial^n u}{\partial \alpha^n} = \frac{d^{n-1}.Z^n \frac{du}{dt}}{dt^n},$$

et par conséquent on aura, par ce qui précède,

$$q_n = \frac{d^{n-1}.Z^n \frac{du}{dt}}{1.2.3\ldots n\, dt^{n-1}},$$

ce qui donne

$$(P). \qquad u = u - \alpha Z \frac{du}{dt} + \frac{\alpha^2}{1.2} \frac{d.Z^2 \frac{du}{dt}}{dt} + \frac{\alpha^3}{1.2.3} \frac{d^2.Z^3 \frac{du}{dt}}{dt^2} + \ldots$$

Il ne s'agit plus maintenant que de déterminer la fonction de t et de z que x représente, en intégrant l'équation aux différences partielles $\frac{\partial x}{\partial z} = z \frac{\partial x}{\partial t}$. Pour cela, on observera que

$$dx = \frac{\partial x}{\partial t} dt + \frac{\partial x}{\partial \alpha} d\alpha :$$

en substituant, au lieu de $\frac{\partial x}{\partial \alpha}$, sa valeur $z \frac{\partial x}{\partial t}$, on aura

$$dx = \frac{\partial x}{\partial t} dt + z d\alpha = \frac{\partial x}{\partial t}\left| d\,t + \alpha z + \alpha \frac{\partial z}{\partial x} dx \right|;$$

on aura donc

$$dx = \frac{\frac{\partial x}{\partial t} d\,t + \alpha z}{1 + \alpha \frac{\partial z}{\partial x} \frac{\partial x}{\partial t}},$$

ce qui donne, en intégrant, $x = \varphi(t + \alpha z)$, $\varphi(t + \alpha z)$ étant une fonction arbitraire de $t + \alpha z$, en sorte que la quantité que nous avons nommée T est égale à φt. Ainsi, toutes les fois que l'on aura entre x et z une équation réductible à cette forme $x = \varphi(t + \alpha z)$, la valeur de u sera donnée par la formule (p), dans une suite ordonnée par rapport aux puissances de α.

Supposons maintenant que u soit une fonction des deux variables x et x', ces variables étant données par les équations aux différences partielles

$$\frac{\partial x}{\partial \alpha} = z \frac{\partial x}{\partial t}, \quad \frac{\partial x'}{\partial \alpha'} = z' \frac{\partial x'}{\partial t'},$$

dans lesquelles z et z' sont fonctions quelconques de x et x'. Il est facile de s'assurer que les intégrales de ces équations sont

$$x = \varphi(t + \alpha z), \quad x' = \psi(t' + \alpha' z'),$$

$\varphi(t + \alpha z)$ et $\psi(t' + \alpha' z')$ étant des fonctions arbitraires, l'une de $t + \alpha z$, et l'autre de $t' + \alpha' z'$. On a de plus

$$\frac{\partial u}{\partial \alpha} = z \frac{\partial u}{\partial t}, \quad \frac{\partial u}{\partial \alpha'} = z' \frac{\partial u}{\partial t'}.$$

Cela posé, si l'on conçoit x' éliminé de u et de z au moyen de l'équation $x' = \psi(t' + \alpha' z')$, u et z deviendront des fonctions de x, α' et t', sans α ni t; on aura donc, par ce qui précède,

$$\frac{\partial^n u}{\partial \alpha^n} = \frac{\partial^{n-1} \cdot z^n \frac{\partial u}{\partial t}}{\partial t^{n-1}}.$$

Si l'on suppose $\alpha = 0$ après les différentiations, et si, de plus, on fait dans le second membre de cette équation $x = \varphi(t + \alpha z^n)$, et par conséquent $\frac{\partial u}{\partial \alpha} = z^n \frac{\partial u}{\partial t}$, on aura dans ces suppositions

$$\frac{\partial^n u}{\partial \alpha^n} = \frac{\partial^{n-1} \frac{\partial u}{\partial \alpha}}{\partial t^{n-1}},$$

et par conséquent

$$\frac{\partial^{n+n'} u}{\partial \alpha^n \partial \alpha'^{n'}} = \frac{\partial^{n-1} \frac{\partial \frac{\partial^{n'} u}{\partial \alpha'^{n'}}}{\partial \alpha}}{\partial t^{n-1}}.$$

On aura pareillement

$$\frac{\partial^{n'} u}{\partial x'^{n'}} = \frac{\partial^{n'-1} \frac{\partial u}{\partial x'}}{\partial t'^{n'-1}},$$

en supposant x' nul après les différentiations, et en supposant de plus, dans le second membre de cette équation, $x' = \psi(t' - x'z'')$; on aura donc

$$\frac{\partial^{n+n'} u}{\partial x^n \partial x'^{n'}} = \frac{\partial^{n+n'-2} \frac{\partial^2 u}{\partial x \partial x'}}{\partial t^{n-1} \partial t'^{n'-1}},$$

pourvu que l'on fasse x et x' nuls après les différentiations, et que, de plus, on suppose dans le second membre de cette équation

$$x = \varphi(t - xz''), \quad x' = \psi(t' - x'z''),$$

ce qui revient à supposer dans ce second membre, comme dans le premier,

$$x = \varphi(t + xz), \quad x' = \psi(t' - x'z'),$$

et à changer, dans la différence partielle $\frac{\partial^2 u}{\partial x \partial x'}$ de ce second membre, z en z'' et z' en z''. On aura ainsi dans ces suppositions, et en changeant de plus z en Z, z' en Z', et u en u,

$$q_{n,n'} = \frac{\partial^{n+n'-2} \frac{\partial^2 u}{\partial x \partial x'}}{1 . 2 . 3 \ldots n . 1 . 2 . 3 \ldots n' . \partial t^{n-1} \partial t'^{n'-1}}.$$

En suivant ce raisonnement, il est facile d'en conclure que, si l'on a les r équations

$$x = \varphi(t + xz),$$
$$x' = \psi(t' - x'z'),$$
$$x'' = \Pi(t'' + x''z''),$$
$$\ldots \ldots \ldots \ldots \ldots,$$

$z, z', z'', \ldots$ étant des fonctions quelconques de $x, x', x'', \ldots$, et si l'on suppose u fonction des mêmes variables, on aura généralement

$$q_{n,n',n'',\ldots} = \frac{\partial^{n+n'+n''\cdots-r}\dfrac{\partial^{r}u}{\partial x\,\partial x'\,\partial x''\ldots}}{1.2.3\ldots n.1.2.3\ldots n'.1.2.3\ldots n''\ldots\partial t^{n-1}\partial t'^{n'-1}\partial t''^{n''-1}\ldots},$$

pourvu que, dans la différence partielle $\dfrac{\partial^{r}u}{\partial x\,\partial x'\,\partial x''\ldots}$, on change z en z^{n}, z' en $z'^{n'}$...., et qu'ensuite on change z en Z, z' en Z', z'' en Z',... et u en u.

S'il n'y a qu'une variable x, on aura

$$\frac{\partial u}{\partial x} = z\frac{\partial u}{\partial t}; \quad \text{partant} \quad q_{n} = \frac{\partial^{n-1}.Z^{n}\dfrac{\partial u}{\partial t}}{1.2.3\ldots n.\partial t^{n-1}}.$$

S'il y a deux variables x et x', on aura

$$\frac{\partial u}{\partial x} = z\frac{\partial u}{\partial t};$$

en différentiant cette équation par rapport à x', on aura

$$\frac{\partial^{2}u}{\partial x\,\partial x'} = \frac{\partial z}{\partial x'}\frac{\partial u}{\partial t} + z\frac{\partial^{2}u}{\partial x'\,\partial t};$$

or on a $\dfrac{\partial u}{\partial x'} = z'\dfrac{\partial u}{\partial t'}$; et, en changeant dans cette équation u en z, on a $\dfrac{\partial z}{\partial x'} = z'\dfrac{\partial z}{\partial t'}$: donc

$$\frac{\partial^{2}u}{\partial x\,\partial x'} = z\frac{\partial.z'\dfrac{\partial u}{\partial t'}}{\partial t} + z'\frac{\partial z}{\partial t'}\frac{\partial u}{\partial t}.$$

En supposant dans le second membre de cette équation α et α' nuls, et en y changeant z en Z^{n}, z' en $Z'^{n'}$, et u en u, on aura la valeur de $\dfrac{\partial^{2}u}{\partial x\,\partial x'}$ dans les mêmes suppositions, ce qui donne

$$q_{n,n'} = \frac{\partial^{n+n'-2}\left(Z^{n}Z'^{n'}\dfrac{\partial^{2}u}{\partial t\,\partial t'} + Z'^{n'}\dfrac{\partial.Z^{n}}{\partial t'}\dfrac{\partial u}{\partial t} + Z^{n}\dfrac{\partial.Z'^{n'}}{\partial t}\dfrac{\partial u}{\partial t'}\right)}{1.2.3\ldots n.\partial t^{n-1}.1.2.3\ldots n'.\partial t'^{n'-1}}.$$

25.

En continuant ainsi, on aura la valeur de $q_{n,n',n'',\ldots}$ pour un nombre quelconque de variables.

Quoique nous ayons supposé u, z, z', z'', ... fonctions de x, x', x'', ..., sans t, t', t'', ..., on peut cependant supposer qu'elles renferment ces dernières variables; mais alors, en y désignant ces variables par $t_{,}$, $t'_{,}$, $t''_{,}$, ..., il faudra supposer $t_{,}$, $t'_{,}$, $t''_{,}$, ... constants dans les différentiations, et restituer après ces opérations t, t', ... au lieu de $t_{,}$, $t'_{,}$, ...

22. Appliquons ces résultats au mouvement elliptique des planètes. Pour cela, nous reprendrons les équations (f) du n° **20**. Si l'on compare l'équation

$$nt = u - e\sin u, \quad \text{ou} \quad u = nt + e\sin u$$

avec celle-ci

$$x = \varphi(t + \alpha z),$$

x se changera en u, t en nt, α en e, z en $\sin u$, et $\varphi(t + \alpha z)$ en $nt + e\sin u$; la formule (p) du numéro précédent deviendra donc

$$(q) \quad \psi(u) = \psi(nt) + e\psi'(nt)\sin nt + \frac{e^2}{1.2}\,\frac{d[\psi'(nt)\sin^2 nt]}{n\,dt} + \frac{e^3}{1.2.3}\,\frac{d^2[\psi'(nt)\sin^3 nt]}{n^2\,dt^2} + \ldots,$$

$\psi'(nt)$ étant égal à $\frac{d\psi(nt)}{n\,dt}$. Pour développer cette formule, nous observerons que, c étant le nombre dont le logarithme hyperbolique est l'unité, on a

$$\sin^i nt = \left(\frac{c^{nt\sqrt{-1}} - c^{-nt\sqrt{-1}}}{2\sqrt{-1}}\right)^i, \qquad \cos^i nt = \left(\frac{c^{nt\sqrt{-1}} + c^{-nt\sqrt{-1}}}{2}\right)^i,$$

i étant quelconque. En développant les seconds membres de ces équations et en substituant ensuite, au lieu de $c^{rnt\sqrt{-1}}$ et de $c^{-rnt\sqrt{-1}}$, leurs valeurs $\cos rnt + \sqrt{-1}\sin rnt$ et $\cos rnt - \sqrt{-1}\sin rnt$, r étant quelconque, on aura les puissances i de $\sin nt$ et de $\cos nt$ développées en sinus et cosinus de l'angle nt et de ses multiples. Cela posé, on trouvera

$$\begin{aligned}
&\sin nt + \frac{e}{1.2}\sin^2 nt + \frac{e^2}{1.2.3}\sin^3 nt + \frac{e^3}{1.2.3.4}\sin^4 nt + \ldots\\
&= \sin nt - \frac{e}{1.2.2}(\cos 2nt - 1)\\
&\quad - \frac{e^2}{1.2.3.2^2}(\sin 3nt - 3\sin nt)\\
&\quad + \frac{e^3}{1.2.3.4.2^3}\left(\cos 4nt - 4\cos 2nt + \frac{1}{2}\cdot\frac{4.3}{1.2}\right)\\
&\quad + \frac{e^4}{1.2.3.4.5.2^4}\left(\sin 5nt - 5\sin 3nt + \frac{5.4}{1.2}\sin nt\right)\\
&\quad - \frac{e^5}{1.2.3.4.5.6.2^5}\left(\cos 6nt - 6\cos 4nt + \frac{6.5}{1.2}\cos 2nt - \frac{1}{2}\cdot\frac{6.5.4}{1.2.3}\right)\\
&\quad - \ldots
\end{aligned}$$

Soit P cette fonction; on la multipliera par $\psi'(nt)$, et l'on différentiera chacun de ses termes, par rapport à t, un nombre de fois indiqué par la puissance de e qui le multiplie, dt étant supposé constant; on divisera ces différentielles par la puissance correspondante de ndt. Soit P' la somme de ces différentielles ainsi divisées; la formule (q) deviendra

$$\psi(u) = \psi(nt) + eP'.$$

Il sera facile d'obtenir par cette méthode les valeurs de l'angle u et des sinus et cosinus de cet angle et de ses multiples. En supposant, par exemple, $\psi(u) = \sin iu$, on aura $\psi'(nt) = i\cos int$. On multipliera la valeur précédente de P par $i\cos int$, et l'on développera ce produit en sinus et cosinus de l'angle nt et de ses multiples. Les termes multipliés par les puissances paires de e seront des sinus, et les termes multipliés par les puissances impaires seront des cosinus. On changera ensuite un terme quelconque de la forme $Ke^{2r}\sin snt$ dans $\pm Ke^{2r}s^{2r}\sin snt$, le signe $+$ ayant lieu si r est pair, et le signe $-$ ayant lieu si r est impair. On changera pareillement un terme quelconque de la forme $Ke^{2r+1}\cos snt$ dans $\mp Ke^{2r+1}s^{2r+1}\sin snt$, le signe $-$ ayant lieu si r est pair, et le signe + ayant lieu si r est impair. La somme de tous ces termes sera la valeur de P′, et l'on aura

$$\sin iu = \sin int + e\mathrm{P}'.$$

Si l'on suppose $\psi(u) = u$, on aura $\psi'(nt) = 1$, et l'on trouvera

$$\begin{aligned} u = nt + e\sin nt &+ \frac{e^2}{1.2.2}\cdot 2\sin 2nt + \frac{e^3}{1.2.3.2^2}(3^2\sin 3nt - 3\sin nt) \\ &+ \frac{e^4}{1.2.3.4.2^3}(4^3\sin 4nt - 4.2^3\sin 2nt) \\ &+ \frac{e^5}{1.2.3.4.5.2^4}\left(5^4\sin 5nt - 5.3^4\sin 3nt + \frac{5.4}{1.2}\sin nt\right) \\ &+ \ldots \end{aligned}$$

Cette série est fort convergente pour les planètes. Ayant ainsi déterminé u pour un instant quelconque, on en tirera, au moyen des équations (f) du n° 20, les valeurs correspondantes de r et de v; mais on peut avoir directement ces dernières quantités en séries convergentes, de cette manière.

Pour cela, nous observerons que l'on a, par le n° 20, $r = a(1 - e\cos u)$; or si, dans la formule (q), on suppose $\psi(u) = 1 - e\cos u$, on aura $\psi'(nt) = e\sin nt$, et par conséquent

$$1 - e\cos u = 1 - e\cos nt + e^2\sin^2 nt + \frac{e^3}{1.2}\,\frac{d\sin^3 nt}{n\,dt} + \frac{e^4}{1.2.3}\,\frac{d^2\sin^4 nt}{n^2\,dt^2} + \ldots.$$

On aura donc, par l'analyse précédente,

$$\begin{aligned} \frac{r}{a} = 1 + \frac{e^2}{2} - e\cos nt - \frac{e^2}{2}\cos 2nt & \\ &- \frac{e^3}{1.2.2^2}(3\cos 3nt - 3\cos nt) \\ &- \frac{e^4}{1.2.3.2^3}(4^2\cos 4nt - 4.2^2\cos 2nt) \\ &- \frac{e^5}{1.2.3.4.2^4}\left(5^3\cos 5nt - 5.3^3\cos 3nt + \frac{5.4}{1.2}\cos nt\right) \\ &- \frac{e^6}{1.2.3.4.5.2^5}\left(6^4\cos 6nt - 6.4^4\cos 4nt + \frac{6.5}{1.2}\cdot 2^4\cos 2nt\right) \\ &- \ldots \end{aligned}$$

Considérons présentement la troisième des équations (f) du n° 20 : elle donne

$$\frac{\sin\frac{1}{2}v}{\cos\frac{1}{2}v} = \sqrt{\frac{1+e}{1-e}}\,\frac{\sin\frac{1}{2}u}{\cos\frac{1}{2}u}.$$

En substituant dans cette équation, au lieu des sinus et des cosinus, leurs valeurs en exponentielles imaginaires, on aura

$$\frac{c^{v\sqrt{-1}}-1}{c^{v\sqrt{-1}}+1} = \sqrt{\frac{1+e}{1-e}}\,\frac{c^{u\sqrt{-1}}-1}{c^{u\sqrt{-1}}+1};$$

en supposant donc

$$\lambda = \frac{e}{1+\sqrt{1-e^2}},$$

on aura

$$c^{v\sqrt{-1}} = c^{u\sqrt{-1}}\,\frac{1-\lambda c^{-u\sqrt{-1}}}{1-\lambda c^{u\sqrt{-1}}},$$

et par conséquent

$$v = u + \frac{\log(1-\lambda c^{-u\sqrt{-1}}) - \log(1-\lambda c^{u\sqrt{-1}})}{\sqrt{-1}};$$

d'où l'on tire, en réduisant les logarithmes en séries,

$$v = u + 2\lambda\sin u + \frac{2\lambda^2}{2}\sin 2u + \frac{2\lambda^3}{3}\sin 3u + \frac{2\lambda^4}{4}\sin 4u + \ldots.$$

On aura, par ce qui précède, u, $\sin u$, $\sin 2u$, ..., en séries ordonnées par rapport aux puissances de e, et développées en sinus et cosinus de l'angle nt et de ses multiples ; il ne s'agit donc, pour avoir v exprimé dans une suite semblable, que de développer les puissances successives de λ en séries ordonnées par rapport aux puissances de e.

L'équation $u = 2 - \frac{e^2}{u}$ donnera, par la formule (p) du numéro précédent,

$$\frac{1}{u^i} = \frac{1}{2^i} + \frac{ie^2}{2^{i+2}} + \frac{i(i+3)}{1.2}\,\frac{e^4}{2^{i+4}} + \frac{i(i+4)(i+5)}{1.2.3}\,\frac{e^6}{2^{i+6}} + \ldots,$$

et, comme on a $u = 1 + \sqrt{1 - e^2}$, on aura

$$\lambda^i = \frac{e^i}{2^i}\left[1 + i\left(\frac{e}{2}\right)^2 + \frac{i(i+3)}{1.2}\left(\frac{e}{2}\right)^4 + \frac{i(i+4)(i+5)}{1.2.3}\left(\frac{e}{2}\right)^6 + \ldots\right].$$

Cela posé, on trouvera, en ne portant l'approximation que jusqu'aux quantités de l'ordre e^6 inclusivement,

$$v = nt + \left(2e - \frac{1}{4}e^3 + \frac{5}{96}e^5\right)\sin nt + \left(\frac{5}{4}e^2 - \frac{11}{24}e^4 + \frac{17}{192}e^6\right)\sin 2nt + \left(\frac{13}{12}e^3 - \frac{43}{64}e^5\right)\sin 3nt$$
$$+ \left(\frac{103}{96}e^4 - \frac{451}{480}e^6\right)\sin 4nt + \frac{1097}{960}e^5\sin 5nt + \frac{1223}{960}e^6\sin 6nt.$$

Les angles v et nt sont ici comptés du périhélie; mais, si l'on veut compter ces angles de l'aphélie, il est clair qu'il suffit de faire e négatif dans les expressions précédentes de r et de v. Il suffirait encore d'augmenter, dans ces expressions, l'angle nt de la demi-circonférence, ce qui rend négatifs les sinus et les cosinus des multiples impairs de nt; ainsi, les résultats de ces deux méthodes devant être identiques, il faut que, dans les expressions de r et de v, les sinus et les cosinus des multiples impairs de nt soient multipliés par des puissances impaires de e, et que les sinus et cosinus des multiples pairs du même angle soient multipliés par des puissances paires de cette quantité. C'est, en effet, ce que le calcul confirme *a posteriori*.

Supposons qu'au lieu de compter l'angle v du périhélie on fixe son origine à un point quelconque; il est clair que cet angle sera augmenté d'une constante, que nous désignerons par ϖ, et qui exprimera la longitude du périhélie. Si, au lieu de fixer l'origine de t à l'instant du passage au périhélie, on la fixe à un instant quelconque, l'angle nt sera augmenté d'une constante, que nous désignerons par $\varepsilon - \varpi$; les expressions précédentes de $\frac{r}{a}$ et de v deviendront ainsi

$$\frac{r}{a} = 1 + \frac{1}{2}e^2 - \left(e - \frac{3}{8}e^3\right)\cos(nt + \varepsilon - \varpi) - \left(\frac{1}{2}e^2 - \frac{1}{3}e^4\right)\cos 2(nt + \varepsilon - \varpi) - \ldots,$$

$$v = nt + \varepsilon + \left(2e - \frac{1}{4}e^3\right)\sin(nt + \varepsilon - \varpi) + \left(\frac{5}{4}e^2 - \frac{11}{24}e^4\right)\sin 2(nt + \varepsilon - \varpi) + \ldots;$$

v est la longitude vraie de la planète, et $nt+\varepsilon$ est sa longitude moyenne, ces deux longitudes étant rapportées au plan de l'orbite.

Rapportons maintenant le mouvement de la planète à un plan fixe, peu incliné à celui de l'orbite. Soit φ l'inclinaison mutuelle de ces deux plans, et θ la longitude du nœud ascendant de l'orbite, comptée sur le plan fixe; soit β cette longitude comptée sur le plan de l'orbite, en sorte que θ soit la projection de β; soit encore $v_{,}$ la projection de v sur le plan fixe. On aura

$$\tang(v_{,}-\theta) = \cos\varphi \tang(v-\beta).$$

Cette équation donne $v_{,}$ en v, et réciproquement; mais on peut avoir ces deux angles l'un par l'autre, en séries fort convergentes, de cette manière.

On a conclu précédemment la série

$$\tfrac{1}{2}v = \tfrac{1}{2}u + \lambda\sin u + \frac{\lambda^2}{2}\sin 2u + \frac{\lambda^3}{3}\sin 3u + \ldots$$

de l'équation

$$\tang\tfrac{1}{2}v = \sqrt{\frac{1+e}{1-e}}\tang\tfrac{1}{2}u,$$

en faisant

$$\lambda = \frac{\sqrt{\dfrac{1+e}{1-e}}-1}{\sqrt{\dfrac{1+e}{1-e}}+1}.$$

Si l'on change $\frac{1}{2}v$ en $v_{,}-\theta$, $\frac{1}{2}u$ en $v-\beta$, et $\sqrt{\frac{1+e}{1-e}}$ en $\cos\varphi$, on aura

$$\lambda = \frac{\cos\varphi-1}{\cos\varphi+1} = -\tang^2\tfrac{1}{2}\varphi;$$

l'équation entre $\frac{1}{2}v$ et $\frac{1}{2}u$ se changera dans l'équation entre $v_{,}-\theta$ et $v-\beta$, et la série précédente donnera

$$v_{,}-\theta = v-\beta-\tang^2\tfrac{1}{2}\varphi\sin 2(v-\beta)+\tfrac{1}{2}\tang^4\tfrac{1}{2}\varphi\sin 4(v-\beta)-\tfrac{1}{3}\tang^6\tfrac{1}{2}\varphi\sin 6(v-\beta)+\ldots.$$

Si dans l'équation entre $\frac{1}{2}v$ et $\frac{1}{2}u$ on change $\frac{1}{2}v$ en $v-\beta$, $\frac{1}{2}u$ en $v_{,}-\theta$ et $\sqrt{\frac{1+e}{1-e}}$ en $\frac{1}{\cos\varphi}$, on aura

$$\lambda = \tang^2\tfrac{1}{2}\varphi,$$

et

$$v_, - \theta = v_, - \theta - \tan^2\tfrac{1}{2}\varphi \sin 2(v_, - \theta) + \tfrac{1}{2}\tan^4\tfrac{1}{2}\varphi \sin 4(v_, - \theta) - \tfrac{1}{3}\tan^6\tfrac{1}{2}\varphi \sin 6(v_, - \theta) \ldots$$

On voit ainsi que les deux séries précédentes se changent réciproquement l'une dans l'autre, en changeant le signe de $\tan^2\frac{1}{2}\varphi$ et en changeant l'un dans l'autre les angles $v_, - \theta$ et $v - \theta$. On aura $v_, - \theta$ en fonction de sinus et de cosinus de nt et de ses multiples, en observant que l'on a, par ce qui précède,

$$v = nt + \varepsilon - eQ,$$

Q étant une fonction des sinus de l'angle $nt + \varepsilon - \varpi$ et de ses multiples, et que la formule $(i$ du n° 21 donne, quel que soit i,

$$\sin i(v - \theta) = \sin i(nt + \varepsilon - \theta - eQ) = \left(1 - \frac{i^2 e^2 Q^2}{1.2} + \frac{i^4 e^4 Q^4}{1.2.3.4} - \ldots\right)\sin i(nt + \varepsilon - \theta)$$
$$- \left(ieQ - \frac{i^3 e^3 Q^3}{1.2.3} + \frac{i^5 e^5 Q^5}{1.2.3.4.5} - \ldots\right)\cos i(nt + \varepsilon - \theta).$$

Enfin, s étant la tangente de la latitude de la planète au-dessus du plan fixe, on a

$$s = \tan\varphi \sin(v_, - \theta),$$

et, si l'on nomme $r_,$ le rayon vecteur r projeté sur le plan fixe, on aura

$$r_, = r(1 - s^2)^{-\frac{1}{2}} = r(1 - \tfrac{1}{2}s^2 + \tfrac{3}{8}s^4 - \ldots) ;$$

on pourra donc ainsi déterminer $v_,$, s et $r_,$ en séries convergentes de sinus et de cosinus de l'angle nt et de ses multiples.

23. Considérons présentement les orbites fort excentriques, telles que celles des comètes, et pour cela reprenons les équations du n° 20

$$r = \frac{a(1 - e^2)}{1 + e\cos v},$$

$$nt = u - e\sin u,$$

$$\tan\tfrac{1}{2}v = \sqrt{\frac{1 + e}{1 - e}}\tan\tfrac{1}{2}u.$$

Dans le cas des orbites fort excentriques, e diffère très-peu de l'unité ; nous supposerons ainsi $1 - e = \alpha$, α étant fort petit. Si l'on nomme D la distance périhélie de la comète, on aura $D = a(1 - e) = \alpha a$; l'expression de r deviendra donc

$$r = \frac{(2 - \alpha)\,D}{2\cos^2\frac{1}{2}v - \alpha\cos v} = \frac{D}{\cos^2\frac{1}{2}v\left(1 + \dfrac{\alpha}{2 - \alpha}\tang^2\frac{1}{2}v\right)},$$

ce qui donne, en réduisant en série,

$$r = \frac{D}{\cos^2\frac{1}{2}v}\left[1 - \frac{\alpha}{2 - \alpha}\tang^2\frac{1}{2}v + \left(\frac{\alpha}{2 - \alpha}\right)^2\tang^4\frac{1}{2}v - \ldots\right].$$

Pour avoir le rapport de v au temps t, nous observerons que l'expression de l'arc par la tangente donne

$$u = 2\tang\tfrac{1}{2}u\left(1 - \tfrac{1}{3}\tang^2\tfrac{1}{2}u + \tfrac{1}{5}\tang^4\tfrac{1}{2}u - \ldots\right);$$

or on a

$$\tang\tfrac{1}{2}u = \sqrt{\frac{\alpha}{2 - \alpha}}\,\tang\tfrac{1}{2}v;$$

on aura donc

$$u = 2\sqrt{\frac{\alpha}{2 - \alpha}}\,\tang\tfrac{1}{2}v\left[1 - \frac{1}{3}\frac{\alpha}{2 - \alpha}\tang^2\tfrac{1}{2}v + \frac{1}{5}\left(\frac{\alpha}{2 - \alpha}\right)^2\tang^4\tfrac{1}{2}v - \ldots\right];$$

on a ensuite

$$\sin u = \frac{2\tang\frac{1}{2}u}{1 + \tang^2\frac{1}{2}u} = 2\tang\tfrac{1}{2}u\left(1 - \tang^2\tfrac{1}{2}u + \tang^4\tfrac{1}{2}u - \ldots\right),$$

d'où l'on tire

$$e\sin u = 2(1 - \alpha)\sqrt{\frac{\alpha}{2 - \alpha}}\,\tang\tfrac{1}{2}v\left[1 - \frac{\alpha}{2 - \alpha}\tang^2\tfrac{1}{2}v + \left(\frac{\alpha}{2 - \alpha}\right)^2\tang^4\tfrac{1}{2}v - \ldots\right].$$

En substituant ces valeurs de u et de $e\sin u$ dans l'équation

$$nt = u - e\sin u,$$

on aura le temps t en fonction de l'anomalie v, par une suite très-con-

26.

vergente; mais, avant que de faire cette substitution, nous observerons que l'on a, par le n° 20, $n = a^{-\frac{3}{2}}\sqrt{\mu}$, et, comme $D = \alpha a$, on aura

$$\frac{1}{n} = \frac{D^{\frac{3}{2}}}{\alpha^{\frac{3}{2}}\sqrt{\mu}}.$$

On trouvera, cela posé,

$$t = \frac{2D^{\frac{3}{2}}}{\sqrt{(2-\alpha)\mu}}\tang\tfrac{1}{2}v\left[1 + \frac{\frac{2}{3}-\alpha}{2-\alpha}\tang^2\tfrac{1}{2}v - \frac{\left(\frac{4}{5}-\alpha\right)\alpha}{(2-\alpha)^2}\tang^4\tfrac{1}{2}v + \ldots\right].$$

Si l'orbite est parabolique, $\alpha = 0$, et par conséquent

$$r = \frac{D}{\cos^2\frac{1}{2}v},$$

$$t = \frac{D^{\frac{3}{2}}\sqrt{2}}{\sqrt{\mu}}(\tang\tfrac{1}{2}v + \tfrac{1}{3}\tang^3\tfrac{1}{2}v).$$

Le temps t, la distance D et la somme μ des masses du Soleil et de la comète sont des quantités hétérogènes qui, pour être comparables, doivent être divisées chacune par des unités de leur espèce. Nous supposerons donc que la moyenne distance du Soleil à la Terre est l'unité de distance, en sorte que D est exprimé en parties de cette distance. Nous observerons ensuite que, si l'on nomme T le temps d'une révolution sidérale de la Terre, que nous supposerons partir du périhélie, on aura, dans l'équation

$$nt = u - e\sin u,$$

$u = 0$ au commencement de la révolution, et $u = 2\pi$ à la fin, π étant la demi-circonférence dont le rayon est l'unité; on aura donc $nT = 2\pi$; mais on a $n = a^{-\frac{3}{2}}\sqrt{\mu} = \sqrt{\mu}$, à cause de $a = 1$; partant

$$\sqrt{\mu} = \frac{2\pi}{T}.$$

La valeur de μ n'est pas exactement la même pour la Terre que pour la comète, puisque, dans le premier cas, elle exprime la somme des masses du Soleil et de la Terre; au lieu que, dans le second cas, elle exprime la somme des masses du Soleil et de la comète; mais, les masses de la Terre et de la comète étant beaucoup moindres que celle du Soleil, on peut les négliger, et supposer que μ est le même pour tous ces corps, et qu'il exprime la masse du Soleil. En substituant donc au lieu de $\sqrt{\mu}$ sa valeur $\frac{2\pi}{T}$ dans l'expression précédente de t, on aura

$$t = \frac{D^{\frac{3}{2}} T}{\pi \sqrt{2}} \left(\operatorname{tang} \tfrac{1}{2} v + \tfrac{1}{3} \operatorname{tang}^3 \tfrac{1}{2} v \right).$$

Cette équation ne renferme plus que des quantités comparables entre elles; elle donnera facilement t lorsque v sera connu; mais, pour avoir v au moyen de t, il faut résoudre une équation du troisième degré, qui n'est susceptible que d'une seule racine réelle. On peut se dispenser de cette résolution en faisant une Table des valeurs de v correspondantes à celles de t, dans une parabole dont la distance périhélie est l'unité, ou égale à la moyenne distance de la Terre au Soleil. Cette Table donnera le temps correspondant à l'anomalie v, dans une parabole quelconque dont D est la distance périhélie, en multipliant par $D^{\frac{3}{2}}$ le temps qui correspond à la même anomalie dans la Table. On aura l'anomalie v correspondante au temps t, en divisant t par $D^{\frac{3}{2}}$, et en cherchant dans la Table l'anomalie qui répond au quotient de cette division.

Supposons maintenant que l'on cherche l'anomalie v correspondante au temps t dans une ellipse fort excentrique. Si l'on néglige les quantités de l'ordre z^2, et que l'on remette $1 - e$ au lieu de z, l'expression précédente de t en v, dans l'ellipse, donnera

$$t = \frac{D^{\frac{3}{2}} \sqrt{2}}{\sqrt{\mu}} \left[\operatorname{tang} \tfrac{1}{2} v + \tfrac{1}{3} \operatorname{tang}^3 \tfrac{1}{2} v + (1-e) \left(\operatorname{tang} \tfrac{1}{2} v + \tfrac{1}{2} \operatorname{tang}^2 \tfrac{1}{2} v + \tfrac{1}{3} \operatorname{tang}^3 \tfrac{1}{2} v \right) \right].$$

On cherchera, par la Table du mouvement des comètes, l'anomalie qui répond au temps t dans une parabole dont D serait la distance périhélie; soit U cette anomalie, et $U + x$ l'anomalie vraie dans l'ellipse, correspondante au même temps, x étant un très-petit angle. Si l'on substitue dans l'équation précédente $U + x$ au lieu de v, et que l'on réduise le second membre en série ordonnée par rapport aux puissances de x, on aura, en négligeant le carré de x et le produit de x par $1 - e$,

$$t = \frac{D^{\frac{3}{2}}\sqrt{2}}{\sqrt{\mu}}\left[\tang\tfrac{1}{2}U + \tfrac{1}{3}\tang^3\tfrac{1}{2}U + \frac{x}{2\cos^4\frac{1}{2}U} + \frac{1-e}{4}\tang\tfrac{1}{2}U\left(1 - \tang^2\tfrac{1}{2}U - \tfrac{3}{5}\tang^4\tfrac{1}{2}U\right)\right];$$

mais on a, par la supposition,

$$t = \frac{D^{\frac{3}{2}}\sqrt{2}}{\sqrt{\mu}}\left(\tang\tfrac{1}{2}U + \tfrac{1}{3}\tang^3\tfrac{1}{2}U\right);$$

on aura donc, en substituant au lieu du petit arc x son sinus,

$$\sin x = \tfrac{1}{10}(1 - e)\tang\tfrac{1}{2}U\left(4 - 3\cos^2\tfrac{1}{2}U - 6\cos^4\tfrac{1}{2}U\right).$$

Ainsi, en formant une Table des logarithmes de la quantité

$$\tfrac{1}{10}\tang\tfrac{1}{2}U\left(4 - 3\cos^2\tfrac{1}{2}U - 6\cos^4\tfrac{1}{2}U\right),$$

il suffira de leur ajouter le logarithme de $1 - e$ pour avoir celui de $\sin x$; on aura par conséquent la correction à faire à l'anomalie U, calculée dans la parabole, pour avoir l'anomalie correspondante dans une ellipse fort excentrique.

24. Il nous reste à considérer le mouvement dans une orbite hyperbolique. Pour cela, nous observerons que, dans l'hyperbole, le demi-grand axe a devient négatif, et l'excentricité e surpasse l'unité. En faisant donc, dans les équations (f) du n° **20**, $a = -a'$ et $u = \frac{u'}{\sqrt{-1}}$, et en substituant au lieu des sinus et des cosinus leurs valeurs en exponentielles imaginaires, la première de ces équations donnera

$$\frac{t\sqrt{\mu}}{a'^{\frac{3}{2}}} = \frac{e}{2}\left(c^{u'} - c^{-u'}\right) - u'.$$

La seconde deviendra

$$r = a'\left[\tfrac{1}{2}e\left(c^{u'} + c^{-u'}\right) - 1\right];$$

enfin, si l'on prend convenablement le signe du radical de la troisième équation pour que v croisse avec t et, par conséquent, avec u', on aura

$$\tang\tfrac{1}{2}v = \sqrt{\frac{e+1}{e-1}}\,\frac{c^{u'}-1}{c^{u'}+1}.$$

Supposons dans ces formules $u' = \log\tang\left(\frac{1}{4}\pi + \frac{1}{2}\varpi\right)$, π étant la demi-circonférence dont le rayon est l'unité, et le logarithme précédent étant hyperbolique; on aura

$$\frac{t\sqrt{\mu}}{a'^{\frac{3}{2}}} = e\tang\varpi - \log\tang\left(\tfrac{1}{4}\pi + \tfrac{1}{2}\varpi\right),$$

$$r = a'\left(\frac{e}{\cos\varpi} - 1\right),$$

$$\tang\tfrac{1}{2}v = \sqrt{\frac{e+1}{e-1}}\tang\tfrac{1}{2}\varpi.$$

L'arc $\frac{t\sqrt{\mu}}{a'^{\frac{3}{2}}}$ est le moyen mouvement angulaire durant le temps t du corps m, supposé mû circulairement autour de M, à la distance a'. Cet arc est facile à déterminer, en le réduisant en parties du rayon : la première des équations précédentes donnera par des essais la valeur de l'angle ϖ correspondante au temps t; les deux autres équations donneront ensuite les valeurs correspondantes de r et de v.

25. T exprimant la révolution sidérale d'une planète dont a est la moyenne distance au Soleil, la première des équations (f) du n° 20 donnera $n\mathrm{T} = 2\pi$; mais on a par le même numéro $\frac{\sqrt{\mu}}{a^{\frac{3}{2}}} = n$; on aura donc

$$\mathrm{T} = \frac{2\pi a^{\frac{3}{2}}}{\sqrt{\mu}}.$$

Si l'on néglige les masses des planètes par rapport à celle du Soleil,

μ exprimera la masse de cet astre, et cette quantité sera la même pour toutes les planètes; ainsi, pour une seconde planète dont a' et T' seraient la distance moyenne au Soleil et le temps de la révolution sidérale, on aura encore

$$T' = \frac{2\pi a'^{\frac{3}{2}}}{\sqrt{\mu}};$$

on aura donc

$$T^2 : T'^2 :: a^3 : a'^3;$$

c'est-à-dire que les carrés des temps des révolutions de différentes planètes sont entre eux comme les cubes des grands axes de leurs orbites, ce qui est une des lois découvertes par Kepler. On voit par l'analyse précédente que cette loi n'est pas rigoureuse, et qu'elle n'a lieu qu'autant que l'on néglige l'action des planètes les unes sur les autres et sur le Soleil.

Si l'on prend pour mesure du temps le moyen mouvement de la Terre, et pour unité de distance sa moyenne distance au Soleil, T sera dans ce cas égal à 2π, et l'on aura $a = 1$; l'expression précédente de T donnera donc $\mu = 1$; d'où il suit que la masse du Soleil doit alors être prise pour unité de masse. On peut ainsi, dans la théorie des planètes et des comètes, supposer $\mu = 1$, et prendre pour unité de distance la moyenne distance de la Terre au Soleil; mais alors le temps t est mesuré par l'arc correspondant du moyen mouvement sidéral de la Terre.

L'équation

$$T = \frac{2\pi a^{\frac{3}{2}}}{\sqrt{\mu}}$$

donne un moyen fort simple de déterminer les rapports des masses des planètes qui ont des satellites à la masse du Soleil. En effet, M représentant cette masse, si l'on néglige la masse m de la planète vis-à-vis de M, on aura

$$T = \frac{2\pi a^{\frac{3}{2}}}{\sqrt{M}}.$$

Si l'on considère ensuite un satellite d'une planète quelconque m'; que l'on désigne par p la masse de ce satellite, par h sa moyenne distance au centre de m', et par τ le temps de sa révolution sidérale, on aura

$$1 = \frac{2\pi h^{\frac{3}{2}}}{\sqrt{m' + p}};$$

partant,

$$\frac{m' + p}{M} = \frac{h^3}{a^3}\left(\frac{T}{\tau}\right)^2.$$

Cette équation donne le rapport de la somme des masses de la planète m' et de son satellite à la masse M du Soleil; en négligeant donc la masse du satellite en égard à celle de sa planète, ou en supposant le rapport de ces masses connu, on aura le rapport de la masse de la planète à celle du Soleil. Nous donnerons, en traitant de la théorie des planètes, les valeurs des masses de celles autour desquelles on a observé des satellites.

CHAPITRE IV.

DÉTERMINATION DES ÉLÉMENTS DU MOUVEMENT ELLIPTIQUE.

26. Après avoir exposé la théorie générale du mouvement elliptique et la manière de le calculer par des suites convergentes, dans les deux cas de la nature, celui des orbes presque circulaires et le cas des orbes fort allongés, il nous reste à déterminer les éléments de ces orbes. Si les circonstances des mouvements primitifs des corps célestes étaient données, on pourrait facilement en conclure ces éléments. En effet, si l'on nomme V la vitesse de m dans son mouvement relatif autour de M, on aura

$$V^2 = \frac{dx^2 + dy^2 + dz^2}{dt^2}.$$

et la dernière des équations (p) du n° 18 donnera

$$V^2 = \mu\left(\frac{2}{r} - \frac{1}{a}\right).$$

Pour faire disparaître μ de cette expression, nous désignerons par U la vitesse que m aurait, s'il décrivait autour de M un cercle d'un rayon égal à l'unité de distance. Dans cette hypothèse, on a $r = a = 1$, et par conséquent $U^2 = \mu$; donc

$$V^2 = U^2\left(\frac{2}{r} - \frac{1}{a}\right).$$

Cette équation donnera le demi-grand axe a de l'orbite au moyen de la vitesse primitive de m et de sa distance primitive à M; a est positif dans l'ellipse, il est infini dans la parabole, et négatif dans l'hyperbole; ainsi l'orbite décrite par m est une ellipse, une parabole ou une hyperbole, suivant que V est moindre, égal ou plus grand que U $\sqrt{\dfrac{2}{r}}$. Il est remarquable que la direction du mouvement primitif n'influe point sur l'espèce de la section conique.

Pour déterminer l'excentricité de l'orbite, nous observerons que, si l'on nomme ε l'angle que fait la direction du mouvement relatif de m avec le rayon vecteur r, on a

$$\frac{dr^2}{dt^2} = V^2 \cos^2 \varepsilon.$$

En substituant au lieu de V^2 sa valeur $\mu\left(\dfrac{2}{r} - \dfrac{1}{a}\right)$, on aura

$$\frac{dr^2}{dt^2} = \mu\left(\frac{2}{r} - \frac{1}{a}\right)\cos^2\varepsilon;$$

mais on a, par le n° 19,

$$2\mu r - \frac{\mu r^2}{a} - \frac{r^2 dr^2}{dt^2} = \mu a(1 - e^2);$$

on aura donc

$$a(1 - e^2) = r^2 \sin^2\varepsilon\left(\frac{2}{r} - \frac{1}{a}\right),$$

ce qui fera connaitre l'excentricité ae de l'orbite.

L'équation aux sections coniques

$$r = \frac{a(1 - e^2)}{1 + e\cos v}$$

donne

$$\cos v = \frac{a(1 - e^2) - r}{er}.$$

On aura ainsi l'angle v que le rayon vecteur r fait avec la distance périhélie, et par conséquent on aura la position du périhélie. Les équations (f) du n° **20** feront ensuite connaître l'angle u, et par son moyen l'instant du passage par le périhélie.

Pour avoir la position de l'orbite par rapport à un plan fixe passant par le centre de M, supposé immobile, soit φ l'inclinaison de l'orbite sur ce plan, et θ l'angle que le rayon r forme avec la ligne des nœuds; soit de plus z l'élévation primitive de m au-dessus du plan fixe, élévation supposée connue; on aura

$$r \sin\theta \sin\varphi = z,$$

en sorte que l'inclinaison φ de l'orbite sera connue lorsque l'on aura déterminé θ. Pour cela, nommons λ l'angle, supposé connu, que fait avec le plan fixe la direction primitive du mouvement relatif de m; si l'on considère le triangle formé par cette direction prolongée jusqu'à la rencontre de la ligne des nœuds, par cette dernière ligne et par le rayon r, en nommant l le côté de ce triangle opposé à l'angle θ, on aura

$$l = \frac{r \sin\theta}{\sin(\theta - \varepsilon)};$$

on a ensuite $\dfrac{z}{l} = \sin\lambda$; on aura donc

$$\tan\theta = \frac{z \sin\varepsilon}{r \sin\lambda - z \cos\varepsilon}.$$

Les éléments de l'orbite de la planète étant déterminés par ces formules en fonction des coordonnées r et z, de la vitesse de la planète et de la direction de son mouvement, on peut avoir les variations de ces éléments correspondantes à des variations supposées dans la vitesse et dans sa direction, et il sera facile, par les méthodes que nous donnerons dans la suite, d'en conclure les variations différentielles de ces éléments dues à l'action de forces perturbatrices.

Reprenons l'équation

$$V^2 = U^2 \left(\frac{2}{r} - \frac{1}{a} \right).$$

Dans le cercle, $a = r$, et par conséquent $V = U \sqrt{\dfrac{1}{r}}$; ainsi les vitesses des planètes dans des cercles différents sont réciproques aux racines carrées de leurs rayons.

Dans la parabole, $a = \infty$, partant $V = U\sqrt{\dfrac{2}{r}}$; les vitesses dans les différents points de l'orbite sont donc alors réciproques aux racines carrées des rayons vecteurs, et la vitesse à chaque point est à celle qu'aurait la planète, si elle décrivait un cercle d'un rayon égal au rayon vecteur r, comme $\sqrt{2} : 1$.

Une ellipse infiniment aplatie se change en ligne droite, et dans ce cas V exprime la vitesse de m, s'il descendait en ligne droite vers M. Supposons que m parte de l'état du repos, et que sa distance primitive à M soit r; supposons de plus que, parvenu à la distance r', il ait acquis la vitesse V'; l'expression précédente de la vitesse donnera les deux équations suivantes :

$$o = \frac{2}{r} - \frac{1}{a}, \quad V'^2 = U^2\left(\frac{2}{r'} - \frac{1}{a}\right),$$

d'où l'on tire

$$V' = U\sqrt{2\frac{r - r'}{rr'}}$$

c'est l'expression de la vitesse relative acquise par m, en partant de la distance r et en tombant vers M de la hauteur $r - r'$. On déterminera facilement, au moyen de cette formule, de quelle hauteur le corps m, mû dans une section conique, devrait tomber vers M, pour acquérir, en partant de l'extrémité du rayon vecteur r, une vitesse relative égale à celle qu'il a à cette extrémité; car, V étant cette dernière vitesse, on a

$$V^2 = U^2\left(\frac{2}{r} - \frac{1}{a}\right);$$

mais le carré de la vitesse acquise en tombant de la hauteur $r - r'$ est $2U^2\dfrac{r - r'}{rr'}$; en égalant ces deux expressions, on aura donc

$$r - r' = \frac{r(2a - r)}{4a - r}.$$

Dans le cercle, $a = r$, et alors $r - r' = \frac{1}{2}r$; dans l'ellipse, on a $r - r' < \frac{1}{2}r$; a étant infini dans la parabole, on a $r - r' = \frac{1}{2}r$; et dans l'hyperbole, où a est négatif, on a $r - r' > \frac{1}{2}r$.

27. L'équation

$$0 = \frac{dx^2 + dy^2 + dz^2}{dt^2} - \mu\left(\frac{2}{r} - \frac{1}{a}\right)$$

est remarquable en ce qu'elle donne la vitesse indépendamment de l'excentricité de l'orbite. Elle est renfermée dans une équation plus générale qui existe entre le grand axe de l'orbite, la corde de l'arc elliptique, la somme des rayons vecteurs extrêmes, et le temps employé à décrire cet arc. Pour parvenir à cette dernière équation, nous reprendrons les équations du mouvement elliptique, données dans le n° 20, en y supposant, pour plus de simplicité, $\mu = 1$. Ces équations deviennent ainsi

$$r = \frac{a\,(1 - e^2)}{1 + e\cos v},$$

$$r = a\,(1 - e\cos u),$$

$$t = a^{\frac{3}{2}}(u - e\sin u).$$

Supposons que r, v, u et t correspondent à la première extrémité de l'arc elliptique, et que r', v', u' et t' correspondent à l'autre extrémité: on aura

$$r' = \frac{a\,(1 - e^2)}{1 + e\cos v'},$$

$$r' = a\,(1 - e\cos u'),$$

$$t' = a^{\frac{3}{2}}(u' - e\sin u').$$

Soient

$$t' - t = \tau, \quad \frac{u' - u}{2} = \xi, \quad \frac{u' + u}{2} = \xi', \quad r' + r = R;$$

si l'on retranche l'expression de t de celle de t', et si l'on observe que

$$\sin u' - \sin u = 2\sin\xi\cos\xi',$$

on aura

$$r = 2a^{\frac{3}{2}}(\delta - e\sin\delta\cos\delta').$$

Si l'on ajoute l'une à l'autre les deux expressions de r et de r' en u et u', et si l'on observe que

$$\cos u' + \cos u = 2\cos\delta\cos\delta',$$

on aura

$$R = 2a(1 - e\cos\delta\cos\delta').$$

Maintenant soit c la corde de l'arc elliptique; on a

$$c^2 = r^2 + r'^2 - 2rr'\cos(v - v');$$

mais les deux équations

$$r = \frac{a(1 - e^2)}{1 + e\cos v}, \quad r = a(1 - e\cos u),$$

donnent celles-ci

$$\cos v = a\frac{\cos u - e}{r}, \quad \sin v = \frac{a\sqrt{1 - e^2}\sin u}{r}.$$

On a pareillement

$$\cos v' = \frac{a(\cos u' - e)}{r'}, \quad \sin v' = \frac{a\sqrt{1 - e^2}\sin u'}{r'};$$

on aura donc

$$rr'\cos(v - v') = a^2(e - \cos u)(e - \cos u') + a^2(1 - e^2)\sin u\sin u',$$

et par conséquent

$$c^2 = 2a^2(1 - e^2)(1 - \sin u\sin u' - \cos u\cos u') + a^2 e^2(\cos u - \cos u')^2;$$

or on a

$$\sin u\sin u' + \cos u\cos u' = 2\cos^2\delta - 1,$$
$$\cos u - \cos u' = 2\sin\delta\sin\delta';$$

partant

$$c^2 = 4a^2\sin^2\delta(1 - e^2\cos^2\delta');$$

on a donc ainsi les trois équations suivantes :

$$R = 2a(1 - e\cos\delta\cos\varepsilon'),$$

$$\tau = 2a^{\frac{3}{2}}(\delta - e\sin\delta\cos\varepsilon'),$$

$$c^2 = 4a^2\sin^2\varepsilon'(1 - e^2\cos^2\delta').$$

La première de ces équations donne

$$e\cos\varepsilon' = \frac{2a - R}{2a\cos\delta};$$

en substituant cette valeur de $e\cos\varepsilon'$ dans les deux autres, on aura

$$\tau = 2a^{\frac{3}{2}}\left(\varepsilon + \frac{R - 2a}{2a}\tan\varepsilon\right),$$

$$c^2 = 4a^2\tan^2\delta\left[\cos^2\varepsilon - \left(\frac{2a - R}{2a}\right)^2\right].$$

Ces deux équations ne renferment point l'excentricité e, et, si dans la première on substitue au lieu de δ sa valeur donnée par la seconde, on aura τ en fonction de c, R et a. On voit ainsi que le temps τ ne dépend que du demi-grand axe, de la corde c et de la somme R des rayons vecteurs extrêmes.

Si l'on fait

$$z = \frac{2a - R + c}{2a}, \quad z' = \frac{2a - R - c}{2a},$$

la dernière des équations précédentes donnera

$$\cos2\delta = zz' + \sqrt{(1 - z^2)(1 - z'^2)},$$

d'où l'on tire

$$2\delta = \arccos z' - \arccos z,$$

$\arccos z$ désignant ici l'arc qui a z pour cosinus; on a par conséquent

$$\tan\delta = \frac{\sin(\arccos z') - \sin(\arccos z)}{z + z'};$$

on a ensuite $z + z' = \dfrac{2a - R}{a}$; l'expression de τ deviendra donc, en observant que, si T est la durée de la révolution sidérale de la Terre, dont la moyenne distance au Soleil est prise pour unité, on a, par le n° 16, $T = 2\pi$,

$$(a) \qquad \tau = \frac{a^{\frac{3}{2}}T}{2\pi}\left[\text{arc}\cos z' - \text{arc}\cos z - \sin(\text{arc}\cos z') + \sin\,\text{arc}\cos z\right].$$

Les mêmes cosinus pouvant appartenir à plusieurs arcs, cette expression de τ est ambiguë, et il faut bien distinguer les arcs auxquels répondent les cosinus z et z'.

Dans la parabole, le demi-grand axe a est infini, et l'on a

$$\text{arc}\cos z' - \sin(\text{arc}\cos z') = \frac{1}{6}\cdot\left(\frac{R+c}{a}\right)^{\frac{3}{2}}.$$

En faisant c négatif, on aura la valeur de $\text{arc}\cos z - \sin\,\text{arc}\cos z$; la formule (a) donnera donc, pour le temps τ employé à décrire l'arc sous-tendu par la corde c,

$$\tau = \frac{T}{12\pi}\left[(r+r'+c)^{\frac{3}{2}}\mp(r+r'-c)^{\frac{3}{2}}\right],$$

le signe — ayant lieu lorsque les deux extrémités de l'arc parabolique sont situées du même côté de l'axe de la parabole, ou lorsque, l'une d'elles étant située au-dessous, l'angle formé par les deux rayons vecteurs est tourné vers le périhélie ; il faut employer le signe + dans les autres cas. T étant égal à 365$^\text{j}$,25638, on a

$$\frac{T}{12\pi} = 9^\text{j},688726.$$

Dans l'hyperbole, a est négatif ; z et z' deviennent plus grands que l'unité ; les arcs $\text{arc}\cos z$ et $\text{arc}\cos z'$ sont imaginaires, et l'on a en logarithmes hyperboliques

$$\text{arc}\cos z = \frac{1}{\sqrt{-1}}\log(z + \sqrt{z^2 - 1}),$$

$$\text{arc}\cos z' = \frac{1}{\sqrt{-1}}\log(z' + \sqrt{z'^2 - 1}) ;$$

la formule (a) devient ainsi, en y changeant a dans $-a$,

$$\tau = \frac{a^{\frac{3}{2}}T}{2\pi}\left[\sqrt{z'^2-1} - \sqrt{z^2-1} - \log(z'+\sqrt{z'^2-1}) \pm \log(z+\sqrt{z^2-1})\right].$$

La formule (a) donne le temps qu'un corps emploie à descendre en ligne droite vers le foyer, en partant d'une distance donnée, avec une vitesse donnée; il suffit pour cela de supposer l'ellipse qu'il décrit alors infiniment aplatie. Si l'on suppose, par exemple, que le corps parte de l'état du repos, à la distance $2a$ du foyer, et que l'on cherche le temps τ, qu'il emploie à s'en approcher de la distance c, on aura dans ce cas $R = 2a + r$, $r = 2a - c$, ce qui donne $z' = -1$, $z = \frac{c-a}{a}$; la formule (a) donnera donc

$$\tau = \frac{a^{\frac{3}{2}}T}{2\pi}\left(\pi - \arccos\frac{c-a}{a} + \sqrt{\frac{2ac-c^2}{a^2}}\right).$$

Il y a cependant une différence essentielle entre le mouvement elliptique vers le foyer et le mouvement dans une ellipse infiniment aplatie. Dans le premier cas, le corps, parvenu au foyer, passe au delà et s'en éloigne à la même distance dont il était parti; dans le second cas, le corps, parvenu au foyer, revient au point d'où il était parti. Une vitesse tangentielle à l'aphélie, quelque petite qu'elle soit, suffit pour produire cette différence, qui n'influe point sur le temps que le corps emploie à descendre vers le foyer.

28. Les observations ne faisant pas connaître les circonstances du mouvement primitif des corps célestes, on ne peut pas déterminer par les formules du n° 26 les éléments de leurs orbites. Il est nécessaire pour cet objet de comparer entre elles leurs positions respectives observées à différentes époques, ce qui présente d'autant plus de difficultés que l'on n'observe point ces corps du centre de leurs mouvements. Relativement aux planètes, on peut, au moyen de leurs oppositions ou de leurs conjonctions, avoir leur longitude telle qu'on l'observerait du

centre même du Soleil. Cette considération, jointe à la petite excentricité et au peu d'inclinaison de leurs orbites à l'écliptique, donne un moyen fort simple d'avoir leurs éléments. Mais, dans l'état actuel de l'Astronomie, les éléments de ces orbites n'ont besoin que de corrections très-légères; et, comme les variations des distances des planètes à la Terre ne sont jamais assez grandes pour les dérober à nos regards, on peut les observer sans cesse, et rectifier, par la comparaison d'un grand nombre d'observations, les éléments de leurs orbites et les erreurs mêmes dont les observations sont susceptibles. Il n'en est pas ainsi des comètes; nous ne les voyons que vers leur périhélie : si les observations de leur apparition sont insuffisantes pour déterminer leurs éléments, nous n'avons alors aucun moyen de suivre ces astres par la pensée dans l'immensité de l'espace, et, quand la suite des siècles les ramène vers le Soleil, il nous est impossible de les reconnaître; il est donc important de pouvoir déterminer, par les seules observations de l'apparition d'une comète, les éléments de son orbite; mais ce problème, pris en rigueur, surpasse les forces de l'Analyse, et l'on est obligé de recourir aux méthodes d'approximation pour avoir les premières valeurs des éléments, que l'on peut corriger ensuite avec toute la précision que les observations comportent.

Si l'on faisait usage d'observations éloignées entre elles, les éliminations conduiraient à des calculs impraticables; il faut donc se borner à ne considérer que des observations voisines, et avec cette restriction même le problème présente encore de grandes difficultés. Après y avoir réfléchi, il m'a paru qu'au lieu d'employer directement les observations, il est plus avantageux d'en tirer des données qui offrent un résultat exact et simple, et je me suis assuré que celles qui remplissent le mieux cette condition sont la longitude et la latitude géocentriques de la comète à un instant donné, et leurs premières et secondes différences divisées par les puissances correspondantes de l'élément du temps; car au moyen de ces données on peut déterminer rigoureusement et avec facilité les éléments, sans recourir à aucune intégration, et par la seule considération des équations différentielles de l'orbite.

Cette manière d'envisager le problème permet d'ailleurs d'employer un grand nombre d'observations voisines, et de comprendre ainsi un intervalle considérable entre les observations extrêmes, ce qui est très-utile pour diminuer l'influence des erreurs dont ces observations sont toujours susceptibles, à cause de la nébulosité qui environne les comètes. Je vais d'abord présenter les formules nécessaires pour conclure les différences premières de la longitude et de la latitude d'un nombre quelconque d'observations voisines; je déterminerai ensuite les éléments de l'orbite d'une comète au moyen de ces différences; enfin j'exposerai le moyen qui m'a paru le plus simple pour corriger ces éléments par trois observations éloignées entre elles.

29. Soient, à une époque donnée, z la longitude géocentrique d'une comète, et θ sa latitude boréale géocentrique, les latitudes australes devant être supposées négatives. Si l'on désigne par s le nombre des jours écoulés depuis cette époque, la longitude et la latitude géocentrique de la comète après cet intervalle seront exprimées, en vertu de la formule (i) du n° 21, par les deux suites

$$z + s\left(\frac{d\alpha}{ds}\right) + \frac{s^2}{1.2}\left(\frac{d^2\alpha}{ds^2}\right) + \frac{s^3}{1.2.3}\left(\frac{d^3\alpha}{ds^3}\right) + \ldots,$$

$$\theta + s\left(\frac{d\theta}{ds}\right) + \frac{s^2}{1.2}\left(\frac{d^2\theta}{ds^2}\right) + \frac{s^3}{1.2.3}\left(\frac{d^3\theta}{ds^3}\right) + \ldots.$$

On déterminera les valeurs de z, $\left(\frac{d\alpha}{ds}\right)$, $\left(\frac{d^2\alpha}{ds^2}\right)$, ..., θ, $\left(\frac{d\theta}{ds}\right)$, ..., au moyen de plusieurs longitudes et de plusieurs latitudes géocentriques observées. Pour y parvenir de la manière la plus simple, considérons la suite infinie qui exprime la longitude géocentrique. Les coefficients des puissances de s, dans cette suite, doivent être déterminés par la condition qu'elle doit représenter chaque longitude observée, en y substituant pour s le nombre de jours qui lui correspond; on aura ainsi autant d'équations que d'observations, et, si le nombre de celles-ci est n, on ne pourra déterminer à leur moyen, dans la suite infinie, que

n quantités α, $\left(\frac{d\alpha}{ds}\right)$,…. Mais on doit observer que, s étant supposé fort petit, on peut négliger les termes multipliés par s^n, s^{n-1},…, ce qui réduit la suite infinie à ses n premiers termes, que l'on pourra déterminer par les n observations. Ces déterminations ne seront qu'approchées, et leur exactitude dépendra de la petitesse des termes que l'on néglige; elles seront d'autant plus précises que s sera plus petit et que l'on emploiera un plus grand nombre d'observations. La théorie des interpolations se réduit donc à trouver une fonction rationnelle et entière de s, qui soit telle, qu'en y substituant pour s le nombre des jours qui correspondent à chaque observation, elle se change dans la longitude observée.

Représentons par θ, θ', θ'',… les longitudes observées de la comète, et par i, i', i'',… les nombres des jours dont elles suivent l'époque donnée; ces nombres doivent être supposés négatifs pour les observations antérieures à cette époque. Si l'on fait

$$\frac{\theta' - \theta}{i' - i} = \delta\theta, \qquad \frac{\theta'' - \theta'}{i'' - i'} = \delta\theta', \qquad \frac{\theta''' - \theta''}{i''' - i''} = \delta\theta'', \quad \dots$$

$$\frac{\delta\theta' - \delta\theta}{i'' - i} = \delta^2\theta, \qquad \frac{\delta\theta'' - \delta\theta'}{i''' - i'} = \delta^2\theta', \quad \dots,$$

$$\frac{\delta^2\theta' - \delta^2\theta}{i''' - i} = \delta^3\theta, \quad \dots,$$

$$\dots\dots\dots\dots\dots\dots, \quad \dots,$$

la fonction cherchée sera

$$\theta + (s - i)\,\delta\theta + (s - i)(s - i')\,\delta^2\theta + (s - i)(s - i')(s - i'')\,\delta^3\theta + \dots;$$

car il est facile de s'assurer que, si l'on fait successivement $s = i$, $s = i'$, $s = i''$,…, elle se changera dans θ, θ', θ'',….

Maintenant, si l'on compare la fonction précédente à celle-ci

$$\alpha + s\left(\frac{d\alpha}{ds}\right) + \frac{s^2}{1.2}\left(\frac{d^2\alpha}{ds^2}\right) + \dots,$$

on aura, en égalant les coefficients des puissances semblables de s,

$$x = \varepsilon - i\,\delta\varepsilon + ii'\,\delta^2\varepsilon - ii'i''\,\delta^3\varepsilon + \ldots,$$

$$\left(\frac{dx}{ds}\right) = \delta\varepsilon - (i + i')\,\delta^2\varepsilon + (ii' + ii'' + i'i'')\,\delta^3\varepsilon - \ldots,$$

$$\frac{1}{2}\left(\frac{d^2x}{ds^2}\right) = \delta^2\varepsilon - (i + i' + i'')\,\delta^3\varepsilon + \ldots;$$

les différences ultérieures de x nous seront inutiles. Les coefficients de ces expressions sont alternativement positifs et négatifs; le coefficient de $\delta^r\varepsilon$ est, abstraction faite du signe, le produit r à r des r quantités i, i', i'', ... i^{r-1} dans la valeur de x; il est la somme des produits des mêmes quantités $r - 1$ à $r - 1$ dans la valeur de $\left(\frac{dx}{ds}\right)$; enfin il est la somme des produits de ces quantités $r - 2$ à $r - 2$ dans la valeur de $\frac{1}{2}\left(\frac{d^2x}{ds^2}\right)$.

Si l'on nomme γ, γ', γ'',... les latitudes géocentriques observées de la comète, on aura les valeurs de ϑ, $\left(\frac{d\vartheta}{ds}\right)$, $\left(\frac{d^2\vartheta}{ds^2}\right)$, ... en changeant, dans les expressions précédentes de x, $\left(\frac{dx}{ds}\right)$, $\left(\frac{d^2x}{ds^2}\right)$ .... les quantités ε, ε', ε'',..., en γ, γ', γ'', ...

Ces expressions sont d'autant plus précises qu'il y a plus d'observations et que les intervalles qui les séparent sont plus petits; on pourrait donc employer toutes les observations voisines de l'époque choisie, si elles étaient exactes; mais les erreurs dont elles sont toujours susceptibles conduiraient à un résultat fautif; ainsi, pour diminuer l'influence de ces erreurs, il faut augmenter l'intervalle des observations extrêmes, à mesure que l'on emploie plus d'observations. On pourra de cette manière, avec cinq observations, embrasser un intervalle de 35 ou 40 degrés, ce qui doit conduire à des valeurs très-approchées de la longitude et de la latitude géocentriques et de leurs premières et secondes différences.

Si l'époque que l'on choisit est telle qu'il y ait un nombre égal d'observations avant et après, de manière que chaque longitude qui la suit ait une longitude correspondante qui la précède du même intervalle, cette condition rendra les valeurs de z, $\left(\frac{dz}{ds}\right)$ et $\left(\frac{d^2z}{ds^2}\right)$ plus approchées, et il est facile de s'assurer que de nouvelles observations, prises à égales distances de part et d'autre de l'époque, ne feraient qu'ajouter à ces valeurs des quantités qui seraient, par rapport à leurs derniers termes, du même ordre que le rapport de $s^2\left(\frac{d^2z}{ds^2}\right)$ à z. Cette disposition symétrique a lieu lorsque, toutes les observations étant équidistantes, on fixe l'époque au milieu de l'intervalle qu'elles comprennent; il y a donc de l'avantage à employer de semblables observations. En général, il sera toujours avantageux de fixer l'époque vers le milieu de cet intervalle, parce que, le nombre de jours qui la séparent des observations extrêmes étant moins considérable, les approximations sont plus convergentes. On simplifiera encore le calcul en fixant l'époque à l'instant même d'une des observations, ce qui donnera immédiatement les valeurs de z et de θ.

Lorsque l'on aura déterminé, par ce qui précède, $\left(\frac{dz}{ds}\right)$, $\left(\frac{d^2z}{ds^2}\right)$, $\left(\frac{d\theta}{ds}\right)$ et $\left(\frac{d^2\theta}{ds^2}\right)$, on en conclura de cette manière les différences premières et secondes de z et de θ, divisées par les puissances correspondantes de l'élément du temps. Si l'on néglige les masses des planètes et des comètes vis-à-vis celle du Soleil, prise pour unité de masse; si, de plus, on prend pour unité de distance sa moyenne distance à la Terre, le moyen mouvement de la Terre autour du Soleil sera, par le n° 23, la mesure du temps t. Soit donc λ le nombre de secondes que la Terre décrit dans un jour, en vertu de son moyen mouvement sidéral; le temps t correspondant au nombre s de jours sera λs; on aura donc

$$\left(\frac{dz}{dt}\right) = \frac{1}{\lambda}\left(\frac{dz}{ds}\right), \quad \left(\frac{d^2z}{dt^2}\right) = \frac{1}{\lambda^2}\left(\frac{d^2z}{ds^2}\right).$$

Les observations donnent, en logarithmes des Tables, $\log\lambda = 4,0394622$; de plus, $\log\lambda^2 = \log\lambda + \log\frac{\lambda}{R}$, R étant le rayon du cercle, réduit en secondes; d'où résulte $\log \lambda^2 = 2,2750444$; partant, si l'on réduit en secondes les valeurs de $\left(\frac{dx}{ds}\right)$ et de $\left(\frac{d^2x}{ds^2}\right)$, on aura les logarithmes de $\left(\frac{dx}{dt}\right)$ et de $\left(\frac{d^2x}{dt^2}\right)$, en retranchant des logarithmes de ces valeurs les logarithmes $4,0394622$ et $2,2750444$. On aura pareillement les logarithmes de $\left(\frac{dy}{dt}\right)$ et de $\left(\frac{d^2y}{dt^2}\right)$, en retranchant respectivement les mêmes logarithmes des logarithmes de leurs valeurs réduites en secondes.

C'est de la précision des valeurs de x, $\left(\frac{dx}{dt}\right)$, $\left(\frac{d^2x}{dt^2}\right)$, y, $\left(\frac{dy}{dt}\right)$ et $\left(\frac{d^2y}{dt^2}\right)$ que dépend l'exactitude des résultats suivants, et, comme leur formation est très-simple, il faut choisir et multiplier les observations, de manière à les obtenir avec le plus de précision qu'il est possible. Déterminons présentement, au moyen de ces valeurs, les éléments de l'orbite de la comète, et, pour généraliser ces résultats, considérons le mouvement d'un système de corps animés par des forces quelconques.

30. Soient x, y, z les coordonnées rectangles du premier corps; x', y', z' celles du second corps, et ainsi de suite. Concevons que le premier corps soit sollicité, parallèlement aux axes des x, des y et des z, par les forces X, Y et Z, que nous supposerons tendre à diminuer ces variables. Concevons pareillement que le second corps soit sollicité, parallèlement aux mêmes axes, par les forces X', Y', Z', et ainsi de suite. Les mouvements de tous ces corps seront donnés par les équations différentielles du second ordre

$$0 = \frac{d^2x}{dt^2} + X, \qquad 0 = \frac{d^2y}{dt^2} + Y, \qquad 0 = \frac{d^2z}{dt^2} + Z,$$

$$0 = \frac{d^2x'}{dt^2} + X', \qquad 0 = \frac{d^2y'}{dt^2} + Y', \qquad 0 = \frac{d^2z'}{dt^2} + Z',$$

$$\dots\dots\dots\dots, \qquad \dots\dots\dots\dots, \qquad \dots\dots\dots\dots$$

Si le nombre de ces corps est n, ces équations seront au nombre $3n$, et leurs intégrales finies renfermeront $6n$ arbitraires, qui seront les éléments des orbites des différents corps.

Pour déterminer ces éléments par les observations, nous transformerons les coordonnées de chaque corps en d'autres dont l'origine soit à l'observateur. En supposant donc un plan passant par l'œil de l'observateur, et dont la situation soit toujours parallèle à elle-même, tandis que l'observateur se meut sur une courbe donnée, nous nommerons ρ, ρ', ρ'',... les distances de l'observateur aux différents corps, projetées sur ce plan; α, α', α'',... les longitudes apparentes de ces corps, rapportées au même plan, et θ, θ', θ'',... leurs latitudes apparentes. Les variables x, y, z seront données en fonction de ρ, α, θ et des coordonnées de l'observateur. Pareillement, x', y', z' seront données en fonction de ρ', α', θ' et des coordonnées de l'observateur, et ainsi de suite. D'ailleurs, si l'on suppose que les forces X, Y, Z, X', Y', Z',... sont dues à l'action réciproque des corps du système et à des attractions étrangères, elles seront données en fonction de ρ, ρ', ρ'',...; α, α', α'',...; θ, θ', θ'',... et de quantités connues; les équations différentielles précédentes seront ainsi entre ces nouvelles variables et leurs premières et secondes différences. Or les observations font connaître, pour un instant donné, les valeurs de α, $\left(\dfrac{d\alpha}{dt}\right)$, $\left(\dfrac{d^2\alpha}{dt^2}\right)$; θ, $\left(\dfrac{d\theta}{dt}\right)$, $\left(\dfrac{d^2\theta}{dt^2}\right)$; α', $\left(\dfrac{d\alpha'}{dt}\right)$,...; il ne restera donc d'inconnues que les valeurs de ρ, ρ', ρ'',..., et leurs premières et secondes différences. Ces inconnues sont au nombre de $3n$, et, comme on a $3n$ équations différentielles, on pourra les déterminer. On aura même cet avantage, que les premières et secondes différences de ρ, ρ', ρ'',... ne se présenteront dans ces équations que sous une forme linéaire.

Les quantités α, θ, ρ, α', θ', ρ',... et leurs premières différences divisées par dt étant connues, on aura, pour un instant donné, les valeurs de x, y, z, x', y', z',... et de leurs premières différences divisées par dt. Si l'on substitue ces valeurs dans les $3n$ intégrales finies des équations précédentes et dans les différences premières de ces intégrales, on aura $6n$ équations, au moyen desquelles on pourra déterminer les $6n$ arbitraires de ces intégrales, ou les éléments des orbites des différents corps.

31. Appliquons cette méthode au mouvement des comètes. Pour cela, nous observerons que la force principale qui les anime est l'attraction du Soleil; nous pouvons ainsi faire abstraction de toute autre force. Cependant, si la comète passait assez près d'une grosse planète pour en éprouver un dérangement sensible, la méthode précédente ferait connaître encore sa vitesse et sa distance à la Terre; mais, ce cas étant excessivement rare, nous n'aurons égard, dans les recherches suivantes, qu'à l'action du Soleil.

Si l'on prend pour unité de masse celle du Soleil, et pour unité de distance sa moyenne distance à la Terre; si, de plus, on fixe au centre du Soleil l'origine des coordonnées x, y, z d'une comète, dont nous nommerons r le rayon vecteur, les équations différentielles (O) du n° 17 deviendront, en négligeant la masse de la comète vis-à-vis de celle du Soleil,

$$k \quad \begin{cases} 0 = \dfrac{d^2 x}{dt^2} + \dfrac{x}{r^3}, \\[2mm] 0 = \dfrac{d^2 y}{dt^2} + \dfrac{y}{r^3}, \\[2mm] 0 = \dfrac{d^2 z}{dt^2} + \dfrac{z}{r^3}. \end{cases}$$

Supposons que le plan des x et des y soit le plan même de l'écliptique; que l'axe des x soit la ligne menée du centre du Soleil au premier point d'Ariès, à une époque donnée; que l'axe des y soit la ligne menée du centre du Soleil au premier point du Cancer, à la même époque; enfin, que les z positifs soient du même côté que le pôle boréal de l'écliptique. Nommons ensuite x' et y' les coordonnées de la Terre, et R son rayon vecteur. Cela posé :

Transformons les coordonnées x, y, z en d'autres relatives à l'observateur, et, pour cela, nommons z la longitude géocentrique de la comète, θ sa latitude géocentrique, et ρ sa distance au centre de la Terre, projetée sur l'écliptique; nous aurons

$$x = x' + \rho \cos z, \quad y = y' + \rho \sin z, \quad z = \rho \tan g \theta.$$

Si l'on multiplie la première des équations (k) par $\sin\alpha$, et que l'on en retranche la seconde multipliée par $\cos\alpha$, on aura

$$o = \sin\alpha\,\frac{d^2x}{dt^2} - \cos\alpha\,\frac{d^2y}{dt^2} + \frac{x\sin\alpha - y\cos\alpha}{r^3};$$

d'où l'on tire, en substituant pour x et y leurs valeurs précédentes,

$$o = \sin\alpha\,\frac{d^2x'}{dt^2} - \cos\alpha\,\frac{d^2y'}{dt^2} + \frac{x'\sin\alpha - y'\cos\alpha}{r^3} - 2\left(\frac{d\varrho}{dt}\right)\left(\frac{d\alpha}{dt}\right) - \varrho\left(\frac{d^2\alpha}{dt^2}\right).$$

La Terre étant retenue dans son orbite, comme la comète, par l'attraction du Soleil, on a

$$o = \frac{d^2x'}{dt^2} + \frac{x'}{R^3}, \qquad o = \frac{d^2y'}{dt^2} + \frac{y'}{R^3},$$

ce qui donne

$$\sin\alpha\,\frac{d^2x'}{dt^2} - \cos\alpha\,\frac{d^2y'}{dt^2} = \frac{y'\cos\alpha - x'\sin\alpha}{R^3};$$

on aura donc

$$o = (y'\cos\alpha - x'\sin\alpha)\left(\frac{1}{R^3} - \frac{1}{r^3}\right) - 2\left(\frac{d\varrho}{dt}\right)\left(\frac{d\alpha}{dt}\right) - \varrho\left(\frac{d^2\alpha}{dt^2}\right).$$

Soit A la longitude de la Terre vue du Soleil; on aura

$$x' = R\cos A, \quad y' = R\sin A;$$

partant

$$y'\cos\alpha - x'\sin\alpha = R\sin(A - \alpha);$$

l'équation précédente donnera ainsi

$$\left(\frac{d\varrho}{dt}\right) = \frac{R\sin(A - \alpha)}{2\left(\frac{d\alpha}{dt}\right)}\left(\frac{1}{R^3} - \frac{1}{r^3}\right) - \frac{\varrho\left(\frac{d^2\alpha}{dt^2}\right)}{2\left(\frac{d\alpha}{dt}\right)}.$$

Cherchons maintenant une seconde expression de $\left(\frac{d\varrho}{dt}\right)$. Pour cela, nous multiplierons la première des équations (k) par $\tan g\theta\cos\alpha$, la seconde par $\tan g\theta\sin\alpha$, et nous retrancherons la troisième équation de la somme de ces deux produits; nous aurons ainsi

$$0 = \tan\theta\left(\cos z\,\frac{d^2 x}{dt^2} - \sin z\,\frac{d^2 y}{dt^2}\right) - \tan\theta\,\frac{x\cos z - y\sin z}{r^3} - \frac{d^2 z}{dt^2} - \frac{z}{r^3}.$$

Cette équation deviendra, en y substituant pour x, y, z leurs valeurs,

$$0 = \tan\theta\left[\left(\frac{d^2 x'}{dt^2} - \frac{x'}{r^3}\right)\cos\alpha + \left(\frac{d^2 y'}{dt^2} + \frac{y'}{r^3}\right)\sin\alpha\right] - \frac{2\left(\frac{d\theta}{dt}\right)\left(\frac{d\rho}{dt}\right)}{\cos^2\theta}$$
$$- \rho\left[\frac{\left(\frac{d^2\theta}{dt^2}\right)}{\cos^2\theta} + \frac{2\left(\frac{d\theta}{dt}\right)^2\sin\theta}{\cos^3\theta} - \left(\frac{d\alpha}{dt}\right)^2\tan\theta\right];$$

or on a

$$\left(\frac{d^2 x'}{dt^2} + \frac{x'}{r^3}\right)\cos\alpha - \left(\frac{d^2 y'}{dt^2} - \frac{y'}{r^3}\right)\sin\alpha = x'\cos\alpha - y'\sin\alpha\left(\frac{1}{r^3} - \frac{1}{R^3}\right)$$
$$= R\cos A - z\left(\frac{1}{r^3} - \frac{1}{R^3}\right);$$

partant

$$(2')\quad
\begin{aligned}
\left(\frac{d\rho}{dt}\right) &= -\tfrac{1}{2}\rho\left[\frac{\left(\frac{d^2\theta}{dt^2}\right)}{\left(\frac{d\theta}{dt}\right)} - 2\left(\frac{d\theta}{dt}\right)\tan\theta - \frac{\left(\frac{d\alpha}{dt}\right)^2\sin\theta\cos\theta}{\left(\frac{d\theta}{dt}\right)}\right]\\[2mm]
&\quad - \frac{R\sin\theta\cos\theta\cos(A-z)}{2\left(\frac{d\theta}{dt}\right)}\left(\frac{1}{r^3} - \frac{1}{R^3}\right);
\end{aligned}$$

si l'on retranche cette valeur de $\left(\frac{d\rho}{dt}\right)$ de la première, et que l'on suppose

$$\rho = \frac{\left(\frac{d\alpha}{dt}\right)\left(\frac{d^2\theta}{dt^2}\right) - \left(\frac{d\theta}{dt}\right)\left(\frac{d^2\alpha}{dt^2}\right) - 2\left(\frac{d\alpha}{dt}\right)\left(\frac{d\theta}{dt}\right)^2\tan\theta + \left(\frac{d\alpha}{dt}\right)^3\sin\theta\cos\theta}{\left(\frac{d\alpha}{dt}\right)\sin\theta\cos\theta\cos(A-z) - \left(\frac{d\theta}{dt}\right)\sin(A-z)},$$

on aura

$$(3)\qquad \rho = \frac{R}{\mu'}\left(\frac{1}{r^3} - \frac{1}{R^3}\right).$$

La distance projetée ρ de la comète à la Terre étant toujours positive, cette équation fait voir que la distance r de la comète au Soleil est plus petite ou plus grande que la distance R du Soleil à la Terre, suivant que ρ' est positif ou négatif; ces deux distances sont égales, si $\rho' = 0$.

On peut, par l'inspection seule d'un globe céleste, déterminer le signe de ρ', et, par conséquent, si la comète est plus près ou plus loin que la Terre du Soleil. Pour cela, imaginons un grand cercle qui passe par deux positions géocentriques et infiniment voisines de la comète. Soit γ l'inclinaison de ce cercle à l'écliptique, et λ la longitude de son nœud ascendant; on aura

$$\tan\gamma \sin(\alpha - \lambda) = \tan\theta,$$

d'où l'on tire

$$d\theta \sin(\alpha - \lambda) = d\alpha \sin\theta \cos\theta \cos(\alpha - \lambda);$$

en différentiant encore, on aura

$$0 = \left(\frac{d\alpha}{dt}\right)\left(\frac{d^2\theta}{dt^2}\right) - \left(\frac{d\theta}{dt}\right)\left(\frac{d^2\alpha}{dt^2}\right) - 2\left(\frac{d\alpha}{dt}\right)\left(\frac{d\theta}{dt}\right)^2 \tan\theta + \left(\frac{d\alpha}{dt}\right) \sin\theta\cos\theta.$$

$d^2\theta$, étant la valeur de $d^2\theta$ qui aurait lieu si le mouvement apparent de la comète continuait dans le grand cercle. La valeur de ρ' devient ainsi, en y substituant pour $d\theta$ sa valeur $\dfrac{d\alpha \sin\theta\cos\theta\cos(\alpha-\lambda)}{\sin(\alpha-\lambda)}$,

$$\rho' = -\frac{\left[\left(\dfrac{d^2\theta}{dt^2}\right) - \left(\dfrac{d^2\theta}{dt^2}\right)\right]\sin(\alpha-\lambda)}{\sin\theta\cos\theta\sin(\Lambda-\lambda)}.$$

La fonction $\dfrac{\sin(\alpha-\lambda)}{\sin\theta\cos\theta}$ est constamment positive; la valeur de ρ' est donc positive ou négative, suivant que $\left(\dfrac{d^2\theta}{dt^2}\right) - \left(\dfrac{d^2\theta}{dt^2}\right)$ est de même signe ou d'un signe contraire à $\sin(\Lambda - \lambda)$; or $\Lambda - \lambda$ est égal à deux angles droits, plus à la distance du Soleil au nœud ascendant du grand cercle; d'où il est facile de conclure que ρ' sera positif ou négatif, suivant que dans une troisième position géocentrique de la comète, infiniment voisine des deux premières, la comète s'écartera du grand cercle du même

côté où se trouve le Soleil, ou du côté opposé. Concevons donc que,
par deux positions géocentriques très-voisines de la comète, on fasse
passer un grand cercle de la sphère ; si, dans une troisième position
géocentrique consécutive et très-voisine des deux premières, la comète
s'écarte de ce grand cercle du même côté que le Soleil ou du côté opposé, elle sera plus près ou plus loin du Soleil que la Terre ; elle en
sera également éloignée, si elle continue de paraître dans ce grand
cercle ; ainsi les diverses inflexions de sa route apparente nous éclairent
sur les variations de sa distance au Soleil.

Pour éliminer r de l'équation (3), et pour réduire cette équation à ne
renfermer que l'inconnue ρ, nous observerons que l'on a

$$r^2 = x^2 + y^2 + z^2 ;$$

en substituant au lieu de x, y, z leurs valeurs en ρ, α et θ, on aura

$$r^2 = x'^2 + y'^2 + 2\rho(x'\cos\alpha + y'\sin\alpha) + \frac{\rho^2}{\cos^2\theta} ;$$

mais on a $x' = R\cos A$, $y' = R\sin A$; partant

$$r^2 = \frac{\rho^2}{\cos^2\theta} + 2R\rho\cos(A-\alpha) + R^2.$$

Si l'on carre les deux membres de l'équation (3) mise sous cette forme

$$r^3(v'R^2\rho + 1) = R^3,$$

on aura, en substituant au lieu de r^3 sa valeur,

$$(4) \qquad \left[\frac{\rho^2}{\cos^2\theta} + 2R\rho\cos(A-\alpha) + R^2\right]^3 (v'R^2\rho + 1)^2 = R^6,$$

équation dans laquelle il n'y a que ρ d'inconnue, et qui monte au
septième degré, parce que, le terme tout connu du premier membre
étant égal à R^6, l'équation entière est divisible par ρ. Ayant ainsi déterminé ρ, on aura $\left(\frac{d\rho}{dt}\right)$ au moyen des équations (1) et (2). En substi-

tuant, par exemple, dans l'équation (1), au lieu de $\frac{1}{r^3} - \frac{1}{R^3}$, sa valeur $\frac{u'\rho}{R}$, donnée par l'équation (3), on aura

$$\left(\frac{d\rho}{dt}\right) = - \frac{\rho}{2\left(\frac{d\alpha}{dt}\right)} \left[\left(\frac{d^2\alpha}{dt^2}\right) + u'\sin(\Lambda - \alpha)\right].$$

L'équation (4) est souvent susceptible de plusieurs racines réelles et
positives : en faisant passer son second membre dans le premier et en
la divisant ensuite par ρ, son dernier terme sera

$$2R^3\left[u'R^3 + 3\cos(\Lambda - \alpha)\right];$$

ainsi, l'équation en ρ étant du septième degré ou d'un degré impair, elle
aura au moins deux racines réelles positives, si $u'R^3 + 3\cos(\Lambda - \alpha)$
est positif; car elle doit toujours, par la nature du problème, avoir une
racine positive, et elle ne peut alors avoir ses racines positives en
nombre impair. Chaque valeur réelle et positive de ρ donne une section
conique différente pour l'orbite de la comète; on aura donc autant de
ces courbes qui satisfont à trois observations voisines que ρ aura de
valeurs réelles et positives, et, pour déterminer la véritable orbite de
la comète, il faudra recourir à une nouvelle observation.

32. La valeur de ρ, tirée de l'équation (4), serait rigoureuse, si α,
$\left(\frac{d\alpha}{dt}\right)$, $\left(\frac{d^2\alpha}{dt^2}\right)$, θ, $\left(\frac{d\theta}{dt}\right)$ et $\left(\frac{d^2\theta}{dt^2}\right)$ étaient exactement connus; mais ces
quantités ne sont qu'approchées. A la vérité, on peut en approcher de
plus en plus par la méthode exposée précédemment, en faisant usage
d'un grand nombre d'observations, ce qui donne l'avantage de considérer d'assez grands intervalles et de compenser les unes par les autres
les erreurs des observations. Mais cette méthode a l'inconvénient analytique d'employer plus de trois observations dans un problème où trois
suffisent. On peut obvier à cet inconvénient de la manière suivante, et
rendre notre solution aussi approchée que l'on voudra, en ne considérant que trois observations.

Pour cela, supposons que α et θ représentent la longitude et la latitude géocentrique de l'observation intermédiaire; si l'on substitue dans les équations (k) du numéro précédent, au lieu de x, y, z, leurs valeurs $x = \rho\cos\alpha$, $y = \rho\sin\alpha$ et $\rho\tang\theta$, elles donneront $\left(\dfrac{d^2\rho}{dt^2}\right)$, $\left(\dfrac{d^2\alpha}{dt^2}\right)$ et $\left(\dfrac{d^2\theta}{dt^2}\right)$ en fonction de ρ, α et θ, de leurs premières différences et des quantités connues. Si l'on différentie ces fonctions, on aura $\left(\dfrac{d^3\rho}{dt^3}\right)$, $\left(\dfrac{d^3\alpha}{dt^3}\right)$ et $\left(\dfrac{d^3\theta}{dt^3}\right)$ en fonction de ρ, α, θ et de leurs premières et secondes différences. On pourra en éliminer la seconde différence de ρ au moyen de sa valeur, et sa première différence au moyen de l'équation (2) du numéro précédent. En continuant de différentier successivement les valeurs de $\left(\dfrac{d^3\alpha}{dt^3}\right)$, $\left(\dfrac{d^3\theta}{dt^3}\right)$, et en éliminant les différences de α et de θ supérieures aux secondes différences, et toutes les différences de ρ, on aura les valeurs de $\left(\dfrac{d^3\alpha}{dt^3}\right)$, $\left(\dfrac{d^4\alpha}{dt^4}\right)$,...., $\left(\dfrac{d^3\theta}{dt^3}\right)$, $\left(\dfrac{d^4\theta}{dt^4}\right)$..... en fonction de ρ, α, $\left(\dfrac{d\alpha}{dt}\right)$, $\left(\dfrac{d^2\alpha}{dt^2}\right)$, θ, $\left(\dfrac{d\theta}{dt}\right)$, $\left(\dfrac{d^2\theta}{dt^2}\right)$. Cela posé :

Soient $\alpha_{,}$, α, α' les trois longitudes géocentriques observées de la comète; $\theta_{,}$, θ, θ' ses trois latitudes géocentriques correspondantes; soient i le nombre des jours qui séparent la première de la seconde observation, et i' celui des jours qui séparent la seconde observation de la troisième; enfin, soit λ l'arc que la Terre décrit dans un jour par son moyen mouvement sidéral; on aura, par le n° 29.

$$\alpha_{,} = \alpha - i\lambda\left(\frac{d\alpha}{dt}\right) - \frac{i^2\lambda^2}{1.2}\left(\frac{d^2\alpha}{dt^2}\right) - \frac{i^3\lambda^3}{1.2.3}\left(\frac{d^3\alpha}{dt^3}\right) - \ldots,$$

$$\alpha' = \alpha + i'\lambda\left(\frac{d\alpha}{dt}\right) + \frac{i'^2\lambda^2}{1.2}\left(\frac{d^2\alpha}{dt^2}\right) + \frac{i'^3\lambda^4}{1.2.3}\left(\frac{d^4\alpha}{dt^4}\right) + \ldots,$$

$$\theta_{,} = \theta - i\lambda\left(\frac{d\theta}{dt}\right) - \frac{i^2\lambda^2}{1.2}\left(\frac{d^2\theta}{dt^2}\right) - \frac{i^3\lambda^3}{1.2.3}\left(\frac{d^3\theta}{dt^3}\right) - \ldots,$$

$$\theta' = \theta + i'\lambda\left(\frac{d\theta}{dt}\right) + \frac{i'^2\lambda^2}{1.2}\left(\frac{d^2\theta}{dt^2}\right) + \frac{i'^3\lambda^3}{1.2.3}\left(\frac{d^3\theta}{dt^3}\right) + \ldots.$$

Si l'on substitue dans ces séries, au lieu de $\left(\frac{d^3\alpha}{dt^3}\right)$, $\left(\frac{d^4\alpha}{dt^4}\right)\ldots\left(\frac{d^5\vartheta}{dt^5}\right)$, $\left(\frac{d^6\vartheta}{dt^6}\right)\ldots$ leurs valeurs obtenues par ce qui précède, on aura quatre équations entre les cinq inconnues ρ, $\left(\frac{d\alpha}{dt}\right)$, $\left(\frac{d^2\alpha}{dt^2}\right)$, $\left(\frac{d\vartheta}{dt}\right)$, $\left(\frac{d^2\vartheta}{dt^2}\right)$. Ces équations seront d'autant plus exactes, que l'on aura considéré un plus grand nombre de termes dans ces séries. On aura ainsi $\left(\frac{d\alpha}{dt}\right)$, $\left(\frac{d^2\alpha}{dt^2}\right)$, $\left(\frac{d\vartheta}{dt}\right)$ et $\left(\frac{d^2\vartheta}{dt^2}\right)$ en fonction de ρ et de quantités connues; et, en les substituant dans l'équation (1) du numéro précédent, elle ne renfermera plus que l'inconnue ρ. Au reste, cette méthode, que je n'expose ici que pour montrer comment on peut obtenir des valeurs de plus en plus approchées de ρ en n'employant que trois observations, exigerait des calculs pénibles dans la pratique, et il est à la fois plus exact et plus simple d'en considérer un plus grand nombre, par la méthode du n° 29.

33. Lorsque les valeurs de ρ et de $\left(\frac{d\rho}{dt}\right)$ seront déterminées, on aura celles de x, y, z, $\left(\frac{dx}{dt}\right)$, $\left(\frac{dy}{dt}\right)$ et $\left(\frac{dz}{dt}\right)$, au moyen des équations

$$x = R\cos A + \rho\cos\alpha, \qquad y = R\sin A + \rho\sin\alpha, \qquad z = \rho\operatorname{tang}\vartheta,$$

et de leurs différentielles divisées par dt.

$$\left(\frac{dx}{dt}\right) = \left(\frac{dR}{dt}\right)\cos A - R\left(\frac{dA}{dt}\right)\sin A + \left(\frac{d\rho}{dt}\right)\cos\alpha - \rho\left(\frac{d\alpha}{dt}\right)\sin\alpha,$$

$$\left(\frac{dy}{dt}\right) = \left(\frac{dR}{dt}\right)\sin A + R\left(\frac{dA}{dt}\right)\cos A + \left(\frac{d\rho}{dt}\right)\sin\alpha + \rho\left(\frac{d\alpha}{dt}\right)\cos\alpha,$$

$$\left(\frac{dz}{dt}\right) = \left(\frac{d\rho}{dt}\right)\operatorname{tang}\vartheta + \frac{\rho\left(\frac{d\vartheta}{dt}\right)}{\cos^2\vartheta}.$$

Les valeurs de $\left(\frac{dA}{dt}\right)$ et de $\left(\frac{dR}{dt}\right)$ sont données par la théorie du mouvement de la Terre : pour en faciliter le calcul, soient E l'excentricité de l'orbite terrestre et H la longitude de son périhélie; on a, par la nature du mouvement elliptique,

$$\left(\frac{d\Lambda}{dt}\right) = \frac{\sqrt{1-E^2}}{R^2}, \quad R = \frac{1-E^2}{1+E\cos(\Lambda-\Pi)}.$$

Ces deux équations donnent

$$\left(\frac{dR}{dt}\right) = \frac{E\sin(\Lambda-\Pi)}{\sqrt{1-E^2}};$$

soit R' le rayon vecteur de la Terre, correspondant à la longitude A de cette planète, augmentée d'un angle droit; on aura

$$R' = \frac{1-E^2}{1-E\sin(\Lambda-\Pi)},$$

d'où l'on tire

$$E\sin(\Lambda-\Pi) = \frac{R'-1+E^2}{R'};$$

partant

$$\left(\frac{dR}{dt}\right) = \frac{R'-E^2-1}{R'\sqrt{1-E^2}}.$$

Si l'on néglige le carré de l'excentricité de l'orbite terrestre, qui est très-petit, on aura

$$\left(\frac{d\Lambda}{dt}\right) = \frac{1}{R^2}, \quad \left(\frac{dR}{dt}\right) = R'-1;$$

les valeurs précédentes de $\left(\frac{dx}{dt}\right)$ et $\left(\frac{dy}{dt}\right)$ deviendront ainsi

$$\left(\frac{dx}{dt}\right) = (R'-1)\cos A - \frac{\sin A}{R} + \left(\frac{d\rho}{dt}\right)\cos\alpha - \rho\left(\frac{d\alpha}{dt}\right)\sin\alpha,$$

$$\left(\frac{dy}{dt}\right) = (R'-1)\sin A + \frac{\cos A}{R} + \left(\frac{d\rho}{dt}\right)\sin\alpha + \rho\left(\frac{d\alpha}{dt}\right)\cos\alpha.$$

R, R' et A étant donnés immédiatement par les Tables du Soleil, le calcul des six quantités x, y, z, $\left(\frac{dx}{dt}\right)$, $\left(\frac{dy}{dt}\right)$ et $\left(\frac{dz}{dt}\right)$ sera facile, lorsque ρ et $\left(\frac{d\rho}{dt}\right)$ seront connus. On en tirera les éléments de l'orbite de la comète, de cette manière.

Le secteur infiniment petit, que la projection du rayon vecteur de la
comète sur le plan de l'écliptique décrit durant l'élément du temps dt,
est $\dfrac{x\,dy - y\,dx}{2}$, et il est visible que ce secteur est positif ou négatif,
suivant que le mouvement de la comète est direct ou rétrograde ; ainsi,
en formant la quantité $x\left(\dfrac{dy}{dt}\right) - y\left(\dfrac{dx}{dt}\right)$, elle indiquera par son signe
le sens du mouvement de la comète.

Pour déterminer la position de l'orbite, nommons φ son inclinaison
à l'écliptique, et I la longitude du nœud qui serait ascendant si le
mouvement de la comète était direct ; nous aurons

$$z = y\cos \mathrm{I}\,\mathrm{tang}\,\varphi - x\sin \mathrm{I}\,\mathrm{tang}\,\varphi.$$

Cette équation, combinée avec sa différentielle, donne

$$\mathrm{tang}\,\mathrm{I} = \frac{y\left(\dfrac{dz}{dt}\right) - z\left(\dfrac{dy}{dt}\right)}{x\left(\dfrac{dz}{dt}\right) - z\left(\dfrac{dx}{dt}\right)},$$

$$\mathrm{tang}\,\varphi = \frac{y\left(\dfrac{dz}{dt}\right) - z\left(\dfrac{dy}{dt}\right)}{\sin \mathrm{I}\left[x\left(\dfrac{dy}{dt}\right) - y\left(\dfrac{dx}{dt}\right) \right]}$$

φ devant toujours être positif et moindre qu'un angle droit, cette condition détermine le signe de $\sin \mathrm{I}$; or, la tangente de I et le signe de son
sinus étant déterminés, l'angle I est entièrement déterminé. Cet angle
est la longitude du nœud ascendant de l'orbite, si le mouvement est
direct ; mais il faut lui ajouter deux angles droits pour avoir la longitude de ce nœud, si le mouvement est rétrograde. Il serait plus simple
de ne considérer que des mouvements directs, en faisant varier l'inclinaison φ des orbites depuis zéro jusqu'à deux angles droits ; car il est
visible qu'alors les mouvements rétrogrades répondent à une inclinaison plus grande qu'un angle droit. Dans ce cas, $\mathrm{tang}\,\varphi$ est du même
signe que $x\left(\dfrac{dy}{dt}\right) - y\left(\dfrac{dx}{dt}\right)$, ce qui détermine $\sin \mathrm{I}$, et par conséquent
l'angle I, qui exprime toujours la longitude du nœud ascendant.

3o.

a et ea étant le demi-grand axe et l'excentricité de l'orbite, on a,
par les n°s 18 et 19, en y faisant $\mu = 1$,

$$\frac{1}{a} = \frac{2}{r} - \left(\frac{dx}{dt}\right)^2 - \left(\frac{dy}{dt}\right)^2 - \left(\frac{dz}{dt}\right)^2,$$

$$a(1-e^2) = 2r - \frac{r^2}{a} - \left[x\left(\frac{dx}{dt}\right) + y\left(\frac{dy}{dt}\right) + z\left(\frac{dz}{dt}\right)\right]^2.$$

La première de ces équations détermine le demi-grand axe de l'orbite, et la seconde détermine son excentricité. Le signe de la fonction
$x\left(\frac{dx}{dt}\right) + y\left(\frac{dy}{dt}\right) + z\left(\frac{dz}{dt}\right)$ fait connaître si la comète a déjà passé par
son périhélie; car elle s'en approche, si cette fonction est négative;
dans le cas contraire, la comète s'éloigne de ce point.

Soit T l'intervalle de temps compris entre l'époque et le passage de
la comète par le périhélie; les deux premières des équations (f) du
n° 20 donneront, en observant que, μ étant supposé égal à l'unité,
on a $n = a^{-\frac{3}{2}}$,

$$r = a(1 - e\cos u), \qquad T = a^{\frac{3}{2}}(u - e\sin u).$$

La première de ces équations donne l'angle u, et la seconde fait connaître T. Ce temps, ajouté ou retranché de l'époque, suivant que la
comète s'approche ou s'éloigne du périhélie, donnera l'instant de son
passage par ce point. Les valeurs de x et de y déterminent l'angle
que la projection du rayon vecteur r fait avec l'axe des x, et, puisque
l'on connait l'angle I formé par cet axe et par la ligne des nœuds, on
aura l'angle que forme cette dernière ligne avec la projection de r, d'où
l'on tirera, au moyen de l'inclinaison φ de l'orbite, l'angle formé par
la ligne des nœuds et par le rayon r. Mais, l'angle u étant connu, on
aura, au moyen de la troisième des équations (f) du n° 20, l'angle v
que forme ce rayon avec la ligne des apsides; on aura donc l'angle
compris entre les deux lignes des apsides et des nœuds, et par conséquent la position du périhélie; tous les éléments de l'orbite seront
ainsi déterminés.

31. Ces éléments sont donnés, par ce qui précède, en fonction de ρ, $\left(\frac{d\rho}{dt}\right)$ et des quantités connues; et, comme $\left(\frac{d\rho}{dt}\right)$ est donné en ρ par le n° 31, les éléments de l'orbite seront fonctions de ρ et de quantités connues. Si l'un d'eux était donné, on aurait une nouvelle équation, au moyen de laquelle on pourrait déterminer ρ; cette équation aurait un diviseur commun avec l'équation (1) du n° 31, et, en cherchant ce diviseur par les méthodes ordinaires, on parviendrait à une équation du premier degré en ρ; on aurait, de plus, une équation de condition entre les données des observations, et cette équation serait celle qui doit avoir lieu pour que l'élément donné puisse appartenir à l'orbite de la comète.

Appliquons maintenant cette considération à la nature. Pour cela, nous observerons que les orbites des comètes sont des ellipses très-allongées, qui se confondent sensiblement avec une parabole, dans la partie dans laquelle ces astres sont visibles; on peut donc supposer sans erreur sensible $a = \infty$, et par conséquent $\frac{1}{a} = 0$; l'expression de $\frac{1}{a}$ du numéro précédent donnera ainsi

$$0 = \frac{2}{r} - \frac{dx^2 + dy^2 + dz^2}{dt^2}.$$

Si l'on substitue ensuite, au lieu de $\left(\frac{dx}{dt}\right)$, $\left(\frac{dy}{dt}\right)$ et $\left(\frac{dz}{dt}\right)$, leurs valeurs trouvées dans le même numéro, on aura, après toutes les réductions et en négligeant le carré de $R'-1$,

$$
(15)\quad
\begin{aligned}
0 = {}& \left(\frac{d\rho}{dt}\right)^2 - \rho^2\left(\frac{dx}{dt}\right)^2 + \left[\left(\frac{d\rho}{dt}\right)\tan\beta - \frac{\rho\left(\frac{d\rho}{dt}\right)}{\cos^2\beta}\right]^2 \\
& + 2\left(\frac{d\rho}{dt}\right)\left[R'-1\,\cos(\Lambda - x) - \frac{\sin(\Lambda - x)}{R}\right] \\
& + 2\rho\left(\frac{dx}{dt}\right)\left[R'-1\,\sin(\Lambda - x) + \frac{\cos(\Lambda - x)}{R}\right] + \frac{1}{R^2} - \frac{2}{r}.
\end{aligned}
$$

en substituant dans cette équation, au lieu de $\left(\dfrac{d\rho}{dt}\right)$, sa valeur

$$-\frac{2}{\left(\dfrac{d\alpha}{dt}\right)}\left[\left(\dfrac{d^2x}{dt^2}\right)+\mu'\sin(\mathrm{A}-x)\right],$$

trouvée dans le n° 31 ; en faisant ensuite

$$\mathrm{B}\left(\dfrac{d\alpha}{dt}\right)^2=\left(\dfrac{d\alpha}{dt}\right)^2+\left[\left(\dfrac{d^2\alpha}{dt^2}\right)+\mu'\sin(\mathrm{A}-x)\right]^2$$
$$-\left[\operatorname{tang}\theta\left(\dfrac{d^2x}{dt^2}\right)+\mu'\operatorname{tang}\theta\sin(\mathrm{A}-\alpha)-\frac{2\left(\dfrac{d\alpha}{dt}\right)\left(\dfrac{d\theta}{dt}\right)}{\cos^2\theta}\right]^2,$$
$$\mathrm{C}=\frac{\left(\dfrac{d^2x}{dt^2}\right)+\mu'\sin(\mathrm{A}-x)}{\left(\dfrac{d\alpha}{dt}\right)}\left[\frac{\sin(\mathrm{A}-x)}{\mathrm{R}}-(\mathrm{R}'-\mathrm{r})\cos(\mathrm{A}-x)\right]$$
$$-2\left(\dfrac{d\alpha}{dt}\right)\left[(\mathrm{R}'-\mathrm{r})\sin(\mathrm{A}-x)+\frac{\cos(\mathrm{A}-\alpha)}{\mathrm{R}}\right],$$

on aura

$$0=\mathrm{B}\rho^2+\mathrm{C}\rho+\frac{1}{\mathrm{R}^2}-\frac{2}{r};$$

et par conséquent

$$r^2\left(\mathrm{B}\rho^2+\mathrm{C}\rho+\frac{1}{\mathrm{R}^2}\right)^2=4;$$

cette équation n'est que du sixième degré, et, sous ce rapport, elle est
plus simple que l'équation (4) du n° 31 ; mais elle est particulière à la
parabole, au lieu que l'équation (4) s'étend à toute espèce de section
conique.

35. On voit par l'analyse précédente que, la détermination des orbes
paraboliques des comètes conduisant à plus d'équations que d'inconnues, on peut, en combinant diversement ces équations, former autant
de méthodes différentes pour calculer ces orbes. Examinons celles dont
on doit attendre le plus de précision dans les résultats, ou qui parti-
cipent le moins aux erreurs des observations.

C'est principalement sur les valeurs des différences secondes $\left(\frac{d^2 z}{dt^2}\right)$ et $\left(\frac{d^2\theta}{dt^2}\right)$ que ces erreurs ont une influence sensible; en effet, il faut, pour les déterminer, prendre les différences finies des longitudes et des latitudes géocentriques de la comète, observées dans un court intervalle de temps; or, ces différences étant moindres que les différences premières, les erreurs des observations en sont une plus grande partie aliquote; d'ailleurs, les formules du n° 29, qui déterminent, par la comparaison des observations, les valeurs de z, θ, $\left(\frac{dz}{dt}\right)$, $\left(\frac{d\theta}{dt}\right)$, $\left(\frac{d^2 z}{dt^2}\right)$ et $\left(\frac{d^2\theta}{dt^2}\right)$, donnent avec plus de précision les quatre premières de ces quantités que les deux dernières; il y a donc de l'avantage à s'appuyer le moins qu'il est possible sur les différences secondes de z et de θ; et, comme on ne peut pas les rejeter toutes deux à la fois, la méthode qui n'emploie que la plus grande doit conduire aux résultats les plus précis. Cela posé :

Reprenons les équations trouvées dans les n°s 31 et 34,

$$(\mathrm{L})\quad\begin{cases}
r^2 = \dfrac{\rho^2}{\cos^2\theta} + 2R\rho\cos(A - z) + R^2, \\[2ex]
\left(\dfrac{d\rho}{dt}\right) = \dfrac{R\sin(A - z)}{2\left(\dfrac{dz}{dt}\right)}\left(\dfrac{1}{R^3} - \dfrac{1}{r^3}\right) - \dfrac{\rho\left(\dfrac{d^2 z}{dt^2}\right)}{2\left(\dfrac{dz}{dt}\right)}, \\[3ex]
\left(\dfrac{d\rho}{dt}\right) = -\tfrac{1}{2}\rho\left[\dfrac{\left(\dfrac{d^2\theta}{dt^2}\right)}{\left(\dfrac{d\theta}{dt}\right)} + 2\left(\dfrac{d\theta}{dt}\right)\operatorname{tang}\theta + \dfrac{\left(\dfrac{dz}{dt}\right)^2\sin\theta\cos\theta}{\left(\dfrac{d\theta}{dt}\right)}\right] \\[3ex]
\qquad - \dfrac{R\sin\theta\cos\theta\cos(A - z)}{2\left(\dfrac{d\theta}{dt}\right)}\left(\dfrac{1}{r^3} - \dfrac{1}{R^3}\right), \\[3ex]
0 = \left(\dfrac{d\rho}{dt}\right)^2 + \rho^2\left(\dfrac{dz}{dt}\right)^2 - \left[\left(\dfrac{d\rho}{dt}\right)\operatorname{tang}\theta + \dfrac{\rho\left(\dfrac{d\theta}{dt}\right)}{\cos^2\theta}\right]^2 \\[2ex]
\qquad + 2\left(\dfrac{d\rho}{dt}\right)\left[(R' - r\cos A - z) - \dfrac{\sin(A - z)}{R}\right] \\[2ex]
\qquad + 2\rho\left(\dfrac{dz}{dt}\right)\left[(R' - r\sin A - z) + \dfrac{\cos(A - z)}{R}\right] + \dfrac{1}{R^2} - \dfrac{2}{r}.
\end{cases}$$

Si l'on veut rejeter $\left(\frac{d^2\theta}{dt^2}\right)$, on ne considérera que la première, la seconde et la quatrième de ces équations; en éliminant $\left(\frac{d\theta}{dt}\right)$ de la dernière au moyen de la seconde, on formera une équation qui, délivrée de fractions, renfermera un terme multiplié par $r^6 \rho^2$ et d'autres termes affectés des puissances paires et impaires de ρ et de r. Si l'on met dans un membre tous les termes affectés des puissances paires de r, et dans l'autre membre tous les termes affectés de ses puissances impaires, et que l'on carre chacun de ses membres pour n'avoir que des puissances paires de r, le terme multiplié par $r^6 \rho^2$ en produira un multiplié par $r^{12} \rho^4$; en substituant donc, au lieu de r^2, sa valeur donnée par la première des équations (L), on aura une équation finale du seizième degré en ρ. Mais, au lieu de former cette équation pour la résoudre ensuite, il sera plus simple de satisfaire par des essais aux trois équations précédentes.

Si l'on veut rejeter $\left(\frac{d^2 z}{dt^2}\right)$, il faudra considérer la première, la troisième et la quatrième des équations (L). Ces trois équations conduisent encore à une équation finale du seizième degré en ρ, et l'on peut facilement y satisfaire par des essais.

Les deux méthodes précédentes me paraissent être les plus exactes que l'on puisse employer dans la détermination des orbes paraboliques des comètes; il est même indispensable d'y recourir, si le mouvement de la comète en longitude ou en latitude est insensible, ou trop petit pour que les erreurs des observations n'altèrent pas sensiblement sa seconde différence : dans ce cas, il faudra rejeter celle des équations (L) qui contient cette différence. Mais, quoique dans ces méthodes on n'emploie que trois de ces équations, cependant la quatrième est utile pour déterminer, parmi toutes les valeurs réelles et positives de ρ qui satisfont au système des trois autres équations, celle qui doit être admise.

36. Les éléments de l'orbite d'une comète, déterminés par ce qui précède, seraient exacts, si les valeurs de z, θ et de leurs premières et secondes différences étaient rigoureuses; car nous avons eu égard,

d'une manière fort simple, à l'excentricité de l'orbe terrestre, au moyen du rayon vecteur R′ de la Terre, correspondant à son anomalie vraie augmentée d'un angle droit; nous nous sommes permis seulement de négliger le carré de cette excentricité, comme une trop petite fraction pour que son omission puisse influer sensiblement sur les résultats. Mais θ, α et leurs différences sont toujours susceptibles de quelque inexactitude, soit à cause des erreurs des observations, soit parce que nous n'avons tiré ces différences des observations que d'une manière approchée. Il est donc nécessaire de corriger les éléments au moyen de trois observations éloignées entre elles, ce que l'on peut faire d'une infinité de manières; car, si l'on connait à peu près deux quantités relatives au mouvement d'une comète, telles que les rayons vecteurs correspondants à deux observations, ou la position du nœud et l'inclinaison de l'orbite; en calculant les observations, d'abord avec ces quantités, et ensuite avec d'autres quantités qui en soient très-peu différentes, la loi des différences entre les résultats fera aisément connaitre les corrections que ces quantités doivent subir. Mais, parmi les combinaisons deux à deux des quantités relatives au mouvement des comètes, il en est une qui doit offrir le calcul le plus simple, et qui par cette raison mérite d'être recherchée : il importe, en effet, dans un problème aussi compliqué, d'épargner au calculateur toute opération superflue. Les deux éléments qui m'ont paru présenter cet avantage sont la distance périhélie et l'instant du passage de la comète par ce point; non-seulement ils sont faciles à déduire des valeurs de ρ et de $\left(\frac{d\rho}{dt}\right)$, mais il est très-aisé de les corriger par les observations, sans être obligé, à chaque variation qu'on leur fait subir, de déterminer les autres éléments correspondants de l'orbite.

Reprenons l'équation trouvée dans le nº 19.

$$a(1 - e^2) = 2r - \frac{r^2}{a} - \frac{r^2 \, dr^2}{dt^2},$$

$a(1 - e^2)$ est le demi-paramètre de la section conique dont a est le demi-grand axe et ea l'excentricité; dans la parabole, où a est infini et c égal à l'unité, $a(1 - e^2)$ est le double de la distance périhélie ; soit D cette distance : l'équation précédente devient, relativement à cette courbe,

$$D = r - \frac{1}{2}\left(\frac{r\,dr}{dt}\right)^2.$$

$\frac{r\,dr}{dt}$ est égal à $\frac{1}{2}\frac{d.r^2}{dt}$; en substituant au lieu de r^2 sa valeur $\frac{\rho^2}{\cos^2 \varphi} + 2\,\mathrm{R}\rho\cos(\mathrm{A} - x) + \mathrm{R}^2$, et au lieu de $\left(\frac{d\mathrm{R}}{dt}\right)$ et de $\left(\frac{d\mathrm{A}}{dt}\right)$ leurs valeurs trouvées dans le n° 33, on aura

$$\frac{r\,dr}{dt} = \frac{\rho}{\cos^2 \varphi}\left[\left(\frac{d\rho}{dt}\right) + \rho\left(\frac{d\varphi}{dt}\right)\tan g\,\varphi\right] + \mathrm{R}\left(\frac{d\rho}{dt}\right)\cos(\mathrm{A} - x)$$

$$- \rho\left[(\mathrm{R}' - 1)\cos(\mathrm{A} - x) - \frac{\sin(\mathrm{A} - x)}{\mathrm{R}}\right] - \rho\,\mathrm{R}\left(\frac{dx}{dt}\right)\sin(\mathrm{A} - x) + \mathrm{R}\,\mathrm{R}' - 1.$$

Soit P cette quantité ; si elle est négative, le rayon vecteur r va en diminuant, et par conséquent la comète tend vers son périhélie ; mais elle s'en éloigne, si P est positif. On a ensuite

$$D = r - \tfrac{1}{2}P^2 ;$$

la distance angulaire v de la comète à son périhélie se déterminera par l'équation polaire de la parabole

$$\cos^2 \tfrac{1}{2}v = \frac{D}{r}.$$

Enfin, on aura le temps employé à décrire l'angle v, par la Table du mouvement des comètes. Ce temps, ajouté ou retranché de celui de l'époque, suivant que P est négatif ou positif, donnera l'instant du passage de la comète par le périhélie.

37. En rassemblant ces divers résultats, on aura la méthode suivante, pour déterminer les orbes paraboliques des comètes.

Méthode générale pour déterminer les orbes des comètes.

Cette méthode sera divisée en deux parties : dans la première, nous donnerons le moyen d'obtenir à peu près la distance périhélie de la comète et l'instant de son passage au périhélie; dans la seconde, nous déterminerons exactement tous les éléments de l'orbite, en supposant ceux-ci à peu près connus.

Détermination approchée de la distance périhélie de la comète
et de l'instant de son passage au périhélie.

On choisira trois, quatre, ou cinq,... observations de la comète, également éloignées les unes des autres, autant qu'il sera possible; on pourra embrasser, avec quatre observations, un intervalle de 30°; avec cinq observations, un intervalle de 36° ou 40°, et ainsi du reste; mais il faudra toujours que l'intervalle compris entre les observations soit d'autant plus considérable qu'elles sont en plus grand nombre, afin de diminuer l'influence de leurs erreurs. Cela posé :

Soient ε, ε', ε'',.... les longitudes géocentriques successives de la comète; γ, γ', γ'',.... les latitudes correspondantes, ces latitudes étant supposées positives ou négatives suivant qu'elles sont boréales ou australes. On divisera la différence $\varepsilon' - \varepsilon$ par le nombre des jours qui séparent la première de la seconde observation; on divisera pareillement la différence $\varepsilon'' - \varepsilon'$ par le nombre des jours qui séparent la seconde de la troisième observation; on divisera encore la différence $\varepsilon''' - \varepsilon''$ par le nombre des jours qui séparent la troisième de la quatrième observation. et ainsi de suite. Soient $\delta\varepsilon$, $\delta\varepsilon'$, $\delta\varepsilon''$,.... ces quotients.

On divisera la différence $\delta\varepsilon' - \delta\varepsilon$ par le nombre des jours qui séparent la première observation de la troisième; on divisera pareillement la différence $\delta\varepsilon'' - \delta\varepsilon'$ par le nombre des jours qui séparent la seconde observation de la quatrième; on divisera encore la différence $\delta\varepsilon''' - \delta\varepsilon''$

31.

par le nombre des jours qui séparent la troisième observation de la cinquième, et ainsi de suite. Soient $\delta^2\varepsilon$, $\delta^2\varepsilon'$, $\delta^2\varepsilon''$,... ces quotients.

On divisera la différence $\delta^2\varepsilon' - \delta^2\varepsilon$ par le nombre des jours qui séparent la première observation de la quatrième; on divisera pareillement $\delta^2\varepsilon'' - \delta^2\varepsilon'$ par le nombre des jours qui séparent la seconde observation de la cinquième, et ainsi de suite. Soient $\delta^3\varepsilon$, $\delta^3\varepsilon'$, ... ces quotients. On continuera ainsi, jusqu'à ce que l'on parvienne à $\delta^{n-1}\varepsilon$, n étant le nombre des observations employées.

Cela fait, on prendra une époque moyenne ou à peu près moyenne entre les instants des deux observations extrêmes; et, en nommant i, i', i'', i''',... le nombre des jours dont elle précède chaque observation, i, i', i'',... devant être supposés négatifs pour les observations antérieures à cette époque, la longitude de la comète, après un petit nombre z de jours comptés depuis l'époque, sera exprimée par la formule suivante :

$$p \left\{ \begin{aligned}
&\varepsilon + i\,\delta\varepsilon + ii'\,\delta^2\varepsilon + ii'i''\,\delta^3\varepsilon + \ldots \\
&+ z[\delta\varepsilon + (i+i')\,\delta^2\varepsilon + (ii'+ii''+i'i'')\,\delta^3\varepsilon + (ii'i''+ii'i'''+ii''i'''+i'i''i''')\,\delta^4\varepsilon + \ldots] \\
&+ z^2[\delta^2\varepsilon + (i+i'+i'')\,\delta^3\varepsilon + (ii'+ii''+i''+i'i''+i'i'''+i''i''')\,\delta^4\varepsilon + \ldots].
\end{aligned} \right.$$

Les coefficients de $-\delta\varepsilon$, $+\delta^2\varepsilon$, $-\delta^3\varepsilon$,..., dans la partie indépendante de z, sont : 1° le nombre i; 2° le produit des deux nombres i et i'; 3° le produit des trois nombres i, i', i'', etc.

Les coefficients de $-\delta^2\varepsilon$, $+\delta^3\varepsilon$, $-\delta^4\varepsilon$,..., dans la partie multipliée par z, sont : 1° la somme des deux nombres i et i'; 2° la somme des produits deux à deux des trois nombres i, i', i''; 3° la somme des produits trois à trois des quatre nombres i, i', i'', i''', etc.

Les coefficients de $-\delta^3\varepsilon$, $+\delta^4\varepsilon$, $-\delta^5\varepsilon$,..., dans la partie multipliée par z^2, sont : 1° la somme des trois nombres i, i', i''; 2° la somme des produits deux à deux des quatre nombres i, i', i'', i'''; 3° la somme des produits trois à trois des cinq nombres i, i', i'', i''', i^{iv}, etc.

Au lieu de former ces produits, il est aussi simple de développer la fonction

$$\varepsilon + (z-i)\,\delta\varepsilon + (z-i)(z-i')\,\delta^2\varepsilon + (z-i)(z-i')(z-i'')\,\delta^3\varepsilon + \ldots,$$

en rejetant les puissances de z supérieures au carré, ce qui donnera la formule précédente.

Si l'on opère d'une manière semblable sur les latitudes géocentriques observées de la comète, sa latitude géocentrique, après le nombre z de jours comptés depuis l'époque, sera exprimée par la formule (p), en y changeant θ en γ. Nommons (q) ce que devient cette formule par ce changement. Cela posé :

z sera la partie indépendante de z dans la formule (p); θ sera la partie indépendante de z dans la formule (q).

En réduisant en secondes le coefficient de z dans la formule (p), et en retranchant du logarithme tabulaire de ce nombre de secondes le logarithme $4,0394622$, on aura le logarithme d'un nombre que nous désignerons par a.

En réduisant en secondes le coefficient de z^2 dans la même formule, et en retranchant du logarithme de ce nombre de secondes le logarithme $1,9740144$, on aura le logarithme d'un nombre que nous désignerons par b.

En réduisant pareillement en secondes les coefficients de z et de z^2 dans la formule (q), et en retranchant respectivement des logarithmes de ces nombres de secondes les logarithmes $4,0394622$ et $1,9740144$, on aura les logarithmes de deux nombres que nous nommerons h et l.

C'est de la précision des valeurs de a, b, h, l que dépend l'exactitude de la méthode, et, comme leur formation est très-simple, il faut choisir et multiplier les observations, de manière à les obtenir avec toute la précision que les observations comportent. Il est aisé de voir que ces valeurs ne sont que les quantités $\left(\dfrac{da}{dt}\right)$, $\left(\dfrac{d^2a}{dt^2}\right)$, $\left(\dfrac{d\theta}{dt}\right)$ et $\left(\dfrac{d^2\theta}{dt^2}\right)$, que nous avons exprimées, pour plus de simplicité, par les lettres précédentes.

Si le nombre des observations est impair, on pourra fixer l'époque à l'instant de l'observation moyenne, ce qui dispensera de calculer les parties indépendantes de z dans les deux formules précédentes; car il est visible que ces parties sont alors respectivement égales à la longitude et à la latitude de l'observation moyenne.

Ayant ainsi déterminé les valeurs de α, a, b, θ, h et l, on déterminera la longitude du Soleil à l'instant que l'on a choisi pour époque. Soit E cette longitude, R la distance correspondante de la Terre au Soleil, et R′ la distance qui répond à E augmenté d'un angle droit; on formera les équations suivantes :

$$r^2 = \frac{x^2}{\cos^2\theta} - 2Rx\cos(E-\alpha) + R^2,$$

$$y = \frac{R\sin(E-\alpha)}{2a}\left(\frac{1}{r^3} - \frac{1}{R^3}\right) - \frac{bx}{2a};$$

$$y = -x\left(h\tan\theta + \frac{l}{2h} - \frac{a^2\sin\theta\cos\theta}{2h}\right) - \frac{R\sin\theta\cos\theta}{2h}\cos(E-\alpha)\left(\frac{1}{R^3} - \frac{1}{r^3}\right),$$

$$\begin{aligned} 0 = y^2 + a^2x^2 + \left(y\tan\theta - \frac{hx}{\cos^2\theta}\right)^2 - 2y\left[\frac{\sin(E-\alpha)}{R} - R'^{-1}\cos(E-\alpha)\right] \\ - 2ax\left[R'^{-1}\sin(E-\alpha) + \frac{\cos(E-\alpha)}{R}\right] + \frac{1}{R^2} - \frac{2}{r}. \end{aligned}$$

Pour tirer de ces équations les valeurs des inconnues x, y et r, on considérera d'abord si, abstraction faite du signe, b est plus grand ou plus petit que l. Dans le premier cas, on fera usage des équations (1), (2) et (4). On formera une première hypothèse pour x, en le supposant, par exemple, égal à l'unité, et l'on en conclura, au moyen des équations (1) et (2), les valeurs de r et de y. On substituera ensuite ces valeurs dans l'équation (4), et, si le reste est nul, ce sera une preuve que la valeur de x a été bien choisie; mais, si ce reste est négatif, on augmentera la valeur de x, et on la diminuera si le reste est positif. On aura ainsi, au moyen d'un petit nombre d'essais, les valeurs de x, y et r; mais, comme ces inconnues peuvent être susceptibles de plusieurs valeurs réelles et positives, il faudra choisir celle qui satisfait exactement ou à peu près à l'équation (3).

Dans le second cas, c'est-à-dire si l'on a $l > b$, on fera usage des équations (1), (3) et (4), et alors ce sera l'équation (2) qui servira de vérification.

Ayant ainsi les valeurs de x, y et r, on formera la quantité

$$P = \frac{x}{\cos^2 \theta} \, y + h x \tan g \theta' - R y \cos(E - \alpha) + x \left[\frac{\sin(E - \alpha)}{R} - R' - r \cos(E - \alpha) \right]$$
$$- R a x \sin(E - \alpha) + R(R' - r).$$

La distance périhélie D de la comète sera

$$D = r - \tfrac{1}{2} P^2 ;$$

le cosinus de son anomalie v sera donné par l'équation

$$\cos^2 \tfrac{1}{2} v = \frac{D}{r}.$$

et l'on en conclura, par la Table du mouvement des comètes, le temps employé à parcourir l'angle v. Pour avoir l'instant du passage au périhélie, il faudra ajouter ce temps à l'époque si P est négatif, et l'en soustraire si P est positif, parce que, dans le premier cas, la comète s'approche du périhélie, au lieu que, dans le second cas, elle s'en éloigne.

Ayant ainsi à peu près la distance périhélie de la comète et l'instant de son passage au périhélie, on pourra les corriger par la méthode suivante, qui a l'avantage d'être indépendante de la connaissance approchée des autres éléments de l'orbite.

Détermination exacte des éléments de l'orbite, lorsque l'on connaît à peu près la distance périhélie de la comète et l'instant de son passage au périhélie.

On choisira d'abord trois observations éloignées de la comète; en partant ensuite de la distance périhélie de la comète et de l'instant de son passage au périhélie, déterminés par ce qui précède, on calculera les trois anomalies de la comète et les rayons vecteurs correspondants aux instants des trois observations. Soient v, v', v'' ces anomalies, celles qui précèdent le passage au périhélie devant être supposées négatives;

soient de plus r, r', r'' les rayons vecteurs correspondants de la comète : $c'-c$, $c''-c$ seront les angles compris entre r et r' et entre r et r'' ; soient U le premier de ces angles, et U' le second. Nommons encore α, α', α'' les trois longitudes géocentriques observées de la comète, et rapportées à un équinoxe fixe ; θ, θ', θ'' ses trois latitudes géocentriques, les latitudes australes devant être supposées négatives ; soient c, c', c'' ses trois longitudes héliocentriques correspondantes, et ϖ, ϖ', ϖ'' ses trois latitudes héliocentriques. Enfin, nommons E, E', E'' les trois longitudes correspondantes du Soleil ; R, R', R'' ses trois distances au centre de la Terre.

Concevons que la lettre S indique le centre du Soleil, T celui de la Terre, C le centre de la comète, et C' sa projection sur le plan de l'écliptique. L'angle STC' est la différence des longitudes géocentriques du Soleil et de la comète ; en ajoutant le logarithme du cosinus de cet angle au logarithme du cosinus de la latitude géocentrique de la comète, on aura le logarithme du cosinus de l'angle STC ; on connaîtra donc dans le triangle STC le côté ST ou R, le côté SC ou r, et l'angle STC : on aura ainsi, par la Trigonométrie, l'angle CST. On aura ensuite la latitude héliocentrique ϖ de la comète, au moyen de l'équation

$$\sin \varpi = \frac{\sin \theta \, \sin \text{CST}}{\sin \text{CTS}}.$$

L'angle TSC' est le côté d'un triangle sphérique rectangle dont l'hypoténuse est l'angle TSC, et dont un des côtés est l'angle ϖ ; d'où l'on tirera facilement l'angle TSC', et par conséquent la longitude héliocentrique c de la comète.

On aura de la même manière ϖ', c', ϖ'', c'', et les valeurs de c, c', c'' feront connaître si le mouvement de la comète est direct ou rétrograde.

Si l'on imagine les deux arcs de latitude ϖ et ϖ' réunis au pôle de l'écliptique, ils y feront un angle égal à $c'-c$, et dans le triangle sphérique formé par cet angle et par les côtés $\frac{\pi}{2}-\varpi$ et $\frac{\pi}{2}-\varpi'$, π étant la demi-circonférence, le côté opposé à l'angle $c'-c$ sera l'angle au Soleil, compris entre les deux rayons vecteurs r et r'. On le déterminera aisément par la Trigonométrie sphérique ou par la formule suivante

$$\sin^2 \tfrac{1}{2}V = \cos^2 \tfrac{1}{2}(\varpi + \varpi') - \cos^2 \tfrac{1}{2}(\theta' - \theta)\cos\varpi\cos\varpi',$$

dans laquelle V représente cet angle; en sorte que, si l'on nomme A l'angle dont le sinus carré est $\cos^2 \tfrac{1}{2}(\theta' - \theta)\cos\varpi\cos\varpi'$, et que l'on obtiendra facilement par les Tables; on aura

$$\sin^2 \tfrac{1}{2}V = \cos(\tfrac{1}{2}\varpi - \tfrac{1}{2}\varpi' + A)\cos(\tfrac{1}{2}\varpi - \tfrac{1}{2}\varpi' - A).$$

Si l'on nomme pareillement V' l'angle formé par les deux rayons vecteurs r et r', on aura

$$\sin^2 \tfrac{1}{2}V' = \cos(\tfrac{1}{2}\varpi - \tfrac{1}{2}\varpi'' - A')\cos(\tfrac{1}{2}\varpi - \tfrac{1}{2}\varpi'' - A'),$$

A' étant ce que devient A, lorsque l'on y change ϖ' et θ' dans ϖ'' et θ''.

Maintenant, si la distance périhélie de la comète et l'instant du passage de la comète au périhélie étaient exactement déterminés, et si les observations étaient rigoureuses, on aurait

$$V = U, \quad V' = U';$$

mais, comme cela n'arrivera presque jamais, on supposera

$$m = U - V, \quad m' = U' - V'.$$

Nous observerons ici que le calcul du triangle STC donne pour l'angle CST deux valeurs différentes : le plus souvent, la nature du mouvement de la comète fera connaître celle dont on doit faire usage, surtout si ces deux valeurs sont fort différentes; car alors l'une d'elles placera la comète plus loin que l'autre de la Terre, et il sera facile de juger, par le mouvement apparent de la comète à l'instant de l'observation, laquelle doit être préférée; mais, s'il reste de l'incertitude à cet égard, on pourra toujours la lever, en observant de choisir la valeur qui rend V et V' peu différents de U et de U'.

On fera ensuite une seconde hypothèse, dans laquelle, en conservant le même instant du passage par le périhélie que ci-dessus, on fera varier la distance périhélie d'une petite quantité, par exemple, de la cinquantième partie de sa valeur, et l'on cherchera, dans cette hypothèse, les valeurs de $U - V$ et de $U' - V'$; soit alors

$$n = U - V, \quad n' = U' - V'.$$

Enfin on formera une troisième hypothèse, dans laquelle, en conservant la même distance périhélie que dans la première, on fera varier d'un demi-jour ou d'un jour, plus ou moins, l'instant du passage par le périhélie. On cherchera, dans cette nouvelle hypothèse, les valeurs de $U - V$ et de $U' - V'$. Soit alors

$$p = U - V, \quad p' = U' - V'.$$

Cela posé, si l'on nomme u le nombre par lequel on doit multiplier la variation supposée dans la distance périhélie pour avoir la véritable, et t le nombre par lequel on doit multiplier la variation supposée dans l'instant du passage par le périhélie pour avoir le véritable instant, on aura les deux équations suivantes

$$(m - n)\, u + (m - p)\, t = m,$$
$$(m' - n')\, u + (m' - p')\, t = m',$$

d'où l'on tirera u et t, et par conséquent la distance périhélie corrigée et le véritable instant du passage de la comète au périhélie.

Les corrections précédentes supposent que les éléments déterminés par la première approximation sont assez approchés pour traiter comme infiniment petites leurs erreurs; mais, si la seconde approximation ne paraissait pas encore suffisante, on pourrait recourir à une troisième, en opérant sur les éléments déjà corrigés comme on l'a fait sur les premiers; il faudrait seulement avoir l'attention de leur faire subir de plus petites variations. Il suffira même de calculer par ces éléments corrigés les valeurs de $U - V$ et de $U' - V'$; en les désignant par M et M', on les substituera pour m et m' dans les seconds membres des deux équations précédentes; on aura ainsi deux nouvelles équations, qui donneront les valeurs de u et de t relatives aux corrections de ces nouveaux éléments.

Ayant ainsi la vraie distance périhélie et le véritable instant du passage de la comète au périhélie, on en conclura de cette manière les autres éléments de l'orbite.

Soient j la longitude du nœud qui serait ascendant si le mouvement de la comète était direct, et φ l'inclinaison de l'orbite ; on aura, en comparant la première et la dernière observation,

$$\operatorname{tang} j = \frac{\operatorname{tang} \varpi \, \sin \varepsilon'' - \operatorname{tang} \varpi'' \sin \varepsilon}{\operatorname{tang} \varpi \, \cos \varepsilon'' - \operatorname{tang} \varpi'' \cos \varepsilon},$$

$$\operatorname{tang} \varphi = \frac{\operatorname{tang} \varpi''}{\sin (\varepsilon'' - j)} \cdot$$

Comme on peut comparer ainsi deux à deux les trois observations, il sera plus exact de choisir celles qui donnent aux fractions précédentes les plus grands numérateurs et les plus grands dénominateurs.

Tang j pouvant appartenir également aux deux angles j et $\pi + j$, j étant le plus petit des angles positifs auxquels appartient sa valeur, pour déterminer celui des deux angles qu'il faut choisir, on observera que φ est positif et moindre qu'un angle droit, et qu'ainsi $\sin (\varepsilon'' - j)$ doit être du même signe que $\operatorname{tang} \varpi''$. Cette condition déterminera l'angle j, et cet angle sera la position du nœud ascendant, si le mouvement de la comète est direct ; mais, si ce mouvement est rétrograde, il faudra ajouter deux angles droits à l'angle j pour avoir la position de ce nœud.

L'hypoténuse du triangle sphérique dont $\varepsilon'' - j$ et ϖ'' sont les côtés est la distance de la comète à son nœud ascendant dans la troisième observation, et la différence entre v'' et cette hypoténuse est l'intervalle entre le nœud et le périhélie, compté sur l'orbite.

Si l'on veut donner à la théorie d'une comète toute la précision que les observations comportent, il faut l'établir sur l'ensemble des meilleures observations, ce que l'on pourra faire ainsi. Marquons d'un trait, de deux traits, etc., les lettres m, n, p, relatives à la seconde

32.

observation, à la troisième, etc.; comparées toutes à la première observation; on formera les équations

$$(m - n) u + (m - p) t = m,$$
$$(m' - n') u + (m' - p') t = m',$$
$$(m'' - n'') u + (m'' - p'') t = m'',$$
etc.

En combinant ensuite ces équations de la manière la plus avantageuse
pour déterminer u et t, on aura les corrections de la distance périhélie
et de l'instant du passage au périhélie, fondées sur l'ensemble de ces
observations. On en conclura les valeurs de ε, ε', ε'',...., ϖ, ϖ', ϖ'',....
et l'on aura

$$\operatorname{tang} j = \frac{\operatorname{tang}\varpi (\sin\varepsilon' + \sin\varepsilon'' + \ldots) - \sin\varepsilon (\operatorname{tang}\varpi' + \operatorname{tang}\varpi'' \ldots)}{\operatorname{tang}\varpi (\cos\varepsilon' + \cos\varepsilon'' + \ldots) - \cos\varepsilon (\operatorname{tang}\varpi' + \operatorname{tang}\varpi'' \ldots)},$$

$$\operatorname{tang} \varphi = \frac{\operatorname{tang}\varpi' + \operatorname{tang}\varpi'' + \ldots}{\sin(\varepsilon' - j) + \sin(\varepsilon'' - j) + \ldots}.$$

38. Il existe un cas, à la vérité fort rare, dans lequel l'orbite d'une
comète peut être déterminée d'une manière rigoureuse et simple : c'est
le cas où la comète a été observée dans ses deux nœuds. La droite qui
joint ses deux positions observées passe alors par le centre du Soleil,
et se confond avec la ligne des nœuds. La longueur de cette droite est
déterminée par le temps écoulé entre les deux observations; en nommant T ce temps, réduit en décimales de jour, et en désignant par c
la droite dont il s'agit, on aura, par le n° 27,

$$c = \frac{1}{2} \sqrt[3]{\frac{T^2}{9,688726^2}}.$$

Soit maintenant ε la longitude héliocentrique de la comète au moment
de la première observation; soient r son rayon vecteur, ρ sa distance à la
Terre, et α sa longitude géocentrique. Soient encore R le rayon de l'orbe
terrestre au même instant, et E la longitude correspondante du Soleil;
on aura

$$r\sin\varepsilon = \rho\sin\alpha - R\sin E,$$
$$r\cos\varepsilon = \rho\cos\alpha - R\cos E.$$

$\pi + \delta$ sera la longitude héliocentrique de la comète à l'instant de la seconde observation, et, si l'on marque d'un trait les quantités r, z, ρ, R et E, relatives à ce même instant, on aura

$$r' \sin\delta = R' \sin E' - \rho' \sin z',$$
$$r' \cos\delta = R' \cos E' - \rho' \cos z'.$$

Ces quatre équations donnent

$$\tan\delta = \frac{\rho \sin z - R \sin E}{\rho \cos z - R \cos E} = \frac{\rho' \sin z' - R' \sin E'}{\rho' \cos z' - R' \cos E'},$$

d'où l'on tire

$$\rho' = \frac{RR' \sin(E - E') - R'\rho \sin(z - E')}{\rho \sin(z' - z) - R \sin(z' - E)}.$$

On a ensuite

$$(r + r') \sin\delta = \rho \sin z - \rho' \sin z' - R \sin E + R' \sin E',$$
$$(r - r') \cos\delta = \rho \cos z - \rho' \cos z' - R \cos E + R' \cos E'.$$

En carrant ces deux équations, en les ajoutant ensuite, et substituant c au lieu de $r + r'$, on aura

$$c^2 = R^2 - 2RR' \cos(E' - E) + R'^2$$
$$- 2\rho[R' \cos(z - E') - R \cos(z - E)]$$
$$+ 2\rho'[R \cos(z' - E) - R' \cos(z' - E')]$$
$$+ \rho^2 - 2\rho\rho' \cos(z' - z) + \rho'^2.$$

Si l'on substitue dans cette équation, au lieu de ρ', sa valeur précédente en ρ, on aura une équation en ρ, du quatrième degré, que l'on pourra résoudre par les méthodes connues; mais il sera plus simple de supposer à ρ une valeur quelconque, d'en conclure la valeur de ρ', de substituer ces valeurs de ρ et de ρ' dans l'équation précédente, et de voir si elles y satisfont. Un petit nombre d'essais suffira pour déterminer avec précision ρ et ρ'.

Au moyen de ces quantités, on aura δ, r et r'. Si l'on nomme v l'angle que le rayon r fait avec la distance périhélie, que nous désignerons par D, $\pi - v$ sera l'angle formé par cette même distance et par le rayon r'; on aura ainsi, par le n° **23**,

$$r = \frac{D}{\cos^2 \frac{1}{2}v}, \quad r' = \frac{D}{\sin^2 \frac{1}{2}v}.$$

ce qui donne

$$\tan^2 \tfrac{1}{2}v = \frac{r}{r'}, \quad D = \frac{rr'}{r'+r}.$$

On aura donc l'anomalie v de la comète à l'instant de la première observation, et sa distance périhélie D, d'où il est facile de conclure la position du périhélie et l'instant du passage de la comète par ce point. Ainsi, des cinq éléments de l'orbite de la comète, quatre sont connus, savoir : la distance périhélie, la position du périhélie, l'instant du passage de la comète par ce point et la position du nœud. Il ne restera plus à connaître que l'inclinaison de l'orbite; mais pour cela il sera nécessaire de recourir à une troisième observation, qui servira d'ailleurs à choisir, parmi les différentes racines réelles et positives de l'équation en z, celle dont on doit faire usage.

39. La supposition du mouvement parabolique des comètes n'est pas rigoureuse; elle est même infiniment peu probable, vu le nombre infini des cas qui donnent un mouvement elliptique ou hyperbolique, relativement à ceux qui déterminent le mouvement parabolique. D'ailleurs une comète mue dans un orbe soit parabolique, soit hyperbolique, ne serait visible qu'une fois; ainsi l'on peut supposer avec vraisemblance que les comètes qui décrivent ces courbes, s'il en existe quelques-unes, ont depuis longtemps disparu, en sorte que nous n'observons aujourd'hui que celles qui, mues dans des orbes rentrants, sont ramenées sans cesse, à des intervalles plus ou moins grands, dans les régions de l'espace voisines du Soleil. On pourra par la méthode suivante déterminer, à quelques années près, la durée de leurs révolutions, lorsque l'on aura un grand nombre d'observations très-précises, avant et après le passage au périhélie.

Pour cela, supposons que l'on ait quatre ou un plus grand nombre de bonnes observations qui embrassent toute la partie visible de l'orbite, et que l'on ait déterminé par la méthode précédente la parabole qui satisfait à peu près à ces observations. Soient v, v', v'', v'''.... les anomalies correspondantes; r, r', r'', r''',... les rayons vecteurs correspondants. Soit encore

$$v' - v = U, \quad v'' - v = U', \quad v''' - v = U'', \quad ....$$

Cela posé, on calculera par la méthode précédente, avec la parabole déjà trouvée, les valeurs de U, U'. U''...., V, V', V'',.... Soit

$$m = U - V, \quad m' = U' - V', \quad m'' = U'' - V'', \quad m''' = U''' - V''', \quad ....$$

On fera ensuite varier d'une très-petite quantité la distance périhélie dans cette parabole; soit, dans cette hypothèse,

$$n = U - V, \quad n' = U' - V', \quad n'' = U'' - V'', \quad n''' = U''' - V''', \quad ....$$

On formera une troisième hypothèse, dans laquelle, en conservant la même distance périhélie que dans la première, on fera varier d'une très-petite quantité l'instant du passage par le périhélie; soit alors

$$p = U - V, \quad p' = U' - V', \quad p'' = U'' - V'', \quad p''' = U''' - V''', \quad ....$$

Enfin, on calculera, avec la distance périhélie et l'instant du passage de la comète au périhélie de la première hypothèse, l'angle v et le rayon vecteur r, en supposant l'orbe elliptique, et la différence $1 - e$ de son excentricité d'avec l'unité égale à une très-petite quantité, par exemple à $\frac{1}{50}$. Pour avoir la valeur de l'angle v dans cette hypothèse, il suffira, par le n° **23**, d'ajouter à l'anomalie v, calculée dans la parabole de la première hypothèse, un petit angle dont le sinus est

$$\tfrac{1}{16}(1 - e)\, \mathrm{tang}\tfrac{1}{2}v\,(1 - 3\cos^2\tfrac{1}{2}v - 6\cos^4\tfrac{1}{2}v).$$

En substituant ensuite dans l'équation

$$r = \frac{D}{\cos^2\tfrac{1}{2}v}\left(1 - \frac{1 - e}{2}\,\mathrm{tang}^2\tfrac{1}{2}v\right),$$

au lieu de v, cette anomalie ainsi calculée dans l'ellipse, on aura le rayon vecteur r correspondant. On calculera de la même manière v', r'.

v', r', v'', r'',...., d'où l'on tirera les valeurs de U, U', U'', U''',..., et, par le n° 37, celles de V, V', V'', V''',.... Soit, dans ce cas,

$$q = \mathrm{U} - \mathrm{V}, \qquad q' = \mathrm{U}' - \mathrm{V}', \qquad q'' = \mathrm{U}'' - \mathrm{V}'', \qquad q''' = \mathrm{U}''' - \mathrm{V}''', \quad ....$$

Nommons enfin u le nombre par lequel on doit multiplier la variation supposée dans la distance périhélie pour avoir la véritable, t le nombre par lequel on doit multiplier la variation supposée dans l'instant du passage par le périhélie pour avoir ce véritable instant, et s le nombre par lequel on doit multiplier la valeur supposée pour $1 - e$ pour avoir la véritable; on formera les équations

$$(m - n)\,u + (m - p)\,t + (m - q)\,s = m,$$
$$(m' - n')\,u + (m' - p')\,t + (m' - q')\,s = m',$$
$$(m'' - n'')\,u + (m'' - p'')\,t + (m'' - q'')\,s = m'',$$
$$(m''' - n''')\,u + (m''' - p''')\,t + (m''' - q''')\,s = m''',$$
$$\cdots\cdots\cdots\cdots\cdots\cdots\cdots\cdots\cdots\cdots$$

On déterminera, au moyen de ces équations, les valeurs de u, t, s, d'où l'on tirera la vraie distance périhélie, le véritable instant du passage de la comète au périhélie, et la vraie valeur de $1 - e$. Soient D la distance périhélie, et a le demi-grand axe de l'orbite; on aura $a = \dfrac{\mathrm{D}}{1 - e}$; le temps de la révolution sidérale de la comète sera exprimé par un nombre d'années sidérales égal à $a^{\frac{3}{2}}$ ou à $\left(\dfrac{\mathrm{D}}{1 - e}\right)^{\frac{3}{2}}$, la moyenne distance du Soleil à la Terre étant prise pour unité. On aura ensuite, par le n° 37, l'inclinaison de l'orbite et la position du nœud.

Quelque précision que l'on apporte dans les observations, elles laisseront toujours de l'incertitude sur la durée de la révolution des comètes. La méthode la plus exacte pour la déterminer consiste à comparer les observations d'une comète dans deux révolutions consécutives; mais ce moyen n'est praticable que lorsque la suite des temps ramène la comète vers son périhélie.

CHAPITRE V.

MÉTHODES GÉNÉRALES POUR DÉTERMINER PAR DES APPROXIMATIONS SUCCESSIVES
LES MOUVEMENTS DES CORPS CÉLESTES.

40. Nous n'avons considéré, dans la première approximation des
mouvements des corps célestes, que les forces principales qui les
animent, et nous en avons déduit les lois du mouvement elliptique.
Nous aurons égard, dans les recherches suivantes, aux forces perturbatrices de ce mouvement. L'action de ces forces ne fait qu'ajouter des
petits termes aux équations différentielles du mouvement elliptique,
dont nous avons donné précédemment les intégrales finies : il faut
maintenant déterminer par des approximations successives les intégrales des mêmes équations augmentées des termes dus à l'action des
forces perturbatrices. Voici, pour cet objet, une méthode générale,
quels que soient le nombre et le degré des équations différentielles
dont on se propose de trouver des intégrales de plus en plus approchées.

Supposons que l'on ait, entre les n variables y, y', y'', ... et la variable t dont l'élément dt est regardé comme constant, les n équations
différentielles

$$o = \frac{d^i y}{dt^i} - P + \alpha Q,$$

$$o = \frac{d^i y'}{dt^i} - P' + \alpha Q',$$

$$\dots\dots\dots\dots\dots\dots,$$

P, Q, P', Q', ... étant des fonctions de t, y, y', ... et de leurs différences jusqu'à l'ordre $i - 1$ inclusivement, et α étant un très-petit

coefficient constant, qui, dans la théorie des mouvements célestes, est de l'ordre des forces perturbatrices. Supposons ensuite que l'on ait les intégrales finies de ces équations, lorsque Q, Q'.... sont nuls; en les différentiant chacune $i-1$ fois de suite, elles formeront avec leurs différentielles in équations, au moyen desquelles on pourra déterminer par l'élimination les arbitraires c, c', c'',..., en fonction de t, y, y'. y'',... et de leurs différences jusqu'à l'ordre $i-1$. En désignant donc par V, V', V'.... ces fonctions, on aura

$$c = V, \quad c' = V', \quad c'' = V''. \quad ....$$

Ces équations sont les in intégrales de l'ordre $i-1$ que les équations différentielles doivent avoir, et qui, par l'élimination des différences des variables, donnent leurs intégrales finies.

Maintenant, si l'on différentie les intégrales précédentes de l'ordre $i-1$, on aura

$$0 = dV, \quad 0 = dV', \quad 0 = dV'', \quad ....$$

Or il est clair que, ces dernières équations étant différentielles de l'ordre i, sans renfermer d'arbitraires, elles ne peuvent être que les sommes des équations

$$0 = \frac{d^i y}{dt^i} + P, \quad 0 = \frac{d^i y'}{dt^i} + P', \quad ...,$$

multipliées chacune par des facteurs convenables pour que ces sommes soient des différences exactes. En nommant donc $F\,dt$, $F'dt$,... les facteurs qui doivent multiplier respectivement ces équations pour former la suivante $0 = dV$; en nommant pareillement $H\,dt$, $H'dt$,... les facteurs qui doivent multiplier respectivement les mêmes équations pour former celle-ci $0 = dV'$, et ainsi du reste, on aura

$$dV = F\,dt\left(\frac{d^i y}{dt^i} + P\right) + F'dt\left(\frac{d^i y'}{dt^i} + P'\right) + ...,$$

$$dV' = H\,dt\left(\frac{d^i y}{dt^i} + P\right) + H'dt\left(\frac{d^i y'}{dt^i} + P'\right) + ...,$$

F, F'....., H, H',.... etc. sont des fonctions de t, y, y', y'',... et de leurs différences jusqu'à l'ordre $i-1$: il est facile de les déterminer lorsque V, V'.... sont connus; car F est évidemment le coefficient de $\frac{d^i y}{dt^i}$ dans la différentielle de V; F' est le coefficient de $\frac{d^i y'}{dt^i}$ dans la même différentielle, et ainsi de suite. Pareillement, H, H',... sont les coefficients de $\frac{d^i y}{dt^i}$, $\frac{d^i y'}{dt^i}$.... dans la différentielle de V', etc. Ainsi, puisque l'on est supposé connaitre les fonctions V, V'...., en les différentiant uniquement par rapport à $\frac{d^{i-1} y}{dt^{i-1}}$, $\frac{d^{i-1} y'}{dt^{i-1}}$....., on aura les facteurs par lesquels on doit multiplier les équations différentielles

$$0 = \frac{d^i y}{dt^i} + \mathrm{P}, \quad 0 = \frac{d^i y'}{dt^i} + \mathrm{P'}, \quad ...,$$

pour avoir des différences exactes. Cela posé :

Reprenons les équations différentielles

$$0 = \frac{d^i y}{dt^i} + \mathrm{P} + \alpha \mathrm{Q}, \quad 0 = \frac{d^i y'}{dt^i} + \mathrm{P'} + \alpha \mathrm{Q'}, \quad ....$$

Si l'on multiplie la première par Fdt, la seconde par F'dt, et ainsi du reste, on aura, en les ajoutant,

$$0 = d\mathrm{V} + \alpha \, dt (\mathrm{FQ} + \mathrm{F'Q'} + ...);$$

on aura de la même manière

$$0 = d\mathrm{V'} + \alpha \, dt (\mathrm{HQ} + \mathrm{H'Q'} + ...),$$

. . . .

d'où l'on tire, en intégrant,

$$c - \alpha \int dt (\mathrm{FQ} + \mathrm{F'Q'} + ...) = \mathrm{V},$$
$$c' - \alpha \int dt (\mathrm{HQ} + \mathrm{H'Q'} + ...) = \mathrm{V'},$$

. . . .

On aura ainsi in équations différentielles qui seront de la même forme que dans le cas où Q, Q',… sont nuls, avec la seule différence que les arbitraires c, c', c'',… doivent être changées dans

$$c - \alpha \int dt\, (FQ + F'Q' + \dots), \quad c' - \alpha \int dt\, (HQ + H'Q' + \dots), \quad \dots$$

Or, si, dans la supposition de Q, Q',… égaux à zéro, on élimine des in intégrales de l'ordre $i - 1$ les différences des variables y, y',…, on aura les n intégrales finies des équations proposées; on aura donc ces mêmes intégrales, lorsque Q, Q',… ne sont pas nuls, en changeant dans les premières intégrales c, c'… dans $c - \alpha \int dt\, (FQ + \dots)$, $c' - \alpha \int dt\, (HQ + \dots)$,…

41. Si les différentielles

$$dt\, (FQ + F'Q' + \dots), \quad dt\, (HQ + H'Q + \dots), \quad \dots$$

sont exactes, on aura par la méthode précédente les intégrales finies des équations différentielles proposées; mais cela n'a lieu que dans quelques cas particuliers, dont le plus étendu et le plus intéressant est celui dans lequel ces équations sont linéaires. Supposons ainsi P, P',… fonctions linéaires de y, y',… et de leurs différences jusqu'à l'ordre $i - 1$, sans aucun terme indépendant de ces variables, et considérons d'abord le cas dans lequel Q, Q',… sont nuls. Les équations différentielles étant linéaires, leurs intégrales successives seront pareillement linéaires, en sorte que, $c = V$, $c' = V'$,… étant les in intégrales de $i - 1$ des équations différentielles linéaires

$$0 = \frac{d^i y}{dt^i} + P, \quad 0 = \frac{d^i y'}{dt^i} + P', \quad \dots,$$

V, V',… peuvent être supposés des fonctions linéaires de y, y'… et de leurs différences jusqu'à l'ordre $i - 1$. Pour le faire voir, supposons, dans les expressions de y, y',… la constante arbitraire c égale à une quantité déterminée, plus à l'indéterminée δc; la constante arbitraire c' égale à une quantité déterminée, plus à l'indéterminée $\delta c'$, etc.; en réduisant ces expressions en séries ordonnées par rapport aux puissances et aux produits de δc, $\delta c'$, ..., on aura, par les formules du n° 21,

$$y = Y + \delta c \frac{\partial Y}{\partial c} + \delta c' \frac{\partial Y}{\partial c'} + \ldots + \frac{\delta c^2}{1 \cdot 2} \frac{\partial^2 Y}{\partial c^2} + \ldots,$$

$$y' = Y' + \delta c \frac{\partial Y'}{\partial c} + \delta c' \frac{\partial Y'}{\partial c} + \ldots + \frac{\delta c^2}{1 \cdot 2} \frac{\partial^2 Y'}{\partial c^2} + \ldots,$$

$$\ldots \ldots \ldots \ldots \ldots \ldots \ldots \ldots \ldots \ldots \ldots,$$

Y, Y', $\frac{\partial Y}{\partial c}$, ... étant des fonctions de t sans arbitraires. En substituant ces valeurs dans les équations différentielles proposées, il est clair que, δc, $\delta c'$, ... étant indéterminés, les coefficients des premières puissances de chacun d'eux doivent être nuls dans ces diverses équations. Or, ces équations étant linéaires, on aura évidemment les termes affectés des premières puissances de δc, $\delta c'$...., en y substituant $\frac{\partial Y}{\partial c} \delta c + \frac{\partial Y}{\partial c'} \delta c' + \ldots$ au lieu de y, $\frac{\partial Y'}{\partial c} \delta c + \frac{\partial Y'}{\partial c'} \delta c' + \ldots$ au lieu de y', etc. Ces expressions de y, y'.... satisfont donc séparément aux équations différentielles proposées, et, comme elles renferment les in arbitraires δc, $\delta c'$,.... elles en sont les intégrales complètes. On voit ainsi que les arbitraires existent sous une forme linéaire dans les expressions de y, y',...., et par conséquent aussi dans leurs différentielles; d'où il est aisé de conclure que les variables y, y'.... et leurs différences peuvent être supposées sous une forme linéaire dans les intégrales successives des équations différentielles proposées.

Il suit de là que, F, F',... étant les coefficients de $\frac{d^i y}{dt^i}$, $\frac{d^i y'}{dt^i}$.... dans la différentielle de V; H, H',... étant les coefficients des mêmes différences dans la différentielle de V', et ainsi du reste, ces quantités sont fonctions de la seule variable t. Partant, si l'on suppose Q, Q',... fonctions de t seul, les différences

$$dt(FQ + F'Q' + \ldots), \quad dt(HQ + H'Q' + \ldots)$$

seront exactes.

De là résulte un moyen simple d'avoir les intégrales d'un nombre quelconque n d'équations différentielles linéaires de l'ordre i, et qui renferment des termes quelconques αQ, $\alpha Q'$...., fonctions de la seule variable t, lorsque l'on sait intégrer les mêmes équations dans le cas où ces termes sont nuls; car alors, si l'on différentie leurs n intégrales finies $i-1$ fois de suite, on aura in équations qui donneront, par l'élimination, les valeurs des in arbitraires c, c',... en fonction de t, y, y',... et des différences de ces variables jusqu'à l'ordre $i-1$. On formera ainsi les in équations

$$c = V, \quad c' = V', \quad \ldots.$$

Cela posé, F, F',... seront les coefficients de $\dfrac{d^{i-1}y}{dt^{i-1}}$, $\dfrac{d^{i-1}y'}{dt^{i-1}}$, ... dans V; H, H',... seront les coefficients des mêmes différences dans V', et ainsi du reste; on aura donc les intégrales finies des équations différentielles linéaires

$$0 = \frac{d^i y}{dt^i} - P + \alpha Q, \quad 0 = \frac{d^i y'}{dt^i} - P' + \alpha Q', \quad \ldots,$$

en changeant, dans les intégrales finies de ces équations privées de leurs derniers termes αQ, $\alpha Q'$...., les arbitraires c, c',... dans

$$c - \alpha \int dt \, (FQ + F'Q' + \ldots), \quad c' - \alpha \int dt \, (HQ + H'Q' + \ldots), \quad \ldots.$$

Considérons, par exemple, l'équation différentielle linéaire

$$0 = \frac{d^2 y}{dt^2} + a^2 y + \alpha Q.$$

L'intégrale finie de l'équation $0 = \dfrac{d^2 y}{dt^2} + a^2 y$ est

$$y = \frac{c}{a} \sin at + \frac{c'}{a} \cos at,$$

c et c' étant arbitraires. Cette intégrale donne, en la différentiant,

$$\frac{dy}{dt} = c \cos at - c' \sin at.$$

Si l'on combine cette différentielle avec l'intégrale elle-même, on formera les deux intégrales du premier ordre

$$c = a y \sin at - \frac{dy}{dt} \cos at,$$

$$c' = a y \cos at - \frac{dy}{dt} \sin at;$$

ainsi l'on aura dans ce cas

$$F = \cos at, \quad H = - \sin at.$$

L'intégrale complète de la proposée sera donc

$$y = \frac{c}{a} \sin at + \frac{c'}{a} \cos at - \frac{\alpha \sin at}{a} \int Q \, dt \cos at - \frac{\alpha \cos at}{a} \int Q \, dt \sin at.$$

Il est facile d'en conclure que, si Q est composé de termes de la forme $K \cdot \frac{\sin}{\cos} (mt + \varepsilon)$, chacun de ces termes produira dans la valeur de y le terme correspondant

$$\frac{\alpha K}{m^2 - a^2} \cdot \frac{\sin}{\cos} (mt + \varepsilon).$$

Si m est égal à a, le terme $K \cdot \frac{\sin}{\cos} (mt + \varepsilon)$ produira dans y : 1° le terme $- \frac{\alpha K}{4 a^2} \cdot \frac{\sin}{\cos} (at + \varepsilon)$, qui, étant compris dans les deux termes $\frac{c}{a} \sin at + \frac{c'}{a} \cos at$, peut être négligé; 2° le terme $\pm \frac{\alpha K t}{2 a} \cdot \frac{\cos}{\sin} (at + \varepsilon)$, le signe $+$ ayant lieu si le terme de l'expression de Q est un sinus, et le signe $-$ ayant lieu si ce terme est un cosinus. On voit ainsi comment l'arc t se produit hors des signes sinus et cosinus dans les valeurs de y, y',...., par les intégrations successives, quoique les équations différentielles ne le renferment point sous cette forme. Il est clair que cela aura lieu toutes les fois que les fonctions FQ, F'Q',...., HQ, H'Q',.... renfermeront des termes constants.

42. Si les différences $dt(FQ + \ldots)$, $dt(HQ + \ldots)$, ... ne sont pas exactes, l'analyse précédente ne donnera point leurs intégrales rigoureuses; mais elle offre un moyen simple d'avoir des intégrales de plus en plus approchées, lorsque α est fort petit et lorsque l'on a les valeurs de y, y',...., dans la supposition de α nul. En différentiant ces valeurs $i-1$ fois de suite, on formera les équations différentielles de l'ordre $i-1$

$$c = V, \quad c' = V', \quad ....$$

Les coefficients de $\dfrac{d^i y}{dt^i}$, $\dfrac{d^i y'}{dt^i}$...., dans les différentielles de V, V',.... étant les valeurs de F, F',...., H, H',...., on les substituera dans les fonctions différentielles

$$dt . FQ + F'Q' + ..., \quad dt . HQ + H'Q' + ..., \quad ....$$

Ensuite on substituera dans ces fonctions, au lieu de y, y',...., leurs premières valeurs approchées, ce qui rendra ces différences fonctions de t et des arbitraires c, c'..... Soient $T dt$, $T' dt$.... ces fonctions. Si l'on change, dans les premières valeurs approchées de y, y',...., les arbitraires c, c',...., respectivement dans $c - \alpha \int T dt$, $c' - \alpha \int T' dt$..... on aura les secondes valeurs approchées de ces variables.

On substituera de nouveau ces secondes valeurs dans les fonctions différentielles

$$dt . FQ + ..., \quad dt . HQ + ..., \quad ....:$$

or il est visible que ces fonctions sont alors ce que deviennent celles-ci $T dt$, $T' dt$,.... lorsque l'on y change les arbitraires c, c',... dans $c - \alpha \int T dt$, $c' - \alpha \int T' dt$,.... Soient donc $T_{,}$, $T'_{,}$,.... ce que deviennent T, T'.... par ces changements : on aura les troisièmes valeurs approchées de y, y',.... en changeant, dans les premières, c, c',... respectivement dans $c - \alpha \int T_{,} dt$, $c' - \alpha \int T'_{,} dt$,....

Nommons pareillement $T_{,,}$, $T'_{,,}$.... ce que deviennent T, T',.... lorsque l'on y change c, c',... dans $c - \alpha \int T_{,} dt$, $c' - \alpha \int T'_{,} dt$,... : on aura les quatrièmes valeurs approchées de y, y',...., en changeant, dans les premières valeurs approchées de ces variables, c, c',... dans $c - \alpha \int T_{,,} dt$, $c' - \alpha \int T'_{,,} dt$,...., et ainsi de suite.

Nous verrons ci-après que la détermination des mouvements célestes dépend presque toujours d'équations différentielles de la forme

$$0 = \frac{d^2y}{dt^2} + a^2y + \alpha Q,$$

Q étant une fonction rationnelle et entière de y, de sinus et de cosinus d'angles croissant proportionnellement au temps représenté par t. Voici le moyen le plus facile d'intégrer cette équation.

On supposera d'abord α nul, et l'on aura, par le numéro précédent, une première valeur de y.

On substituera cette valeur dans Q, qui deviendra ainsi une fonction rationnelle et entière de sinus et de cosinus d'angles proportionnels à t. En intégrant ensuite l'équation différentielle, on aura une seconde valeur de y, approchée jusqu'aux quantités de l'ordre α inclusivement.

On substituera de nouveau cette valeur dans Q, et, en intégrant l'équation différentielle, on aura une troisième valeur approchée de y, et ainsi de suite.

Cette manière d'intégrer par approximation les équations différentielles des mouvements célestes, quoique la plus simple de toutes, a cependant l'inconvénient de donner, dans les expressions des variables y, y'...., des arcs de cercle hors des signes sinus et cosinus, dans le cas même où ces arcs n'existent point dans les valeurs rigoureuses de ces variables; on conçoit en effet que, si ces valeurs renferment des sinus ou des cosinus d'angles de l'ordre αt, ces sinus ou cosinus doivent se présenter sous la forme de séries dans les valeurs approchées que l'on trouve par la méthode précédente, puisque ces dernières valeurs sont ordonnées par rapport aux puissances de α. Ce développement en séries des sinus et cosinus d'angles de l'ordre αt cesse d'être exact lorsque, par la suite des temps, l'arc αt devient considérable; les valeurs approchées de y, y',... ne peuvent donc point s'étendre à un temps illimité. Comme il importe d'avoir des valeurs qui embrassent les siècles passés et à venir, le retour des arcs de cercle, que renferment les valeurs approchées, aux fonctions qui les produisent par leur développement en séries, est un problème délicat et intéressant d'Analyse. Voici, pour le résoudre, une méthode générale et fort simple.

43. Considérons l'équation différentielle de l'ordre i

$$0 = \frac{d^i y}{dt^i} + P + zQ,$$

z étant très-petit, et P et Q étant des fonctions algébriques de y, $\frac{dy}{dt}$, ..., $\frac{d^{i-1}y}{dt^{i-1}}$, et de sinus et de cosinus d'angles croissant proportionnellement à t. Supposons que l'on ait l'intégrale complète de cette équation différentielle, dans le cas de $z = 0$, et que la valeur de y, donnée par cette intégrale, ne renferme point l'arc t hors des signes sinus et cosinus; supposons ensuite qu'en intégrant cette équation par la méthode précédente d'approximation, lorsque z n'est pas nul, on ait

$$y = X + tY + t^2 Z + t^3 S + \ldots.$$

X, Y, Z, ... étant des fonctions périodiques de t, qui renferment les i arbitraires c, c', c'', ..., et les puissances de t, dans cette expression de y, s'étendant à l'infini par les approximations successives. Il est visible que les coefficients de ces puissances décroîtront avec d'autant plus de rapidité que z sera plus petit. Dans la théorie des mouvements des corps célestes, z exprime l'ordre des forces perturbatrices, relativement aux forces principales qui les animent.

Si l'on substitue la valeur précédente de y dans la fonction

$$\frac{d^i y}{dt^i} + P + zQ,$$

elle prendra cette forme

$$k + k't + k''t^2 + \ldots,$$

k, k', k'', ... étant des fonctions périodiques de t; mais, par la supposition, la valeur de y satisfait à l'équation différentielle

$$0 = \frac{d^i y}{dt^i} + P + zQ;$$

on doit donc avoir identiquement

$$0 = k + k't + k''t^2 + \ldots$$

Si k, k', k'',… n'étaient pas nuls, cette équation donnerait, par le retour des suites, l'arc t en fonction de sinus et de cosinus d'angles proportionnels à t; en supposant donc α infiniment petit, on aurait t égal à une fonction finie de sinus et de cosinus d'angles semblables, ce qui est impossible; ainsi les fonctions k, k',… sont identiquement nulles.

Maintenant, si l'arc t n'est élevé qu'à la première puissance sous les signes sinus et cosinus, comme cela a lieu dans la théorie des mouvements célestes, cet arc ne sera point produit par les différences successives de y; en substituant donc la valeur précédente de y dans la fonction $\dfrac{d^i y}{dt^i} + \mathrm{P} + \alpha \mathrm{Q}$, la fonction $k + k't + \ldots$, dans laquelle elle se transforme, ne contiendra l'arc t, hors des signes sinus et cosinus, qu'autant qu'il est déjà renfermé dans y; ainsi, en changeant, dans l'expression de y, l'arc t, hors des signes périodiques, dans $t - \theta$, θ étant une constante quelconque, la fonction $k + k't + \ldots$ se changera dans $k + k'(t - \theta) + \ldots$, et, puisque cette dernière fonction est identiquement nulle, en vertu des équations identiques $k = 0$, $k' = 0$,… il en résulte que l'expression

$$y = \mathrm{X} + (t - \theta)\mathrm{Y} + (t - \theta)^2 \mathrm{Z} + \ldots$$

satisfait encore à l'équation différentielle

$$0 = \frac{d^i y}{dt^i} + \mathrm{P} + \alpha \mathrm{Q}.$$

Quoique cette seconde valeur de y semble renfermer $i + 1$ arbitraires, savoir les i arbitraires c, c', c'',… et l'arbitraire θ, cependant elle ne peut en contenir que le nombre i qui soient distinctes entre elles. Il est donc nécessaire que, par un changement convenable dans les constantes c, c', c'',… l'arbitraire θ puisse disparaître de cette seconde expression de y, et qu'ainsi elle coïncide avec la première. Cette considération va nous fournir le moyen d'en faire disparaître les arcs de cercle hors des signes périodiques.

Donnons à la seconde expression de y la forme suivante

$$y = X + (t - \theta) R.$$

Puisque nous supposons que θ disparaît de y, on aura $\dfrac{\partial y}{\partial \theta} = 0$, et par conséquent

$$R = \frac{\partial X}{\partial \theta} + (t - \theta) \frac{\partial R}{\partial \theta}.$$

En différentiant successivement cette équation, on aura

$$2 \frac{\partial R}{\partial \theta} = \frac{\partial^2 X}{\partial \theta^2} + (t - \theta) \frac{\partial^2 R}{\partial \theta^2},$$

$$3 \frac{\partial^2 R}{\partial \theta^2} = \frac{\partial^3 X}{\partial \theta^3} + (t - \theta) \frac{\partial^3 R}{\partial \theta^3},$$

$$\dots\dots\dots\dots\dots\dots\dots\dots$$

d'où il est facile de conclure, en éliminant R et ses différentielles de l'expression précédente de y,

$$y = X + (t - \theta) \frac{\partial X}{\partial \theta} + \frac{(t - \theta)^2}{1 \cdot 2} \frac{\partial^2 X}{\partial \theta^2} + \frac{(t - \theta)^3}{1 \cdot 2 \cdot 3} \frac{\partial^3 X}{\partial \theta^3} + \dots$$

X est fonction de t et des constantes c, c', c''…., et, comme ces constantes sont fonctions de θ, X est une fonction de t et de θ, que nous pouvons représenter par $\varphi(t, \theta)$. L'expression de y est, par la formule (i) du n° 21, le développement de la fonction $\varphi[t, \theta + t - \theta]$ suivant les puissances de $t - \theta$; on a donc $y = \varphi(t, \theta)$; d'où il suit que l'on aura y, en changeant θ en t dans X. Le problème se réduit ainsi à déterminer X en fonction de t et de θ, et par conséquent à déterminer c, c', c''…. en fonction de θ.

Pour cela, reprenons l'équation

$$y = X + (t - \theta) Y + (t - \theta)^2 Z + (t - \theta)^3 S + \dots$$

Puisque la constante θ est supposée disparaître de cette expression de y, on aura l'équation identique

$$(a) \qquad 0 = \frac{\partial X}{\partial \vartheta} - Y + t - \vartheta \left(\frac{\partial Y}{\partial \vartheta} - 2Z \right) + \overline{t - \vartheta}^2 \left(\frac{\partial Z}{\partial \vartheta} - 3S \right) + \ldots$$

En appliquant à cette équation le raisonnement que nous avons fait sur celle-ci, $0 = k + k't + k''t^2 + \ldots$, on voit que les coefficients des puissances successives de $t - \vartheta$ doivent se réduire d'eux-mêmes à zéro. Les fonctions $X, Y, Z \ldots$ ne renferment ϑ qu'autant qu'il est contenu dans $c, c' \ldots$ en sorte que, pour former les différences partielles $\frac{\partial X}{\partial \vartheta}, \frac{\partial Y}{\partial \vartheta}, \frac{\partial Z}{\partial \vartheta}, \ldots$, il suffit de faire varier $c, c' \ldots$ dans ces fonctions, ce qui donne

$$\frac{\partial X}{\partial \vartheta} = \frac{\partial X}{\partial c} \frac{dc}{d\vartheta} + \frac{\partial X}{\partial c'} \frac{dc'}{d\vartheta} + \frac{\partial X}{\partial c''} \frac{dc''}{d\vartheta} \ldots$$

$$\frac{\partial Y}{\partial \vartheta} = \frac{\partial Y}{\partial c} \frac{dc}{d\vartheta} + \frac{\partial Y}{\partial c'} \frac{dc'}{d\vartheta} + \frac{\partial Y}{\partial c''} \frac{dc''}{d\vartheta} \ldots$$

$$\ldots \ldots \ldots \ldots \ldots \ldots \ldots \ldots$$

Maintenant il peut arriver que quelques-unes des arbitraires $c, c', c'', \ldots$ multiplient l'arc t dans les fonctions périodiques $X, Y, Z \ldots$: la différentiation de ces fonctions relativement à ϑ, ou, ce qui est la même chose, relativement à ces arbitraires, développera cet arc et le fera sortir hors des signes des fonctions périodiques; les différences $\frac{\partial X}{\partial \vartheta}$, $\frac{\partial Y}{\partial \vartheta}, \frac{\partial Z}{\partial \vartheta}, \ldots$ seront alors de cette forme

$$\frac{\partial X}{\partial \vartheta} = X' - tX',$$

$$\frac{\partial Y}{\partial \vartheta} = Y' - tY'',$$

$$\frac{\partial Z}{\partial \vartheta} = Z' - tZ'',$$

$$\ldots \ldots \ldots \ldots,$$

$X', X'', Y', Y'', Z', Z'', \ldots$ étant des fonctions périodiques de t, et renfermant de plus les arbitraires $c, c', c'' \ldots$ et leurs premières diffé-

rences divisées par $d\theta$, différences qui n'entrent dans ces fonctions que
sous une forme linéaire. On aura donc

$$\frac{\partial X}{\partial \theta} = X' + \theta X'' + (t - \theta) X',$$

$$\frac{\partial Y}{\partial \theta} = Y' + \theta Y'' + (t - \theta) Y',$$

$$\frac{\partial Z}{\partial \theta} = Z' + \theta Z'' + (t - \theta) Z'.$$

$$\dotfill$$

En substituant ces valeurs dans l'équation (a), on aura

$$0 = X' + \theta X'' - Y + (t - \theta)(Y' + \theta Y'' - X'' - 2Z)$$
$$+ (t - \theta)^2 (Z' + \theta Z'' + Y'' - 3S)$$

$$\dotfill$$

d'où l'on tire, en égalant séparément à zéro les coefficients des puissances de $t - \theta$,

$$0 = X' + \theta X'' - Y,$$

$$0 = Y' + \theta Y'' + X'' - 2Z,$$

$$0 = Z' + \theta Z'' + Y'' - 3S,$$

$$\dotfill$$

Si l'on différentie la première de ces équations $i - 1$ fois de suite par
rapport à t, on en tirera autant d'équations entre les quantités c, c',
c''.... et leurs premières différences divisées par $d\theta$; en intégrant ensuite ces nouvelles équations par rapport à θ, on aura ces constantes
en fonction de θ. Presque toujours l'inspection seule de la première des
équations précédentes suffira pour avoir les équations différentielles
en c, c', c''....., en comparant séparément les coefficients des sinus et
des cosinus qu'elle renferme; car il est visible que, les valeurs de c,
c'.... étant indépendantes de t, les équations différentielles qui les
déterminent doivent pareillement en être indépendantes. La simplicité
que cette considération apporte dans les calculs est un des principaux
avantages de cette méthode. Le plus souvent, ces équations ne seront

intégrables que par des approximations successives, qui pourront introduire l'arc θ hors des signes périodiques, dans les valeurs de $c, c' \ldots$ alors même que cet arc ne se rencontre point ainsi dans les intégrales rigoureuses; mais on le fera disparaître par la méthode que nous venons d'exposer.

Il peut arriver que la première des équations précédentes et ses $i-1$ différentielles en t ne donnent point un nombre i d'équations distinctes, entre les quantités $c, c', c' \ldots$ et leurs différences. Dans ce cas, il faudra recourir à la seconde équation et aux suivantes.

Lorsque l'on aura ainsi déterminé les valeurs de $c, c', c' \ldots$ en fonction de θ, on les substituera dans X, et, en y changeant ensuite θ en t, on aura la valeur de y, sans arcs de cercle hors des signes périodiques, lorsque cela est possible. Si cette valeur en conservait encore, ce serait une preuve qu'ils existent dans l'intégrale rigoureuse.

44. Considérons présentement un nombre quelconque n d'équations différentielles

$$ 0 = \frac{d^i y}{dt^i} - P - zQ, \quad 0 = \frac{d^i y'}{dt^i} - P' - zQ', \quad \ldots $$

P, Q, P', Q' .... étant des fonctions de $y, y', \ldots$ de leurs différentielles jusqu'à l'ordre $i-1$, et de sinus et de cosinus d'angles croissant proportionnellement à la variable t dont la différence est supposée constante. Supposons que les intégrales approchées de ces équations soient

$$ y = X + tY + t^2 Z + t^3 S \ldots $$
$$ y' = X_{,} + tY_{,} + t^2 Z_{,} + t^3 S_{,} \ldots, $$
$$ \ldots\ldots\ldots\ldots\ldots\ldots\ldots $$

X, Y, Z,...., X, Y, Z,.... étant des fonctions périodiques de t, et renfermant les in arbitraires $c, c', c'' ,\ldots$ On aura, comme dans le numéro précédent,

$$ 0 = X' + \theta X'' - Y, $$
$$ 0 = Y' + \theta Y'' - X'' - 2Z, $$
$$ 0 = Z' + \theta Z'' - Y'' - 3S, $$
$$ \ldots\ldots\ldots\ldots\ldots\ldots\ldots $$

La valeur de y' donnera pareillement des équations de cette forme

$$0 = X'_{,} - \theta X''_{,} - Y_{,},$$
$$0 = Y'_{,} - \theta Y''_{,} - X''_{,} - \theta Z_{,}.$$
$$\cdots\cdots\cdots\cdots\cdots\cdots\cdots\cdots$$

Les valeurs de y', y''.... fourniront des équations semblables. On déterminera par ces diverses équations, en choisissant les plus simples et les plus approchées, les valeurs de c, c', c'',... en fonction de θ : en substituant ces valeurs dans X, $X_{,}$,...., et en y changeant ensuite θ en t, on aura les valeurs de y, y',...., sans arcs de cercle hors des signes périodiques, lorsque cela est possible.

15. Reprenons la méthode que nous avons exposée dans le n° 10. Il en résulte que, si, au lieu de supposer les paramètres c, c', c'',... constants, on les fait varier en sorte que l'on ait

$$dc = -\alpha\,dt\,,\mathrm{FQ} - \mathrm{F}'\mathrm{Q}'\cdots\cdots,$$
$$dc' = -\alpha\,dt\,,\mathrm{HQ} - \mathrm{H}'\mathrm{Q}'\cdots\cdots$$
$$\cdots\cdots\cdots\cdots\cdots\cdots\cdots\cdots$$

on aura toujours les in intégrales de l'ordre $i - 1$

$$c = \mathrm{V}, \quad c' = \mathrm{V}', \quad c'' = \mathrm{V}'', \quad \cdots$$

comme dans le cas de z nul; d'où il suit que non-seulement les intégrales finies, mais encore toutes les équations dans lesquelles il n'entrera que des différences inférieures à l'ordre i conserveront la même forme, dans le cas de z nul et dans celui de z quelconque, puisque ces équations peuvent résulter de la comparaison seule des intégrales précédentes de l'ordre $i - 1$. On pourra donc également, dans ces deux cas, différentier $i - 1$ fois de suite les intégrales finies, sans faire varier c, c',...., et, comme on est libre de faire varier tout à la fois, il en résultera des équations de condition entre les paramètres c, c',... et leurs différences.

Dans les deux cas de z nul et de z quelconque, les valeurs de y, y',.... et de leurs différences jusqu'à l'ordre $i - 1$ inclusivement, sont les mêmes fonctions de t et des paramètres c, c', c'',... : soit donc Y une fonction quelconque des variables y, y', y'',... et de leurs différentielles inférieures à l'ordre $i-1$, et nommons T la fonction de t dans laquelle elle se change, lorsque l'on y substitue, au lieu de ces variables et de leurs différences, leurs valeurs en t. On pourra différentier l'équation $Y = T$, en y regardant les paramètres c, c', c'',... comme constants; on pourra même ne prendre que la différence partielle de Y relativement à une seule ou à plusieurs des variables y, y',.... pourvu que l'on ne fasse varier dans T que ce qui varie avec elles. Dans toutes ces différentiations, les paramètres c, c', c'',... peuvent toujours être traités comme constants, puisqu'en substituant, pour y, y',.... et leurs différences, leurs valeurs en t, on aura des équations identiquement nulles, dans les deux cas de z nul et de z quelconque.

Lorsque les équations différentielles sont de l'ordre $i-1$, il n'est plus permis, en les différentiant, de traiter les paramètres c, c', c'.... comme constants. Pour différentier ces équations, considérons l'équation $\varphi = 0$, φ étant une fonction différentielle de l'ordre $i-1$, et qui renferme les paramètres c, c', c',... ; soit $\delta\varphi$ la différence de cette fonction, prise en regardant c, c',... comme constants, ainsi que les différences $d^{i-1}y$, $d^{i-1}y'$,.... Soit S le coefficient de $\dfrac{d^i y}{dt^{i-1}}$ dans la différence entière de φ; soit S' le coefficient de $\dfrac{d^i y'}{dt^{i-1}}$ dans cette même différence, et ainsi du reste. L'équation $\varphi = 0$, différentiée, donnera

$$0 = \delta\varphi + \frac{\partial\varphi}{\partial c}\,dc + \frac{\partial\varphi}{\partial c'}\,dc' + \ldots + S\frac{d^i y}{dt^{i-1}} + S'\frac{d^i y'}{dt^{i-1}} + \ldots$$

En substituant au lieu de $\dfrac{d^i y}{dt^{i-1}}$ sa valeur $-dt(P + zQ)$, au lieu de $\dfrac{d^i y'}{dt^{i-1}}$ sa valeur $-dt(P' + zQ')$, etc., on aura

$$0 = \delta\varphi + \frac{\partial\varphi}{\partial c}\,dc + \frac{\partial\varphi}{\partial c'}\,dc' + \ldots - dt(SP + S'P' + \ldots) - z\,dt(SQ + S'Q' + \ldots).$$

Dans la supposition de z nul, les paramètres c, c', c'',... sont constants: on a ainsi

$$0 = \delta\varphi - dt(SP + S'P' + \ldots).$$

Si l'on substitue dans cette équation, au lieu de c, c', c'',..., leurs valeurs V, V', V'',..., on aura une équation différentielle de l'ordre $i - 1$, sans arbitraires, ce qui est impossible, à moins que cette équation ne soit identiquement nulle. La fonction

$$\delta\varphi - dt(SP + S'P' + \ldots)$$

devient donc identiquement nulle, en vertu des équations $c = V$, $c' = V'$,..., et, comme ces équations ont encore lieu lorsque les paramètres c, c', c'',... sont variables, il est visible que, dans ce cas, la fonction précédente est encore identiquement nulle; l'équation (t) deviendra donc

$$(x) \qquad 0 = \frac{\partial\varphi}{\partial c} dc + \frac{\partial\varphi}{\partial c'} dc' + \ldots - \alpha dt(SQ + S'Q' + \ldots).$$

On voit ainsi que, pour différentier l'équation $\varphi = 0$, il suffit de faire varier dans φ les paramètres c, c',... et les différences $d^{i-1}y$, $d^{i-1}y'$,..., et de substituer, après les différentiations, $- \alpha Q$, $- \alpha Q'$,..., au lieu des quantités $\frac{d^i y}{dt^i}$, $\frac{d^i y'}{dt^i}$,....

Soit $\psi = 0$ une équation finie entre y, y',... et la variable t; si l'on désigne par $\delta\psi$, $\delta^2\psi$,... les différences successives de ψ, prises en regardant c, c'.... comme constants, on aura, par ce qui précède, dans le cas même où c, c',... sont variables, les équations suivantes

$$\psi = 0, \quad \delta\psi = 0, \quad \delta^2\psi = 0, \quad \ldots, \quad \delta^{i-1}\psi = 0;$$

en changeant donc successivement, dans l'équation (x), la fonction φ en ψ, $\delta\psi$, $\delta^2\psi$,..., on aura

$$0 = \frac{\partial\psi}{\partial c} dc + \frac{\partial\psi}{\partial c'} dc' + \ldots,$$

$$0 = \frac{\partial\delta\psi}{\partial c} dc + \frac{\partial\delta\psi}{\partial c'} dc' + \ldots,$$

$$\ldots\ldots\ldots\ldots\ldots\ldots\ldots\ldots\ldots$$

$$0 = \frac{\partial\delta^{i-1}\psi}{\partial c} dc + \frac{\partial\delta^{i-1}\psi}{\partial c'} dc' + \ldots - \alpha dt\left(Q \frac{\partial\psi}{\partial y} + Q' \frac{\partial\psi}{\partial y'} + \ldots\right).$$

Ainsi, les équations $\psi = 0$, $\psi' = 0$,... étant supposées être les n intégrales finies des équations différentielles

$$o = \frac{d^i y}{dt^i} - P, \quad o = \frac{d^i y'}{dt^i} - P', \quad \ldots$$

on aura les in équations au moyen desquelles on pourra déterminer les paramètres c, c', c'', $\ldots$, sans qu'il soit nécessaire de former pour cela les équations $c = V$, $c' = V'$, $\ldots$; mais, lorsque les intégrales seront sous cette dernière forme, la détermination de c, c', $\ldots$ sera plus simple.

Cette méthode de faire varier les paramètres est d'une grande utilité dans l'Analyse et dans ses applications. Pour en montrer un nouvel usage, considérons l'équation différentielle

$$o = \frac{d^i y}{dt^i} + P,$$

P étant fonction de t, y, de ses différences jusqu'à l'ordre $i - 1$ et des quantités q, q', $\ldots$, qui sont fonctions de t. Supposons que l'on ait l'intégrale finie de cette équation différentielle, dans la supposition de q, q', $\ldots$ constants, et représentons par $\varphi = o$ cette intégrale, qui renfermera i arbitraires c, c', $\ldots$; désignons par $\delta\varphi$, $\delta^2\varphi$, $\delta^3\varphi$, $\ldots$ les différences successives de φ, prises en regardant q, q', $\ldots$ comme constants, ainsi que les paramètres c, c', $\ldots$. Si l'on fait varier toutes ces quantités, la différence de φ sera

$$\delta\varphi = \frac{\partial\varphi}{\partial c}\, dc + \frac{\partial\varphi}{\partial c'}\, dc' - \ldots - \frac{\partial\varphi}{\partial q}\, dq + \frac{\partial\varphi}{\partial q'}\, dq' - \ldots;$$

en faisant donc

$$o = \frac{\partial\varphi}{\partial c}\, dc + \frac{\partial\varphi}{\partial c'}\, dc' - \ldots - \frac{\partial\varphi}{\partial q}\, dq + \frac{\partial\varphi}{\partial q'}\, dq' - \ldots,$$

$\delta\varphi$ sera encore la première différence de φ, dans le cas de c, c, $\ldots$, q, q', $\ldots$ variables. Si l'on fait pareillement

$$o = \frac{\partial\delta\varphi}{\partial c}\, dc + \frac{\partial\delta\varphi}{\partial c'}\, dc' + \ldots - \frac{\partial\delta\varphi}{\partial q}\, dq - \frac{\partial\delta\varphi}{\partial q'}\, dq' + \ldots,$$

$$\ldots\ldots\ldots\ldots\ldots\ldots\ldots\ldots\ldots\ldots\ldots\ldots\ldots\ldots\ldots\ldots\ldots\ldots\ldots$$

$$o = \frac{\partial\delta^{i-1}\varphi}{\partial c}\, dc + \frac{\partial\delta^{i-1}\varphi}{\partial c'}\, dc' + \ldots + \frac{\partial\delta^{i-1}\varphi}{\partial q}\, dq + \frac{\partial\delta^{i-1}\varphi}{\partial q'}\, dq' + \ldots,$$

$\delta^2 \varphi$, $\delta^3 \varphi$,...., $\delta^i \varphi$ seront encore les différences seconde, troisième,....,
$i^{\text{ième}}$ de φ, lorsque c, c',...., q, q',... sont supposés variables.

Maintenant, dans le cas de c, c',..., q, q',... constants, l'équation
différentielle

$$0 = \frac{d^i y}{dt^i} + P$$

est le résultat de l'élimination des paramètres c, c',... au moyen des
équations

$$\varphi = 0, \quad \partial \varphi = 0, \quad \partial^2 \varphi = 0, \quad ..., \quad \partial^i \varphi = 0;$$

ainsi, ces dernières équations ayant encore lieu lorsque q, q'.... sont
supposés variables, l'équation $\varphi = 0$ satisfait encore dans ce cas à
l'équation différentielle proposée, pourvu que les paramètres c, c',....
soient déterminés au moyen des i équations différentielles précédentes;
et, comme leur intégration donne i constantes arbitraires, la fonction φ
renfermera ces arbitraires, et l'équation $\varphi = 0$ sera l'intégrale complète
de la proposée.

Cette manière de faire varier les arbitraires peut être employée avec
avantage, lorsque les quantités q, q',... varient avec une grande lenteur, parce que cette considération rend, en général, beaucoup plus
facile l'intégration par approximation des équations différentielles qui
déterminent les paramètres variables c, c',....

CHAPITRE VI.

SECONDE APPROXIMATION DES MOUVEMENTS CÉLESTES, OU THÉORIE DE LEURS PERTURBATIONS.

46. Appliquons maintenant les méthodes précédentes aux perturbations des mouvements célestes, pour en conclure les expressions les plus simples de leurs inégalités périodiques et séculaires. Reprenons pour cela les équations différentielles (1), (2) et (3) du n° 9, qui déterminent le mouvement relatif de m autour de M. Si l'on fait

$$R = \frac{m'(xx' + yy' + zz')}{(x'^2 + y'^2 + z'^2)^{\frac{1}{2}}} + \frac{m''(xx'' + yy'' + zz'')}{(x''^2 + y''^2 + z''^2)^{\frac{1}{2}}} + \ldots - \frac{\lambda}{m},$$

λ étant, par le numéro cité, égal à

$$\frac{mm'}{[(x'-x)^2 + (y'-y)^2 + (z'-z)^2]^{\frac{1}{2}}} + \frac{mm''}{[(x''-x)^2 + (y''-y)^2 + (z''-z)^2]^{\frac{1}{2}}} + \frac{m'm''}{[(x''-x')^2 + (y''-y')^2 + (z''-z')^2]^{\frac{1}{2}}} + \ldots$$

si, de plus, on suppose

$$M + m = \mu, \quad \text{et} \quad r = \sqrt{x^2 + y^2 + z^2}, \quad r' = \sqrt{x'^2 + y'^2 + z'^2}, \quad \ldots$$

on aura

$$(P) \quad \begin{cases} 0 = \dfrac{d^2 x}{dt^2} + \dfrac{\mu x}{r^3} + \dfrac{\partial R}{\partial x}; \\[2ex] 0 = \dfrac{d^2 y}{dt^2} + \dfrac{\mu y}{r^3} + \dfrac{\partial R}{\partial y}; \\[2ex] 0 = \dfrac{d^2 z}{dt^2} + \dfrac{\mu z}{r^3} + \dfrac{\partial R}{\partial z}. \end{cases}$$

La somme de ces trois équations, multipliées respectivement par dx, dy, dz, donne, en l'intégrant,

$$ (Q) \qquad 0 = \frac{dx^2 + dy^2 + dz^2}{dt^2} - \frac{2\mu}{r} + \frac{\mu}{a} - 2 \int dR, $$

la différentielle dR étant uniquement relative aux coordonnées x, y, z du corps m, et a étant une constante arbitraire qui, lorsque R est nul, devient, par les n⁰ˢ 18 et 19, le demi-grand axe de l'ellipse décrite par m autour de M.

Les équations (P), multipliées respectivement par x, y, z, et ajoutées à l'intégrale (Q), donneront

$$ (R) \qquad 0 = \frac{1}{2}\frac{d^2 . r^2}{dt^2} - \frac{\mu}{r} + \frac{\mu}{a} - 2\int dR - x\frac{\partial R}{\partial x} - y\frac{\partial R}{\partial y} - z\frac{\partial R}{\partial z}. $$

Maintenant on peut concevoir les masses perturbatrices m', m'', ... multipliées par un coefficient α, et alors la valeur de r sera fonction du temps t et de α. Si l'on développe cette fonction par rapport aux puissances de α, et que l'on fasse $\alpha = 1$ après ce développement, elle sera ordonnée par rapport aux puissances et aux produits des masses perturbatrices. Désignons par la caractéristique δ, placée devant une quantité, la différentielle de cette quantité, prise par rapport à α et divisée par $d\alpha$. Lorsque l'on aura déterminé δr dans une suite ordonnée par rapport aux puissances de α, on aura le rayon r en multipliant cette suite par $d\alpha$, en l'intégrant ensuite par rapport à α, et en ajoutant à cette intégrale une fonction de t indépendante de α, fonction qui est évidemment la valeur de r dans le cas où les forces perturbatrices sont nulles et où le corps m décrit une section conique. La détermination de r se réduit donc à former et à intégrer l'équation différentielle qui détermine δr.

Pour cela, reprenons l'équation différentielle (R), et faisons, pour plus de simplicité,

$$ x\frac{\partial R}{\partial x} + y\frac{\partial R}{\partial y} + z\frac{\partial R}{\partial z} = rR'; $$

en la différentiant par rapport à $\varkappa$, on aura

$$(S)\qquad 0 = \frac{d^2.r\delta r}{dt^2} + \frac{\mu r\delta r}{r^3} + 2\int\delta\, d\mathrm{R} + \delta.r\mathrm{R}'.$$

Nommons dv l'arc infiniment petit intercepté entre les deux rayons vecteurs r et $r + dr$; l'élément de la courbe décrite par m autour de M sera $\sqrt{dr^2 + r^2dv^2}$; on aura ainsi

$$dx^2 + dy^2 + dz^2 = dr^2 + r^2dv^2,$$

et l'équation (Q) deviendra

$$0 = \frac{r^2dv^2 + dr^2}{dt^2} - \frac{2\mu}{r} + \frac{\mu}{a} + 2\int d\mathrm{R}.$$

En éliminant $\frac{\mu}{a}$ de cette équation, au moyen de l'équation (R), on aura

$$\frac{r^2dv^2}{dt^2} = \frac{rd^2r}{dt^2} + \frac{\mu}{r} + r\mathrm{R}',$$

d'où l'on tire, en différentiant par rapport à $\varkappa$,

$$\frac{2r^2dv\,d\delta v}{dt^2} = \frac{rd^2\delta r - \delta r d^2r}{dt^2} - \frac{3\mu r\delta r}{r^3} + r\delta\mathrm{R}' - \mathrm{R}'\delta r.$$

Si l'on substitue dans cette équation, au lieu de $\frac{\mu r\delta r}{r^3}$, sa valeur tirée de l'équation (S), on aura

$$(T)\qquad d\delta v = \frac{d(dr\delta r + 2rd\delta r) + dt^2(3\int\delta\, d\mathrm{R} + 2r\delta\mathrm{R}' + \mathrm{R}'\delta r)}{r^2dv}.$$

On pourra, au moyen des équations (S) et (T), avoir aussi exactement que l'on voudra les valeurs de δr et de δv; mais on doit observer que, dv étant l'angle intercepté entre les rayons r et $r + dr$, l'intégrale v de ces angles n'est pas dans un même plan. Pour en conclure la valeur de l'angle décrit autour de M par la projection du rayon vecteur r sur un plan fixe, désignons par $v_{,}$ ce dernier angle, et nommons s la tangente de la latitude de m au-dessus de ce plan; $r(1 + s^2)^{-\frac{1}{2}}$ sera l'expression du rayon vecteur projeté, et le carré de l'élément de la courbe décrite par m sera

$$\frac{r^2\,dv^2}{1+s^2} + dr^2 + \frac{r^2\,ds^2}{(1+s^2)^2};$$

mais le carré de cet élément est $r^2\,dv^2 + dr^2$; on aura donc, en égalant ces deux expressions,

$$dv_{,} = \frac{dv\sqrt{(1+s^2)^2 + \dfrac{ds^2}{dv^2}}}{\sqrt{1+s^2}}$$

On déterminera ainsi $dv_{,}$ au moyen de dv, lorsque s sera connu.

Si l'on prend pour plan fixe le plan de l'orbite de m à une époque donnée, s et $\frac{ds}{dv}$ seront visiblement de l'ordre des forces perturbatrices; en négligeant donc les carrés et les produits de ces forces, on aura $v = v_{,}$. Dans la théorie des planètes et des comètes, on peut négliger ces carrés et ces produits, à l'exception de quelques termes de cet ordre, que des circonstances particulières rendent sensibles, et qu'il sera facile de déterminer au moyen des équations (S) et (T). Ces dernières équations prennent une forme plus simple, lorsque l'on n'a égard qu'à la première puissance des forces perturbatrices. En effet, on peut alors considérer δr et δv comme les parties de r et de v dues à ces forces; δR, $\delta.rR'$ sont ce que deviennent R et rR', lorsque l'on y substitue, au lieu des coordonnées des corps, leurs valeurs relatives au mouvement elliptique; nous pouvons les désigner par ces dernières quantités assujetties à cette condition. L'équation (S) devient ainsi

$$0 = \frac{d^2.r\delta r}{dt^2} + \frac{\mu r\delta r}{r^3} - 2\int dR - rR'.$$

Le plan fixe des x et des y étant supposé celui de l'orbite de m à une époque donnée, z sera de l'ordre des forces perturbatrices, et, puisque l'on néglige le carré de ces forces, on pourra négliger la quantité $z\frac{\partial R}{\partial z}$. De plus, le rayon r ne diffère de sa projection que de quantités de l'ordre z^2. L'angle que ce rayon fait avec l'axe des x ne diffère de sa projection que de quantités du même ordre; cet angle peut donc être supposé égal à v, et l'on a, aux quantités près du même ordre,

$$x = r\cos v, \quad y = r\sin v,$$

d'où l'on tire

$$x\frac{\partial R}{\partial x} + y\frac{\partial R}{\partial y} = r\frac{\partial R}{\partial r},$$

et par conséquent $rR' = r\frac{\partial R}{\partial r}$. Il est facile de s'assurer par la différentiation que, si l'on néglige le carré de la force perturbatrice, l'équation différentielle précédente donnera, en vertu des deux premières des équations (P),

$$r\delta r = \frac{x\int y\,dt\left(2\int dR + r\frac{\partial R}{\partial r}\right) - y\int x\,dt\left(2\int dR + r\frac{\partial R}{\partial r}\right)}{\frac{x\,dy - y\,dx}{dt}}.$$

Dans le second membre de cette équation, les coordonnées peuvent se rapporter au mouvement elliptique, ce qui donne $\frac{x\,dy - y\,dx}{dt}$ constant et égal, par le n° 19, à $\sqrt{\mu a(1-e^2)}$, ae étant l'excentricité de l'orbite de m. Si l'on substitue dans l'expression de $r\delta r$, au lieu de x et de y, leurs valeurs $r\cos v$ et $r\sin v$, et, au lieu de $\frac{x\,dy - y\,dx}{dt}$, la quantité $\sqrt{\mu a(1-e^2)}$; enfin, si l'on observe que, par le n° 20, $\mu = n^2a^3$, on aura

$$(X) \qquad r\delta r = \frac{a\cos v\int n\,dt\,r\sin v\left(2\int dR + r\frac{\partial R}{\partial r}\right) - a\sin v\int n\,dt\,r\cos v\left(2\int dR + r\frac{\partial R}{\partial r}\right)}{\mu\sqrt{1-e^2}}.$$

L'équation (T) donne, en l'intégrant et en négligeant le carré des forces perturbatrices,

$$(Y) \qquad \delta v = \frac{\frac{2r\,d\delta r + dr\,\delta r}{a^2n\,dt} + \frac{3a}{\mu}\iint n\,dt\,dR + \frac{2a}{\mu}\int n\,dt\,r\frac{\partial R}{\partial r}}{\sqrt{1-e^2}};$$

cette expression donnera facilement les perturbations du mouvement de m en longitude, lorsque celles du rayon vecteur seront déterminées.

Il nous reste à déterminer les perturbations du mouvement en latitude. Pour cela, nous reprendrons la troisième des équations (P); en
l'intégrant comme nous avons intégré l'équation (S), et faisant $z = r\,\delta s$,
nous aurons

$$\text{Z.}\qquad \delta s = \frac{a\cos v \int n\,dt\,r\sin v\,\frac{\partial R}{\partial z} - a\sin v \int n\,dt\,r\cos v\,\frac{\partial R}{\partial z}}{\mu\sqrt{1-e^2}};$$

δs est la latitude de m au-dessus du plan de son orbite primitive : si
l'on veut rapporter le mouvement de m sur un plan peu incliné à cette
orbite, en nommant s sa latitude lorsqu'il est supposé ne point quitter
le plan de cette orbite, $s + \delta s$ sera à très-peu près la latitude de m
au-dessus du plan proposé.

47. Les formules (X), (Y) et (Z) ont l'avantage de présenter sous
une forme finie les perturbations, ce qui est très-utile dans la théorie
des comètes, dans laquelle ces perturbations ne peuvent être déterminées que par des quadratures; mais le peu d'excentricité et d'inclinaison respective des orbites des planètes permet de développer leurs
perturbations en séries convergentes de sinus et de cosinus d'angles
croissant proportionnellement au temps, et d'en former des Tables qui
peuvent servir pour un temps indéfini. Alors, au lieu des expressions
précédentes de δr et de δs, il est plus commode de faire usage des
équations différentielles qui déterminent ces variables. En ordonnant
ces équations par rapport aux puissances et aux produits des excentricités et des inclinaisons des orbites, on peut toujours réduire la détermination des valeurs de δr et de δs à l'intégration d'équations de
la forme

$$o = \frac{d^2 y}{dt^2} - n^2 y - Q,$$

équations dont nous avons donné les intégrales dans le n° 42. Mais on
peut donner immédiatement cette forme très-simple aux équations différentielles précédentes, par la méthode suivante.

Reprenons l'équation (R) du numéro précédent, en y faisant, pour abréger,

$$Q = 2 \int dR - r \frac{\partial R}{\partial r};$$

elle devient ainsi

$$(R') \qquad\qquad 0 = \frac{1}{2} \frac{d^2 . r^2}{dt^2} - \frac{\mu}{r} + \frac{\mu}{a} - Q.$$

Dans le cas du mouvement elliptique, où $Q = 0$, r^2 est, par le n° 22, fonction de $e \cos (nt + \varepsilon - \varpi)$, ae étant l'excentricité de l'orbite et $nt + \varepsilon - \varpi$ étant l'anomalie moyenne de la planète m. Soit $e \cos (nt + \varepsilon - \varpi) = u$, et supposons $r^2 = \varphi(u)$; on aura

$$0 = \frac{d^2 u}{dt^2} + n^2 u.$$

Dans le cas du mouvement troublé, nous pouvons supposer encore $r^2 = \varphi(u)$; mais u ne sera plus égal à $e \cos (nt + \varepsilon - \varpi)$; il sera donné par l'équation différentielle précédente augmentée d'un terme dépendant des forces perturbatrices. Pour déterminer ce terme, nous observerons que, si l'on fait $u = \psi(r^2)$, on aura

$$\frac{d^2 u}{dt^2} + n^2 u = \frac{d^2 . r^2}{dt^2} \psi'(r^2) + \frac{r^2 dr^2}{dt^2} \psi''(r^2) - n^2 \psi(r^2),$$

$\psi'(r^2)$ étant la différentielle de $\psi(r^2)$ divisée par $d.r^2$, et $\psi''(r^2)$ étant la différentielle de $\psi'(r^2)$ divisée par $d.r^2$. L'équation (R) donne $\dfrac{d^2 . r^2}{dt^2}$ égal à une fonction de r, plus à une fonction dépendante de la force perturbatrice. Si l'on multiplie cette équation par $2r dr$, et qu'ensuite on l'intègre, on aura $\dfrac{r^2 dr^2}{dt^2}$ égal à une fonction de r, plus à une fonction dépendante de la force perturbatrice. En substituant ces valeurs de $\dfrac{d^2 . r^2}{dt^2}$ et de $\dfrac{r^2 dr^2}{dt^2}$ dans l'expression précédente de $\dfrac{d^2 u}{dt^2} + n^2 u$, la fonction de r indépendante de la force perturbatrice disparaîtra d'elle-même, puisqu'elle est identiquement nulle lorsque cette force est nulle; on aura donc la valeur de $\frac{d^2 u}{dt^2} + n^2 u$, en substituant dans son expression, au lieu de $\frac{d^2 . r^2}{dt^2}$ et de $\frac{r^2 dr^2}{dt^2}$, les parties de leurs expressions qui dépendent de la force perturbatrice. Or, en n'ayant égard qu'à ces parties, l'équation (R') et son intégrale donnent

$$\frac{d^2 . r^2}{dt^2} = - 2Q,$$

$$\frac{\{ r^2 dr^2}{dt^2} = - 8 \int Q r \, dr ;$$

partant

$$\frac{d^2 u}{dt^2} + n^2 u = - 2Q \, \psi' \, r^2 , - 8 \psi'' \, r^2 \int Q r \, dr.$$

Maintenant, de l'équation $u = \psi \, r^2$, on tire $du = 2 r \, dr \, \psi'(r^2)$; celle-ci $r^2 = \varphi(u)$ donne $2 r \, dr = du \, \varphi'(u)$, et par conséquent

$$\psi' \, r^2 = \frac{1}{\varphi'(u)} .$$

En différentiant cette dernière équation, et substituant $\varphi'(u)$ au lieu de $\frac{2 r \, dr}{du}$, on aura

$$\psi' \, r^2 = - \frac{\varphi''(u)}{\varphi'(u)^3} ,$$

$\varphi''(u)$ étant égal à $\frac{d\varphi'(u)}{du}$, de même que $\varphi'(u)$ est égal à $\frac{d\varphi . u}{du}$. Cela posé, si l'on fait

$$u = e \cos(nt + \varepsilon - \varpi) + \delta u,$$

l'équation différentielle en u deviendra

$$0 = \frac{d^2 \delta u}{dt^2} + n^2 \delta u - \frac{4 \varphi''(u)}{\varphi'(u)^3} \int Q \, du \, \varphi'(u) - \frac{2Q}{\varphi'(u)} .$$

et, si l'on néglige le carré de la force perturbatrice, u pourra être supposé égal à $e \cos(nt + \varepsilon - \varpi)$ dans les termes dépendants de Q.

La valeur de $\frac{r}{a}$ trouvée dans le n° **22** donne, en portant la précision jusqu'aux quantités de l'ordre e^3 inclusivement,

$$r = a\left[1 + e^2 - u\left(1 - \tfrac{3}{2}e^2\right) - u^2 - \tfrac{3}{2}u^3\right],$$

d'où l'on tire

$$r^2 = a^2\left[1 + 2e^2 - 2u\left(1 - \tfrac{1}{2}e^2\right) - u^2 - u^3\right] = \varphi(u).$$

Si l'on substitue cette valeur de $\varphi(u)$ dans l'équation différentielle en δu, et que l'on restitue au lieu de Q sa valeur $2\int dR + r\dfrac{\partial R}{\partial r}$, et $e\cos(nt + \varepsilon - \varpi)$ au lieu de u, on aura, aux quantités près de l'ordre e^3,

$$
(X)\quad
\begin{cases}
u + \dfrac{d^2\delta u}{dt^2} + n^2\delta u \\[2mm]
\quad - \dfrac{1}{a^2}\left[1 + \tfrac{1}{4}e^2 - e\cos(nt + \varepsilon - \varpi) - \tfrac{1}{4}e^2\cos(2nt + 2\varepsilon - 2\varpi)\right]\left(2\int dR + r\dfrac{\partial R}{\partial r}\right) \\[2mm]
\quad - \dfrac{2e}{a^2}\int n\,dt\left[\sin(nt + \varepsilon - \varpi)\left[1 + e\cos(nt + \varepsilon - \varpi)\right]\left(2\int dR + r\dfrac{\partial R}{\partial r}\right)\right].
\end{cases}
$$

Lorsque l'on aura déterminé δu au moyen de cette équation différentielle, on aura δr en différentiant l'expression de r par rapport à la caractéristique δ, ce qui donne

$$\delta r = -a\,\delta u\left[1 + \tfrac{1}{4}e^2 - 2e\cos(nt + \varepsilon - \varpi) + \tfrac{3}{4}e^2\cos(2nt + 2\varepsilon - 2\varpi)\right].$$

Cette valeur de δr donnera la valeur de δv, au moyen de la formule (Y) du numéro précédent.

Il nous reste à déterminer δs; or, si l'on compare les formules (X) et (Z) du numéro précédent, on voit que δr se change en δs en changeant, dans son expression, $2\int dR + r\dfrac{\partial R}{\partial r}$ en $\dfrac{\partial R}{\partial z}$; d'où il suit que, pour avoir δs, il suffit de faire ce changement dans l'équation différentielle en δu, et de substituer ensuite la valeur de δu, donnée par cette équation et que nous désignerons par $\delta u'$, dans l'expression de δr. On aura ainsi

$$(Z') \quad \left\{ \begin{aligned} &0 = \frac{d^2 \delta u'}{dt^2} + n^2 \delta u' \\ &\quad - \frac{1}{a^2}\left[1 + \tfrac{1}{4}e^2 - e\cos(nt + \varepsilon - \varpi) - \tfrac{1}{4}e^2 \cos(2nt + 2\varepsilon - 2\varpi) \right]\frac{\partial R}{\partial z} \\ &\quad - \frac{2e}{a^3} \int n\,dt \left| \sin(nt + \varepsilon - \varpi)\left[1 + e\cos(nt + \varepsilon - \varpi) \right]\frac{\partial R}{\partial z} \right|, \end{aligned} \right.$$

$$\delta s = -a\,\delta u'\left[1 + \tfrac{3}{4}e^2 - 2e\cos(nt + \varepsilon - \varpi) + \tfrac{9}{4}e^2 \cos(2nt + 2\varepsilon - 2\varpi) \right].$$

Le système des équations (X'), (Y'), (Z') donnera d'une manière fort simple le mouvement troublé de m, en n'ayant égard qu'à la première puissance de la force perturbatrice. La considération des termes dus à cette puissance étant à très-peu près suffisante dans la théorie des planètes, nous allons en tirer des formules commodes pour déterminer le mouvement de ces corps [1].

18. Il est nécessaire, pour cela, de développer la fonction R en série. Si l'on n'a égard qu'à l'action de m sur m', on a, par le n° 46,

$$R = \frac{m'(xx' + yy' + zz')}{(x'^2 + y'^2 + z'^2)^{\frac{3}{2}}} - \frac{m'}{\left[(x'-x)^2 + (y'-y)^2 + (z'-z)^2 \right]^{\frac{1}{2}}}$$

Cette fonction est entièrement indépendante de la position du plan des x et des y; car, le radical $\sqrt{(x'-x)^2 + (y'-y)^2 + (z'-z)^2}$ exprimant la distance de m à m', il en est indépendant; la fonction

$$x^2 + y^2 + z^2 + x'^2 + y'^2 + z'^2 - 2xx' - 2yy' - 2zz'$$

en est donc pareillement indépendante; mais les carrés $x^2 + y^2 + z^2$ et $x'^2 + y'^2 + z'^2$ des rayons vecteurs ne dépendent point de cette po-

[1] Dans l'édition publiée par le Gouvernement français, on trouve à la fin du tome V, pour le n° 47 du Livre II, une correction *indiquée par l'Auteur* dans les termes suivants :
« L'équation (Z') du dernier alinéa de ce numéro n'est exacte qu'en négligeant l'excentricité et le carré de l'inclinaison de l'orbite. C'est avec cette restriction qu'elle a été employée dans tout l'Ouvrage. Il faut supprimer cet alinéa et y substituer ces mots : L'équation (Z) du numéro précédent donnera, d'une manière fort simple, la valeur de δs. »

(*Note de l'Éditeur.*)

sition; la quantité $xx' + yy' + zz'$ n'en dépend donc pas, et par conséquent la fonction R en est indépendante. Supposons dans cette fonction

$$x = r\cos v, \qquad y = r\sin v,$$
$$x' = r'\cos v', \qquad y' = r'\sin v':$$

on aura

$$R = \frac{m'\left[rr'\cos(v'-v) + zz'\right]}{(r'^2 + z'^2)^{\frac{3}{2}}} - \frac{m'}{\left[r^2 - 2rr'\cos(v'-v) + r'^2 + (z'-z)^2\right]^{\frac{1}{2}}}.$$

Les orbes des planètes étant presque circulaires et peu inclinés les uns aux autres, on peut choisir le plan des x et des y de manière que z et z' soient très-petits. Dans ce cas, r et r' diffèrent très-peu des demi-grands axes a et a' des orbes elliptiques; nous supposerons donc

$$r = a(1 + u_i), \qquad r' = a'(1 + u_i'),$$

u_i et u_i' étant des petites quantités. Les angles v et v' différant peu des longitudes moyennes $nt + \varepsilon$ et $n't + \varepsilon'$, nous supposerons

$$v = nt + \varepsilon + v_i, \qquad v' = n't + \varepsilon' + v_i',$$

v_i et v_i' étant des angles peu considérables. Ainsi, en réduisant R dans une série ordonnée par rapport aux puissances et aux produits de u_i, v_i, z, u_i', v_i' et z', cette série sera fort convergente. Soit

$$\frac{a}{a'^2}\cos(n't - nt + \varepsilon' - \varepsilon) - \left[a^2 - 2aa'\cos(n't - nt + \varepsilon' - \varepsilon) + a'^2\right]^{-\frac{1}{2}}$$
$$= \tfrac{1}{2}A^{(0)} + A^{(1)}\cos(n't - nt + \varepsilon' - \varepsilon) - A^{(2)}\cos 2(n't - nt + \varepsilon' - \varepsilon)$$
$$- A^{(3)}\cos 3(n't - nt + \varepsilon' - \varepsilon) + \ldots;$$

on peut donner à cette série la forme

$$\tfrac{1}{2}\Sigma A^{(i)}\cos i(n't - nt + \varepsilon' - \varepsilon),$$

la caractéristique Σ des intégrales finies étant relative au nombre i, et devant s'étendre à tous les nombres entiers, depuis $i = -\infty$ jusqu'à $i = \infty$, la valeur $i = 0$ étant comprise dans ce nombre infini de valeurs; mais alors il faut observer que $A^{(-i)} = A^{(i)}$. Cette forme a l'avantage de servir à exprimer d'une manière fort simple, non-seulement la série précédente, mais encore le produit de cette série par le sinus ou le cosinus d'un angle quelconque $ft + \varpi$; car il est facile de voir que ce produit est égal à

$$\tfrac{1}{2}\Sigma A^{(i)} \begin{matrix}\sin\\ \cos\end{matrix} [i(n't - nt + \varepsilon' - \varepsilon) + ft + \varpi].$$

Cette propriété nous fournira des expressions très-commodes des perturbations du mouvement des planètes. Soit pareillement

$$[a^2 - 2aa' \cos(n't - nt + \varepsilon' - \varepsilon) + a'^2]^{-\frac{3}{2}} = \tfrac{1}{2}\Sigma B^{(i)} \cos i(n't - nt + \varepsilon' - \varepsilon),$$

$B^{(-i)}$ étant égal à $B^{(i)}$. Cela posé, on aura, par les théorèmes du n° 21,

$$\begin{aligned}
R = {} & \frac{m'}{2}\Sigma A^{(i)} \cos i(n't - nt + \varepsilon' - \varepsilon) \\
& + \frac{m'}{2} u_, \Sigma a \frac{\partial A^{(i)}}{\partial a} \cos i(n't - nt + \varepsilon' - \varepsilon) \\
& + \frac{m'}{2} u'_, \Sigma a' \frac{\partial A^{(i)}}{\partial a'} \cos i(n't - nt + \varepsilon' - \varepsilon) \\
& - \frac{m'}{2} (v'_, - v_,) \Sigma i A^{(i)} \sin i(n't - nt + \varepsilon' - \varepsilon) \\
& + \frac{m'}{4} u_,^2 \Sigma a^2 \frac{\partial^2 A^{(i)}}{\partial a^2} \cos i(n't - nt + \varepsilon' - \varepsilon) \\
& + \frac{m'}{2} u_, u'_, \Sigma aa' \frac{\partial^2 A^{(i)}}{\partial a\, \partial a'} \cos i(n't - nt + \varepsilon' - \varepsilon) \\
& + \frac{m'}{4} u'^2_, \Sigma a'^2 \frac{\partial^2 A^{(i)}}{\partial a'^2} \cos i(n't - nt + \varepsilon' - \varepsilon) \\
& - \frac{m'}{2} (v'_, - v_,) u_, \Sigma ia \frac{\partial A^{(i)}}{\partial a} \sin i(n't - nt + \varepsilon' - \varepsilon) \\
& - \frac{m'}{2} (v'_, - v_,) u'_, \Sigma ia' \frac{\partial A^{(i)}}{\partial a'} \sin i(n't - nt + \varepsilon' - \varepsilon) \\
& - \frac{m'}{4} (v'_, - v_,)^2 \Sigma i^2 A^{(i)} \cos i(n't - nt + \varepsilon' - \varepsilon) \\
& + \left(\frac{m'zz'}{a'^3} - \frac{3m'az'^2}{2a'^4}\right) \cos(n't - nt + \varepsilon' - \varepsilon) \\
& + \frac{m'(z' - z)^2}{4} \Sigma B^{(i)} \cos i(n't - nt + \varepsilon' - \varepsilon) \\
& + \ldots\ldots\ldots\ldots\ldots\ldots\ldots\ldots\ldots\ldots
\end{aligned}$$

Si l'on substitue dans cette expression de R, au lieu de u_i, u'_i, c_i, c'_i, z_i et z'_i, leurs valeurs relatives au mouvement elliptique, valeurs qui sont fonctions de sinus et de cosinus des angles $nt + \varepsilon$, $n't + \varepsilon'$ et de leurs multiples, R sera exprimé par une suite infinie de cosinus de la forme

$$m'k \cos(i'n't - int + \Lambda),$$

i et i' étant des nombres entiers.

Il est visible que l'action des corps m'', m''',... sur m produira dans R des termes analogues à ceux qui résultent de l'action de m', et que l'on obtiendra, en changeant dans l'expression précédente de R tout ce qui est relatif à m' dans les mêmes quantités relatives à m'', m''',....

Considérons un terme quelconque $m'k \cos(i'n't - int + \Lambda)$ de l'expression de R. Si les orbites étaient circulaires et dans un même plan, on aurait $i' = i$; donc i' ne peut surpasser i ou en être surpassé qu'au moyen des sinus ou des cosinus des expressions de u_i, c_i, z_i, u'_i, c'_i, z'_i, qui, en se combinant avec les sinus et les cosinus de l'angle $n't - nt + \varepsilon' - \varepsilon$ et de ses multiples, produisent des sinus et des cosinus d'angles dans lesquels i' est différent de i.

Si l'on regarde les excentricités et les inclinaisons des orbites comme des quantités très-petites du premier ordre, il résulte des formules du n° 22 que, dans les expressions de u_i, c_i, z ou rs, s étant la tangente de la latitude de m, le coefficient du sinus ou du cosinus d'un angle tel que $f(nt + \varepsilon)$ est exprimé par une série dont le premier terme est de l'ordre f, le second terme de l'ordre $f + 2$, le troisième terme de l'ordre $f + 4$, et ainsi de suite. Il en est de même du coefficient du sinus ou du cosinus de l'angle $f'(n't + \varepsilon')$, dans les expressions de u'_i, c'_i, z'_i. Il suit de là que, i et i' étant supposés positifs, et i' plus grand que i, le coefficient k dans le terme $m'k \cos(i'n't - int + \Lambda)$ est de l'ordre $i' - i$, et que, dans la série qui l'exprime, le premier terme est de l'ordre $i' - i$, le second terme est de l'ordre $i' - i + 2$, et ainsi de suite, en sorte que cette série est fort convergente. Si i était plus grand que i', les termes de la série seraient successivement des ordres $i - i'$, $i - i' + 2$,.... Il en serait de même si i était négatif dans le premier cas, ou i' dans le second [*].

Nommons ϖ la longitude du périhélie de l'orbite de m, et θ celle de son nœud; nommons pareillement ϖ' la longitude du périhélie de l'orbite de m', et θ' celle de son nœud, ces longitudes étant comptées sur un plan très-peu incliné à celui des orbites. Il résulte des formules du n° **22** que, dans les expressions de u, v, et z, l'angle $nt + \varepsilon$ est toujours accompagné de $-\varpi$ ou de $-\theta$, et que, dans les expressions de u', v', et z', l'angle $n't + \varepsilon'$ est toujours accompagné de $-\varpi'$ ou de $-\theta'$; d'où il suit que le terme $m'k\cos(i'n't - int + A)$ est de cette forme

$$m'k\cos\left(i'n't - int + i'\varepsilon' - i\varepsilon - g\varpi - g'\varpi' - g''\theta - g'''\theta'\right),$$

g, g', g'', g''' étant des nombres entiers positifs ou négatifs, et tels que l'on a

$$0 = i' - i - g - g' - g'' - g'''.$$

Cela résulte encore de ce que la valeur de R et ses différents termes sont indépendants de la position de la droite d'où l'on compte les longitudes. De plus, dans les formules du n° **22**, le coefficient du sinus et du cosinus de l'angle ϖ a toujours pour facteur l'excentricité e de l'orbite de m; le coefficient du sinus et du cosinus de l'angle 2ϖ a pour facteur le carré e^2 de cette excentricité, et ainsi de suite. Pareillement, le coefficient du sinus et du cosinus de l'angle θ a pour facteur $\tan\frac{1}{2}\varphi$, φ étant l'inclinaison de l'orbite de m sur le plan fixe; le coefficient du sinus et du cosinus de l'angle 2θ a pour facteur $\tan^2\frac{1}{2}\varphi$, et ainsi du reste; d'où il résulte que le coefficient k a pour facteur

$$e^{g}\, e'^{g'}\, \tan^{g''}\tfrac{1}{2}\varphi\, \tan^{g'''}\tfrac{1}{2}\varphi,$$

les nombres g, g', g'', g''' étant pris positivement dans les exposants de ce facteur. Si tous ces nombres sont positifs en eux-mêmes, ce fac-

---

[*] La phrase : Il en serait de même, etc., qui termine cet alinéa, ne se trouve pas dans l'édition de l'an VII; elle a été ajoutée dans l'édition de 1829.

leur sera de l'ordre $i' - i$, en vertu de l'équation

$$0 = i' - i - g - g' - g'' - g''';$$

mais, si l'un d'eux, tel que g, est négatif et égal à $- g$, ce facteur sera de l'ordre $i' - i + 2g$. En ne conservant donc, parmi les termes de R, que ceux qui, dépendant de l'angle $i'n't - int$, sont de l'ordre $i' - i$, et en rejetant tous ceux qui, dépendant du même angle, sont des ordres $i' - i + 2$, $i' - i + 4.....$, l'expression de R sera composée de termes de la forme

$$\mathrm{H}e^g e'^{g'} \tang^{g''} \tfrac{1}{2}\varphi \, \tang^{g'''} \tfrac{1}{2}\varphi' \cos\left(i'n't - int + i'\varepsilon' - i\varepsilon - g\varpi - g'\varpi' - g''\theta - g'''\theta'\right).$$

H étant un coefficient indépendant des excentricités et des inclinaisons des orbites, et les nombres g, g', g'', g''' étant tous positifs, et tels que leur somme soit égale à $i' - i$.

Si l'on substitue, dans R, $a(1 + u_{,})$ au lieu de r, on aura

$$r\frac{\partial \mathrm{R}}{\partial r} = a\frac{\partial \mathrm{R}}{\partial a}.$$

Si, dans cette même fonction, on substitue, au lieu de $u_{,}$, $v_{,}$ et z, leurs valeurs données par les formules du n° **22**, on aura

$$\frac{\partial \mathrm{R}}{\partial v} = \frac{\partial \mathrm{R}}{\partial \varepsilon},$$

pourvu que l'on suppose $\varepsilon - \varpi$ et $\varepsilon - \theta$ constants dans la différentielle de R prise par rapport à ε; car alors $u_{,}$, $v_{,}$ et z sont constants dans cette différentielle, et, comme on a $v = nt + \varepsilon + v_{,}$, il est clair que l'équation précédente a lieu. On pourra donc obtenir facilement les valeurs de $r\dfrac{\partial \mathrm{R}}{\partial r}$ et de $\dfrac{\partial \mathrm{R}}{\partial v}$ qui entrent dans les équations différentielles des numéros précédents, lorsque l'on aura la valeur de R développée en série de cosinus d'angles croissant proportionnellement au temps t. La différentielle dR sera pareillement très-facile à déterminer, en observant de ne faire varier dans R que l'angle nt, et de supposer l'angle $n't$ constant, puisque dR est la différence de R, prise en supposant constantes les coordonnées de m', qui sont fonctions de $n't$.

37.

49. La difficulté du développement de R en série se réduit à former les quantités $A^{(i)}$, $B^{(i)}$, et leurs différences prises soit relativement à a, soit relativement à a'. Pour cela, considérons généralement la fonction

$$(a^2 - 2aa'\cos\theta + a'^2)^{-s},$$

et développons-la suivant les cosinus de l'angle θ et de ses multiples. Si l'on fait $\frac{a}{a'} = \alpha$, elle deviendra

$$a'^{-2s}(1 - 2\alpha\cos\theta + \alpha^2)^{-s}.$$

Soit

$$(1 - 2\alpha\cos\theta + \alpha^2)^{-s} = \tfrac{1}{2}b_s^{(0)} + b_s^{(1)}\cos\theta + b_s^{(2)}\cos 2\theta + b_s^{(3)}\cos 3\theta + \ldots,$$

$b_s^{(0)}$, $b_s^{(1)}$, $b_s^{(2)}$, ... étant des fonctions de α et de s. Si l'on prend les différences logarithmiques des deux membres de cette équation par rapport à la variable θ, on aura

$$\frac{-2s\alpha\sin\theta}{1 - 2\alpha\cos\theta + \alpha^2} = \frac{-b_s^{(1)}\sin\theta - 2b_s^{(2)}\sin 2\theta - \ldots}{\frac{1}{2}b_s^{(0)} + b_s^{(1)}\cos\theta + b_s^{(2)}\cos 2\theta + \ldots}.$$

En multipliant en croix et comparant les cosinus semblables, on trouve généralement

$$(a)\qquad b_s^{(i)} = \frac{(i-1)(1+\alpha^2)b_s^{(i-1)} - (i+s-2)\alpha b_s^{(i-2)}}{(i-s)\alpha};$$

on aura ainsi $b_s^{(2)}$, $b_s^{(3)}$, ... lorsque l'on connaîtra $b_s^{(0)}$ et $b_s^{(1)}$.

Si l'on change s en $s+1$, dans l'expression précédente de $(1 - 2\alpha\cos\theta + \alpha^2)^{-s}$, on aura

$$(1 - 2\alpha\cos\theta + \alpha^2)^{-s-1} = \tfrac{1}{2}b_{s+1}^{(0)} + b_{s+1}^{(1)}\cos\theta + b_{s+1}^{(2)}\cos 2\theta + b_{s+1}^{(3)}\cos 3\theta + \ldots.$$

En multipliant les deux membres de cette équation par $1 - 2\alpha\cos\theta + \alpha^2$, et en substituant, au lieu de $(1 - 2\alpha\cos\theta + \alpha^2)^{-s}$, sa valeur en série, on aura

$$\tfrac{1}{2}b_s^{(0)} + b_s^{(1)}\cos\theta + b_s^{(2)}\cos 2\theta + \ldots = (1 - 2\alpha\cos\theta + \alpha^2)(\tfrac{1}{2}b_{s+1}^{(0)} + b_{s+1}^{(1)}\cos\theta + b_{s+1}^{(2)}\cos 2\theta + b_{s+1}^{(3)}\cos 3\theta + \ldots).$$

d'où l'on tire, en comparant les cosinus semblables,

$$b_s^{i} = 1 - x^2\, b_{s+1}^{i} - x b_{s+1}^{i+1} - x b_{s+1}^{i-1}.$$

La formule (a) donne

$$b_{s+1}^{i+1} = \frac{i + x^2\, b_{s+1}^{i} - (i - s)\, x b_{s}^{i+1}}{(i - s)\, x};$$

l'expression précédente de b_s^{i} deviendra ainsi

$$b_s^{i} = \frac{2 s x b_{s}^{i-1} - s\,(1 - x^2)\, b_{s-1}^{i}}{i - s}.$$

En changeant i en $i + 1$ dans cette équation, on aura

$$b_s^{i+1} = \frac{2 s x b_{s}^{i} - s\,(1 - x^2)\, b_{s-1}^{i+1}}{i - s + 1}.$$

et, si l'on substitue au lieu de b_{s-1}^{i+1} sa valeur précédente, on aura

$$b_s^{i+1} = \frac{s\,(i - s)\, x\,(1 - x^2)\, b_{s-1}^{i+1} - s[2(i - s)\, x^2 - i\,(1 - x^2)^2]\, b_{s-1}^{i}}{(i - s)\,(i - s + 1)\, x}.$$

Ces deux expressions de b_s^{i} et de b_s^{i+1} donnent

(b

$$b_{s+1}^{i} = \frac{\frac{i + s}{s}\,(1 - x^2)\, b_s^{i} - 2\,\frac{i - s + 1}{s}\, x b_{s}^{i+1}}{(1 - x^2)^2};$$

en substituant au lieu de b_s^{i+1} sa valeur tirée de l'équation (a), on aura

(c)

$$b_{s+1}^{i} = \frac{\frac{s - i}{s}\,(1 - x^2)\, b_s^{i} - 2\,\frac{i - s + 1}{s}\, x b_{s}^{i-1}}{(1 - x^2)^2}.$$

expression que l'on peut conclure de la précédente, en y changeant i dans $-i$, et observant que $b^{i} = b^{-i}$. On aura donc, au moyen de cette formule, les valeurs de $b_{s+1}^{(0)}$, $b_{s+1}^{(1)}$, $b_{s+1}^{(2)}$, ..., lorsque celles de $b_s^{(0)}$, $b_s^{(1)}$, $b_s^{(2)}$, ... seront connues.

Nommons, pour abréger, λ la fonction $1 - 2\alpha\cos\theta + \alpha^2$. Si l'on différentie, par rapport à α, l'équation

$$\lambda^{-s} = \tfrac{1}{2} b_s^{(0)} + b_s^{(1)}\cos\theta + b_s^{(2)}\cos 2\theta + \ldots,$$

on aura

$$-2s(\alpha - \cos\theta)\lambda^{-s-1} = \frac{1}{2}\frac{db_s^{(0)}}{d\alpha} + \frac{db_s^{(1)}}{d\alpha}\cos\theta + \frac{db_s^{(2)}}{d\alpha}\cos 2\theta + \ldots;$$

mais on a

$$-(\alpha - \cos\theta) = \frac{1 - \alpha^2 - \lambda}{2\alpha};$$

on aura donc

$$\frac{s(1-\alpha^2)}{\alpha}\lambda^{-s-1} - \frac{s\lambda^{-s}}{\alpha} = \frac{1}{2}\frac{db_s^{(0)}}{d\alpha} + \frac{db_s^{(1)}}{d\alpha}\cos\theta + \ldots,$$

d'où l'on tire généralement

$$\frac{db_s^{(i)}}{d\alpha} = \frac{s(1-\alpha^2)}{\alpha} b_{s+1}^{(i)} - \frac{s b_s^{(i)}}{\alpha}.$$

En substituant au lieu de $b_{s+1}^{(i)}$ sa valeur donnée par la formule (b), on aura

$$\frac{db_s^{(i)}}{d\alpha} = \frac{i + (i+2s)\alpha^2}{\alpha(1-\alpha^2)} b_s^{(i)} - \frac{2(i-s+1)}{1-\alpha^2} b_s^{(i+1)}.$$

Si l'on différentie cette équation, on aura

$$\frac{d^2 b_s^{(i)}}{d\alpha^2} = \frac{i + (i+2s)\alpha^2}{\alpha(1-\alpha^2)}\frac{db_s^{(i)}}{d\alpha} + \left(\frac{2(i+s)(1+\alpha^2)}{(1-\alpha^2)^2} - \frac{i}{\alpha^2}\right) b_s^{(i)} - \frac{2(i-s+1)}{1-\alpha^2}\frac{db_s^{(i+1)}}{d\alpha} - \frac{4(i-s+1)\alpha}{(1-\alpha^2)^2} b_s^{(i+1)}.$$

En différentiant encore, on aura

$$\begin{aligned}\frac{d^3 b_s^{(i)}}{d\alpha^3} = {} & \frac{i + (i+2s)\alpha^2}{\alpha(1-\alpha^2)}\frac{d^2 b_s^{(i)}}{d\alpha^2} + 2\left(\frac{2(i+s)(1+\alpha^2)}{(1-\alpha^2)^2} - \frac{i}{\alpha^2}\right)\frac{db_s^{(i)}}{d\alpha} + \left(\frac{4(i+s)\alpha(3+\alpha^2)}{(1-\alpha^2)^3} + \frac{2i}{\alpha^3}\right) b_s^{(i)} \\ & - \frac{2(i-s+1)}{1-\alpha^2}\frac{d^2 b_s^{(i+1)}}{d\alpha^2} - \frac{8(i-s+1)\alpha}{(1-\alpha^2)^2}\frac{db_s^{(i+1)}}{d\alpha} - \frac{4(i-s+1)(1+3\alpha^2)}{(1-\alpha^2)^3} b_s^{(i+1)}.\end{aligned}$$

On voit ainsi que, pour déterminer les valeurs de $b_s^{(i)}$ et de ses différences successives, il suffit de connaître celles de $b_s^{(0)}$ et de $b_s^{(1)}$. On déterminera ces deux quantités de la manière suivante.

Si l'on nomme c le nombre dont le logarithme hyperbolique est l'unité, on pourra mettre l'expression de λ^{-s} sous cette forme

$$\lambda^{-s} = (1 - \alpha c^{\theta\sqrt{-1}})^{-s}(1 - \alpha c^{-\theta\sqrt{-1}})^{-s}.$$

En développant le second membre de cette équation par rapport aux puissances de $c^{\theta\sqrt{-1}}$ et de $c^{-\theta\sqrt{-1}}$, il est visible que les deux exponentielles $c^{i\theta\sqrt{-1}}$ et $c^{-i\theta\sqrt{-1}}$ auront le même coefficient, que nous désignerons par k. La somme des deux termes $kc^{i\theta\sqrt{-1}}$ et $kc^{-i\theta\sqrt{-1}}$ est $2k\cos i\theta$; ce sera la valeur de $b_s^{(i)}\cos i\theta$; on aura donc $b_s^{(i)} = 2k$. Maintenant l'expression de λ^{-s} est égale au produit des deux séries

$$1 + s\alpha c^{\theta\sqrt{-1}} + \frac{s(s+1)}{1.2}\alpha^2 c^{2\theta\sqrt{-1}} + \dots,$$

$$1 + s\alpha c^{-\theta\sqrt{-1}} + \frac{s(s+1)}{1.2}\alpha^2 c^{-2\theta\sqrt{-1}} + \dots;$$

en multipliant donc ces deux séries l'une par l'autre, on aura, dans le cas de $i = 0$,

$$k = 1 + s^2\alpha^2 + \left(\frac{s(s+1)}{1.2}\right)^2\alpha^4 + \dots,$$

et, dans le cas de $i = 1$,

$$k = \alpha\left(s + s\frac{s(s+1)}{1.2}\alpha^2 + \frac{s(s+1)}{1.2}\,\frac{s(s+1)(s+2)}{1.2.3}\alpha^4 + \dots\right);$$

partant

$$b_s^{(0)} = 2\left[1 + s^2\alpha^2 + \left(\frac{s(s+1)}{1.2}\right)^2\alpha^4 + \left(\frac{s(s+1)(s+2)}{1.2.3}\right)^2\alpha^6 + \dots\right],$$

$$b_s^{(1)} = 2\alpha\left[s + s\frac{s(s+1)}{1.2}\alpha^2 + \frac{s(s+1)}{1.2}\,\frac{s(s+1)(s+2)}{1.2.3}\alpha^4 + \dots\right].$$

Pour que ces séries soient convergentes, il faut que z soit moindre que l'unité; c'est ce que l'on peut toujours faire, en prenant pour z le rapport de la plus petite des distances a et a' à la plus grande; ainsi, ayant supposé $z = \frac{a}{a'}$, nous supposerons a plus petit que a'.

Dans la théorie du mouvement des corps m, m', m'', ..., on a besoin de connaître les valeurs de $b_s^{(0)}$ et de $b_s^{(1)}$, lorsque $s = \frac{1}{2}$ et $s = \frac{3}{2}$. Dans ces deux cas, ces valeurs sont peu convergentes, si z n'est pas une petite fraction. Ces séries convergent avec plus de rapidité, lorsque $s = -\frac{1}{2}$, et l'on a

$$\tfrac{1}{2}b_{-\frac{1}{2}}^{0} = 1 - \left(\frac{1}{2}\right)^2 z^2 + \left(\frac{1.1}{2.4}\right)^2 z^4 + \left(\frac{1.1.3}{2.4.6}\right)^2 z^6 + \left(\frac{1.1.3.5}{2.4.6.8}\right)^2 z^8 + \ldots$$

$$b_{-\frac{1}{2}}^{1} = -z\left(1 - \frac{1.1}{2.4}z^2 \cdot \frac{1}{4}\cdot\frac{1.1.3}{2.4.6}z^4 - \frac{1.3}{4.6}\cdot\frac{1.1.3.5}{2.4.6.8}z^6 - \frac{1.3.5}{4.6.8}\cdot\frac{1.1.3.5.7}{2.4.6.8.10}z^8 - \ldots\right)$$

Dans la théorie des planètes et des satellites, il suffira de prendre la somme des onze ou douze premiers termes, en négligeant les termes suivants, ou plus exactement, en les sommant comme une progression géométrique dont la raison est z^2. Lorsque l'on aura ainsi déterminé $b_{-\frac{1}{2}}^{0}$ et $b_{-\frac{1}{2}}^{1}$, on aura $b_{\frac{1}{2}}^{0}$, en faisant $i = 0$ et $s = -\frac{1}{2}$ dans la formule (b), et l'on trouvera

$$b_{\frac{1}{2}}^{0} = \frac{\left(1 - z^2\right)b_{-\frac{1}{2}}^{0} - 6zb_{-\frac{1}{2}}^{1}}{\left(1 - z^2\right)^2}.$$

Si, dans la formule (c), on suppose $i = 1$ et $s = -\frac{1}{2}$, on aura

$$b_{\frac{1}{2}}^{1} = \frac{2zb_{-\frac{1}{2}}^{0} + 3\left(1 + z^2\right)b_{-\frac{1}{2}}^{1}}{\left(1 - z^2\right)^2}.$$

Au moyen de ces valeurs de $b_{\frac{1}{2}}^{0}$ et de $b_{\frac{1}{2}}^{1}$, on aura, par les formules précédentes, les valeurs de $b_{\frac{1}{2}}^{i}$ et de ses différences, quel que soit le nombre i, et l'on en conclura les valeurs de $b_{\frac{3}{2}}^{i}$ et de ses différences.

Les valeurs de $b^{(0)}_{\frac{1}{2}}$ et de $b^{(1)}_{\frac{1}{2}}$ peuvent être déterminées fort simplement par les formules suivantes :

$$b^{(0)}_{\frac{1}{2}} = \frac{b^{(0)}_{-\frac{1}{2}}}{(1-x^2)^{\frac{1}{2}}}, \qquad b^{(1)}_{\frac{1}{2}} = -3\,\frac{b^{(1)}_{-\frac{1}{2}}}{(1-x^2)^{\frac{3}{2}}}.$$

Maintenant, pour avoir les quantités $A^{(0)}$, $A^{(1)}$,... et leurs différences, on observera que, par le numéro précédent, la série

$$\tfrac{1}{2}A^{(0)} + A^{(1)}\cos\theta + A^{(2)}\cos 2\theta + \ldots$$

résulte du développement de la fonction

$$\frac{a\cos\theta}{a'^2}\,[a^2 - 2aa'\cos\theta + a'^2]^{-\frac{1}{2}}$$

dans une suite de cosinus de l'angle θ et de ses multiples : en faisant $\frac{a}{a'} = x$, cette même fonction se réduit à

$$-\frac{1}{2a'}\,b^{(0)}_{\frac{1}{2}} - \left(\frac{a}{a'^2} - \frac{1}{a'}\,b^{(1)}_{\frac{1}{2}}\right)\cos\theta - \frac{1}{a'}\,b^{(2)}_{\frac{1}{2}}\cos 2\theta - \ldots.$$

ce qui donne généralement

$$A^{(i)} = -\frac{1}{a'}\,b^{(i)}_{\frac{1}{2}},$$

lorsque i est zéro ou plus grand que 1, abstraction faite du signe. Dans le cas de $i = 1$, on a

$$A^{(1)} = \frac{a}{a'^2} - \frac{1}{a'}\,b^{(1)}_{\frac{1}{2}}.$$

On a ensuite

$$\frac{\partial A^{(i)}}{\partial a} = -\frac{1}{a'}\,\frac{db^{(i)}_{\frac{1}{2}}}{dx}\,\frac{\partial x}{\partial a};$$

or on a $\frac{\partial x}{\partial a} = \frac{1}{a'}$; partant

$$\frac{\partial A^{(i)}}{\partial a} = -\frac{1}{a'^2}\,\frac{db^{(i)}_{\frac{1}{2}}}{dx},$$

et, dans le cas de $i = 1$, on a

$$\frac{\partial A^{(1)}}{\partial a} = \frac{1}{a'^2}\left(1 - \frac{db_{\frac{1}{2}}^{(1)}}{dx}\right).$$

Enfin on a, dans le cas même de $i = 1$,

$$\frac{\partial^2 A^{(i)}}{\partial a^2} = -\frac{1}{a'^4}\frac{d^2 b_{\frac{1}{2}}^{(i)}}{dx^2},$$

$$\frac{\partial^3 A^{(i)}}{\partial a^3} = -\frac{1}{a'^4}\frac{d^3 b_{\frac{1}{2}}^{(i)}}{dx^3},$$

. . . .

Pour avoir les différences de A^i relatives à a', on observera que, $A^{(i)}$ étant une fonction homogène en a et a', de la dimension -1, on a, par la nature de ce genre de fonctions,

$$a\frac{\partial A^{(i)}}{\partial a} + a'\frac{\partial A^{(i)}}{\partial a'} = -A^{(i)}.$$

d'où l'on tire

$$a'\frac{\partial A^{(i)}}{\partial a'} = -A^{(i)} - a\frac{\partial A^{(i)}}{\partial a}.$$

$$a'\frac{\partial^2 A^{(i)}}{\partial a\,\partial a'} = -2\frac{\partial A^{(i)}}{\partial a} - a\frac{\partial^2 A^{(i)}}{\partial a^2}.$$

$$a'^2\frac{\partial^2 A^{(i)}}{\partial a'^2} = 2A^{(i)} + 4a\frac{\partial A^{(i)}}{\partial a} + a^2\frac{\partial^2 A^{(i)}}{\partial a^2}.$$

$$a'^2\frac{\partial^3 A^{(i)}}{\partial a'^2\,\partial a} = 6\frac{\partial A^{(i)}}{\partial a} + 6a\frac{\partial^2 A^{(i)}}{\partial a^2} + a^2\frac{\partial^3 A^{(i)}}{\partial a^3},$$

$$a'^3\frac{\partial^3 A^{(i)}}{\partial a'^3} = -6A^{(i)} - 18a\frac{\partial A^{(i)}}{\partial a} - 9a^2\frac{\partial^2 A^{(i)}}{\partial a^2} - a^3\frac{\partial^3 A^{(i)}}{\partial a^3},$$

. . . .

On aura $B^{(i)}$ et ses différences en observant que, par le numéro précédent, la série

$$\tfrac{1}{2}B^{(0)} + B^{(1)}\cos\theta + B^{(2)}\cos2\theta + \dots$$

est le développement de la fonction $a'^{-1}(1 - 2x\cos\theta + x^2)^{-\frac{1}{2}}$, suivant les cosinus de l'angle θ et de ses multiples; or cette fonction ainsi développée est égale à

$$a'^{-3}\left(\tfrac{1}{2}b^{(0)}_{\frac{3}{2}}+b^{(1)}_{\frac{3}{2}}\cos\varphi+b^{(2)}_{\frac{3}{2}}\cos 2\varphi+\dots\right);$$

on a donc généralement

$$\mathrm{B}^{(i)}=\frac{1}{a'^3}\,b^{(i)}_{\frac{3}{2}},$$

d'où l'on tire

$$\frac{\partial \mathrm{B}^{(i)}}{\partial a}=\frac{1}{a'^3}\frac{db^{(i)}_{\frac{3}{2}}}{d\alpha},\qquad \frac{\partial^2 \mathrm{B}^{(i)}}{\partial a^2}=\frac{1}{a'^3}\frac{d^2 b^{(i)}_{\frac{3}{2}}}{d\alpha^2},\qquad \dots$$

De plus, $\mathrm{B}^{(i)}$ étant une fonction homogène de a et de a', de la dimension -3, on a

$$a\frac{\partial \mathrm{B}^{(i)}}{\partial a}+a'\frac{\partial \mathrm{B}^{(i)}}{\partial a'}=-3\mathrm{B}^{(i)},$$

d'où il est facile de conclure les différences partielles de $\mathrm{B}^{(i)}$ prises relativement à a', au moyen de ses différences partielles en a.

Dans la théorie des perturbations de m' par l'action de m, les valeurs de $\mathrm{A}^{(i)}$ et de $\mathrm{B}^{(i)}$ sont les mêmes que ci-dessus, à l'exception de $\mathrm{A}^{(1)}$, qui dans cette théorie devient $\dfrac{a'}{a^2}-\dfrac{1}{a'}b^{(1)}_{\frac{1}{2}}$. Ainsi le calcul des valeurs de $\mathrm{A}^{(i)}$, $\mathrm{B}^{(i)}$ et de leurs différences sert à la fois pour les théories des deux corps m et m'.

50. Après cette digression sur le développement de R en série, reprenons les équations différentielles (X'), (Y) et (Z') des n⁰ˢ 46 et 47, et déterminons à leur moyen les valeurs de δr, δv et δs, en portant la précision jusqu'aux quantités de l'ordre des excentricités et des inclinaisons des orbites.

Si, dans les orbes elliptiques, on suppose

$$r=a(1+u_{\prime}),\qquad r'=a'(1+u'_{\prime}),$$
$$v=nt+\varepsilon+v_{\prime},\qquad v'=n't+\varepsilon'+v'_{\prime},$$

on aura, par le n⁰ 22,

$$u_{\prime}=-e\cos(nt+\varepsilon-\varpi),\qquad u'_{\prime}=-e'\cos(n't+\varepsilon'-\varpi'),$$
$$v_{\prime}=2e\sin(nt+\varepsilon-\varpi),\qquad v'_{\prime}=2e'\sin(n't+\varepsilon'-\varpi'),$$

$nt + \varepsilon$, $n't + \varepsilon'$ étant les longitudes moyennes de m et de m'; a et a' étant les demi-grands axes de leurs orbites; e et e' étant les rapports des excentricités aux demi-grands axes; enfin, ϖ et ϖ' étant les longitudes de leurs périhélies. Toutes ces longitudes peuvent être rapportées indifféremment aux plans mêmes des orbites ou à un plan qui leur est fort peu incliné, puisque l'on néglige les quantités de l'ordre des carrés et des produits des excentricités et des inclinaisons. En substituant les valeurs précédentes dans l'expression de R du n° 48, on aura

$$R = \frac{m'}{2} \Sigma A^{(i)} \cos i\,(n't - nt + \varepsilon' - \varepsilon)$$
$$- \frac{m'}{2} \Sigma \left[a \frac{\partial A^{(i)}}{\partial a} - 2i A^{(i)} \right] e \cos\left[i(n't - nt + \varepsilon' - \varepsilon) + nt + \varepsilon - \varpi \right]$$
$$- \frac{m'}{2} \Sigma \left[a \frac{\partial A^{(i-1)}}{\partial a} - 2(i-1) A^{(i-1)} \right] e' \cos\left[i(n't - nt + \varepsilon' - \varepsilon) + nt + \varepsilon - \varpi' \right],$$

le signe Σ des intégrales finies s'étendant à toutes les valeurs entières, positives et négatives, de i, en y comprenant la valeur $i = 0$. De là on tire

$$\int dR - r \frac{\partial R}{\partial r} = 2m'g - \frac{m'}{2} a \frac{\partial A^{(0)}}{\partial a}$$
$$- \frac{m'}{2} \Sigma \left[a \frac{\partial A^{(i)}}{\partial a} - \frac{2n}{n' - n} A^{(i)} \right] \cos i\,(n't - nt + \varepsilon' - \varepsilon)$$
$$- \frac{m'}{2} \left[a^2 \frac{\partial^2 A^{(0)}}{\partial a^2} - 3a \frac{\partial A^{(0)}}{\partial a} \right] e \cos(nt + \varepsilon - \varpi)$$
$$- \frac{m'}{2} \left(aa' \frac{\partial^2 A^{(1)}}{\partial a \partial a'} - 2a \frac{\partial A^{(1)}}{\partial a} + 2a' \frac{\partial A^{(1)}}{\partial a'} - 4 A^{(1)} \right) e' \cos(nt + \varepsilon - \varpi')$$
$$- \frac{m'}{2} \Sigma \left[a^2 \frac{\partial^2 A^{(i)}}{\partial a^2} - (2i+1) a \frac{\partial A^{(i)}}{\partial a} + \frac{2(i-1)n}{i(n-n') - n} \left(a \frac{\partial A^{(i)}}{\partial a} - 2i A^{(i)} \right) \right]$$
$$\times e \cos\left[i(n't - nt + \varepsilon' - \varepsilon) + nt + \varepsilon - \varpi \right]$$
$$- \frac{m'}{2} \Sigma \left[aa' \frac{\partial^2 A^{(i-1)}}{\partial a \partial a'} - 2(i-1) a \frac{\partial A^{(i-1)}}{\partial a} + \frac{2(i-1)n}{i(n-n') - n} \left(a' \frac{\partial A^{(i-1)}}{\partial a'} - 2(i-1) A^{(i-1)} \right) \right]$$
$$\times e' \cos\left[i(n't - nt + \varepsilon' - \varepsilon) + nt + \varepsilon - \varpi' \right],$$

le signe intégral Σ s'étendant, comme dans ce qui suit, à toutes les valeurs entières, positives ou négatives, de i, la seule valeur $i = 0$ étant exceptée, parce que nous avons fait sortir hors de ce signe les termes dans lesquels $i = 0$; $m'g$ est une constante ajoutée à l'intégrale $\int d\mathrm{R}$. En faisant donc

$$\mathrm{C} = \tfrac{1}{2}a^3\frac{\partial^2 \mathrm{A}^{(0)}}{\partial a^2} + 3a^2\frac{\partial \mathrm{A}^{(0)}}{\partial a} + 6ag,$$

$$\mathrm{D} = \tfrac{1}{2}a^2a'\frac{\partial^2 \mathrm{A}^{(1)}}{\partial a\,\partial a'} + a^2\frac{\partial \mathrm{A}^{(1)}}{\partial a} + aa'\frac{\partial \mathrm{A}^{(1)}}{\partial a'} + 2a\mathrm{A}^{(1)},$$

$$\begin{aligned}\mathrm{C}^{(i)} = \tfrac{1}{2}a^3\frac{\partial^2 \mathrm{A}^{(i)}}{\partial a^2} + \frac{2i+1}{2}a^2\frac{\partial \mathrm{A}^{(i)}}{\partial a} &+ \frac{i(n-n')-3n}{2[i(n-n')-n]}\left(a^2\frac{\partial \mathrm{A}^{(i)}}{\partial a} + \frac{2n}{n-n'}a\mathrm{A}^{(i)}\right)\\ &+ \frac{(i-1)n}{i(n-n')-n}\left(a^2\frac{\partial \mathrm{A}^{(i)}}{\partial a} - 2ia\mathrm{A}^{(i)}\right),\end{aligned}$$

$$\mathrm{D}^{(i)} = \tfrac{1}{2}a^2a'\frac{\partial^2 \mathrm{A}^{(i-1)}}{\partial a\,\partial a'} - (i-1)a^2\frac{\partial \mathrm{A}^{(i-1)}}{\partial a} + \frac{(i-1)n}{i(n-n')-n}\left(aa'\frac{\partial \mathrm{A}^{(i-1)}}{\partial a'} - 2(i-1)a\mathrm{A}^{(i-1)}\right);$$

en prenant ensuite pour unité la somme des masses $\mathrm{M}+m$, et observant que, par le n° 20, $\frac{\mathrm{M}+m}{a^3} = n^2$, l'équation (X') deviendra

$$\begin{aligned}0 = \frac{d^2\delta u}{dt^2} &+ n^2\delta u - 2n^2m'ag - \frac{n^2m'}{2}a^2\frac{\partial \mathrm{A}^{(0)}}{\partial a}\\ &- \frac{n^2m'}{2}\Sigma\left(a^2\frac{\partial \mathrm{A}^{(i)}}{\partial a} + \frac{2n}{n-n'}a\mathrm{A}^{(i)}\right)\cos i(n't-nt+\varepsilon'-\varepsilon)\\ &+ n^2m'\mathrm{C}e\cos(nt+\varepsilon-\varpi) + n^2m'\mathrm{D}e'\cos(nt+\varepsilon-\varpi')\\ &+ n^2m'\,\Sigma\,\mathrm{C}^{(i)}e\cos[i(n't-nt+\varepsilon'-\varepsilon)+nt+\varepsilon-\varpi]\\ &+ n^2m'\,\Sigma\,\mathrm{D}^{(i)}e'\cos[i(n't-nt+\varepsilon'-\varepsilon)+nt+\varepsilon-\varpi'],\end{aligned}$$

et, en intégrant,

$$\begin{aligned}\delta u = 2m'ag + \frac{m'}{2}a^2\frac{\partial \mathrm{A}^{(0)}}{\partial a} &- \frac{m'}{2}n^2\,\Sigma\,\frac{a^2\frac{\partial \mathrm{A}^{(i)}}{\partial a} + \frac{2n}{n-n'}a\mathrm{A}^{(i)}}{i^2(n-n')^2-n^2}\cos i(n't-nt+\varepsilon'-\varepsilon)\\ &+ m'f_{\prime}e\cos(nt+\varepsilon-\varpi) + m'f'_{\prime}e'\cos(nt+\varepsilon-\varpi')\\ &- \frac{m'}{2}\mathrm{C}nte\sin(nt+\varepsilon-\varpi) - \frac{m'}{2}\mathrm{D}nte'\sin(nt+\varepsilon-\varpi')\\ &+ m'\,\Sigma\,\frac{\mathrm{C}^{(i)}n^2}{[i(n-n')-n]^2-n^2}e\cos[i(n't-nt+\varepsilon'-\varepsilon)+nt+\varepsilon-\varpi]\\ &+ m'\,\Sigma\,\frac{\mathrm{D}^{(i)}n^2}{[i(n-n')-n]^2-n^2}e'\cos[i(n't-nt+\varepsilon'-\varepsilon)+nt+\varepsilon-\varpi'],\end{aligned}$$

$f_{,}$ et $f'_{,}$ étant deux arbitraires. L'expression de δr en δu, trouvée dans le n° 47, donnera

$$\frac{\delta r}{a} = 2m'ag + \frac{m'}{2}a^2\frac{\partial A^{(0)}}{\partial a} + \frac{m'}{2}n^2\Sigma\frac{a^2\frac{\partial A^{(i)}}{\partial a} + \frac{2n}{n-n'}aA^{(i)}}{i^2(n-n')^2-n^2}\cos i(n't-nt+\varepsilon'-\varepsilon)$$

$$-\,m'fe\cos(nt+\varepsilon-\varpi) - m'f'e'\cos(nt+\varepsilon-\varpi')$$

$$+\,\tfrac{1}{2}m'Cnte\sin(nt+\varepsilon-\varpi) + \tfrac{1}{2}m'Dnte'\sin(nt+\varepsilon-\varpi')$$

$$+\,m'n^2\Sigma\left\{\frac{a^2\frac{\partial A^{(i)}}{\partial a} + \frac{2n}{n-n'}aA^{(i)}}{i^2(n-n')^2-n^2} - \frac{C^{(i)}}{[i(n-n')-n]^2-n^2}\right\}e\cos[i(n't-nt+\varepsilon'-\varepsilon)+nt+\varepsilon-\varpi]$$

$$+\,m'n^2\Sigma\frac{D^{(i)}}{[i(n-n')-n]^2-n^2}e'\cos[i(n't-nt+\varepsilon'-\varepsilon)+nt+\varepsilon-\varpi'],$$

f et f' étant des arbitraires dépendantes de $f_{,}$ et $f'_{,}$.

Cette valeur de δr, substituée dans la formule (Y) du n° 46, donnera δv ou les perturbations du mouvement de la planète en longitude; mais on doit observer que, nt exprimant le moyen mouvement de m, le terme proportionnel au temps t doit disparaître de l'expression de δv. Cette condition détermine la constante g, et l'on trouve

$$g = -\tfrac{1}{3}a\frac{\partial A^{(0)}}{\partial a}.$$

Nous aurions pu nous dispenser d'introduire dans la valeur de δr les arbitraires f et f', puisqu'elles peuvent être censées comprises dans les éléments e et ϖ du mouvement elliptique; mais alors l'expression de δv aurait renfermé des termes dépendants de l'anomalie moyenne, et qui n'auraient point été compris dans ceux que donne le mouvement elliptique : or il est plus commode de faire disparaître ces termes de l'expression de la longitude, pour les introduire dans l'expression du rayon vecteur; nous déterminerons ainsi $f_{,}$ et $f'_{,}$ de manière à remplir cette condition. Cela posé, si l'on substitue au lieu de $a'\frac{\partial A^{(i-1)}}{\partial a}$ sa valeur $-A^{(i-1)} - a\dfrac{\partial A^{(i-1)}}{\partial a}$, on aura

$$C = a^2\frac{\partial A^{(0)}}{\partial a} + \tfrac{1}{2}a^3\frac{\partial^2 A^{(0)}}{\partial a^2},$$

$$D = aA^{(1)} - a^2\frac{\partial A^{(1)}}{\partial a} - \tfrac{1}{2}a^3\frac{\partial^2 A^{(1)}}{\partial a^2},$$

$$D^{(i)} = \frac{(i-1)(2i-1)n}{n-i(n-n')}aA^{(i-1)} + \frac{i^2(n-n')-n}{n-i(n-n')}a^2\frac{\partial A^{(i-1)}}{\partial a} - \tfrac{1}{2}a^3\frac{\partial^2 A^{(i-1)}}{\partial a^2},$$

$$f = \tfrac{1}{2}a^2\frac{\partial A^{(0)}}{\partial a} + \tfrac{1}{4}a^3\frac{\partial^2 A^{(0)}}{\partial a^2},$$

$$f' = \tfrac{1}{4}\left(aA^{(1)} - a^2\frac{\partial A^{(1)}}{\partial a} - a^3\frac{\partial^2 A^{(1)}}{\partial a^2}\right).$$

Soit, de plus,

$$E^{(i)} = -\frac{3n}{n-n'}aA^{(i)} + \frac{i^2(n-n')[n-i(n-n')]-3n^2}{i^2(n-n')^2-n^2}\left(a^2\frac{\partial A^{(i)}}{\partial a} + \frac{2n}{n-n'}aA^{(i)}\right) + \tfrac{1}{2}a^3\frac{\partial^2 A^{(i)}}{\partial a^2},$$

$$F^{(i)} = \frac{(i-1)n}{n-n'}aA^{(i)} + \frac{\frac{in}{2}[n+i(n-n')]-3n^2}{i^2(n-n')^2-n^2}\left(a^2\frac{\partial A^{(i)}}{\partial a} + \frac{2n}{n-n'}aA^{(i)}\right) - \frac{2n^2E^{(i)}}{n^2-[n-i(n-n')]^2},$$

$$G^{(i)} = \frac{(i-1)(2i-1)naA^{(i-1)} + (i-1)na^2\dfrac{\partial A^{(i-1)}}{\partial a}}{2[n-i(n-n')]} - \frac{2n^2D^{(i)}}{n^2-[n-i(n-n')]^2},$$

on aura

$$\begin{aligned}\frac{\delta r}{a} = {} & \frac{m'}{6}a^2\frac{\partial A^{(0)}}{\partial a} + \frac{m'n^2}{2}\sum\frac{a^2\dfrac{\partial A^{(i)}}{\partial a} + \dfrac{2n}{n-n'}aA^{(i)}}{i^2(n-n')^2-n^2}\cos i(n't-nt+\varepsilon'-\varepsilon)\\ & - m'fe\cos(nt+\varepsilon-\varpi) - m'f'e'\cos(nt+\varepsilon-\varpi')\\ & + \tfrac{1}{2}m'Cnte\sin(nt+\varepsilon-\varpi) + \tfrac{1}{2}m'Dnte'\sin(nt+\varepsilon-\varpi')\\ & + n^2m'\sum\left\{\begin{aligned} & \frac{E^{(i)}}{n^2-[n-i(n-n')]^2}e\cos[i(n't-nt+\varepsilon'-\varepsilon)+nt+\varepsilon-\varpi]\\ & + \frac{D^{(i)}}{n^2-[n-i(n-n')]^2}e'\cos[i(n't-nt+\varepsilon'-\varepsilon)+nt+\varepsilon-\varpi']\end{aligned}\right\},\end{aligned}$$

$$\delta v = \frac{m'}{2}\Sigma\left\{\frac{n^2}{i(n-n')^2}aA^{(i)} + \frac{2n^3\left(a^2\frac{dA^{(i)}}{da} + \frac{2n}{n-n'}aA^{(i)}\right)}{i(n-n')[i^2(n-n')^2-n^2]}\right\}\sin i(n't-nt+\varepsilon'-\varepsilon)$$

$$+ m'Cnte\cos(nt+\varepsilon-\varpi) + m'Dnte'\cos(nt+\varepsilon-\varpi')$$

$$+ nm'\Sigma\left\{\begin{array}{l}\dfrac{F^{(i)}}{n-i(n-n')}e\sin[i(n't-nt+\varepsilon'-\varepsilon)+nt+\varepsilon-\varpi]\\ + \dfrac{G^{(i)}}{n-i(n-n')}e'\sin[i(n't-nt+\varepsilon'-\varepsilon)+nt+\varepsilon-\varpi']\end{array}\right\},$$

le signe intégral Σ s'étendant dans ces expressions à toutes les valeurs entières, positives et négatives, de i, la seule valeur $i = 0$ étant exceptée.

On doit observer ici que, dans le cas même où la série représentée par $\Sigma A^{(i)}\cos i(n't - nt + \varepsilon' - \varepsilon)$ est peu convergente, ces expressions de $\frac{\delta r}{a}$ et de δv le deviennent par les diviseurs qu'elles acquièrent. Cette remarque est d'autant plus importante que, sans elle, il eût été impossible d'exprimer analytiquement les perturbations réciproques des planètes dont les rapports des distances au Soleil diffèrent peu de l'unité.

Ces expressions peuvent être mises sous la forme suivante, qui nous sera utile dans la suite; soit

$$h = e\sin\varpi, \quad h' = e'\sin\varpi',$$
$$l = e\cos\varpi, \quad l' = e'\cos\varpi';$$

on aura

$$\frac{\delta r}{a} = \frac{m'}{6}a^2\frac{dA^{(0)}}{da} - \frac{m'n^2}{2}\Sigma\frac{a^2\frac{dA^{(i)}}{da} + \frac{2n}{n-n'}aA^{(i)}}{i^2(n-n')^2 - n^2}\cos i(n't-nt+\varepsilon'-\varepsilon)$$

$$- m'(hf + h'f')\sin(nt+\varepsilon) - m'(lf + l'f')\cos(nt+\varepsilon)$$

$$- \frac{m'}{2}(lC + l'D)nt\sin(nt+\varepsilon) - \frac{m'}{2}(hC + h'D)nt\cos(nt+\varepsilon)$$

$$+ n^2m'\Sigma\left\{\begin{array}{l}\dfrac{hE^{(i)} + h'D^{(i)}}{n^2 - [n-i(n-n')]^2}\sin[i(n't-nt+\varepsilon'-\varepsilon)+nt+\varepsilon]\\ + \dfrac{lE^{(i)} + l'D^{(i)}}{n^2 - [n-i(n-n')]^2}\cos[i(n't-nt+\varepsilon'-\varepsilon)+nt+\varepsilon]\end{array}\right\},$$

$$\delta v = \frac{m'}{2} \Sigma \left\{ -\frac{n^2}{i\,(n-n')^{2}}\,a\,\mathrm{A}^{(i)} + 2n^3\,\frac{a^2\dfrac{\partial \mathrm{A}^{(i)}}{\partial a} - \dfrac{2n}{n-n'}\,a\,\mathrm{A}^{(i)}}{i\,(n-n')\left[i^2(n-n')^2-n^2\right]} \right\} \sin i\,(n't - nt + \varepsilon' - \varepsilon)$$

$$- m'(h\,\mathrm{C} + h'\,\mathrm{D})\,nt\sin(nt+\varepsilon) + m'(l\,\mathrm{C} + l'\,\mathrm{D})\,nt\cos(nt+\varepsilon)$$

$$- nm' \Sigma \left\{ \frac{l\,\mathrm{F}^{(i)} + l'\,\mathrm{G}^{(i)}}{n-i\,(n-n')} \sin\left[i(n't - nt + \varepsilon' - \varepsilon) + nt + \varepsilon\right] \right.$$
$$\left. - \frac{h\,\mathrm{F}^{(i)} + h'\,\mathrm{G}^{(i)}}{n-i\,(n-n')} \cos\left[i(n't - nt + \varepsilon' - \varepsilon) + nt + \varepsilon\right] \right\}.$$

En réunissant ces expressions de δr et de δv aux valeurs de r et de v relatives au mouvement elliptique, on aura les valeurs entières du rayon vecteur de m et de son mouvement en longitude.

51. Considérons présentement le mouvement de m en latitude. Pour cela, reprenons la formule (Z) du n° 47. Si l'on néglige le produit des inclinaisons par les excentricités des orbites, elle devient

$$0 = \frac{d^2\delta u'}{dt^2} + n^2\delta u' - \frac{1}{a^2}\frac{\partial \mathrm{R}}{\partial z};$$

l'expression de R du n° 48 donne, en prenant pour plan fixe celui de l'orbite primitive de m,

$$\frac{\partial \mathrm{R}}{\partial z} = -\frac{m'z'}{a'^3} - \frac{m'z'}{2}\Sigma\,\mathrm{B}^{(i)}\cos i\,(n't - nt + \varepsilon' - \varepsilon),$$

la valeur de i s'étendant à tous les nombres entiers positifs et négatifs, en y comprenant même $i = 0$. Soient γ la tangente de l'inclinaison de l'orbite de m' sur l'orbite primitive de m, et Π la longitude du nœud ascendant de la première de ces orbites sur la seconde; on aura, à très-peu près,

$$z' = a'\gamma\sin(n't + \varepsilon' - \Pi),$$

ce qui donne

$$\frac{\partial \mathrm{R}}{\partial z} = \frac{m'}{a'^2}\gamma\sin(n't + \varepsilon' - \Pi) - \frac{m'}{2}a'\,\mathrm{B}^{(0)}\gamma\sin(nt + \varepsilon - \Pi)$$

$$- \frac{m'}{2}a'\,\Sigma\,\mathrm{B}^{(i-1)}\gamma\sin\left[i(n't - nt + \varepsilon' - \varepsilon) + nt + \varepsilon - \Pi\right],$$

la valeur de i s'étendant ici, comme dans ce qui va suivre, à tous les nombres entiers positifs et négatifs, la seule valeur $i = o$ étant exceptée. L'équation différentielle en $\delta u'$ deviendra donc, en multipliant la valeur de $\frac{\partial R}{\partial z}$ par $n^2 a^3$, qui est égal à l'unité,

$$o = \frac{d^2\delta u'}{dt^2} + n^2\delta u' - m'n^2 \frac{a}{a'^2}\gamma \sin(n't + \varepsilon' - \Pi) - \frac{m'n^2}{2} aa' B^{(1)}\gamma \sin(nt + \varepsilon - \Pi)$$
$$+ \frac{m'n^2}{2} aa' \Sigma B^{(i)}\gamma \sin[i(n't - nt + \varepsilon' - \varepsilon) + nt + \varepsilon - \Pi];$$

d'où l'on tire, en intégrant et en observant que, par le n° 47, $\delta s = - a\delta u$,

$$\delta s = - \frac{m'n^2}{n^2 - n'^2} \cdot \frac{a^2}{a'^2}\gamma \sin(n't + \varepsilon' - \Pi) - \frac{m'a^2 a'}{i} B^{(1)} nt . \gamma \cos(nt + \varepsilon - \Pi)$$
$$+ \frac{m'n^2 a^2 a'}{2} \Sigma \frac{B^{(i)}}{n^2 - [n - i(n - n')]^2}\gamma \sin[i(n't - nt + \varepsilon' - \varepsilon) + nt + \varepsilon - \Pi].$$

Pour avoir la latitude de m au-dessus d'un plan fixe peu incliné à celui de son orbite primitive, en nommant φ l'inclinaison de cette orbite sur le plan fixe, et θ la longitude de son nœud ascendant sur le même plan, il suffira d'ajouter à δs la quantité $\tan g\varphi \sin(v - \theta)$ ou $\tan g\varphi \sin(nt + \varepsilon - \theta)$, en négligeant l'excentricité de l'orbite. Nommons φ' et θ' ce que deviennent φ et θ relativement à m'. Si m était en mouvement sur l'orbite primitive de m', la tangente de sa latitude serait $\tan g\varphi' \sin(nt + \varepsilon - \theta')$; elle serait $\tan g\varphi \sin(nt + \varepsilon - \theta)$, si m continuait de se mouvoir sur son orbite primitive. La différence de ces deux tangentes est à très-peu près la tangente de la latitude de m au-dessus du plan de son orbite primitive, en le supposant mû sur le plan de l'orbite primitive de m'; on a donc

$$\tan g\varphi' \sin(nt + \varepsilon - \theta') - \tan g\varphi \sin(nt + \varepsilon - \theta) = \gamma \sin(nt + \varepsilon - \Pi).$$

Soit

$$\tan g\varphi \sin\theta = p, \quad \tan g\varphi' \sin\theta' = p',$$
$$\tan g\varphi \cos\theta = q, \quad \tan g\varphi' \cos\theta' = q';$$

on aura

$$\gamma \sin\Pi = p' - p, \quad \gamma \cos\Pi = q' - q.$$

et par conséquent, si l'on désigne par s la latitude de m au-dessus du plan fixe, on aura, à très-peu près,

$$s = q\sin(nt+\varepsilon) - p\cos(nt+\varepsilon) - \frac{m'a^2a'}{4}(p'-p)\,B^{(1)}nt\sin(nt+\varepsilon)$$

$$\frac{m'a^2a'}{4}(q'-q)\,B^{(1)}nt\cos(nt+\varepsilon) - \frac{m'n^2}{n^2-n'^2}\frac{a^2}{a'^2}\big[(q'-q)\sin(n't+\varepsilon') - (p'-p)\cos(n't+\varepsilon')\big]$$

$$-\frac{m'n^2a^2a'}{2}\,\Sigma\left\{ \begin{array}{l} \dfrac{(q'-q)\,B^{(i+1)}}{n^2-[n-i(n-n')]^2}\sin\big[i(n't-nt+\varepsilon'-\varepsilon)+nt+\varepsilon\big] \\[2ex] -\dfrac{(p'-p)\,B^{(i+1)}}{n^2-[n-i(n-n')]^2}\cos\big[i(n't-nt+\varepsilon'-\varepsilon)+nt+\varepsilon\big] \end{array} \right.$$

52. Rassemblons présentement les formules que nous venons de trouver. Nommons (r) et (v) les parties du rayon vecteur et de la longitude v sur l'orbite, qui dépendent du mouvement elliptique; on aura

$$r = (r) + \delta r, \qquad v = (v) + \delta v.$$

La valeur précédente de s sera la latitude de m au-dessus du plan fixe; mais il sera plus exact d'employer, au lieu de ses deux premiers termes, qui sont indépendants de m', la valeur de la latitude qui aurait lieu dans le cas où m ne quitterait point le plan de son orbite primitive. Ces expressions renferment toute la théorie des planètes, lorsque l'on néglige les carrés et les produits des excentricités et des inclinaisons des orbites, ce qui est le plus souvent permis. Elles ont d'ailleurs l'avantage d'être sous une forme très-simple, qui laisse facilement apercevoir la loi de leurs différents termes.

Quelquefois on aura besoin de recourir aux termes dépendants des carrés et des produits des excentricités et des inclinaisons, et même des puissances et des produits supérieurs. On pourra déterminer ces termes par l'analyse précédente; la considération qui les rend nécessaires facilitera toujours leur détermination. Les approximations dans lesquelles on y aurait égard introduiraient de nouveaux termes, qui dépendraient de nouveaux arguments. Elles reproduiraient encore les arguments que donnent les approximations précédentes, mais avec des coefficients de plus en plus petits, suivant cette loi, qu'il est aisé de conclure du développement de R en série, donné dans le n° 48 : *Un argument qui, dans les approximations successives, se trouve pour la première fois parmi les quantités d'un ordre quelconque r, n'est reproduit que par les quantités des ordres r + 2, r + 4,....*

Il suit de là que les coefficients des termes de la forme $t \genfrac{}{}{0pt}{}{\sin}{\cos} (nt + \varepsilon)$, qui entrent dans les expressions de r, v et s, sont approchés jusqu'aux quantités du troisième ordre, c'est-à-dire que l'approximation dans laquelle on aurait égard aux carrés et aux produits des excentricités et des inclinaisons des orbites n'ajouterait rien à leurs valeurs; elles ont donc toute la précision que l'on peut désirer, ce qu'il est d'autant plus essentiel d'observer, que de ces coefficients dépendent les variations séculaires des orbites.

Les divers termes des perturbations de r, v, s sont compris dans la forme

$$k \genfrac{}{}{0pt}{}{\sin}{\cos} [i(n't - nt + \varepsilon' - \varepsilon) + rnt + r\varepsilon],$$

r étant un nombre entier positif ou zéro, et k étant une fonction des excentricités et des inclinaisons des orbites de l'ordre r ou d'un ordre supérieur. On peut juger par là de quel ordre est un terme dépendant d'un angle donné.

Il est clair que l'action des corps m'', m''', ... ne fait qu'ajouter aux valeurs précédentes de r, v et s des termes analogues à ceux qui résultent de l'action de m', et qu'en négligeant le carré de la force perturbatrice, les sommes de tous ces termes donneront les valeurs entières de r, v et s. Cela suit de la nature des formules (X'), (Y) et (Z'), qui sont linéaires relativement aux quantités dépendantes de la force perturbatrice.

Enfin, on aura les perturbations de m', produites par l'action de m, en changeant, dans les formules précédentes, a, n, h, l, ε, ϖ, p, q et m en a', n', h', l', ε', ϖ', p', q' et m, et réciproquement.

CHAPITRE VII.

DES INÉGALITÉS SÉCULAIRES DES MOUVEMENTS CÉLESTES.

53. Les forces perturbatrices du mouvement elliptique introduisent, dans les expressions de r, $\frac{dv}{dt}$ et s du Chapitre précédent, le temps t hors des signes sinus et cosinus, ou sous la forme d'arcs de cercle qui, en croissant indéfiniment, doivent à la longue rendre ces expressions fautives; il est donc essentiel de faire disparaître ces arcs, et d'avoir les fonctions qui les produisent par leur développement en série. Nous avons donné pour cet objet, dans le Chapitre V, une méthode générale, de laquelle il résulte que ces arcs naissent des variations des éléments du mouvement elliptique, qui sont alors fonctions du temps. Ces variations s'exécutant avec une grande lenteur, elles ont été désignées sous le nom d'*inégalités séculaires*. Leur théorie est un des points les plus intéressants du Système du monde; nous allons la présenter ici avec l'étendue qu'exige son importance.

On a, par le Chapitre précédent,

$$r = a\left[1 - h\sin(nt+\varepsilon) - l\cos(nt+\varepsilon) - \dots \right.$$
$$\left. + \frac{m'}{2}(lC + l'D)\,nt\sin(nt+\varepsilon) - \frac{m'}{2}\,hC - h'D)\,nt\cos(nt+\varepsilon) + m'S \right],$$

$$\frac{dv}{dt} = n - 2nh\sin(nt+\varepsilon) + 2nl\cos(nt+\varepsilon) + \dots$$
$$\dots m'(lC + l'D)\,n^2t\sin(nt+\varepsilon) + m'(hC + h'D)\,n^2t\cos(nt+\varepsilon) - m'T.$$

$$s = q\sin(nt+\varepsilon) - p\cos(nt+\varepsilon) + \dots$$
$$- \frac{m'}{4}\,a^2a'(p'-p)\,B^{(1)}\,nt\sin(nt+\varepsilon) - \frac{m'}{4}\,a^2a'(q'-q)\,B^{(1)}\,nt\cos(nt+\varepsilon) - m'\chi.$$

S, T, χ étant des fonctions périodiques du temps t. Considérons d'abord l'expression de $\frac{dv}{dt}$ et comparons-la à l'expression de y du n° 43. L'arbitraire n multipliant l'arc t sous les signes périodiques dans l'expression de $\frac{dv}{dt}$ on doit alors faire usage des équations suivantes, trouvées dans le n° 43.

$$0 = X' + \vartheta X'' - Y.$$

$$0 = Y' + \vartheta Y'' + X' - 2Z,$$

$$\dots \dots \dots \dots \dots \dots$$

Voyons ce que deviennent ici X, X', X'', Y, … : en comparant l'expression de $\frac{dv}{dt}$ à celle de y du numéro cité, on trouve

$$X = n - 2nh\sin(nt + \varepsilon) + 2nl\cos(nt + \varepsilon) + m'T,$$

$$Y = m'n^2(hC - h'D)\cos(nt + \varepsilon) - m'n^2(lC + l'D)\sin(nt + \varepsilon).$$

Si l'on néglige le produit des différences partielles des constantes par les masses perturbatrices, ce qui est permis, puisque ces différences sont de l'ordre de ces masses, on aura, par le n° 43,

$$X' = \frac{dn}{d\vartheta}\left[1 + 2h\sin(nt + \varepsilon) + 2l\cos(nt + \varepsilon)\right]$$

$$+ 2n\frac{d\varepsilon}{d\vartheta}\left[h\cos(nt + \varepsilon) - l\sin(nt + \varepsilon)\right]$$

$$+ 2n\frac{dh}{d\vartheta}\sin(nt + \varepsilon) + 2n\frac{dl}{d\vartheta}\cos(nt + \varepsilon),$$

$$X'' = 2n\frac{dn}{d\vartheta}\left[h\cos(nt + \varepsilon) - l\sin(nt + \varepsilon)\right].$$

L'équation $0 = X' + \vartheta X'' - Y$ deviendra ainsi

$$0 = \frac{dn}{d\vartheta}\left[1 + 2h\sin(nt + \varepsilon) + 2l\cos(nt + \varepsilon)\right]$$

$$+ 2n\frac{dh}{d\vartheta}\sin(nt + \varepsilon) + 2n\frac{dl}{d\vartheta}\cos(nt + \varepsilon)$$

$$+ 2n\left(\vartheta\frac{dn}{d\vartheta} + \frac{d\varepsilon}{d\vartheta}\right)\left[h\cos(nt + \varepsilon) - l\sin(nt + \varepsilon)\right]$$

$$- m'n^2(hC + h'D)\cos(nt + \varepsilon) + m'n^2(lC + l'D)\sin(nt + \varepsilon).$$

En égalant séparément à zéro les coefficients des sinus et des cosinus semblables, on aura

$$0 = \frac{dn}{d\theta},$$

$$0 = \frac{dh}{d\theta} - l\frac{d\varepsilon}{d\theta} + \frac{m'n}{2}(l\mathrm{C} + l'\mathrm{D}),$$

$$0 = \frac{dl}{d\theta} + h\frac{d\varepsilon}{d\theta} - \frac{m'n}{2}(h\mathrm{C} + h'\mathrm{D}).$$

Si l'on intègre ces équations, et si dans leurs intégrales on change θ en t, on aura, par le n° 43, les valeurs des arbitraires en fonctions de t, et l'on pourra effacer les arcs de cercle des expressions de $\frac{dv}{dt}$ et de r; mais, au lieu de ce changement, on peut tout de suite changer θ en t dans ces équations différentielles. La première de ces équations nous montre que n est constant, et, comme l'arbitraire a, de l'expression de r, en dépend, en vertu de l'équation $n^2 = \frac{1}{a^3}$, a est pareillement constant. Les deux autres équations ne suffisent pas pour déterminer h, l, ε. On aura une nouvelle équation, en observant que l'expression de $\frac{dv}{dt}$ donne, en l'intégrant, $\int n\,dt$ pour la valeur de la longitude moyenne de m; or nous avons supposé cette longitude égale à $nt + \varepsilon$; on a donc $nt + \varepsilon = \int n\,dt$, ce qui donne

$$t\frac{dn}{dt} + \frac{d\varepsilon}{dt} = 0,$$

et, comme on a $\frac{dn}{dt} = 0$, on aura pareillement $\frac{d\varepsilon}{dt} = 0$. Ainsi les deux arbitraires n et ε sont constantes; les arbitraires h et l seront par conséquent déterminées au moyen des équations différentielles

$$(1) \qquad \frac{dh}{dt} = -\frac{m'n}{2}(l\mathrm{C} + l'\mathrm{D}),$$

$$(2) \qquad \frac{dl}{dt} = \frac{m'n}{2}(h\mathrm{C} + h'\mathrm{D}).$$

La considération de l'expression de $\frac{dv}{dt}$ nous ayant suffi pour déterminer les valeurs de n, a, h, l et ε, on voit *a priori* que les équations différentielles entre les mêmes quantités, qui résultent de l'expression de r, doivent coïncider avec les précédentes. C'est ce dont il est facile de s'assurer *a posteriori*, en appliquant à cette expression la méthode du n° 43.

Considérons maintenant l'expression de s. En la comparant à celle de y du numéro cité, on aura

$$X = q \sin(nt + \varepsilon) - p \cos(nt + \varepsilon) + m' \chi,$$

$$Y = \frac{m'n}{4} a^2 a' \, \mathrm{B}^{(1)}(p - p') \sin(nt + \varepsilon) - \frac{m'n}{4} a^2 a' \, \mathrm{B}^{(1)} (q - q') \cos(nt + \varepsilon).$$

n et ε étant constants, par ce qui précède, on aura, par le n° 43,

$$X' = \frac{dq}{d\theta} \sin(nt + \varepsilon) - \frac{dp}{d\theta} \cos(nt + \varepsilon),$$

$$X'' = 0.$$

L'équation $0 = X' + \theta X' - Y$ devient ainsi

$$0 = \frac{dq}{d\theta} \sin(nt + \varepsilon) - \frac{dp}{d\theta} \cos(nt + \varepsilon)$$

$$- \frac{m'n}{4} a^2 a' \, \mathrm{B}^{(1)} (p - p') \sin(nt + \varepsilon) - \frac{m'n}{4} a^2 a' \, \mathrm{B}^{(1)} (q - q') \cos(nt + \varepsilon);$$

d'où l'on tire, en comparant les coefficients des sinus et des cosinus semblables, et en changeant θ en t, pour avoir directement p et q en fonctions de t,

$$(3) \qquad \frac{dp}{dt} = - \frac{m'n}{4} a^2 a' \, \mathrm{B}^{(1)} (q - q'),$$

$$(4) \qquad \frac{dq}{dt} = \frac{m'n}{4} a^2 a' \, \mathrm{B}^{(1)} (p - p').$$

Lorsque l'on aura déterminé p et q par ces équations, on les substituera dans l'expression précédente de s, en effaçant les termes qui contiennent des arcs de cercle, et l'on aura

$$s = q \sin \overline{nt + \varepsilon} - p \cos \overline{nt + \varepsilon} + m'\gamma.$$

54. L'équation $\dfrac{dn}{dt} = 0$, que nous venons de trouver, est d'une grande importance dans la théorie du Système du monde, en ce qu'elle nous montre que les moyens mouvements des corps célestes et les grands axes de leurs orbites sont inaltérables; mais cette équation n'est approchée que jusqu'aux quantités de l'ordre $m'h$ inclusivement. Si les quantités de l'ordre $m'h^2$ et des ordres suivants produisaient dans $\dfrac{dv}{dt}$ un terme de la forme $2kt$, k étant une fonction des éléments des orbites de m et de m', il en résulterait dans l'expression de v le terme kt^2, qui, en altérant la longitude de m proportionnellement au carré du temps, deviendrait à la longue extrêmement sensible. On n'aurait plus alors $\dfrac{dn}{dt} = 0$; mais, au lieu de cette équation, on aurait, par le numéro précédent, $\dfrac{dn}{dt} = 2k$: il est donc très-important de savoir s'il existe dans l'expression de v des termes de la forme kt^2. Nous allons démontrer que, si l'on n'a égard qu'à la première puissance des masses perturbatrices, quelque loin que l'on porte d'ailleurs les approximations relativement aux puissances des excentricités et des inclinaisons des orbites, l'expression de v ne renfermera point de termes semblables.

Reprenons pour cela la formule (X) du n° 46,

$$\delta r = \frac{a \cos v \int ndt.r \sin v \left(2\int dR + r \dfrac{\partial R}{\partial r}\right) - a \sin v \int ndt.r \cos v \left(2\int dR + r \dfrac{\partial R}{\partial r}\right)}{\mu \sqrt{1 - e^2}}.$$

Considérons la partie de δr qui renferme des termes multipliés par t^2, ou, pour plus de généralité, considérons les termes qui, étant multipliés par le sinus ou par le cosinus d'un angle $\alpha t + \zeta$, dans lequel α

est très-petit, ont en même temps α^2 pour diviseur. Il est clair qu'en supposant $\alpha = 0$, il en résultera un terme multiplié par t^2, en sorte que ce second cas renferme le premier. Les termes qui ont α^2 pour diviseur ne peuvent évidemment résulter que d'une double intégration; ils ne peuvent donc être produits que par la partie de δr qui renferme le double signe intégral f. Examinons d'abord le terme

$$\frac{2a\cos v \int n\,dt \cdot r\sin v \int dR}{\alpha \sqrt{1 - e^2}}.$$

Si l'on fixe l'origine de l'angle v au périhélie, on a dans l'orbite elliptique, par le n° 20,

$$r = \frac{a(1 - e^2)}{1 - e\cos v},$$

et par conséquent

$$\cos v = \frac{a(1 - e^2) - r}{er}.$$

d'où l'on tire, en différentiant,

$$r^2 dv \sin v = \frac{a(1 - e^2)}{e}\,dr;$$

mais on a, par le n° 19,

$$r^2 dv = dt \sqrt{\mu a(1 - e^2)} = a^2 n\,dt \sqrt{1 - e^2};$$

on aura donc

$$\frac{an\,dt \cdot r\sin v}{\sqrt{1 - e^2}} = \frac{r\,dr}{e}.$$

Le terme $\dfrac{2a\cos v \int n\,dt \cdot r\sin v \int dR}{\alpha \sqrt{1 - e^2}}$ deviendra ainsi

$$\frac{2\cos v}{\alpha e}\int r\,dr \int dR, \quad \text{ou} \quad \frac{\cos v}{\alpha e}\left(r^2 \int dR - \int r^2 dR\right).$$

Il est visible que, cette dernière fonction ne renfermant plus de doubles intégrales, il ne peut en résulter aucun terme qui ait α^2 pour diviseur.

Considérons présentement le terme

$$\frac{2a\sin v\int n\,dt\,(r\cos v\int d\mathrm{R})}{\mu\sqrt{1-e^2}}$$

de l'expression de δr. En substituant pour $\cos v$ sa valeur précédente en r, ce terme devient

$$\frac{2a\sin v\int n\,dt\,[r - a(1 - e^2)]\int d\mathrm{R}}{\mu e\sqrt{1-e^2}}.$$

On a, par le n° 22,

$$r = a(1 + \tfrac12 e^2 - e\chi'),$$

χ' étant une suite infinie de cosinus de l'angle $nt + \varepsilon$ et de ses multiples; on aura donc

$$\frac{1}{e}\int n\,dt\,[r - a(1 - e^2)]\int d\mathrm{R} = a\int n\,dt\,(\tfrac32 e - \chi')\int d\mathrm{R}.$$

Nommons χ'' l'intégrale $\int\chi'n\,dt$; on aura

$$a\int n\,dt\,(\tfrac32 e - \chi')\int d\mathrm{R} = \tfrac32 ae\int n\,dt\int d\mathrm{R} - a\chi''\int d\mathrm{R} - a\int\chi'\,d\mathrm{R}.$$

Ces deux derniers termes ne renfermant point le double signe intégral, il ne peut en résulter aucun terme qui ait α^2 pour diviseur; en n'ayant donc égard qu'aux termes de ce genre, on aura

$$\frac{2a\sin v\int n\,dt\,r\cos v\int d\mathrm{R}}{\mu\sqrt{1-e^2}} - \frac{3a^2 e\sin v\int n\,dt\int d\mathrm{R}}{\mu\sqrt{1-e^2}} = \frac{dr}{n\,dt}\cdot\frac{3a}{\mu}\int n\,dt\int d\mathrm{R},$$

et le rayon r deviendra

$$(r) + \left(\frac{dr}{n\,dt}\right)\frac{3a}{\mu}\int n\,dt\int d\mathrm{R},$$

(r) et $\left(\dfrac{dr}{n\,dt}\right)$ étant les expressions de r et de $\dfrac{dr}{n\,dt}$ relatives au mouvement elliptique. Ainsi, pour avoir égard, dans l'expression du rayon vecteur, à la partie des perturbations qui est divisée par α^2, il suffit d'augmenter de la quantité $\frac{3a}{\mu}\int n\,dt\int d\mathrm{R}$ la longitude moyenne $nt+\varepsilon$ de cette expression relative au mouvement elliptique.

Voyons comment on doit avoir égard à cette partie des perturbations, dans l'expression de la longitude v. La formule (Y) du n° 46 donne, en y substituant $\frac{3a}{\mu}\frac{dr}{n\,dt}\int n\,dt\int d\mathrm{R}$ au lieu de δr, et en n'ayant égard qu'aux termes divisés par z^2,

$$\delta v = -\frac{\dfrac{2r\,d^2r + dr^2}{a^2n^2dt^2} + 1}{\sqrt{1-e^2}}\cdot\frac{3a}{\mu}\int n\,dt\int d\mathrm{R};$$

or on a, par ce qui précède,

$$dr = \frac{aen\,dt\sin v}{\sqrt{1-e^2}}, \quad r^2dv = a^2n\,dt\sqrt{1-e^2},$$

d'où il est facile de conclure, en substituant pour $\cos v$ sa valeur précédente en r,

$$\frac{\dfrac{2r\,d^2r - dr^2}{a^2n^2dt^2} + 1}{\sqrt{1-e^2}} = \frac{dv}{n\,dt};$$

en n'ayant donc égard qu'à la partie des perturbations qui a pour diviseur z^2, la longitude v deviendra

$$v - \left(\frac{dv}{n\,dt}\right)\frac{3a}{\mu}\int n\,dt\int d\mathrm{R},$$

(v) et $\left(\frac{dv}{n\,dt}\right)$ étant les parties de v et de $\frac{dv}{n\,dt}$ relatives au mouvement elliptique. Ainsi, pour avoir égard à cette partie des perturbations dans l'expression de la longitude de m, on doit suivre la même règle que nous venons de donner pour y avoir égard dans l'expression du rayon vecteur; c'est-à-dire qu'il faut augmenter, dans l'expression elliptique de la longitude vraie, la longitude moyenne $nt+\varepsilon$ de la quantité $\frac{3a}{\mu}\int n\,dt\int d\mathrm{R}$.

La partie constante de l'expression de $\left(\dfrac{dv}{n\,dt}\right)$, développée en série de cosinus de l'angle $nt + \varepsilon$ et de ses multiples, se réduisant à l'unité, comme on l'a vu dans le n° **22**, il en résulte, dans l'expression de la longitude, le terme $\dfrac{3a}{\mu}\int n\,dt\int dR$. Si dR renfermait un terme constant $km'n\,dt$, ce terme produirait, dans l'expression de la longitude v, le suivant $\dfrac{3}{2}\dfrac{am'}{\mu}kn^2t^2$. L'existence de semblables termes dans cette expression se réduit donc à voir si dR renferme un terme constant.

Lorsque les orbites sont peu excentriques et peu inclinées les unes aux autres, on a vu (n° **48**) que R peut toujours se réduire dans une suite infinie de sinus et de cosinus d'angles croissant proportionnellement au temps t. On peut les représenter généralement par le terme $km'\cos(i'n't + int + A)$, i et i' étant des nombres entiers positifs ou négatifs, ou zéro. La différentielle de ce terme, prise uniquement par rapport au moyen mouvement de m, est $-ikm'n\,dt\sin(i'n't + int + A)$: c'est la partie de dR relative à ce terme ; elle ne peut pas être constante, à moins que l'on n'ait $o = i'n' + in$, ce qui suppose les moyens mouvements des corps m et m' commensurables entre eux ; et, comme cela n'a point lieu dans le système solaire, on doit en conclure que la valeur de dR ne renferme point de termes constants, et qu'ainsi, en ne considérant que la première puissance des masses perturbatrices, les moyens mouvements des corps célestes sont uniformes, ou, ce qui revient au même, $\dfrac{dn}{dt} = o$. La valeur de a étant liée à celle de n au moyen de l'équation $n^2 = \dfrac{u}{a^3}$, il en résulte que, si l'on néglige les quantités périodiques, les grands axes des orbites sont constants.

Si les moyens mouvements des corps m et m', sans être exactement commensurables, approchent cependant beaucoup de l'être, il existera, dans la théorie de leurs mouvements, des inégalités d'une longue période, et qui pourront devenir fort sensibles, à raison de la petitesse du diviseur $\varkappa^2$. Nous verrons dans la suite que ce cas est celui de Jupiter et de Saturne. L'analyse précédente donnera d'une manière fort simple la partie des perturbations qui dépend de ce diviseur. Il en résulte qu'il suffit alors de faire varier la longitude moyenne $nt + \varepsilon$ ou $\int n\,dt$, de la quantité $\frac{3a}{\mu} \int n\,dt \int dR$; ce qui revient à faire croître n, dans l'intégrale $\int n\,dt$, de la quantité $\frac{3an}{\mu} \int dR$; or, en considérant l'orbite de m comme une ellipse variable, on a $n^2 = \frac{\mu}{a^3}$; la variation précédente de n introduit donc dans le demi-grand axe a de l'orbite la variation $-\frac{2a^2 . \int dR}{\mu}$.

Si l'on porte dans la valeur de $\frac{dv}{dt}$ la précision jusqu'aux quantités de l'ordre des carrés des masses perturbatrices, on trouvera des termes proportionnels au temps; mais, en considérant avec attention les équations différentielles du mouvement des corps m, m',..., on s'assurera facilement que ces termes sont en même temps de l'ordre des carrés et des produits des excentricités et des inclinaisons des orbites. Cependant, comme tout ce qui affecte le moyen mouvement peut à la longue devenir fort sensible, nous aurons dans la suite égard à ces termes, et nous verrons qu'ils produisent les équations séculaires observées dans le mouvement de la Lune.

55. Reprenons maintenant les équations (1) et (2) du n° 53, et supposons

$$(0, 1) = -\frac{m'nC}{2}, \qquad [0, 1] = \frac{m'nD}{2};$$

elles deviendront

$$\frac{dh}{dt} = (0, 1)\, l - [0, 1]\, l',$$

$$\frac{dl}{dt} = -(0, 1)\, h + [0, 1]\, h'.$$

Les expressions de $(0, 1)$ et de $[0, 1]$ peuvent être déterminées fort simplement de cette manière. En substituant, au lieu de C et de D, leurs valeurs déterminées dans le n° 50, on aura

$$(0,1) = -\frac{m'n}{2}\left(a^2\frac{\partial A^{(0)}}{\partial a} + \frac{1}{2}a^3\frac{\partial^2 A^{(0)}}{\partial a^2}\right),$$

$$[0,1] = \frac{m'n}{2}\left(aA^{(1)} - a^2\frac{\partial A^{(1)}}{\partial a} - \frac{1}{2}a^3\frac{\partial^2 A^{(1)}}{\partial a^2}\right).$$

On a, par le n° 49,

$$a^2\frac{\partial A^{(0)}}{\partial a} + \frac{1}{2}a^3\frac{\partial^2 A^{(0)}}{\partial a^2} = -\alpha^2\frac{db^{(0)}_{\frac{1}{2}}}{d\alpha} - \frac{1}{2}\alpha^3\frac{d^2 b^{(0)}_{\frac{1}{2}}}{d\alpha^2};$$

on obtiendra facilement, par le même numéro, $\dfrac{db^{(0)}_{\frac{1}{2}}}{d\alpha}$ et $\dfrac{d^2 b^{(0)}_{\frac{1}{2}}}{d\alpha^2}$ en fonctions de $b^{(0)}_{\frac{1}{2}}$ et de $b^{(1)}_{\frac{1}{2}}$, et ces quantités sont données en fonctions
linéaires de $b^{(0)}_{-\frac{1}{2}}$ et de $b^{(1)}_{-\frac{1}{2}}$; on trouvera, cela posé,

$$a^2\frac{\partial A^{(0)}}{\partial a} + \frac{1}{2}a^3\frac{\partial^2 A^{(0)}}{\partial a^2} = \frac{3}{2}\frac{\alpha^2 b^{(1)}_{-\frac{1}{2}}}{(1-\alpha^2)^2};$$

partant

$$(0,1) = -\frac{3m'n\alpha^2 b^{(1)}_{-\frac{1}{2}}}{4(1-\alpha^2)^2}.$$

Soit

$$(a^2 - 2aa'\cos\vartheta + a'^2)^{\frac{1}{2}} = (a,a') + (a,a')'\cos\vartheta + (a,a')''\cos 2\vartheta + \dots;$$

on aura, par le n° 49,

$$(a,a') = \frac{1}{2}a'b^{(0)}_{-\frac{1}{2}}, \quad (a,a')' = a'b^{(1)}_{-\frac{1}{2}}, \quad \dots;$$

on aura donc

$$(0,1) = -\frac{3m'na^2 a'(a,a')'}{4(a'^2 - a^2)^2}.$$

On a ensuite, par le n° 49,

$$aA^{(1)} - a^2\frac{\partial A^{(1)}}{\partial a} - \frac{1}{2}a^3\frac{\partial^2 A^{(1)}}{\partial a^2} = -\alpha\left(b^{(1)}_{\frac{1}{2}} - \alpha\frac{db^{(1)}_{\frac{1}{2}}}{d\alpha} - \frac{1}{2}\alpha^2\frac{d^2 b^{(1)}_{\frac{1}{2}}}{d\alpha^2}\right);$$

en substituant, au lieu de $b_{\frac{1}{2}}^{(1)}$ et de ses différences, leurs valeurs en $b_{-\frac{1}{2}}^{(0)}$ et $b_{-\frac{1}{2}}^{(1)}$, on trouvera la fonction précédente égale à

$$\frac{3x\left[(1-x^2)\,b_{-\frac{1}{2}}^{1} - \frac{1}{2}xb_{-\frac{1}{2}}^{0}\right]}{(1-x^2)^2};$$

partant

$$[0, 1] = -\frac{3xm'n\left[(1-x^2)\,b_{-\frac{1}{2}}^{1} - \frac{1}{2}xb_{-\frac{1}{2}}^{(0)}\right]}{2(1-x^2)^2}.$$

ou

$$\overline{[0, 1]} = -\frac{3m'an\left[\frac{a^2-a'^2}{2(a'^2-a^2)^2}(a, a')' - aa'(a, a')\right]}{},$$

on aura donc ainsi des expressions fort simples de $(0, 1)$ et de $\overline{[0, 1]}$, et il est facile de se convaincre, par les valeurs en séries de $b_{-\frac{1}{2}}^{1}$ et de $b_{-\frac{1}{2}}^{1}$, données dans le n° 49, que ces expressions sont positives si n est positif, et négatives si n est négatif.

Nommons $(0, 2)$ et $\overline{[0, 2]}$ ce que deviennent $(0, 1)$ et $\overline{[0, 1]}$, lorsque l'on y change a' et m' dans a'' et m''. Nommons pareillement $(0, 3)$ et $\overline{[0, 3]}$ ce que deviennent ces mêmes quantités, lorsque l'on y change a' et m' en a''' et m''', et ainsi de suite. Désignons, de plus, par h', l'; h'', l'',... les valeurs de h et de l relatives aux corps m'', m''',...; on aura, en vertu des actions réunies des différents corps m', m'', m''',... sur m,

$$\frac{dh}{dt} = [(0, 1) + (0, 2) + (0, 3) + \dots]l - \overline{[0, 1]}\,l' - \overline{[0, 2]}\,l'' - \dots,$$

$$\frac{dl}{dt} = -[(0, 1) + (0, 2) + (0, 3) + \dots]h + \overline{[0, 1]}\,h' + \overline{[0, 2]}\,h'' + \dots.$$

Il est clair que $\frac{dh'}{dt}$, $\frac{dl'}{dt}$, $\frac{dh''}{dt}$, $\frac{dl''}{dt}$,... seront déterminés par des expressions semblables à celles de $\frac{dh}{dt}$ et de $\frac{dl}{dt}$, et qu'il est facile de conclure de celles-ci, en y changeant successivement ce qui est relatif à m dans ce qui a rapport à m', m'',…, et réciproquement. Soient donc

$$(1,0), \quad \boxed{1,0}; \qquad (1,2), \quad \boxed{1,2}; \quad \ldots$$

ce que deviennent

$$(0,1), \quad \boxed{0,1}; \qquad (0,2), \quad \boxed{0,2}; \quad \ldots,$$

lorsque l'on y change ce qui est relatif à m dans ce qui est relatif à m', et réciproquement; soient encore

$$(2,0), \quad \boxed{2,0}; \qquad (2,1), \quad \boxed{2,1}, \quad \ldots$$

ce que deviennent

$$(0,2), \quad \boxed{0,2}; \qquad (0,1), \quad \boxed{0,1}; \quad \ldots,$$

lorsque l'on y change ce qui est relatif à m dans ce qui est relatif à m'', et réciproquement; et ainsi de suite. Les équations différentielles précédentes, rapportées successivement aux corps m, m', m'',…, donneront, pour déterminer h, l, h', l', h'', l''…., le système suivant d'équations

$$(A)\quad\begin{cases}
\dfrac{dh}{dt} = [\,(0,1)+(0,2)+(0,3)+\ldots]\,l - \boxed{0,1}\,l' - \boxed{0,2}\,l'' - \boxed{0,3}\,l''' - \ldots, \\[2ex]
\dfrac{dl}{dt} = -[\,(0,1)+(0,2)+(0,3)+\ldots]\,h + \boxed{0,1}\,h' + \boxed{0,2}\,h'' + \boxed{0,3}\,h''' + \ldots, \\[2ex]
\dfrac{dh'}{dt} = [\,(1,0)+(1,2)+(1,3)+\ldots]\,l' - \boxed{1,0}\,l - \boxed{1,2}\,l'' - \boxed{1,3}\,l''' - \ldots, \\[2ex]
\dfrac{dl'}{dt} = -[\,(1,0)+(1,2)+(1,3)+\ldots]\,h' + \boxed{1,0}\,h + \boxed{1,2}\,h'' + \boxed{1,3}\,h''' + \ldots, \\[2ex]
\dfrac{dh''}{dt} = [\,(2,0)+(2,1)+(2,3)+\ldots]\,l'' - \boxed{2,0}\,l - \boxed{2,1}\,l' - \boxed{2,3}\,l''' - \ldots, \\[2ex]
\dfrac{dl''}{dt} = -[\,(2,0)+(2,1)+(2,3)+\ldots]\,h'' + \boxed{2,0}\,h + \boxed{2,1}\,h' + \boxed{2,3}\,h''' + \ldots, \\[2ex]
\ldots\ldots\ldots\ldots\ldots\ldots\ldots\ldots\ldots\ldots\ldots\ldots
\end{cases}$$

Les quantités $(0, 1)$ et $(1, 0)$, $[0, 1]$ et $[1, 0]$ ont entre elles des rapports remarquables qui peuvent en faciliter le calcul, et qui nous seront utiles dans la suite. On a, par ce qui précède,

$$(0, 1) = - \frac{3\,m'n a^2 a'\,(a, a')}{4\,(a'^2 - a^2)^2}.$$

Si, dans cette expression de $(0, 1)$, on change m' en m, n en n', a en a', et réciproquement, on aura l'expression de $(1, 0)$, qui sera par conséquent

$$(1, 0) = - \frac{3\,mn'a'^2 a\,(a', a)}{4\,(a'^2 - a^2)^2};$$

mais on a $(a, a') = (a', a)$, puisque l'une et l'autre de ces quantités résulte du développement de la fonction $(a^2 - 2aa'\cos\theta + a'^2)^{\frac{1}{2}}$ dans une série ordonnée suivant les cosinus de l'angle θ et de ses multiples; on aura donc

$$(0, 1)\,mn'a' = (1, 0)\,m'na;$$

or on a, en négligeant les masses m, m',... vis-à-vis de M,

$$n^2 = \frac{M}{a^3}, \quad n'^2 = \frac{M}{a'^3}, \quad \cdots;$$

partant

$$(0, 1)\,m\sqrt{a} = (1, 0)\,m'\sqrt{a'},$$

équation d'où l'on tirera facilement $(1, 0)$, lorsque $(0, 1)$ sera déterminé. On trouvera de la même manière

$$[0, 1]\,m\sqrt{a} = [1, 0]\,m'\sqrt{a'}.$$

Ces deux équations subsisteraient encore dans le cas où n et n' auraient des signes contraires, c'est-à-dire si les deux corps m et m' circulaient en différents sens; mais alors il faudrait donner le signe de n au radical $\sqrt{a}$, et le signe de n' au radical $\sqrt{a'}$.

Des deux équations précédentes résultent évidemment celles-ci

$$(0, 2)\, m \sqrt{\overline{a}} = (2, 0)\, m'' \sqrt{\overline{a''}}, \qquad \boxed{0, 2}\, m \sqrt{\overline{a}} = \boxed{2, 0}\, m'' \sqrt{\overline{a''}},$$

$$(1, 2)\, m' \sqrt{\overline{a'}} = (2, 1)\, m'' \sqrt{\overline{a''}}, \qquad \boxed{1, 2}\, m' \sqrt{\overline{a'}} = \boxed{2, 1}\, m'' \sqrt{\overline{a''}},$$

$$\dotfill \qquad \dotfill$$

56. Maintenant, pour intégrer les équations (A) du numéro précédent, nous ferons

$$h = N \sin (gt + \varepsilon), \quad l = N \cos (gt + \varepsilon),$$

$$h' = N' \sin (gt + \varepsilon'), \quad l' = N' \cos (gt + \varepsilon'),$$

$$\dotfill , \qquad \dotfill ;$$

en substituant ces valeurs dans les équations (A), on aura

$$(B) \quad \left\{ \begin{aligned} Ng &= [\,0, 1) - (0, 2) + \ldots]\,N - \boxed{0, 1}\,N' - \boxed{0, 2}\,N'' - \ldots, \\ N'g &= [\,1, 0) + (1, 2) + \ldots]\,N' - \overline{1, 0}\,N - \boxed{1, 2}\,N'' - \ldots, \\ N''g &= [\,2, 0) + (2, 1) + \ldots]\,N'' - \boxed{2, 0}\,N - \boxed{2, 1}\,N' - \ldots, \\ &\dotfill \end{aligned} \right.$$

Si l'on suppose le nombre des corps m, m', m'', ... égal à i, ces équations seront en nombre i, et, en éliminant les constantes N, N', ..., on aura une équation finale en g, du degré i, que l'on obtiendra facilement de cette manière.

Nommons φ la fonction

$$N^2 m \sqrt{\overline{a}} \left[g - (0, 1) - (0, 2) - \ldots \right]$$

$$+ N'^2 m' \sqrt{\overline{a'}} \left[g - (1, 0) - (1, 2) - \ldots \right]$$

$$+ \dotfill$$

$$- 2N m \sqrt{\overline{a}} \left\{ \boxed{0, 1}\,N' + \boxed{0, 2}\,N'' + \ldots \right\}$$

$$- 2N' m' \sqrt{\overline{a'}} \left\{ \boxed{1, 2}\,N'' + \boxed{1, 3}\,N''' + \ldots \right\}$$

$$- 2N'' m'' \sqrt{\overline{a''}} \left\{ \boxed{2, 3}\,N''' + \ldots \right\}$$

$$\dotfill$$

Les équations (B) se réduisent, en vertu des relations données dans le numéro précédent, à celles-ci

$$\frac{\partial \varphi}{\partial N} = 0, \quad \frac{\partial \varphi}{\partial N'} = 0, \quad \frac{\partial \varphi}{\partial N''} = 0, \quad \dots;$$

en considérant donc N, N', N'',... comme autant de variables, φ sera un maximum. De plus, φ étant une fonction homogène de ces variables, de la seconde dimension, on a

$$N\frac{\partial \varphi}{\partial N} + N'\frac{\partial \varphi}{\partial N'} + \dots = 2\varphi;$$

on a donc $\varphi = 0$, en vertu des équations précédentes.

Présentement, on peut déterminer ainsi le maximum de la fonction φ. On différentiera d'abord cette fonction relativement à N, et l'on substituera dans φ, au lieu de N, sa valeur tirée de l'équation $\frac{\partial \varphi}{\partial N} = 0$, valeur qui sera une fonction linéaire des quantités N', N'',....; on aura de cette manière une fonction rationnelle, entière et homogène, de la seconde dimension en N', N'',.... : soit $\varphi^{(1)}$ cette fonction. On différentiera $\varphi^{(1)}$ relativement à N', et l'on substituera dans $\varphi^{(1)}$, au lieu de N', sa valeur tirée de l'équation $\frac{\partial \varphi^{(1)}}{\partial N'} = 0$; on aura une fonction homogène et de la seconde dimension en N'', N''',.... : soit $\varphi^{(2)}$ cette fonction. En continuant ainsi, on parviendra à une fonction $\varphi^{(i-1)}$ de la seconde dimension en $N^{(i-1)}$, et qui sera par conséquent de la forme $(N^{(i-1)})^2 k$, k étant une fonction de g et de constantes. Si l'on égale à zéro la différentielle de $\varphi^{(i-1)}$ prise par rapport à $N^{(i-1)}$, on aura $k = 0$, ce qui donnera une équation en g du degré i, et dont les diverses racines donneront autant de systèmes différents pour les indéterminées N, N', N'',....; l'indéterminée $N^{(i-1)}$ sera l'arbitraire de chaque système, et l'on aura sur-le-champ le rapport des autres indéterminées N, N',... du même système à celle-ci, au moyen des équations précédentes, prises dans un ordre inverse, savoir

$$\frac{\partial \varphi^{(i-2)}}{\partial N^{(i-2)}} = 0, \quad \frac{\partial \varphi^{(i-3)}}{\partial N^{(i-3)}} = 0, \quad \dots$$

Soient g, g_1, g_2,... les i racines de l'équation en g; soit N, N', N"....
le système des indéterminées relatif à la racine g; soit N_1, N'_1, N''_1,....
le système des indéterminées relatif à la racine g_1, et ainsi de suite :
on aura, par la théorie connue des équations différentielles linéaires,

$$h = N \sin(gt + \delta) + N_1 \sin(g_1 t + \delta_1) + N_2 \sin(g_2 t + \delta_2) + \ldots,$$

$$h' = N' \sin(gt + \delta) + N'_1 \sin(g_1 t + \delta_1) + N'_2 \sin(g_2 t + \delta_2) + \ldots,$$

$$h'' = N'' \sin(gt + \delta) + N''_1 \sin(g_1 t + \delta_1) + N''_2 \sin(g_2 t + \delta_2) + \ldots,$$

$$\ldots \ldots \ldots \ldots \ldots \ldots \ldots \ldots$$

δ, δ_1, δ_2,... étant des constantes arbitraires. En changeant, dans ces
valeurs de h, h', h'',...., les sinus en cosinus. on aura les valeurs de
l, l', l'',.... Ces différentes valeurs renferment deux fois autant d'arbitraires qu'il y a de racines g, g_1, g_2,...; car chaque système d'indéterminées renferme une arbitraire, et, de plus, il y a i arbitraires δ,
δ_1, δ_2,...; ces valeurs sont par conséquent les intégrales complètes des
équations (A) du numéro précédent.

Il ne s'agit plus maintenant que de déterminer les constantes N.
N_1,....; N', N'_1,....; δ, δ_1,..... Les observations ne donnent point immédiatement ces constantes; mais elles font connaître, à une époque don-
née, les excentricités e, e',... des orbites, et les longitudes ϖ, ϖ',...
de leurs périhélies, et par conséquent les valeurs de h, h',..., l, l',...;
on en tirera ainsi les valeurs des constantes précédentes. Pour cela.
nous observerons que, si l'on multiplie la première, la troisième, la
cinquième,... des équations différentielles (A) du numéro précédent
respectivement par $Nm\sqrt{a}$, $N'm'\sqrt{a'}$,...., on aura, en vertu des équations (B) et des relations trouvées dans le numéro précédent entre
$(0,1)$ et $(1,0)$, $(0,2)$ et $(2,0)$,...,

$$N\frac{dh}{dt} m\sqrt{a} + N'\frac{dh'}{dt} m'\sqrt{a'} + N''\frac{dh'}{dt} m''\sqrt{a''} + \ldots$$

$$= g . \left(Nlm\sqrt{a} + N'l'm'\sqrt{a'} + N''l''m''\sqrt{a''} + \ldots \right).$$

Si l'on substitue dans cette équation, au lieu de h, h',...., l, l',..., leurs valeurs précédentes, on aura, en comparant les coefficients des mêmes cosinus,

$$0 = N N_1\, m\sqrt{a} + N' N'_1\, m'\sqrt{a'} + N'' N''_1\, m''\sqrt{a''} + \ldots,$$
$$0 = N N_2\, m\sqrt{a} + N' N'_2\, m'\sqrt{a'} + N'' N''_2\, m''\sqrt{a''} + \ldots.$$

$$\ldots\ldots\ldots\ldots\ldots\ldots\ldots\ldots\ldots\ldots\ldots\ldots$$

Cela posé, si l'on multiplie les valeurs précédentes de h, h'.... respectivement par $Nm\sqrt{a}$, $N'm'\sqrt{a'}$,...., on aura, en vertu de ces dernières équations,

$$N m h\sqrt{a} + N' m' h'\sqrt{a'} + N'' m'' h''\sqrt{a''} + \ldots$$
$$= \left(N^2 m\sqrt{a} + N'^2 m'\sqrt{a'} + N''^2 m''\sqrt{a''} + \ldots\right)\sin{(gt + \varepsilon)}.$$

On aura pareillement

$$N m l\sqrt{a} + N' m' l'\sqrt{a'} + N'' m'' l''\sqrt{a''} + \ldots$$
$$= \left(N^2 m\sqrt{a} + N'^2 m'\sqrt{a'} + N''^2 m''\sqrt{a''} + \ldots\right)\cos{(gt + \varepsilon)}.$$

En fixant l'origine du temps t à l'époque pour laquelle les valeurs de h, l, h', l'.... sont supposées connues, les deux équations précédentes donnent

$$\tan\varepsilon = \frac{N h m\sqrt{a} + N' h' m'\sqrt{a'} + N'' h'' m''\sqrt{a''} + \ldots}{N l m\sqrt{a} + N' l' m'\sqrt{a'} + N'' l'' m''\sqrt{a''} + \ldots}.$$

Cette expression de $\tan\varepsilon$ ne renferme point d'indéterminée; car, quoique les constantes N, N', N''.... dépendent de l'indéterminée $N^{(i-1)}$, cependant, comme leurs rapports à cette indéterminée sont connus par ce qui précède, elle disparaît de l'expression de $\tan\varepsilon$. Ayant ainsi déterminé ε, on aura $N^{(i-1)}$ au moyen de l'une des deux équations qui donnent $\tan\varepsilon$, et l'on en conclura le système des indéterminées N, N', N'',... relatif à la racine g. En changeant, dans les expressions précédentes, cette racine successivement en g_1, g_2, g_3...., on aura les valeurs des arbitraires relatives à chacune de ces racines.

Si l'on substitue ces valeurs dans les expressions de h, l, h', l'..... on en tirera les valeurs des excentricités e, e'.... des orbites, et des longitudes ϖ, ϖ',… de leurs périhélies, au moyen des équations

$$e^2 = h^2 + l^2, \quad e'^2 = h'^2 + l'^2, \quad \ldots,$$

$$\tang\varpi = \frac{h}{l}, \quad \tang\varpi' = \frac{h'}{l'}, \quad \ldots;$$

on aura ainsi

$$e^2 = N^2 + N_1^2 + N_2^2 + \ldots + 2NN_1\cos[(g_1 - g)t + \varepsilon_1 - \varepsilon]$$
$$+ 2NN_2\cos[(g_2 - g)t + \varepsilon_2 - \varepsilon] + 2N_1N_2\cos[(g_2 - g_1)t + \varepsilon_2 - \varepsilon_1] + \ldots.$$

Cette quantité est constamment plus petite que $(N + N_1 + N_2 + \ldots)^2$, lorsque les racines g, g_1,… sont toutes réelles et inégales, en prenant positivement les quantités N, N_1,…. On aura pareillement

$$\tang\varpi = \frac{N\sin(gt + \varepsilon) + N_1\sin(g_1t + \varepsilon_1) + N_2\sin(g_2t + \varepsilon_2) + \ldots}{N\cos(gt + \varepsilon) + N_1\cos(g_1t + \varepsilon_1) + N_2\cos(g_2t + \varepsilon_2) + \ldots},$$

d'où il est facile de conclure

$$\tang(\varpi - gt - \varepsilon) = \frac{N_1\sin[(g_1 - g)t + \varepsilon_1 - \varepsilon] + N_2\sin[(g_2 - g)t + \varepsilon_2 - \varepsilon] + \ldots}{N + N_1\cos[(g_1 - g)t + \varepsilon_1 - \varepsilon] + N_2\cos[(g_2 - g)t + \varepsilon_2 - \varepsilon] + \ldots}.$$

Lorsque la somme $N_1 + N_2 + \ldots$ des coefficients des cosinus de ce dénominateur, pris tous positivement, est moindre que N, $\tang(\varpi - gt - \varepsilon)$ ne peut jamais devenir infini; l'angle $\varpi - gt - \varepsilon$ ne peut donc jamais alors atteindre le quart de la circonférence, en sorte que le vrai moyen mouvement du périhélie est, dans ce cas, égal à gt.

57. Il suit de ce qui précède que les excentricités des orbites et les positions de leurs grands axes sont assujetties à des variations considérables, qui changent à la longue la nature de ces orbites, et dont les périodes, dépendantes des racines g, g_1, g_2,…, embrassent, relativement aux planètes, un grand nombre de siècles. On peut ainsi considérer les excentricités comme des ellipticités variables, et les mouvements des périhélies comme n'étant pas uniformes. Ces variations sont très-sensibles dans les satellites de Jupiter, et nous verrons dans la suite

qu'elles expliquent les inégalités singulières observées dans le mouve-
vement du troisième satellite. Mais les variations des excentricités
ont-elles des limites, et les orbites sont-elles constamment peu différentes du cercle? C'est ce qu'il importe d'examiner. Nous venons de
voir que, si les racines de l'équation en g sont toutes réelles et inégales, l'excentricité e de l'orbite de m est toujours moindre que la
somme $N + N_1 + N_2 + \ldots$ des coefficients des sinus de l'expression
de h, pris positivement; et, comme ces coefficients sont supposés fort
petits, la valeur de e sera toujours peu considérable. En n'ayant donc
égard qu'aux variations séculaires, on voit que les orbites des corps m,
m', m'',... ne feront que s'aplatir plus ou moins, en s'éloignant peu de
la forme circulaire; mais les positions de leurs grands axes éprouve-
ront des variations considérables. Ces axes seront constamment de la
même grandeur, et les moyens mouvements qui en dépendent seront
toujours uniformes, comme on l'a vu dans le n° 54. Les résultats précédents, fondés sur le peu d'excentricité des orbites, subsisteront sans
cesse, et pourront s'étendre à tous les siècles passés et à venir; en
sorte que l'on peut alors affirmer que, dans aucun temps, les orbites
des planètes et des satellites n'ont été et ne seront considérablement
excentriques, du moins si l'on n'a égard qu'à leur action mutuelle.
Mais il n'en serait pas de même si quelques-unes des racines g, g_1,
g_2,... étaient égales ou imaginaires; les sinus et les cosinus des expressions de h, l, h', l',...., correspondants à ces racines, se changeraient alors en arcs de cercle ou en exponentielles, et, comme ces quantités croissent indéfiniment avec le temps, les orbites finiraient, à la
longue, par être fort excentriques; la stabilité du système planétaire
serait alors détruite, et les résultats que nous avons trouvés cesseraient
d'avoir lieu. Il est donc très-intéressant de s'assurer que les racines g,
g_1, g_2,... sont toutes réelles et inégales. C'est ce que l'on peut démontrer d'une manière fort simple pour le cas de la nature, dans lequel les
corps m, m', m'',... du système circulent tous dans le même sens.

Reprenons les équations (A) du n° 55. Si l'on multiplie la première
par $m\sqrt{\bar{a}} . h$, la seconde par $m\sqrt{\bar{a}} . l$, la troisième par $m'\sqrt{\bar{a}'} . h'$, la

quatrième par $m'\sqrt{a'}.l',\ldots$, et qu'ensuite on les ajoute ensemble, les
coefficients de hl, $h'l'$, $h''l''$,... seront nuls dans cette somme; le coefficient de $h'l - hl'$ sera $\overline{[0,1]}\,m\sqrt{a} - \overline{[1,0]}\,m'\sqrt{a'}$, et il sera nul, en
vertu de l'équation $\overline{[0,1]}\,m\sqrt{a} = \overline{[1,0]}\,m'\sqrt{a'}$, trouvée dans le n° 55.
Les coefficients de $h''l - hl''$, $h''l' - h'l''$,... seront nuls par la même
raison; la somme des équations (A) ainsi préparées se réduira donc à
l'équation suivante

$$\frac{h\,dh - l\,dl}{dt}\,m\sqrt{a} - \frac{h'\,dh' + l'\,dl'}{dt}\,m'\sqrt{a'} + \ldots = 0,$$

et par conséquent à celle-ci

$$0 = e\,de.m\sqrt{a} + e'\,de'.m'\sqrt{a'} + \ldots.$$

En intégrant cette équation et en observant que, par le n° 54, les demi-
grands axes a, a',... sont constants, on aura

$$u \qquad\qquad e^2 m\sqrt{a} + e'^2 m'\sqrt{a'} + e''^2 m''\sqrt{a''} + \ldots = \text{const.}$$

Maintenant, les corps m, m', m'',... étant supposés circuler dans le
même sens, les radicaux $\sqrt{a}$, $\sqrt{a'}$, $\sqrt{a''}$,... doivent être pris positivement dans l'équation précédente, comme on l'a vu dans le n° 55; tous
les termes du premier membre de cette équation sont donc positifs, et
par conséquent chacun d'eux est moindre que la constante du second
membre; or, en supposant à une époque quelconque les excentricités
très-petites, cette constante sera fort petite: chacun des termes de
l'équation restera donc toujours fort petit, et ne pourra pas croître indéfiniment; les orbites seront toujours à fort peu près circulaires.

Le cas que nous venons d'examiner est celui des planètes et des
satellites du système solaire, puisque tous ces corps circulent dans le
même sens, et qu'à l'époque où nous sommes leurs orbites sont peu
excentriques. Pour ne laisser aucun doute sur ce résultat important,
nous observerons que, si l'équation qui détermine g renfermait des

racines imaginaires, quelques-uns des sinus et des cosinus des expressions de h, l, h', l',... se changeraient en exponentielles; ainsi l'expression de h contiendrait un nombre fini de termes de la forme Pc^{ft}, c étant le nombre dont le logarithme hyperbolique est l'unité, et P étant une quantité réelle, puisque h ou $c\sin\varpi$ est une quantité réelle. Soient Qc^{ft}, $P'c^{ft}$, $Q'c^{ft}$, $P''c^{ft}$,... les termes correspondants de l, h', l', h'',...; Q, P', Q', P'',... étant encore des quantités réelles : l'expression de c^2 renfermera le terme $(P^2 + Q^2)c^{2ft}$; l'expression de c'^2 renfermera le terme $(P'^2 + Q'^2)c^{2ft}$, et ainsi de suite; le premier membre de l'équation (u) renfermera donc le terme

$$\left[(P^2 + Q^2)\, m\sqrt{a} + (P'^2 + Q'^2)\, m'\sqrt{a'} + (P''^2 + Q''^2)\, m''\sqrt{a''} + \ldots \right] c^{2ft}.$$

Si l'on suppose que c^{ft} soit la plus grande des exponentielles que contiennent h, l, h', l',..., c'est-à-dire celle dans laquelle f est le plus considérable, c^{2ft} sera la plus grande des exponentielles que renfermera le premier membre de l'équation précédente; le terme précédent ne pourra donc être détruit par aucun autre terme de ce premier membre; ainsi, pour que ce membre se réduise à une constante, il faut que le coefficient de c^{2ft} soit nul, ce qui donne

$$0 = (P^2 + Q^2)\, m\sqrt{a} + (P'^2 + Q'^2)\, m'\sqrt{a'} + (P''^2 + Q''^2)\, m''\sqrt{a''} + \ldots.$$

Lorsque $\sqrt{a}$, $\sqrt{a'}$, $\sqrt{a''}$, ... ont le même signe, ou, ce qui revient au même, lorsque les corps m, m', m'',... circulent dans le même sens, cette équation est impossible, à moins que l'on ne suppose $P = 0$, $Q = 0$, $P' = 0$,...; d'où il suit que les quantités h, l, h', l'.... ne renferment point d'exponentielles, et qu'ainsi l'équation en g ne contient point de racines imaginaires.

Si cette équation avait des racines égales, les expressions de h, l, h', l',... renfermeraient, comme l'on sait, des arcs de cercle, et l'on aurait dans l'expression de h un nombre fini de termes de la forme Pt^r. Soient Qt^r, $P't^r$, $Q't^r$,... les termes correspondants de l, h', l',..., P, Q, P', Q',... étant des quantités réelles; le premier membre de l'équation (u)

renfermera le terme

$$\left[(\mathrm{P}^2 + \mathrm{Q}^2)\, m\, \sqrt{\bar{a}} + (\mathrm{P}'^2 + \mathrm{Q}'^2)\, m'\, \sqrt{\bar{a'}} + \mathrm{P}''^2 + \mathrm{Q}''^2)\, m''\, \sqrt{\bar{a''}} + \ldots \right] t^{2r}.$$

Si t^r est la plus haute puissance de t que contiennent les valeurs de h, l, h', l',...., t^{2r} sera la plus haute puissance de t renfermée dans le premier membre de l'équation (u); ainsi, pour que ce membre puisse se réduire à une constante, il faut que l'on ait

$$o = \mathrm{P}^2 + \mathrm{Q}^2,\, m\,\sqrt{\bar{a}} + (\mathrm{P}'^2 + \mathrm{Q}'^2)\, m'\, \sqrt{\bar{a'}} + \ldots,$$

ce qui donne $\mathrm{P} = o$, $\mathrm{Q} = o$, $\mathrm{P}' = o$, $\mathrm{Q}' = o$,.... Les expressions de h, l, h', l',... ne renferment donc ni exponentielles, ni arcs de cercle, et par conséquent toutes les racines de l'équation en g sont réelles et inégales.

Le système des orbites de m, m', m'',... est donc parfaitement stable relativement à leurs excentricités; ces orbites ne font qu'osciller autour d'un état moyen d'ellipticité, dont elles s'écartent peu, en conservant les mêmes grands axes; leurs excentricités sont toujours assujetties à cette condition, savoir, que la somme de leurs carrés, multipliés respectivement par les masses des corps et par les racines carrées des grands axes, est constamment la même.

58. Lorsque l'on aura déterminé, par ce qui précède, les valeurs de e et de ϖ, on les substituera dans tous les termes des expressions de r et de $\dfrac{de}{dt}$, données dans les numéros précédents, en effaçant les termes qui renferment le temps t hors des signes sinus et cosinus. La partie elliptique de ces expressions sera la même que dans le cas de l'orbite non troublée, avec la seule différence que l'excentricité et la position du périhélie seront variables; mais les périodes de ces variations étant fort longues, à raison de la petitesse des masses m, m', m''.... relativement à M, on pourra supposer ces variations proportionnelles au temps pendant un grand intervalle qui, pour les planètes, peut s'étendre à plusieurs siècles avant et après l'époque où l'on fixe l'origine

du temps. Il est utile, pour les usages astronomiques, d'avoir sous cette forme les variations séculaires des excentricités et des périhélies des orbites; on peut facilement les conclure des formules précédentes. En effet, l'équation $e^2 = h^2 + l^2$ donne $e\,de = h\,dh + l\,dl$; or, en n'ayant égard qu'à l'action de m', on a, par le n° 55,

$$\frac{dh}{dt} = (0,1)\,l - \overline{[0,1]}\,l',$$

$$\frac{dl}{dt} = -(0,1)\,h + \overline{[0,1]}\,h',$$

partant

$$\frac{e\,de}{dt} = \overline{[0,1]}\,(h'l - hl');$$

mais on a $h'l - hl' = ee'\sin(\varpi' - \varpi)$; on aura donc

$$\frac{de}{dt} = \overline{[0,1]}\,e'\sin(\varpi' - \varpi);$$

ainsi, en ayant égard à l'action réciproque des différents corps m, $m',\dots$, on aura

$$\frac{de}{dt} = \overline{[0,1]}\,e'\sin(\varpi' - \varpi) + \overline{[0,2]}\,e''\sin(\varpi'' - \varpi) + \dots,$$

$$\frac{de'}{dt} = \overline{[1,0]}\,e\,\sin(\varpi - \varpi') - \overline{[1,2]}\,e''\sin(\varpi'' - \varpi') + \dots,$$

$$\frac{de''}{dt} = \overline{[2,0]}\,e\,\sin(\varpi - \varpi'') + \overline{[2,1]}\,e'\sin(\varpi' - \varpi'') + \dots.$$

$$\dots\dots\dots\dots\dots\dots\dots\dots\dots\dots$$

L'équation $\tang\varpi = \dfrac{h}{l}$ donne, en la différentiant,

$$e^2\,d\varpi = l\,dh - h\,dl.$$

En n'ayant égard qu'à l'action de m', et substituant pour dh et dl leurs valeurs, on aura

$$\frac{e^2\,d\varpi}{dt} = (0,1)\,(h^2 + l^2) - \overline{[0,1]}\,(hh' + ll'),$$

ce qui donne

$$\frac{d\varpi}{dt} = (0,1) - \overline{[0,1]}\frac{e'}{e}\cos(\varpi' - \varpi);$$

on aura donc, en vertu des actions réciproques des corps m, m', m'',....

$$\frac{d\varpi}{dt} = (0,1) + (0,2) + \ldots - \overline{[0,1]}\frac{e'}{e}\cos(\varpi' - \varpi) - \overline{[0,2]}\frac{e''}{e}\cos(\varpi'' - \varpi) - \ldots,$$

$$\frac{d\varpi'}{dt} = (1,0) + (1,2) + \ldots - \overline{[1,0]}\frac{e}{e'}\cos(\varpi - \varpi') - \overline{[1,2]}\frac{e''}{e'}\cos(\varpi'' - \varpi') - \ldots,$$

$$\frac{d\varpi''}{dt} = (2,0) + (2,1) + \ldots - \overline{[2,0]}\frac{e}{e''}\cos(\varpi - \varpi'') - \overline{[2,1]}\frac{e'}{e''}\cos(\varpi' - \varpi'') - \ldots,$$

$$\ldots\ldots\ldots\ldots\ldots\ldots\ldots\ldots\ldots\ldots\ldots\ldots\ldots\ldots$$

Si l'on multiplie ces valeurs de $\dfrac{de}{dt}$, $\dfrac{de'}{dt}$, ..., $\dfrac{d\varpi}{dt}$, $\dfrac{d\varpi'}{dt}$, ... par le temps t, on aura les expressions différentielles des variations séculaires des excentricités et des périhélies, et ces expressions, qui ne sont rigoureuses que lorsque t est infiniment petit, pourront cependant servir pendant un long intervalle, relativement aux planètes. Leur comparaison avec des observations précises et éloignées entre elles est le moyen le plus exact de déterminer les masses des planètes qui n'ont point de satellites. On a, pour un temps quelconque t, l'excentricité e égale à $e + t\dfrac{de}{dt} + \dfrac{t^2}{1.2}\dfrac{d^2e}{dt^2} + \ldots$; e, $\dfrac{de}{dt}$, $\dfrac{d^2e}{dt^2}$, ... étant relatifs à l'origine du temps t ou à l'époque. La valeur précédente de $\dfrac{de}{dt}$ donnera, en la différentiant et en observant que a, a'.... sont constants, les valeurs de $\dfrac{d^2e}{dt^2}$, $\dfrac{d^3e}{dt^3}$, ...; on pourra donc continuer aussi loin que l'on voudra la série précédente, et, par le même procédé, la série relative à ϖ; mais, relativement aux planètes, il suffira, dans la comparaison des observations les plus anciennes qui nous soient parvenues, d'avoir égard au carré du temps, dans les expressions en séries de e, e',..., ϖ, ϖ',....

59. Considérons présentement les équations relatives à la position des orbites. Reprenons pour cela les équations (3) et (4) du n° 53,

$$\frac{dp}{dt} = -\frac{m'n}{4} a^2 a' \mathrm{B}^{(1)}(q - q'), \qquad \frac{dq}{dt} = \frac{m'n}{4} a^2 a' \mathrm{B}^{(1)}(p - p').$$

On a, par le n° 49,

$$a^2 a' \mathrm{B}^{(1)} = \alpha^2 b^{(1)}_{\frac{3}{2}};$$

on a ensuite, par le même numéro,

$$b^{(1)}_{\frac{3}{2}} = -\frac{3 b^{(1)}_{-\frac{1}{2}}}{(1-\alpha^2)^2};$$

on aura donc

$$\frac{m'n}{4} a^2 a' \mathrm{B}^{(1)} = -\frac{3 m' n \alpha^2 b^{(1)}_{-\frac{1}{2}}}{4(1-\alpha^2)^2}.$$

Le second membre de cette équation est ce que nous avons désigné par $(0, 1)$ dans le n° 55; on aura ainsi

$$\frac{dp}{dt} = (0, 1)(q' - q), \qquad \frac{dq}{dt} = (0, 1)(p - p').$$

De là il est aisé de conclure que les valeurs de $q, p, q', p', \ldots$ seront déterminées par le système suivant d'équations différentielles

$$(\mathrm{C}) \quad \left\{ \begin{aligned}
\frac{dq}{dt} &= [(0, 1) + (0, 2) + \ldots] p - (0, 1) p' - (0, 2) p'' - \ldots, \\
\frac{dp}{dt} &= -[(0, 1) + (0, 2) + \ldots] q + (0, 1) q' + (0, 2) q'' + \ldots, \\
\frac{dq'}{dt} &= [(1, 0) + (1, 2) + \ldots] p' - (1, 0) p - (1, 2) p'' - \ldots, \\
\frac{dp'}{dt} &= -[(1, 0) + (1, 2) + \ldots] q' + (1, 0) q + (1, 2) q'' + \ldots, \\
\frac{dq''}{dt} &= [(2, 0) + (2, 1) + \ldots] p'' - (2, 0) p - (2, 1) p' - \ldots, \\
\frac{dp''}{dt} &= -[(2, 0) + (2, 1) + \ldots] q'' + (2, 0) q + (2, 1) q' + \ldots, \\
&\ldots\ldots\ldots\ldots\ldots\ldots\ldots\ldots\ldots\ldots\ldots\ldots
\end{aligned} \right.$$

Ce système d'équations est semblable à celui des équations (A) du
n° 55; il coïnciderait entièrement avec lui si, dans les équations (A),
on changeait h, l, h', l'.... en q, p, q', p'...., et si l'on supposait
$\boxed{0,1} = (0,1)$, $\boxed{1,0} = (1,0)$,...; ainsi, l'analyse dont nous avons
fait usage dans le n° 56 pour intégrer les équations (A) s'applique aux
équations (C). On supposera donc

$$q = N \cos\, gt + \varepsilon' - N_1 \cos\, (g_1 t + \varepsilon_1) + N_2 \cos\, (g_2 t + \varepsilon_2) + \ldots,$$

$$p = N \sin\, gt + \varepsilon' - N_1 \sin\, (g_1 t + \varepsilon_1) + N_2 \sin\, (g_2 t + \varepsilon_2) + \ldots,$$

$$q' = N' \cos\, (gt + \varepsilon) + N'_1 \cos\, (g_1 t + \varepsilon_1) + N'_2 \cos\, (g_2 t + \varepsilon_2) + \ldots,$$

$$p' = N' \sin\, (gt + \varepsilon) + N'_1 \sin\, (g_1 t + \varepsilon_1) + N'_2 \sin\, (g_2 t + \varepsilon_2) + \ldots,$$

$$\cdots\cdots\cdots\cdots\cdots\cdots\cdots\cdots\cdots\cdots\cdots\cdots$$

et l'on aura, par le n° 56, une équation en g du degré i, et dont les
diverses racines seront g, g_1, g_2;.... Il est facile de voir qu'une de ces
racines est nulle; car il est clair que l'on satisfait aux équations (C) en
y supposant p, p', p'',... égaux et constants, ainsi que q, q', q''...., ce
qui exige que l'une des racines de l'équation en g soit zéro, et ce qui
l'abaisse au degré $i - 1$. Les arbitraires N, N_1, N',..., ε, ε_1,... se détermineront par la méthode exposée dans le n° 56. Enfin on trouvera,
par l'analyse du n° 57,

$$\text{const.} = (p^2 + q^2)\, m \sqrt{a} + (p'^2 + q'^2)\, m' \sqrt{a'} + \ldots;$$

d'où l'on conclura, comme dans le numéro cité, que les expressions de
p, q, p', q'.... ne renferment ni arcs de cercle ni exponentielles, lorsque
les corps m, m', m'.... circulent dans le même sens, et qu'ainsi l'équation en g a toutes ses racines réelles et inégales.

On peut obtenir deux autres intégrales des équations (C). En effet,
si l'on multiplie la première de ces équations par $m \sqrt{a}$, la troisième
par $m' \sqrt{a'}$, la cinquième par $m'' \sqrt{a''}$,..., on aura, en vertu des relations trouvées dans le n° 55,

$$0 = \frac{dq}{dt} m \sqrt{a} + \frac{dq'}{dt} m' \sqrt{a'} + \ldots,$$

ce qui donne, en intégrant,

$$\text{const.} = qm\sqrt{a} + q'm'\sqrt{a'} + \ldots$$

On trouvera de la même manière

$$\text{const.} = pm\sqrt{a} + p'm'\sqrt{a'} + \ldots$$

Nommons φ l'inclinaison de l'orbite de m sur le plan fixe, et θ la longitude du nœud ascendant de cette orbite sur le même plan; la latitude de m sera à très-peu près $\tan\varphi\,\sin(nt + \varepsilon - \theta)$. En comparant cette valeur à celle-ci $q\sin(nt + \varepsilon) - p\cos(nt + \varepsilon)$, on aura

$$p = \tan\varphi\,\sin\theta, \quad q = \tan\varphi\,\cos\theta,$$

d'où l'on tire

$$\tan\varphi = \sqrt{p^2 + q^2}, \quad \tan\theta = \frac{p}{q}:$$

on aura donc l'inclinaison de l'orbite de m et la position de son nœud, au moyen des valeurs de p et de q. En marquant successivement d'un trait, de deux traits, etc., relativement à m', m'',...., les valeurs de $\tan\varphi$ et de $\tan\theta$, on aura les inclinaisons des orbites de m', m'',...., et les positions de leurs nœuds, au moyen des quantités p', q', p'', q'',....

La quantité $\sqrt{p^2 + q^2}$ est moindre que la somme $N + N_1 + N_2 + \ldots$ des coefficients des sinus de l'expression de p; ainsi, ces coefficients étant fort petits, puisque l'orbite est supposée peu inclinée au plan fixe, son inclinaison sur ce plan sera toujours peu considérable, d'où il suit que le système des orbites est aussi stable relativement à leurs inclinaisons que par rapport à leurs excentricités. On peut donc considérer les inclinaisons des orbites comme des quantités variables comprises entre des limites déterminées, et les mouvements des nœuds comme n'étant pas uniformes. Ces variations sont très-sensibles dans les satellites de Jupiter, et nous verrons dans la suite qu'elles expliquent les phénomènes singuliers observés dans l'inclinaison de l'orbite du quatrième satellite.

Des expressions précédentes de p et de q résulte ce théorème :

Que l'on imagine un cercle dont l'inclinaison au plan fixe soit N, *et dont* $gt + \varepsilon$ *soit la longitude du nœud ascendant; que sur ce premier cercle on imagine un second cercle qui lui soit incliné de* N_1, *et dont* $g_1 t + \varepsilon_1$ *soit la longitude de son intersection avec le premier cercle; que sur ce second cercle on imagine un troisième cercle qui lui soit incliné de* N_2, *et dont* $g_2 t + \varepsilon_2$ *soit la longitude de son intersection avec le second cercle, et ainsi de suite; la position du dernier cercle sera celle de l'orbite de* m.

En appliquant la même construction aux expressions de h et de l du n° 56, on voit que *la tangente de l'inclinaison du dernier cercle sur le plan fixe est égale à l'excentricité de l'orbite de* m, *et que la longitude de l'intersection de ce cercle avec le même plan est égale à celle du périhélie de l'orbite de* m.

60. Il est utile, pour les usages astronomiques, d'avoir les variations différentielles des nœuds et des inclinaisons des orbites. Pour cela, reprenons les équations du numéro précédent,

$$\tan g \varphi = \sqrt{p^2 + q^2}, \qquad \tan g \theta = \frac{p}{q}.$$

En les différentiant, on aura

$$d\varphi = dp \sin \theta + dq \cos \theta,$$
$$d\theta = \frac{dp \cos \theta - dq \sin \theta}{\tan g \varphi}.$$

Si l'on substitue pour dp et dq leurs valeurs données par les équations (C) du numéro précédent, on aura

$$\frac{d\varphi}{dt} = (0,1) \tan g \varphi' \sin(\theta - \theta') + (0,2) \tan g \varphi'' \sin(\theta - \theta'') + \ldots,$$

$$\frac{d\theta}{dt} = -[(0,1) + (0,2) + \ldots] + (0,1) \frac{\tan g \varphi'}{\tan g \varphi} \cos(\theta - \theta') + (0,2) \frac{\tan g \varphi''}{\tan g \varphi} \cos(\theta - \theta'') + \ldots;$$

on aura pareillement

$$\frac{d\varphi'}{dt} = (1,0)\,\tang\varphi\,\sin(\theta'-\theta) + (1,2)\,\tang\varphi''\,\sin(\theta'-\theta'') + \ldots,$$

$$\frac{d\theta'}{dt} = -[(1,0)+(1,2)+\ldots] + (1,0)\,\frac{\tang\varphi}{\tang\varphi'}\cos(\theta'-\theta) + (1,2)\,\frac{\tang\varphi''}{\tang\varphi'}\cos(\theta'-\theta'') + \ldots;$$

....

Les astronomes rapportent les mouvements célestes à l'orbite mobile de la Terre; c'est, en effet, du plan de cette orbite que nous les observons; il importe donc de connaître les variations des nœuds et des inclinaisons des orbites relativement à l'écliptique. Supposons ainsi que l'on veuille déterminer les variations différentielles des nœuds et des inclinaisons des orbites relativement à l'orbite de l'un des corps m, m', m'',..., par exemple, à l'orbite de m. Il est clair que

$$q\sin(n't+\varepsilon') - p\cos(n't+\varepsilon')$$

serait la latitude de m' au-dessus du plan fixe, s'il était en mouvement sur l'orbite de m. Sa latitude au-dessus du même plan est

$$q'\sin(n't+\varepsilon') - p'\cos(n't+\varepsilon');$$

or la différence de ces deux latitudes est à très-peu près la latitude de m' au-dessus de l'orbite de m; en nommant donc $\varphi'_{,}$ l'inclinaison, et $\theta'_{,}$ la longitude du nœud de l'orbite de m' sur l'orbite de m, on aura, par ce qui précède,

$$\tang\varphi'_{,} = \sqrt{(p'-p)^2+(q'-q)^2}, \qquad \tang\theta'_{,} = \frac{p'-p}{q'-q}.$$

Si l'on prend pour plan fixe celui de l'orbite de m à une époque donnée, on aura à cette époque $p=0$, $q=0$; mais les différentielles dp et dq ne seront pas nulles; ainsi l'on aura

$$d\varphi'_{,} = (dp'-dp)\sin\theta' + (dq'-dq)\cos\theta',$$

$$d\theta'_{,} = \frac{(dp'-dp)\cos\theta' - (dq'-dq)\sin\theta'}{\tang\varphi'}.$$

En substituant pour dp, dq, dp', dq'.... leurs valeurs données par les équations (C du numéro précédent, on aura

$$\frac{d\varphi'}{dt} = [1, 2] - (0, 2)] \tan g \varphi'' \sin(\theta' - \theta'')$$
$$- [1, 3] - (0, 3)] \tan g \varphi'' \sin(\theta' - \theta''') - \ldots,$$

$$\frac{d\theta'}{dt} = - [1, 0) - (1, 2) + (1, 3) + \ldots] - (0, 1)$$
$$- [1, 2] - (0, 2)] \frac{\tan g \varphi''}{\tan g \varphi'} \cos(\theta' - \theta'')$$
$$- [1, 3] - (0, 3)] \frac{\tan g \varphi'''}{\tan g \varphi'} \cos(\theta' - \theta''') - \ldots$$

Il est facile de conclure de ces expressions les variations des nœuds et des inclinaisons des orbites des autres corps m'', m''',... sur l'orbite mobile de m.

61. Les intégrales trouvées précédemment des équations différentielles qui déterminent les variations des éléments des orbites ne sont qu'approchées, et les relations qu'elles donnent entre tous ces éléments n'ont lieu qu'en supposant les excentricités des orbites et leurs inclinaisons fort petites. Mais les intégrales (4), (5), (6) et (7), auxquelles nous sommes parvenus dans le nᵒ 9, donnent ces mêmes rapports, quelles que soient les excentricités et les inclinaisons. Pour cela, nous observerons que $\dfrac{x\,dy - y\,dx}{dt}$ est le double de l'aire décrite durant l'instant dt par la projection du rayon vecteur de la planète m sur le plan des x et des y. Dans le mouvement elliptique, si l'on néglige la masse de la planète vis-à-vis de celle du Soleil, prise pour unité, on a, par les nᵒˢ 19 et 20, relativement au plan de l'orbite de m,

$$\frac{x\,dy - y\,dx}{dt} = \sqrt{a'(1 - e^2)}.$$

Pour rapporter au plan fixe l'aire sur l'orbite, il faut la multiplier par le cosinus de l'inclinaison φ de l'orbite à ce plan; on aura donc, par rapport à ce plan,

$$\frac{x\,dy - y\,dx}{dt} = \cos\varphi\sqrt{a(1-e^2)} = \sqrt{\frac{a(1-e^2)}{1+\text{tang}^2\varphi}};$$

on aura pareillement

$$\frac{x'dy' - y'dx'}{dt} = \sqrt{\frac{a'(1-e'^2)}{1+\text{tang}^2\varphi'}}, \quad \text{etc.}$$

Ces valeurs de $x\,dy - y\,dx$, $x'dy' - y'dx'$, ... peuvent être employées lorsque l'on fait abstraction des inégalités du mouvement des planètes, pourvu que l'on considère les éléments e, e',..., φ, φ',... comme variables en vertu des inégalités séculaires; l'équation (4) du n° 9 donnera donc alors

$$c = m\sqrt{\frac{a(1-e^2)}{1+\text{tang}^2\varphi}} + m'\sqrt{\frac{a'(1-e'^2)}{1+\text{tang}^2\varphi'}} + \ldots - \Sigma mm'\frac{(x'-x)(dy'-dy) - (y'-y)(dx'-dx)}{dt}.$$

En négligeant ce dernier terme, qui reste toujours de l'ordre mm', on aura

$$c = m\sqrt{\frac{a(1-e^2)}{1+\text{tang}^2\varphi}} + m'\sqrt{\frac{a'(1-e'^2)}{1+\text{tang}^2\varphi'}} + \ldots$$

Ainsi, quels que soient les changements que la suite des temps apporte aux valeurs de e, e',..., φ, φ',... en vertu des variations séculaires, ces valeurs doivent toujours satisfaire à l'équation précédente.

Si l'on néglige les quantités très-petites de l'ordre e^4 ou $e^2\varphi^2$, cette équation donnera

$$c = m\sqrt{a} + m'\sqrt{a'} + \ldots - \tfrac{1}{2}m\sqrt{a}(e^2 + \text{tang}^2\varphi) - \tfrac{1}{2}m'\sqrt{a'}(e'^2 + \text{tang}^2\varphi') - \ldots,$$

et par conséquent, si l'on néglige les carrés de e, e', φ,..., on aura $m\sqrt{a} + m'\sqrt{a'} + \ldots$ constant. On a vu précédemment que, si l'on n'a égard qu'à la première puissance de la force perturbatrice, a, a',... sont constants séparément; l'équation précédente donnera donc, en négligeant les quantités très-petites de l'ordre e^4 ou $e^2\varphi^2$,

$$\text{const.} = m\sqrt{a}(e^2 + \text{tang}^2\varphi) + m'\sqrt{a'}(e'^2 + \text{tang}^2\varphi') + \ldots$$

Dans la supposition des orbites presque circulaires et peu inclinées les unes aux autres, les variations séculaires des excentricités des orbites sont, par le n° 55, déterminées au moyen d'équations différentielles indépendantes des inclinaisons, et qui par conséquent sont les mêmes que si les orbites étaient dans un même plan; or on a, dans cette hypothèse, $\varphi = 0$, $\varphi' = 0,\ldots$; l'équation précédente devient ainsi

$$\text{const.} = e^2 m \sqrt{a} + e'^2 m' \sqrt{a'} + e''^2 m'' \sqrt{a''} + \ldots,$$

équation à laquelle nous sommes déjà parvenus dans le n° 57.

Pareillement, les variations séculaires des inclinaisons des orbites sont, par le n° 59, déterminées au moyen d'équations différentielles indépendantes des excentricités, et qui par conséquent sont les mêmes que si les orbites étaient circulaires; or on a, dans cette hypothèse, $e = 0$, $e' = 0,\ldots$; partant, on aura

$$\text{const.} = m \sqrt{a}\,\text{tang}^2\varphi + m' \sqrt{a'}\,\text{tang}^2\varphi' + m'' \sqrt{a''}\,\text{tang}^2\varphi'' + \ldots,$$

équation à laquelle nous sommes parvenus dans le n° 59.

Si l'on suppose, comme dans ce dernier numéro,

$$p = \text{tang}\,\varphi \sin\theta, \quad q = \text{tang}\,\varphi \cos\theta,$$

il est facile de s'assurer que, l'inclinaison de l'orbite de m sur le plan des x et des y étant φ, et la longitude de son nœud ascendant, comptée de l'axe des x, étant θ, le cosinus de l'inclinaison de cette orbite sur le plan des x et des z sera

$$\frac{q}{\sqrt{1 + \text{tang}^2\varphi}}.$$

En multipliant cette quantité par $\dfrac{x\,dy - y\,dx}{dt}$ ou par sa valeur $\sqrt{a(1 - e^2)}$, on aura la valeur de $\dfrac{x\,dz - z\,dx}{dt}$; l'équation (5) du n° 9 donnera donc, en négligeant les quantités de l'ordre m^2,

$$c' = mq \sqrt{\frac{a(1 - e^2)}{1 + \text{tang}^2\varphi}} + m'q' \sqrt{\frac{a'(1 - e'^2)}{1 + \text{tang}^2\varphi'}} + \ldots$$

On trouvera pareillement que l'équation (6) du n° 9 donne

$$c'' = mp\sqrt{\frac{a(1-e^2)}{1+\tang^2\varphi}} + m'p'\sqrt{\frac{a'(1-e'^2)}{1+\tang^2\varphi'}} + \ldots\ldots$$

Si dans ces deux équations on néglige les quantités de l'ordre e^3 ou $e^2\varphi$, elles deviennent

$$\text{const.} = mq\sqrt{a} + m'q'\sqrt{a'} + \ldots\ldots,$$

$$\text{const.} = mp\sqrt{a} + m'p'\sqrt{a'} + \ldots\ldots,$$

équations auxquelles nous sommes déjà parvenus dans le n° 59.

Enfin, l'équation (7) du n° 9 donnera, en observant que, par le n° 18,

$$\frac{\mu}{a} = \frac{2\mu}{r} - \frac{dx^2 + dy^2 + dz^2}{dt^2},$$

et en négligeant les quantités de l'ordre mm',

$$\text{const.} = \frac{m}{a} + \frac{m'}{a'} + \frac{m''}{a''} + \ldots\ldots$$

Ces diverses équations subsistent eu égard aux inégalités à très-longues périodes qui peuvent affecter les éléments des orbites de m, m', ... Nous avons observé, dans le n° 54, que les rapports des moyens mouvements de ces corps peuvent introduire dans les expressions des grands axes des orbites, considérées comme variables, des inégalités dont les arguments proportionnels au temps croissent avec beaucoup de lenteur, et qui, ayant pour diviseurs les coefficients du temps t dans ces arguments, peuvent devenir sensibles. Or il est visible qu'en n'ayant égard qu'aux termes qui ont de semblables diviseurs, et en considérant les orbites comme des ellipses dont les éléments varient à raison de ces termes, les intégrales (4), (5), (6) et (7) du n° 9 donneront toujours les relations que nous venons de trouver entre ces éléments, parce que les termes de l'ordre mm', que nous avons négligés dans ces intégrales pour en conclure ces relations, n'ont point pour diviseurs les très-petits coefficients dont nous venons de parler, ou du moins ils ne les

renferment que multipliés par une puissance des forces perturbatrices
supérieure à celle que l'on considère.

62. Nous avons observé, dans les n°s 21 et 22 du premier Livre, que,
dans le mouvement d'un système de corps, il existe un plan invariable
ou conservant toujours une situation parallèle; qu'il est facile de retrouver dans tous les temps, par cette condition, que la somme des
masses du système, multipliées respectivement par les projections des
aires décrites par leurs rayons vecteurs dans un temps donné, est un
maximum. C'est principalement dans la théorie du Système solaire
que la recherche de ce plan est importante, vu les mouvements propres
des étoiles et de l'écliptique, qui rendent très-difficile aux astronomes
la détermination précise des mouvements célestes. Si l'on nomme γ
l'inclinaison de ce plan invariable sur celui des x et des y, et Π la
longitude de son nœud ascendant, il résulte de ce que nous avons
démontré, dans les n°s 21 et 22 du premier Livre, que l'on aura

$$\tan g\,\gamma \sin \Pi = \frac{c''}{c}, \qquad \tan g\,\gamma \cos \Pi = \frac{c'}{c},$$

et, par conséquent,

$$\tan g\,\gamma \sin \Pi = \frac{m\sqrt{a\,(1-e^2)}\,\sin\varphi\,\sin\theta + m'\sqrt{a'(1-e'^2)}\,\sin\varphi'\,\sin\theta' + \ldots}{m\sqrt{a\,(1-e^2)}\,\cos\varphi + m'\sqrt{a'(1-e'^2)}\,\cos\varphi' + \ldots},$$

$$\tan g\,\gamma \cos \Pi = \frac{m\sqrt{a\,(1-e^2)}\,\sin\varphi\,\cos\theta + m'\sqrt{a'(1-e'^2)}\,\sin\varphi'\,\cos\theta' + \ldots}{m\sqrt{a\,(1-e^2)}\,\cos\varphi + m'\sqrt{a'(1-e'^2)}\,\cos\varphi' + \ldots}.$$

On déterminera facilement, au moyen de ces valeurs, les deux angles γ
et Π. On voit que, pour déterminer le plan invariable, il faudrait connaître les masses des comètes et les éléments de leurs orbites; heureusement ces masses paraissent être fort petites, en sorte que l'on peut,
sans erreur sensible, négliger leur action sur les planètes; mais le temps
seul peut nous éclairer sur ce point. On peut observer ici que, relativement à ce plan invariable, les valeurs de p, q, p', q', ... ne renferment
point de termes constants; car il est visible, par les équations (C) du

n° 59, que ces termes sont les mêmes pour p, p' p'',...., et qu'ils sont encore les mêmes pour q, q', q'',...; et comme, relativement au plan invariable, les constantes des premiers membres des équations (1) et (2) du n° 59 sont nulles, les termes constants disparaissent, en vertu de ces équations, des expressions de p, p',..., q, q',....

Considérons le mouvement de deux orbites, en les supposant inclinées l'une à l'autre d'un angle quelconque; on aura, par le n° 61,

$$c' = \sin\varphi\cos\theta.m\sqrt{a(1-e^2)} + \sin\varphi'\cos\theta'.m'\sqrt{a'(1-e'^2)},$$

$$c'' = \sin\varphi\sin\theta.m\sqrt{a(1-e^2)} + \sin\varphi'\sin\theta'.m'\sqrt{a'(1-e'^2)}.$$

Supposons que le plan fixe auquel on rapporte le mouvement des orbites soit le plan invariable dont nous venons de parler, et par rapport auquel les constantes des premiers membres de ces équations sont nulles, comme on l'a vu dans les n°° 21 et 22 du premier Livre. Les angles φ et φ' étant positifs, les équations précédentes donnent les suivantes

$$m\sqrt{a(1-e^2)}\sin\varphi = m'\sqrt{a'(1-e'^2)}\sin\varphi',$$

$$\sin\theta = -\sin\theta', \quad \cos\theta = -\cos\theta',$$

d'où l'on tire $\theta' = \theta +$ la demi-circonférence; les nœuds des orbites sont par conséquent sur la même ligne; mais le nœud ascendant de l'une coïncide avec le nœud descendant de l'autre, en sorte que l'inclinaison mutuelle des deux orbites est égale à $\varphi + \varphi'$.

On a, par le n° 61,

$$c = m\sqrt{a(1-e^2)}\cos\varphi + m'\sqrt{a'(1-e'^2)}\cos\varphi';$$

en combinant cette équation avec la précédente entre $\sin\varphi$ et $\sin\varphi'$, on aura

$$2mc\cos\varphi\sqrt{a(1-e^2)} = c^2 + m^2a(1-e^2) - m'^2a'(1-e'^2).$$

Si l'on suppose les orbites circulaires, ou du moins assez peu excentriques pour que l'on puisse négliger les carrés de leurs excentricités, l'équation précédente donnera φ constant; par la même raison, φ' sera constant; les inclinaisons des plans des orbites sur le plan fixe et sur elles-mêmes seront donc alors constantes, et ces trois plans auront toujours une intersection commune. Il en résulte que la variation moyenne instantanée de cette intersection est toujours la même, puisqu'elle ne peut être qu'une fonction de ces inclinaisons. Lorsqu'elles sont fort petites, on trouvera facilement, par le n° 60 et en vertu de la relation précédente entre $\sin\varphi$ et $\sin\varphi'$, que, pour le temps t, le mouvement de cette intersection est $-[(\mathrm{o},\mathrm{1}) + (\mathrm{1},\mathrm{o})]\,t$.

La position du plan invariable, auquel nous venons de rapporter le mouvement des orbites, est facile à déterminer pour un instant quelconque; car il ne s'agit que de partager l'angle de l'inclinaison mutuelle des orbites en deux angles φ et φ', tels que l'on ait l'équation précédente entre $\sin\varphi$ et $\sin\varphi'$. En désignant donc par ϖ cette mutuelle inclinaison, on aura

$$\operatorname{tang}\varphi = \frac{m'\sqrt{a'(1-e'^2)}\,\sin\varpi}{m\sqrt{a(1-e^2)} + m'\sqrt{a'(1-e'^2)}\,\cos\varpi}.$$

CHAPITRE VIII.

SECONDE MÉTHODE D'APPROXIMATION DES MOUVEMENTS CÉLESTES.

63. On a vu, dans le Chapitre II, que les coordonnées des corps célestes, rapportées aux foyers des forces principales qui les animent, sont déterminées par des équations différentielles du second ordre. Nous avons intégré ces équations dans le Chapitre III, en n'ayant égard qu'aux forces principales, et nous avons fait voir que, dans ce cas, les orbites sont des sections coniques dont les éléments sont les constantes arbitraires introduites par les intégrations. Les forces perturbatrices n'ajoutant que de petites inégalités au mouvement elliptique, il est naturel de chercher à ramener aux lois de ce mouvement le mouvement troublé des corps célestes. Si l'on applique aux équations différentielles du mouvement elliptique, augmentées des petits termes dus aux forces perturbatrices, la méthode d'approximation exposée dans le n° 45, on pourra encore considérer les mouvements célestes dans les orbites rentrantes comme étant elliptiques; mais les éléments de ce mouvement seront variables, et l'on aura leurs variations par cette méthode. Il en résulte que, les équations du mouvement étant différentielles du second ordre, non-seulement leurs intégrales finies, mais encore leurs intégrales infiniment petites du premier ordre sont les mêmes que dans le cas des ellipses invariables, en sorte que l'on peut différentier les équations finies du mouvement elliptique, en traitant les éléments de ce mouvement comme constants. Il résulte encore de la même méthode que les équations de ce mouvement, différentielles du premier ordre, peuvent être différentiées, en n'y faisant varier que les éléments des orbites et les premières différences des

coordonnées, pourvu qu'au lieu des différences secondes de ces coordonnées on ne substitue que la partie de leurs valeurs due aux forces perturbatrices. Ces résultats peuvent être immédiatement tirés de la considération du mouvement elliptique.

Pour cela, concevons une ellipse passant par une planète et par l'élément de la courbe qu'elle décrit, et dont le centre du Soleil occupe le foyer. Cette ellipse est celle que la planète décrirait invariablement, si les forces perturbatrices cessaient d'agir sur elle. Ses éléments sont constants pendant l'instant dt, mais ils varient d'un instant à l'autre. Soit donc $V = 0$ une équation finie à l'ellipse invariable, V étant fonction des coordonnées rectangles x, y, z, et des paramètres c, c',..., qui sont fonctions des éléments du mouvement elliptique. Cette équation aura encore lieu pour l'ellipse variable; mais les paramètres c, c',... ne seront plus constants. Cependant, puisque cette ellipse appartient à l'élément de la courbe décrite par la planète durant l'instant dt, l'équation $V = 0$ aura encore lieu pour le premier et le dernier point de cet élément, en regardant c, c'.... comme constants. On peut donc différentier cette équation une première fois, en n'y faisant varier que x, y, z, ce qui donne

$$(i) \qquad 0 = \frac{\partial V}{\partial x}\,dx + \frac{\partial V}{\partial y}\,dy + \frac{\partial V}{\partial z}\,dz.$$

On voit ainsi la raison pour laquelle les équations finies de l'ellipse invariable peuvent, dans le cas de l'ellipse variable, être différentiées une première fois, en traitant les paramètres comme constants. Par la même raison, toute équation différentielle du premier ordre à l'ellipse invariable a également lieu pour l'ellipse variable; car soit $V' = 0$ une équation de cet ordre, V' étant fonction de x, y, z, $\frac{dx}{dt}$, $\frac{dy}{dt}$, $\frac{dz}{dt}$ et des paramètres c, c',.... Il est clair que toutes ces quantités sont les mêmes pour l'ellipse variable que pour l'ellipse invariable qui coïncide avec elle pendant l'instant dt.

Présentement, si nous considérons la planète à la fin de l'instant dt ou au commencement de l'instant suivant, la fonction V ne variera de l'ellipse relative à l'instant dt à l'ellipse consécutive que par la variation des paramètres, puisque les coordonnées x, y, z, relatives à la fin du premier instant, sont les mêmes pour ces deux ellipses; ainsi, la fonction V étant nulle, on a

$$0 = \frac{\partial V}{\partial c}\,dc + \frac{\partial V}{\partial c'}\,dc' + \ldots$$

Cette équation peut se déduire encore de l'équation $V = 0$, en y faisant varier à la fois x, y, z, c, c'....; car, si l'on retranche l'équation (i) de cette différentielle, on aura l'équation (i').

En différentiant l'équation (i), on aura une nouvelle équation en dc, dc'..... qui, avec l'équation (i'), servira à déterminer les paramètres c, c'..... C'est ainsi que les géomètres qui se sont occupés les premiers de la théorie des perturbations célestes ont déterminé les variations des nœuds et des inclinaisons des orbites; mais on peut simplifier cette différentiation de la manière suivante.

Considérons généralement l'équation différentielle du premier ordre $V = 0$, équation qui, comme on vient de le voir, convient également à l'ellipse variable et à l'ellipse invariable qui, dans l'instant dt, coïncide avec elle. Dans l'instant suivant, cette équation convient encore aux deux ellipses, mais avec cette différence, que c, c'.... restent les mêmes dans le cas de l'ellipse invariable, au lieu qu'ils changent avec l'ellipse variable. Soit V'' ce que devient V lorsque l'ellipse est supposée invariable; soit $V_,$ ce que devient cette même fonction dans le cas de l'ellipse variable. Il est clair que, pour avoir V'', il faut changer, dans V', les coordonnées x, y, z, qui sont relatives au commencement du premier instant dt, dans celles qui sont relatives au commencement du second instant; il faut ensuite augmenter les différences premières dx, dy, dz respectivement des quantités d^2x, d^2y, d^2z, relatives à l'ellipse invariable, l'élément dt du temps étant supposé constant.

Pareillement, pour avoir $V_,$, il faut changer dans V' les coordonnées x, y, z dans celles qui sont relatives au commencement du second instant, et qui sont encore les mêmes dans les deux ellipses; il faut ensuite augmenter dx, dy, dz respectivement des quantités d^2x, d^2y, d^2z; enfin, il faut changer les paramètres c, c'.... dans $c + dc$, $c' + dc'$,....

Les valeurs de d^2x, d^2y, d^2z ne sont pas les mêmes dans les deux ellipses; elles sont augmentées, dans le cas de l'ellipse variable, des quantités dues aux forces perturbatrices. On voit ainsi que les deux fonctions V'' et V'_1 ne diffèrent qu'en ce que, dans la seconde, les paramètres c, c',... croissent de dc, dc',..., et les valeurs de d^2x, d^2y, d^2z, relatives à l'ellipse invariable, y sont augmentées des quantités dues aux forces perturbatrices. On formera donc $V'_1 - V''$ en différentiant V' dans la supposition de x, y, z constants, et de dx, dy, dz, c, c'.... variables, pourvu que, dans cette différentielle, on substitue pour d^2x, d^2y, d^2z les parties de leurs valeurs uniquement dues aux forces perturbatrices.

Maintenant, si dans la fonction $V' - V''$ on substitue, au lieu de d^2x, d^2y, d^2z, leurs valeurs relatives au mouvement elliptique, on aura une fonction de x, y, z, $\dfrac{dx}{dt}$, $\dfrac{dy}{dt}$, $\dfrac{dz}{dt}$, c, c'...., qui, dans le cas de l'ellipse invariable, est nulle; cette fonction est donc encore nulle dans le cas de l'ellipse variable. On a évidemment, dans ce dernier cas, $V'_1 - V'' = o$, puisque cette équation est la différentielle de l'équation $V' = o$; en en retranchant l'équation $V' - V'' = o$, on aura $V'_1 - V'' = o$. Ainsi l'on peut, dans ce cas, différentier l'équation $V' = o$, en n'y faisant varier que dx, dy, dz, c, c'...., pourvu que l'on substitue, pour d^2x, d^2y, d^2z, les parties de leurs valeurs relatives aux forces perturbatrices. Ces résultats sont exactement les mêmes que ceux auxquels nous sommes parvenus dans le n° 45, par des considérations purement analytiques; mais, vu leur importance, nous avons cru devoir les déduire ici de la considération du mouvement elliptique. Cela posé,

64. Reprenons les équations (P) du n° 46,

$$(P)\quad\begin{cases} o = \dfrac{d^2x}{dt^2} + \dfrac{\mu x}{r^3} + \dfrac{\partial R}{\partial x}, \\[2ex] o = \dfrac{d^2y}{dt^2} + \dfrac{\mu y}{r^3} + \dfrac{\partial R}{\partial y}, \\[2ex] o = \dfrac{d^2z}{dt^2} + \dfrac{\mu z}{r^3} + \dfrac{\partial R}{\partial z}. \end{cases}$$

Si l'on suppose $R = o$, on aura les équations du mouvement elliptique,
que nous avons intégrées dans le Chapitre III. Nous sommes parvenus,
dans le n° 18, aux sept intégrales suivantes :

$$P. \quad \left\{ \begin{aligned}
& c = \frac{x\,dy - y\,dx}{dt}, \quad c' = \frac{x\,dz - z\,dx}{dt}, \quad c'' = \frac{y\,dz - z\,dy}{dt}. \\[2mm]
& o = f - x\left(\frac{\mu}{r} - \frac{dy^2 + dz^2}{dt^2}\right) - \frac{y\,dy\,dx}{dt^2} - \frac{z\,dz\,dx}{dt^2}. \\[2mm]
& o = f' - y\left(\frac{\mu}{r} - \frac{dx^2 + dz^2}{dt^2}\right) - \frac{x\,dx\,dy}{dt^2} - \frac{z\,dz\,dy}{dt^2}. \\[2mm]
& o = f'' - z\left(\frac{\mu}{r} - \frac{dx^2 + dy^2}{dt^2}\right) - \frac{x\,dx\,dz}{dt^2} - \frac{y\,dy\,dz}{dt^2}. \\[2mm]
& o = \frac{\mu}{a} - \frac{2\mu}{r} - \frac{dx^2 + dy^2 + dz^2}{dt^2}.
\end{aligned} \right.$$

Ces intégrales donnant les arbitraires en fonctions des coordonnées
et de leurs premières différences, elles sont sous une forme très-commode pour déterminer les variations de ces arbitraires. Les trois premières intégrales donnent en les différentiant, et en ne faisant varier,
par le numéro précédent, que les paramètres c, c', c', et les premières
différences des coordonnées,

$$dc = \frac{x\,d^2y - y\,d^2x}{dt}, \quad dc' = \frac{x\,d^2z - z\,d^2x}{dt}, \quad dc'' = \frac{y\,d^2z - z\,d^2y}{dt}.$$

En substituant, au lieu de d^2x, d^2y, d^2z, les parties de leurs valeurs
dues aux forces perturbatrices, et qui, en vertu des équations différentielles (P), sont $- dt^2 \frac{\partial R}{\partial x}$, $- dt^2 \frac{\partial R}{\partial y}$, $- dt^2 \frac{\partial R}{\partial z}$, on aura

$$dc = dt\left(y\,\frac{\partial R}{\partial x} - x\,\frac{\partial R}{\partial y}\right),$$

$$dc' = dt\left(z\,\frac{\partial R}{\partial x} - x\,\frac{\partial R}{\partial z}\right).$$

$$dc'' = dt\left(z\,\frac{\partial R}{\partial y} - y\,\frac{\partial R}{\partial z}\right).$$

On a vu, dans les n°[s] 18 et 19, que les paramètres c, c', c' déterminent trois éléments de l'orbite elliptique, savoir, l'inclinaison φ de l'orbite sur le plan des x et des y, et la longitude θ de son nœud, au moyen des équations

$$\tang\varphi = \frac{\sqrt{c'^2 + c''^2}}{c}, \qquad \tang\theta = \frac{c''}{c'},$$

et le demi-paramètre $a(1 - e^2)$ de l'ellipse au moyen de l'équation

$$\mu a(1 - e^2) = c^2 + c'^2 + c''^2.$$

Ces mêmes équations subsistent encore dans le cas de l'ellipse variable, pourvu que l'on détermine c, c', c'' au moyen des équations différentielles précédentes. On aura ainsi le paramètre de l'ellipse variable, son inclinaison sur le plan fixe des x et des y, et la position de son nœud.

Les trois premières des équations (p) nous ont donné, dans le n° 19, l'intégrale finie $0 = c''x - c'y + cz$; cette équation subsiste encore dans le cas de l'ellipse troublée, ainsi que sa première différence $0 = c''dx - c'dy + c\,dz$, prise en regardant c, c', c'' comme constants.

Si l'on différentie la quatrième, la cinquième et la sixième des intégrales (p), en n'y faisant varier que les paramètres f, f', f'' et les différences dx, dy, dz; si l'on substitue ensuite, au lieu de d^2x, d^2y, d^2z, les quantités $-dt^2\frac{\partial R}{\partial x}$, $-dt^2\frac{\partial R}{\partial y}$, $-dt^2\frac{\partial R}{\partial z}$, on aura

$$\begin{aligned} df &= dy\left(y\frac{\partial R}{\partial x} - x\frac{\partial R}{\partial y}\right) + dz\left(z\frac{\partial R}{\partial x} - x\frac{\partial R}{\partial z}\right)\\ &\quad + (y\,dx - x\,dy)\frac{\partial R}{\partial y} + (z\,dx - x\,dz)\frac{\partial R}{\partial z},\end{aligned}$$

$$\begin{aligned} df' &= dx\left(x\frac{\partial R}{\partial y} - y\frac{\partial R}{\partial x}\right) + dz\left(z\frac{\partial R}{\partial y} - y\frac{\partial R}{\partial z}\right)\\ &\quad + (x\,dy - y\,dx)\frac{\partial R}{\partial x} + (z\,dy - y\,dz)\frac{\partial R}{\partial z},\end{aligned}$$

$$\begin{aligned} df'' &= dx\left(x\frac{\partial R}{\partial z} - z\frac{\partial R}{\partial x}\right) + dy\left(y\frac{\partial R}{\partial z} - z\frac{\partial R}{\partial y}\right)\\ &\quad + (x\,dz - z\,dx)\frac{\partial R}{\partial x} + (y\,dz - z\,dy)\frac{\partial R}{\partial y}.\end{aligned}$$

Enfin, la septième des intégrales (p), différentiée de la même manière, donnera la variation du demi-grand axe a, au moyen de l'équation

$$d\frac{a}{a} = \ldots dR,$$

la différentielle dR se rapportant aux seules coordonnées x, y, z du corps m.

Les valeurs de f, f', f'' déterminent la longitude de la projection du périhélie de l'orbite sur le plan fixe, et le rapport de l'excentricité au demi-grand axe; car, I étant la longitude de cette projection, on a, par le n° 19,

$$\tang I = \frac{f'}{f},$$

et, c étant le rapport de l'excentricité au demi-grand axe, on a, par le même numéro,

$$\mu c = \sqrt{f^2 + f'^2 + f''^2}.$$

Ce rapport peut encore être déterminé en divisant le demi-paramètre $a(1 - c^2)$ par le demi-grand axe a; le quotient, retranché de l'unité, donnera la valeur de c^2.

Les intégrales (p) ont donné par l'élimination, dans le n° 19, l'intégrale finie $o = \mu r - h^2 + fx + f'y + f''z$; cette équation subsiste encore dans le cas de l'ellipse troublée, et elle détermine à chaque instant la nature de l'ellipse variable. On peut la différentier en regardant f, f', f'' comme constants, ce qui donne

$$o = \mu dr + f dx + f'dy + f''dz.$$

Le demi-grand axe a donne le moyen mouvement de m, ou, plus exactement, ce qui dans l'orbite troublée répond au moyen mouvement dans l'orbite non troublée; car on a, par le n° 20, $n = a^{-\frac{3}{2}}\sqrt{\mu}$; de plus, si l'on désigne par ζ le moyen mouvement de m, on a dans l'orbite elliptique invariable $d\zeta = n\,dt$; cette équation a également lieu dans l'ellipse variable, puisqu'elle est différentielle du premier ordre. En la différentiant, on aura $d^2\zeta = dn\,dt$; or on a

$$dn = \frac{3an}{2\mu}\,d\frac{\mu}{a} - \frac{3an\,dR}{\mu},$$

partant

$$d^2\zeta = \frac{3an\,dt\,dR}{\mu},$$

et, en intégrant,

$$\zeta = \frac{3}{\mu}\,\iint an\,dt\,dR.$$

Enfin, on a vu, dans le n° 18, que les intégrales (p) n'équivalent qu'à cinq intégrales distinctes, et qu'elles donnent entre les sept paramètres c, c', c'', f, f', f'' et e les deux équations de condition

$$0 = fc'' - f'c' + f''c,$$

$$0 = \frac{\mu}{a} + \frac{f^2 - f'^2 + f''^2 - \mu^2}{c^2 - c'^2 + c''^2};$$

ces équations ont donc encore lieu dans le cas de l'ellipse variable, pourvu que les paramètres soient déterminés par ce qui précède. On peut d'ailleurs s'en assurer facilement *a posteriori*.

Nous venons de déterminer cinq éléments de l'orbite troublée, savoir, son inclinaison, la position de ses nœuds, son demi-grand axe qui donne son moyen mouvement, son excentricité, et la position du périhélie. Il nous reste à déterminer le sixième élément du mouvement elliptique, celui qui, dans l'ellipse non troublée, répond à la position de m à une époque donnée. Pour cela, reprenons l'expression de dt du n° 16,

$$\frac{dt\sqrt{\mu}}{a^{\frac{3}{2}}} = \frac{dv(1 - e^2)^{\frac{1}{2}}}{[1 - e\cos(v - \varpi)]^2}.$$

Cette équation, développée en série, nous a donné, dans le numéro cité,

$$n\,dt = dv[1 + E^{(1)}\cos(v - \varpi) + E^{(2)}\cos 2(v - \varpi) + \dots].$$

En intégrant cette équation dans la supposition de e et de ϖ constants, on aura

$$\int n\,dt = \varepsilon + v + E^{(1)}\sin(v-\varpi) + \frac{E^{(2)}}{2}\sin2(v-\varpi) + \ldots,$$

ε étant une arbitraire. Cette intégrale est relative à l'ellipse invariable; pour l'étendre à l'ellipse troublée, il faut qu'en y faisant tout varier jusqu'aux arbitraires ε, e et ϖ qu'elle renferme, sa différentielle coïncide avec la précédente; ce qui donne

$$d\varepsilon = de\left[\frac{dE^{(1)}}{de}\sin(v-\varpi) + \frac{1}{2}\frac{dE^{(2)}}{de}\sin2(v-\varpi) + \ldots\right]$$
$$- d\varpi\left[E^{(1)}\cos(v-\varpi) + E^{(2)}\cos2(v-\varpi) + \ldots\right].$$

$v - \varpi$ est l'anomalie vraie de m comptée sur l'orbite, et ϖ est la longitude du périhélie comptée pareillement sur l'orbite. Nous avons déterminé précédemment la longitude I de la projection du périhélie sur le plan fixe; or on a, par le n° **22**, en changeant v en ϖ, et v, en I dans l'expression de $v - \xi$ de ce numéro,

$$\varpi - \xi = I - \theta + \tan^2\tfrac{1}{2}\varphi\sin2(I-\theta) + \ldots.$$

En supposant ensuite v et v, nuls dans cette même expression, on a

$$\xi = \theta - \tan^2\tfrac{1}{2}\varphi\sin2\theta + \ldots;$$

partant

$$\varpi = I - \tan^2\tfrac{1}{2}\varphi[\sin2\theta + \sin2(I-\theta)] + \ldots,$$

ce qui donne

$$d\varpi = dI\left[1 - 2\tan^2\tfrac{1}{2}\varphi\cos2(I-\theta) + \ldots\right] - 2d\theta\tan^2\tfrac{1}{2}\varphi[\cos2\theta - \cos2(I-\theta) + \ldots]$$
$$- \frac{d\varphi\tan\tfrac{1}{2}\varphi}{\cos^2\tfrac{1}{2}\varphi}[\sin2\theta + \sin2(I-\theta) + \ldots].$$

Ainsi, les valeurs de dI, $d\theta$ et $d\varphi$ étant déterminées par ce qui précède, on aura celle de $d\varpi$, d'où l'on tirera la valeur de $d\varepsilon$.

Il suit de là que les expressions en séries du rayon vecteur, de sa projection sur le plan fixe, de la longitude rapportée soit sur le plan fixe, soit sur l'orbite, et de la latitude, que nous avons données dans le n° 22 pour le cas de l'ellipse invariable, ont également lieu dans le cas de l'ellipse troublée, pourvu que l'on y change nt en $\int n\,dt$, et que l'on détermine les éléments de l'ellipse variable par les formules précédentes. Car, puisque les équations finies entre r, v, s, x, y, z et $\int n\,dt$ sont les mêmes dans les deux cas, et que les expressions en séries du n° 22 résultent de ces équations par des opérations analytiques entièrement indépendantes de la constance ou de la variabilité des éléments, il est clair que ces expressions ont encore lieu dans le cas des éléments variables.

Lorsque les ellipses sont fort excentriques, telles que les orbites des comètes, il faut changer un peu l'analyse précédente. L'inclinaison φ de l'orbite sur le plan fixe, la longitude θ de son nœud ascendant, le demi-grand axe a, le demi-paramètre $a(1 - e^2)$, l'excentricité e et la longitude l du périhélie sur le plan fixe pourront être déterminés par ce qui précède. Mais, les valeurs de ϖ et de $d\varpi$ étant données en séries ordonnées par rapport aux puissances de $\tan\frac{1}{2}\varphi$, il faut, pour les rendre convergentes, choisir le plan fixe de manière que $\tan\frac{1}{2}\varphi$ soit peu considérable, et ce qu'il y a de plus simple pour cet objet consiste à prendre pour plan fixe celui de l'orbite de m à une époque donnée.

La valeur précédente de $d\varepsilon$ est exprimée par une série qui n'est convergente que dans le cas où l'excentricité de l'orbite est peu considérable; on ne peut donc pas l'employer dans le cas présent. Pour y suppléer, reprenons l'équation

$$\frac{dt\sqrt{\mu}}{a^{\frac{3}{2}}} = \frac{de\,(1-e^2)^{\frac{3}{2}}}{\left[1 - e\cos(v - \varpi)\right]^2}$$

Si l'on fait $1 - e = \alpha$, on a par l'analyse du n° 23, dans le cas de l'ellipse invariable,

$$t - T = \frac{2\,a^{\frac{3}{2}}(1 - e^2)^{\frac{3}{2}}}{(2 - \alpha)^2\sqrt{\mu}}\,\tan\tfrac{1}{2}(v - \varpi)\left[1 - \frac{\frac{1}{3} - \alpha}{2 - \alpha}\,\tan^2\tfrac{1}{2}(v - \varpi) + \dots\right].$$

45.

T étant une arbitraire. Pour étendre cette équation à l'ellipse variable, il faut la différentier, en ne faisant varier que T, le demi-paramètre $a(1 - e^2)$, α et ϖ. On aura ainsi une équation différentielle qui déterminera T, et les équations finies qui ont lieu dans le cas de l'ellipse invariable subsisteront encore dans le cas de l'ellipse troublée.

65. Considérons particulièrement les variations des éléments de l'orbite de m, dans le cas des orbites peu excentriques et peu inclinées les unes aux autres. Nous avons donné, dans le n° 48, la manière de développer alors R en série de sinus et de cosinus de la forme $m'k\cos(i'n't - int + A)$, k et A étant des fonctions des excentricités et des inclinaisons des orbites, des positions de leurs nœuds et de leurs périhélies, des longitudes des corps à une époque donnée, et des grands axes. Lorsque les ellipses sont variables, toutes ces quantités doivent être supposées varier conformément à ce qui précède; il faut, de plus, changer dans le terme précédent l'angle $i'n't - int$ en $i'\int n'dt - i\int ndt$, ou, ce qui revient au même, en $i'\zeta' - i\zeta$.

Maintenant on a, par le numéro précédent,

$$\frac{u}{a} = 2\int dR,$$

$$\zeta = \int ndt = \frac{3}{2}\iint an\,dt\,dR.$$

La différence dR étant prise uniquement par rapport aux coordonnées x, y, z du corps m, on ne doit faire varier, dans le terme $m'k\cos(i'\zeta' - i\zeta + A)$ de l'expression de R, développée en série, que ce qui dépend du mouvement de ce corps; d'ailleurs, R étant une fonction linéaire de x, y, z, x', y', z', on peut, par le n° 63, supposer les éléments de l'orbite constants dans la différence dR; il suffit donc de faire varier ζ dans le terme précédent, et, comme la différence de ζ est ndt, on aura $im'.kn\,dt.\sin(i'\zeta' - i\zeta + A)$, pour le terme de dR qui correspond au terme précédent de R. Ainsi, en n'ayant égard qu'à ce terme, on aura

$$\frac{1}{a} = \frac{2\,im'}{\mu} \int kn\,dt \sin(i'\zeta' - i\zeta + \mathrm{A}),$$

$$\zeta = \frac{3\,im'}{\mu} \int\int akn^2\,dt^2 \sin(i'\zeta' - i\zeta + \mathrm{A}).$$

Si l'on néglige les carrés et les produits des masses perturbatrices, on pourra, dans l'intégration de ces termes, supposer les éléments du mouvement elliptique constants, ce qui change ζ en nt, et ζ' en $n't$; d'où l'on tire

$$\frac{1}{a} = -\frac{2\,im'nk}{\mu\,(i'n - in)} \cos(i'n't - int + \mathrm{A}),$$

$$\zeta = -\frac{3\,im'an^2 k}{\mu\,(i'n' - in)^2} \sin(i'n't - int + \mathrm{A}).$$

On voit par là que, si $i'n' - in$ n'est pas nul, les quantités a et ζ ne renferment que des inégalités périodiques, en n'ayant égard qu'à la première puissance de la force perturbatrice; or, i et i' étant des nombres entiers, l'équation $i'n' - in = 0$ ne peut pas avoir lieu, quand les moyens mouvements de m et de m' sont incommensurables, ce qui est le cas des planètes, et ce que l'on peut admettre généralement, puisque, n et n' étant des constantes arbitraires susceptibles de toutes les valeurs possibles, leur rapport exact de nombre à nombre est infiniment peu vraisemblable.

Nous sommes donc conduits à ce résultat remarquable, savoir, que les grands axes des orbites des planètes et leurs moyens mouvements ne sont assujettis qu'à des inégalités périodiques dépendantes de leur configuration entre elles, et qu'ainsi, en négligeant ces quantités, leurs grands axes sont constants et leurs moyens mouvements sont uniformes, résultat conforme à celui que nous avons trouvé par une autre méthode, dans le n° 54.

Si les moyens mouvements nt et $n't$, sans être exactement commensurables, approchent beaucoup d'être dans le rapport de i' à i, le diviseur $i'n' - in$ est fort petit, et il peut en résulter dans ζ et ζ' des inégalités qui, croissant avec une grande lenteur, pourront donner lieu aux observateurs de penser que les moyens mouvements des deux corps m et m' ne sont pas uniformes. Nous verrons, dans la théorie de Jupiter et de Saturne, que cela est arrivé relativement à ces deux planètes : leurs moyens mouvements sont tels que deux fois celui de Jupiter est à fort peu près égal à cinq fois celui de Saturne, en sorte que $5n' - 2n$ n'est pas la soixante-quatorzième partie de n. La petitesse de ce diviseur rend très-sensible le terme de l'expression de ζ dépendant de l'angle $5n't - 2nt$, quoiqu'il soit de l'ordre $i' - i$ ou du troisième ordre par rapport aux excentricités et aux inclinaisons des orbites, comme on l'a vu dans le n° 48. L'analyse précédente donne la partie la plus sensible de ces inégalités; car la variation de la longitude moyenne dépend de deux intégrations, tandis que les variations des autres éléments du mouvement elliptique ne dépendent que d'une seule intégration; il n'y a conséquemment que les termes de l'expression de la longitude moyenne qui puissent avoir le carré $(i'n' - in)^2$ pour diviseur; en n'ayant donc égard qu'à ces termes qui, vu la petitesse de ce diviseur, doivent être les plus considérables, il suffira, dans les expressions du rayon vecteur, de la longitude et de la latitude, d'accroître de ces termes la longitude moyenne.

Quand on a les inégalités de ce genre, que l'action de m' produit dans le moyen mouvement de m, il est facile d'en conclure les inégalités correspondantes que l'action de m produit dans le moyen mouvement de m'. En effet, si l'on n'a égard qu'à l'action mutuelle des trois corps M, m et m', la formule (7) du n° 9 donne

$$\text{const.} = \frac{m(dx^2 + dy^2 + dz^2)}{dt^2} + \frac{m'(dx'^2 + dy'^2 + dz'^2)}{dt^2}$$
$$- \frac{(m\,dx + m'\,dx')^2 + (m\,dy + m'\,dy')^2 + (m\,dz + m'\,dz')^2}{(M + m + m')\,dt^2}$$
$$- \frac{2Mm}{\sqrt{x^2 + y^2 + z^2}} - \frac{2Mm'}{\sqrt{x'^2 + y'^2 + z'^2}} - \frac{2mm'}{\sqrt{(x' - x)^2 + (y' - y)^2 + (z' - z)^2}}$$

La dernière des intégrales (p) du numéro précédent donne, en y substituant pour $\frac{u}{a}$ l'intégrale $2\int d\mathrm{R}$,

$$\frac{dx^2 - dy^2 - dz^2}{dt^2} = \frac{2(\mathrm{M}+m}{\sqrt{x^2+y^2+z^2}} - 2\int d\mathrm{R}.$$

Si l'on nomme ensuite R' ce que devient R lorsque l'on considère l'action de m sur m', on aura

$$\mathrm{R}' = \frac{m(xx'+yy'+zz')}{(x^2+y^2+z^2)^{\frac{3}{2}}} - \frac{m}{\sqrt{(x'-x)^2+(y'-y)^2-(z'-z)^2}},$$

$$\frac{dx'^2 - dy'^2 - dz'^2}{dt^2} = \frac{2(\mathrm{M}+m')}{\sqrt{x'^2+y'^2+z'^2}} - 2\int d'\mathrm{R}',$$

la caractéristique différentielle d' ne se rapportant qu'aux coordonnées x', y', z' du corps m'. En substituant, au lieu de $\dfrac{dx^2-dy^2-dz^2}{dt^2}$ et de $\dfrac{dx'^2-dy'^2+dz'^2}{dt^2}$, ces valeurs dans l'équation (a), on aura

$$m\int d\mathrm{R} - m'\int d'\mathrm{R}' = \text{const.} - \frac{mdx+m'dx'^2 - mdy + m'dy'^2 - mdz+m'dz'^2}{2(\mathrm{M}+m+m')\,dt^2}$$

$$- \frac{m^2}{\sqrt{x^2+y^2+z^2}} + \frac{m'^2}{\sqrt{x'^2+y'^2+z'^2}} + \frac{mm'}{\sqrt{(x'-x)^2+(y'-y)^2-(z'-z)^2}}$$

Il est visible que le second membre de cette équation ne renferme point de termes de l'ordre des carrés et des produits des masses m et m', qui aient pour diviseur $i'n'-in$; en n'ayant donc égard qu'à ces termes, on aura

$$m\int d\mathrm{R} + m'\int d'\mathrm{R}' = 0;$$

ainsi, en ne considérant que les termes qui ont pour diviseur $(i'n'-in)^2$, on aura

$$\frac{3\int\int a'n'dt\,d'\mathrm{R}'}{\mathrm{M}+m} = -\frac{m}{m'}\cdot\frac{\mathrm{M}+m}{\mathrm{M}+m'}\cdot\frac{a'n'}{an}\cdot\frac{3\int\int an\,dt\,d\mathrm{R}}{\mathrm{M}+m},$$

or on a

$$\zeta = \frac{3\int\int an\,dt\,d\mathrm{R}}{\mathrm{M}+m}, \qquad \zeta' = \frac{3\int\int a'n'dt\,d'\mathrm{R}'}{\mathrm{M}+m'};$$

on aura donc

$$m'(M - m') an\zeta + m(M + m' a'n'\zeta = o.$$

On a ensuite

$$n = \frac{\sqrt{M - m}}{a^{\frac{3}{2}}}, \quad n' = \frac{\sqrt{M + m'}}{a'^{\frac{3}{2}}};$$

en négligeant donc m et m' vis-à-vis de M, on aura

$$m\sqrt{a}.\zeta + m'\sqrt{a'}.\zeta = o,$$

ou

$$\zeta' = -\frac{m\sqrt{a}}{m'\sqrt{a'}}\zeta.$$

Ainsi les inégalités de ζ qui ont pour diviseur $(i'n' - in)^2$ feront connaître celles de ζ' qui ont le même diviseur. Ces inégalités sont, comme l'on voit, affectées de signes contraires, si n et n' sont de même signe, ou, ce qui revient au même, si les deux corps m et m' tournent dans le même sens; elles sont d'ailleurs dans un rapport constant; d'où il suit que, si elles paraissent accélérer le moyen mouvement de m, elles paraîtront retarder celui de m' suivant la même loi, et l'accélération apparente de m sera au retardement apparent de m' comme $m'\sqrt{a'}$ est à $m\sqrt{a}$. L'accélération du moyen mouvement de Jupiter et le ralentissement de celui de Saturne, que la comparaison des observations modernes aux anciennes avait fait connaître à Halley, étant à fort peu près dans ce rapport, je conclus du théorème précédent qu'ils sont dus à l'action mutuelle de ces deux planètes, et, puisqu'il est constant que cette action ne peut produire dans les moyens mouvements aucune altération indépendante de la configuration des planètes, je ne balançai point à croire qu'il existe dans la théorie de Jupiter et de Saturne une grande inégalité périodique, d'une fort longue période. En considérant ensuite que cinq fois le moyen mouvement de Saturne, moins deux fois celui de Jupiter, est à très-peu près égal à zéro, il me parut vraisemblable que le phénomène observé par Halley avait pour cause une inégalité dépendante de cet argument. La détermination de cette inégalité vérifia cette conjecture.

La période de l'argument $i'n't - int$ étant supposée fort longue, les éléments des orbites de m et de m' éprouvent dans cet intervalle des variations sensibles, auxquelles il est essentiel d'avoir égard dans la double intégrale $\int\int akn^2\,dt^2 \sin(i'n't - int + A)$. Pour cela, nous donnerons à la fonction $k \sin(i'n't - int + A)$ la forme $Q \sin(i'n't - int + i'\varepsilon' - i\varepsilon) + Q'\cos(i'n't - int + i'\varepsilon' - i\varepsilon)$, Q et Q' étant fonctions des éléments des orbites; nous aurons ainsi

$$\int\int akn^2\,dt^2 \sin(i'n't - int + A)$$

$$= -\frac{n^2 a \sin(i'n't - int + i'\varepsilon' - i\varepsilon)}{(i'n' - in)^2}\left(Q - \frac{2\,dQ'}{(i'n' - in)\,dt} - \frac{3\,d^2 Q}{(i'n' - in)^2\,dt^2} - \frac{4\,d^3 Q'}{(i'n' - in)^3\,dt^3} - \dots\right)$$

$$- \frac{n^2 a \cos(i'n't - int + i'\varepsilon' - i\varepsilon)}{(i'n' - in)^2}\left(Q' - \frac{2\,dQ}{(i'n' - in)\,dt} - \frac{3\,d^2 Q'}{(i'n' - in)^2\,dt^2} - \frac{4\,d^3 Q}{(i'n' - in)^3\,dt^3} - \dots\right).$$

Les termes de ces deux séries décroissant très-rapidement, vu la lenteur des variations séculaires des éléments elliptiques, on peut dans chaque série s'en tenir aux deux premiers termes. En y substituant ensuite, au lieu des éléments des orbites, leurs valeurs ordonnées par rapport aux puissances du temps, et ne conservant que sa première puissance, la double intégrale précédente pourra être transformée dans un seul terme de la forme

$$F + Et \sin(i'n't - int + A + Ht).$$

Relativement à Jupiter et à Saturne, cette expression pourra servir pendant plusieurs siècles avant et après l'instant que l'on aura choisi pour époque.

Les grandes inégalités dont nous venons de parler en produisent de sensibles parmi les termes dépendants de la seconde puissance des masses perturbatrices. En effet, si dans la formule

$$\zeta = \frac{3\,im'}{2}\int\int akn^2\,dt^2 \sin(i'\zeta' - i\zeta + A)$$

on substitue pour ζ et ζ' leurs valeurs

$$nt - \frac{3im'an^2.k}{\mu.(i'n'-in)^2}\sin(i'n't - int + A),$$

$$n't + \frac{3iman^2.k}{\mu.(i'n-in)^3}\sqrt{\frac{a}{a'}}\sin(i'n't - int + A),$$

il en résultera parmi les termes de l'ordre m^2 le suivant

$$- \frac{9i^2m'^2a^2n^4k^2}{8\mu^2(in-in)^4}\cdot\frac{im'\sqrt{a'}+i'm\sqrt{a}}{m'\sqrt{a'}}\sin 2(i'n't - int + A).$$

La valeur de ζ' renferme le terme correspondant qui est au précédent dans le rapport de $m\sqrt{a}$ à $-m'\sqrt{a'}$,

$$\frac{9i^2m'^2a^2n^4k^2}{8\mu^2(i'n-in)^4}(im'\sqrt{a'}+i'm\sqrt{a})\frac{m\sqrt{a}}{m'^2a'}\sin(i'n't - int + A).$$

66. Il peut arriver que les inégalités du moyen mouvement les plus sensibles ne se rencontrent que parmi les termes de l'ordre des carrés des masses perturbatrices. Si l'on considère trois corps m, m', m'', circulant autour de M, l'expression de dR relative aux termes de cet ordre renfermera des inégalités de la forme $k\sin(int - i'n't + i''n''t + A)$; or, si l'on suppose les moyens mouvements nt, $n't$, $n''t$ tels que $in - i'n' - i'n''$ soit une fraction extrêmement petite de n, il en résultera une inégalité très-sensible dans la valeur de ζ. Cette inégalité peut même rendre rigoureusement nulle la quantité $in - i'n' + i''n''$, et établir ainsi une équation de condition entre les moyens mouvements et les longitudes moyennes des trois corps m, m', m''. Ce cas très-singulier ayant lieu dans le système des satellites de Jupiter, nous allons en développer l'analyse.

Si l'on prend M pour unité de masse, et si l'on néglige m, m', m'' vis-à-vis de M, on aura

$$n^2 = \frac{1}{a^3}, \quad n'^2 = \frac{1}{a'^3}, \quad n''^2 = \frac{1}{a''^3}.$$

On a ensuite

$$d\zeta = ndt, \quad d\zeta' = n'dt, \quad d\zeta'' = n''dt;$$

partant,

$$\frac{d^2\zeta}{dt} = -\tfrac{1}{2}n^{\frac{1}{3}}\frac{da}{a^2}, \qquad \frac{d^2\zeta'}{dt} = -\tfrac{1}{2}n'^{\frac{1}{3}}\frac{da'}{a'^2}, \qquad \frac{d^2\zeta''}{dt} = -\tfrac{1}{2}n''^{\frac{1}{3}}\frac{da''}{a''^2}.$$

On a vu dans le n° 61 que, si l'on n'a égard qu'aux inégalités qui ont de très-longues périodes, on a

$$\text{const.} = \frac{m}{a} + \frac{m'}{a'} + \frac{m''}{a''},$$

ce qui donne

$$0 = m\frac{da}{a^2} + m'\frac{da'}{a'^2} + m''\frac{da''}{a''^2}.$$

On a vu dans le même numéro que, si l'on néglige les carrés des excentricités et des inclinaisons des orbites, on a

$$\text{const.} = m\sqrt{a} + m'\sqrt{a'} + m''\sqrt{a''},$$

ce qui donne

$$0 = m\frac{da}{\sqrt{a}} + m'\frac{da'}{\sqrt{a'}} + m''\frac{da''}{\sqrt{a''}}.$$

De ces diverses équations il est aisé de conclure

$$\frac{d^2\zeta}{dt} = -\tfrac{3}{2}n^{\frac{1}{3}}\frac{da}{a^2},$$

$$\frac{d^2\zeta'}{dt} = \tfrac{3}{2}\frac{mn'^{\frac{1}{3}}}{m'n}\frac{n-n''}{n'-n''}\frac{da}{a^2}.$$

$$\frac{d^2\zeta''}{dt} = -\tfrac{3}{2}\frac{mn''^{\frac{1}{3}}}{m''n}\frac{n-n'}{n'-n''}\frac{da}{a^2}.$$

Enfin l'équation $\frac{\mu}{a} = 2\int dR$ du n° 64 donne

$$-\frac{da}{a^2} = 2dR.$$

Il ne s'agit donc plus que de déterminer dR.

46.

On a par le n° 46, en négligeant les carrés et les produits des inclinaisons des orbites,

$$R = \frac{m'r}{r'^2} \cos(v'-v) - m'\left[r^2 - 2rr'\cos(v'-v) + r'^2\right]^{-\frac{1}{2}}$$

$$+ \frac{m''r}{r''^2} \cos(v''-v) - m''\left[r^2 - 2rr''\cos(v''-v) + r''^2\right]^{-\frac{1}{2}}.$$

Si l'on développe cette fonction dans une série ordonnée par rapport
aux cosinus de $v'-v$, de $v''-v$ et de leurs multiples, on aura une
expression de cette forme

$$R = \frac{m'}{2}(r,r')^{(0)} + m'(r,r')^{(1)}\cos(v'-v) + m'(r,r')^{(2)}\cos2(v'-v) + m'(r,r')^{(3)}\cos3(v'-v) + \ldots$$

$$+ \frac{m''}{2}(r,r'')^{(0)} + m''(r,r'')^{(1)}\cos(v''-v) + m''(r,r'')^{(2)}\cos2(v''-v) + m''(r,r'')^{(3)}\cos3(v''-v) + \ldots$$

d'où l'on tire

$$dR = dr\left[\frac{m'}{2}\frac{\partial(r,r')^{(0)}}{\partial r} + m'\frac{\partial(r,r')^{(1)}}{\partial r}\cos(v'-v) + m'\frac{\partial(r,r')^{(2)}}{\partial r}\cos2(v'-v) + \ldots\right.$$

$$\left.+ \frac{m''}{2}\frac{\partial(r,r'')^{(0)}}{\partial r} + m''\frac{\partial(r,r'')^{(1)}}{\partial r}\cos(v''-v) + m''\frac{\partial(r,r'')^{(2)}}{\partial r}\cos2(v''-v) + \ldots\right]$$

$$+ dv\left[m'(r,r')^{(1)}\sin(v'-v) + 2m'(r,r')^{(2)}\sin2(v'-v) + \ldots\right.$$

$$\left.+ m''(r,r'')^{(1)}\sin(v''-v) + 2m''(r,r'')^{(2)}\sin2(v''-v) + \ldots\right].$$

Supposons, conformément à ce que les observations indiquent
dans le système des trois premiers satellites de Jupiter, que $n - 2n'$
et $n' - 2n''$ soient des fractions très-petites de n, et que leur différence $(n - 2n') - (n' - 2n'')$ ou $n - 3n' + 2n''$ soit incomparablement plus petite que chacune d'elles. Il résulte des expressions de $\frac{\delta r}{a}$
et de δv du n° 50 que l'action de m' produit dans le rayon vecteur et
dans la longitude de m une inégalité très-sensible, dépendant de l'argument $2(n't - nt + \varepsilon' - \varepsilon)$. Les termes relatifs à cette inégalité ont
pour diviseur $4(n'-n)^2 - n^2$ ou $(n - 2n')(3n - 2n')$, et ce diviseur
est très-petit, à raison de la petitesse du facteur $n - 2n'$. On voit encore, par la considération des mêmes expressions, que l'action de m

produit dans le rayon vecteur et dans la longitude de m' une inégalité dépendante de l'argument $n't - nt + \varepsilon' - \varepsilon$, et qui, ayant pour diviseur $(n' - n)^2 - n'^2$ ou $n(n - 2n')$, est fort sensible. On voit pareillement que l'action de m'' sur m' produit dans les mêmes quantités une inégalité considérable, dépendant de l'argument $2(n''t - n't + \varepsilon'' - \varepsilon')$. Enfin on voit que l'action de m' produit dans le rayon vecteur et dans la longitude de m'' une inégalité considérable, dépendant de l'argument $n''t - n't + \varepsilon'' - \varepsilon'$. Ces inégalités ont été reconnues d'abord par les observations; nous les développerons avec étendue dans la théorie des satellites de Jupiter; leur grandeur par rapport aux autres inégalités permet de négliger celles-ci dans la question présente. Nous supposerons donc

$$\delta r = m'E \cos 2(n't - nt + \varepsilon' - \varepsilon),$$

$$\delta v = m'F \sin 2(n't - nt + \varepsilon' - \varepsilon),$$

$$\delta r' = m''E'' \cos 2(n''t - n't + \varepsilon'' - \varepsilon') + mG \cos(n't - nt + \varepsilon' - \varepsilon),$$

$$\delta v' = m''F'' \sin 2(n''t - n't + \varepsilon'' - \varepsilon') + mH \sin(n't - nt + \varepsilon' - \varepsilon),$$

$$\delta r'' = m'G' \cos(n''t - n't + \varepsilon'' - \varepsilon'),$$

$$\delta v'' = m'H' \sin(n''t - n't + \varepsilon'' - \varepsilon').$$

Il faut maintenant substituer dans l'expression précédente de dR, au lieu de r, v, r', v', r'', v'', les valeurs de $a + \delta r$, $nt + \varepsilon + \delta v$, $a' + \delta r'$, $n't + \varepsilon' + \delta v'$, $a'' + \delta r''$, $n''t + \varepsilon'' + \delta v''$, et ne conserver que les termes dépendants de l'argument $nt - 3n't + 2n''t + \varepsilon - 3\varepsilon' + 2\varepsilon''$; or il est facile de voir que la substitution des valeurs de δr, δv, $\delta r''$, $\delta v''$ ne peut produire aucun terme semblable. Il n'en est pas ainsi de la substitution des valeurs de $\delta r'$ et de $\delta v'$; le terme $m'(r, r')^{(1)} dv \sin(v' - v)$ de l'expression de dR produit la quantité suivante

$$-\frac{m'm''n\,dt}{2}\left[E''\frac{d(a, a')^{(1)}}{da'} - F''(a, a')^{(1)}\right]\sin(nt - 3n't + 2n''t + \varepsilon - 3\varepsilon' + 2\varepsilon'');$$

c'est la seule quantité de ce genre que renferme l'expression de dR. Les expressions de $\frac{\delta r}{a}$ et de δv du n° 50, appliquées à l'action de m'

sur m', donnent, en ne conservant que les termes qui ont $n' - 2n'$ pour diviseur, et en observant que n'' est à très-peu près égal à $\frac{1}{2}n'$.

$$\frac{E'}{a} = n'^2 \frac{a^2 \frac{\partial (a', a'')^{(2)}}{\partial a} - \frac{2n'}{n-n} a'(a', a'')^{(2)}}{n - 2n'')(3n' - 2n'')};$$

$$F'' = \frac{2E'}{a};$$

on aura donc

$$dR = \frac{m'm''n\,dt}{2} E'\left(\frac{2(a,a')^{(1)}}{a} - \frac{\partial (a,a')^{(1)}}{\partial a}\right) \sin(nt - 3n't + 2n''t + \varepsilon - 3\varepsilon' + 2\varepsilon'') = -\frac{1}{2}\frac{da}{a^2}.$$

En substituant cette valeur de $\frac{da}{a^2}$ dans les valeurs de $\frac{d^2\zeta}{dt}$, $\frac{d^2\zeta'}{dt}$ et $\frac{d^2\zeta''}{dt}$. et faisant, pour abréger,

$$\varepsilon = \frac{1}{2}E''\left[2(a,a')^{(1)} - a\frac{\partial (a,a')^{(1)}}{\partial a}\right]\left(\frac{a}{a} m'm'' + \frac{9}{4} mm'' - \frac{a'}{4a'} mm'\right),$$

on aura, à cause de n à très-peu près égal à $2n'$, et de n' à très-peu près égal à $2n''$,

$$\frac{d^2\zeta}{dt^2} - 3\frac{d^2\zeta'}{dt^2} + 2\frac{d^2\zeta''}{dt^2} = 5n^2 \sin(nt - 3n't + 2n''t - \varepsilon - 3\varepsilon' + 2\varepsilon''),$$

ou, plus exactement,

$$\frac{d^2\zeta}{dt^2} - 3\frac{d^2\zeta'}{dt^2} + 2\frac{d^2\zeta''}{dt^2} = \mathcal{E}n^2 \sin(\zeta - 3\zeta' + 2\zeta'' + \varepsilon - 3\varepsilon' + 2\varepsilon''),$$

en sorte que, si l'on suppose

$$V = \zeta - 3\zeta' + 2\zeta'' + \varepsilon - 3\varepsilon' + 2\varepsilon'',$$

on aura

$$\frac{d^2V}{dt^2} = \mathcal{E}n^2 \sin V.$$

Les moyennes distances a, a', a'' variant très-peu, ainsi que la quantité n, on peut, dans cette équation, considérer εn^2 comme une quantité constante. En l'intégrant, on a

$$dt = \frac{\pm\, dV}{\sqrt{c - 2\varepsilon n^2 \cos V}},$$

c étant une constante arbitraire. Les différentes valeurs dont cette constante est susceptible donnent lieu aux trois cas suivants.

Si c est positif et plus grand que $\pm 2\varepsilon n^2$, l'angle V croîtra sans cesse, et cela doit arriver si, à l'origine du mouvement, $(n - 3n' + 2n'')^2$ est plus grand que $\pm 2\varepsilon n^2 (1 \mp \cos V)$, les signes supérieurs ou inférieurs ayant lieu suivant que ε est positif ou négatif. Il est facile de s'assurer, et nous le ferons voir particulièrement dans la théorie des satellites de Jupiter, que ε est une quantité positive relativement aux trois premiers satellites de Jupiter; en supposant donc $\varpi = \pi - V$, π étant la demi-circonférence, on aura

$$dt = \frac{d\varpi}{\sqrt{c - 2\varepsilon n^2 \cos\varpi}}.$$

Dans l'intervalle depuis $\varpi = 0$ jusqu'à $\varpi = \frac{\pi}{2}$, le radical $\sqrt{c + 2\varepsilon n^2 \cos\varpi}$ est plus grand que $\sqrt{2\varepsilon n^2}$, lorsque c est égal ou plus grand que $2\varepsilon n^2$; on a donc, dans cet intervalle, $\varpi > nt\sqrt{2\varepsilon}$; ainsi le temps t, que l'angle ϖ emploie à parvenir de zéro à l'angle droit, est moindre que $\frac{\pi}{2n\sqrt{2\varepsilon}}$. La valeur de ε dépend des masses m, m', m''; les inégalités observées dans les mouvements des trois premiers satellites de Jupiter, et dont nous avons parlé ci-dessus, donnent entre leurs masses et celle de Jupiter des rapports d'où il résulte que $\frac{\pi}{2n\sqrt{2\varepsilon}}$ est au-dessous de deux années, comme on le verra dans la théorie de ces satellites; ainsi l'angle ϖ emploierait moins de deux ans à parvenir de zéro à l'angle droit; or les observations des satellites de Jupiter donnent, depuis leur découverte, ϖ constamment nul ou insensible; le cas que nous examinons n'est donc point celui des trois premiers satellites de Jupiter.

Si la constante c est moindre que $\pm 2\varepsilon n^2$, l'angle V ne fera qu'osciller; il n'atteindra jamais deux angles droits, si ς est négatif, parce qu'alors le radical $\sqrt{c - 2\varsigma n^2 \cos V}$ deviendrait imaginaire; il ne sera jamais nul, si ς est positif. Dans le premier cas, sa valeur sera alternativement plus grande et plus petite que zéro; dans le second cas, elle sera alternativement plus grande et plus petite que deux angles droits. Toutes les observations des trois premiers satellites de Jupiter nous prouvent que ce second cas est celui de ces astres; ainsi la valeur de ς doit être positive relativement à eux; et, comme la théorie de la pesanteur donne ς positif, on peut regarder ce phénomène comme une nouvelle confirmation de cette théorie.

Reprenons l'équation

$$dt = - \frac{d\varpi}{\sqrt{c - 2\varsigma n^2 \cos\varpi}}.$$

L'angle ϖ étant toujours très-petit, suivant les observations, nous pouvons supposer $\cos\varpi = 1 - \frac{1}{2}\varpi^2$; l'équation précédente donnera, en l'intégrant,

$$\varpi = \lambda \sin\, nt\sqrt{\varsigma} - \gamma.$$

λ et γ étant deux constantes arbitraires, que l'observation peut seule déterminer. Jusqu'ici elle n'a point fait reconnaitre cette inégalité, ce qui prouve qu'elle est très-petite.

De l'analyse précédente résultent les conséquences suivantes. Puisque l'angle $nt - 3n't + 2n''t + \varepsilon - 3\varepsilon' - 2\varepsilon''$ ne fait qu'osciller de part et d'autre de deux angles droits, sa valeur moyenne est égale à deux angles droits; on aura donc, en n'ayant égard qu'aux quantités moyennes, $n - 3n' + 2n'' = o$; c'est-à-dire que *le moyen mouvement du premier satellite, moins trois fois celui du second, plus deux fois celui du troisième, est exactement et constamment égal à zéro.* Il n'est pas nécessaire que cette égalité ait eu lieu exactement à l'origine, ce qui serait infiniment peu vraisemblable; il suffit qu'elle ait été fort approchée, et que $n - 3n' + 2n''$ ait été moindre, abstraction faite du signe, que $\lambda n \sqrt{\varsigma}$, et alors, l'attraction mutuelle des trois satellites a suffi pour rendre cette égalité rigoureuse.

On a ensuite $\varepsilon - 3\varepsilon' + 2\varepsilon''$ égal à deux angles droits; ainsi la *longitude moyenne du premier satellite, moins trois fois celle du second, plus deux fois celle du troisième, est exactement et constamment égale à deux angles droits.* En vertu de ce théorème, les valeurs précédentes de $\delta r'$ et de $\delta v'$ se réduisent aux suivantes :

$$\delta r' = (m\,\mathrm{G} - m''\,\mathrm{E})\cos(n't - nt + \varepsilon' - \varepsilon),$$

$$\delta v' = (m\,\mathrm{H} - m''\,\mathrm{F})\sin(n't - nt + \varepsilon' - \varepsilon).$$

Les deux inégalités du mouvement de m', dues aux actions de m et de m'', se confondent par conséquent dans une seule, et seront constamment réunies. Il résulte encore du même théorème que ces trois premiers satellites ne peuvent jamais être éclipsés à la fois; ils ne peuvent être ensemble vus de Jupiter, ni en opposition, ni en conjonction avec le Soleil; car les théorèmes précédents ont également lieu par rapport aux moyens mouvements synodiques et aux longitudes moyennes synodiques des trois satellites, comme il est facile de s'en assurer. Ces deux théorèmes subsistent malgré les altérations que les moyens mouvements des satellites reçoivent, soit par une cause semblable à celle qui altère le moyen mouvement de la Lune, soit par la résistance d'un milieu très-rare. Il est clair que ces diverses causes ne font qu'ajouter à la valeur de $\dfrac{d^2 V}{dt^2}$ une quantité de la forme $\dfrac{d^2\psi}{dt^2}$ et qui ne peut devenir sensible que par les intégrations; en supposant donc $V = \pi - \varpi$, et ϖ très-petit, l'équation différentielle en V deviendra

$$0 = \frac{d^2\varpi}{dt^2} + \varepsilon n^2 \varpi + \frac{d^2\psi}{dt^2}.$$

La période de l'angle $nt\sqrt{\overline{\varepsilon}}$ étant d'un très-petit nombre d'années, tandis que les quantités renfermées dans $\dfrac{d^2\psi}{dt^2}$ sont ou constantes, ou embrassent plusieurs siècles, on aura à très-peu près, en intégrant l'équation précédente,

$$\varpi = \lambda \sin(nt\sqrt{\overline{\varepsilon}} + \gamma) - \frac{d^2\psi}{\varepsilon n^2 dt^2}.$$

Ainsi la valeur de ϖ sera toujours très-petite, et les équations séculaires des moyens mouvements des trois premiers satellites seront toujours coordonnées par l'action mutuelle de ces astres, de manière que l'équation séculaire du premier, plus deux fois celle du troisième, soit égale à trois fois celle du second.

Les théorèmes précédents donnent entre les six constantes n, n', n . ε, ε', ε' deux équations de condition, qui réduisent ces arbitraires à quatre; mais les deux arbitraires λ et γ de la valeur de ϖ les remplacent. Cette valeur se distribue entre les trois satellites, de manière qu'en nommant p, p', p'' les coefficients de $\sin(nt\sqrt{\varepsilon}+\gamma)$ dans les expressions de v, v', v'', ces coefficients sont dans le rapport des valeurs précédentes de $\dfrac{d^2\zeta}{dt^2}$, $\dfrac{d^2\zeta'}{dt^2}$ et $\dfrac{d^2\zeta''}{dt^2}$, et de plus on a $p-3p'+2p''=\lambda$. De là résulte, dans les moyens mouvements des trois premiers satellites de Jupiter, une inégalité qui ne diffère pour chacun d'eux que par son coefficient, et qui forme dans ces mouvements une espèce de libration dont l'étendue est arbitraire. Les observations ont fait voir qu'elle est insensible.

67. Considérons présentement les variations des excentricités et des périhélies des orbites. Pour cela, reprenons les expressions de df, df', df'', trouvées dans le n° 64; en nommant r le rayon vecteur de m, projeté sur le plan des x et des y, v l'angle que cette projection fait avec l'axe des x, et s la tangente de la latitude de m au-dessus du même plan, on aura

$$x = r\cos v, \quad y = r\sin v, \quad z = rs,$$

d'où il est facile de conclure

$$x\frac{\partial R}{\partial y} - y\frac{\partial R}{\partial x} = \frac{\partial R}{\partial v},$$

$$x\frac{\partial R}{\partial z} - z\frac{\partial R}{\partial x} = (1+s^2)\cos v\frac{\partial R}{\partial s} - rs\cos v\frac{\partial R}{\partial r} + s\sin v\frac{\partial R}{\partial v},$$

$$y\frac{\partial R}{\partial z} - z\frac{\partial R}{\partial y} = (1+s^2)\sin v\frac{\partial R}{\partial s} - rs\sin v\frac{\partial R}{\partial r} - s\cos v\frac{\partial R}{\partial v}.$$

On a de plus, par le n° 64,

$$x\,dy - y\,dx = c\,dt, \quad x\,dz - z\,dx = c'\,dt, \quad y\,dz - z\,dy = c''\,dt;$$

les équations différentielles en $f,\ f',\ f''$ deviendront ainsi

$$df = - dy\,\frac{\partial R}{\partial v} - dz\left[(1-s^2)\,\cos v\,\frac{\partial R}{\partial s} - rs\cos v\,\frac{\partial R}{\partial r} + s\sin v\,\frac{\partial R}{\partial v}\right]$$
$$- c\,dt\left(\sin v\,\frac{\partial R}{\partial r} + \frac{\cos v}{r}\,\frac{\partial R}{\partial v} - \frac{s\sin v}{r}\,\frac{\partial R}{\partial s}\right) - \frac{c'\,dt}{r}\,\frac{\partial R}{\partial s},$$

$$df' = dx\,\frac{\partial R}{\partial v} - dz\left[(1-s^2)\,\sin v\,\frac{\partial R}{\partial s} - rs\sin v\,\frac{\partial R}{\partial r} - s\cos v\,\frac{\partial R}{\partial v}\right]$$
$$- c\,dt\left(\cos v\,\frac{\partial R}{\partial r} - \frac{\sin v}{r}\,\frac{\partial R}{\partial v} - \frac{s\cos v}{r}\,\frac{\partial R}{\partial s}\right) - \frac{c''\,dt}{r}\,\frac{\partial R}{\partial s},$$

$$df'' = dx\left[(1-s^2)\,\cos v\,\frac{\partial R}{\partial s} - rs\cos v\,\frac{\partial R}{\partial r} + s\sin v\,\frac{\partial R}{\partial v}\right]$$
$$- dy\left[(1+s^2)\,\sin v\,\frac{\partial R}{\partial s} - rs\sin v\,\frac{\partial R}{\partial r} - s\cos v\,\frac{\partial R}{\partial v}\right]$$
$$- c'\,dt\left(\cos v\,\frac{\partial R}{\partial r} - \frac{\sin v}{r}\,\frac{\partial R}{\partial v} - \frac{s\cos v}{r}\,\frac{\partial R}{\partial s}\right)$$
$$- c''\,dt\left(\sin v\,\frac{\partial R}{\partial r} + \frac{\cos v}{r}\,\frac{\partial R}{\partial v} - \frac{s\sin v}{r}\,\frac{\partial R}{\partial s}\right).$$

Les quantités c', c'' dépendent, comme on l'a vu dans le n° 64, de l'inclinaison de l'orbite de m sur le plan fixe, en sorte que ces quantités se réduiraient à zéro, si cette inclinaison était nulle; d'ailleurs, il est aisé de voir, par la nature de R, que $\frac{\partial R}{\partial s}$ est de l'ordre des inclinaisons des orbites; en négligeant donc les carrés et les produits de ces inclinaisons, les expressions précédentes de df et de df'' deviendront

$$df = - dy\,\frac{\partial R}{\partial v} - c\,dt\left(\sin v\,\frac{\partial R}{\partial r} - \frac{\cos v}{r}\,\frac{\partial R}{\partial v}\right),$$

$$df' = dx\,\frac{\partial R}{\partial v} - c\,dt\left(\cos v\,\frac{\partial R}{\partial r} - \frac{\sin v}{r}\,\frac{\partial R}{\partial v}\right);$$

or on a

$$dx = d(r\cos v), \quad dy = d(r\sin v), \quad c\,dt = x\,dy - y\,dx = r^2\,dv;$$

on aura donc

$$df = - dr \sin v + 2 r dv \cos v, \frac{\partial R}{\partial v} - r^2 dv \sin v \frac{\partial R}{\partial r},$$

$$df' = dr \cos v - 2 r dv \sin v, \frac{\partial R}{\partial v} + r^2 dv \cos v \frac{\partial R}{\partial r}.$$

Ces équations seront plus exactes, si l'on prend pour plan fixe des x et des y celui de l'orbite de m à une époque donnée; car alors c', c'' et s sont de l'ordre des forces perturbatrices; ainsi les quantités que l'on néglige sont de l'ordre des carrés des forces perturbatrices multipliés par le carré de l'inclinaison respective des deux orbites de m et de m'.

Les valeurs de r, dr, dv, $\frac{\partial R}{\partial r}$, $\frac{\partial R}{\partial v}$ restent visiblement les mêmes, quelle que soit la position du point d'où l'on compte les longitudes; mais, en diminuant v d'un angle droit, $\sin v$ se change dans $-\cos v$, et $\cos v$ se change dans $\sin v$; l'expression de df se change, par conséquent, dans celle de df'; d'où il suit qu'ayant développé la valeur de df dans une suite de sinus et de cosinus d'angles croissant proportionnellement au temps, on aura la valeur de df' en diminuant dans la première les angles ε, ε', ϖ, ϖ', θ et θ' d'un angle droit.

Les quantités f et f' déterminent la position du périhélie et l'excentricité de l'orbite; en effet, on a vu dans le n° 64 que

$$\tang I = \frac{f'}{f},$$

I étant la longitude du périhélie, rapportée au plan fixe. Lorsque ce plan est celui de l'orbite primitive de m, on a, aux quantités près de l'ordre des carrés des forces perturbatrices multipliés par le carré de l'inclinaison respective des orbites, $I = \varpi$, ϖ étant la longitude du périhélie sur l'orbite; on aura donc alors

$$\tang \varpi = \frac{f'}{f},$$

ce qui donne

$$\sin \varpi = \frac{f'}{\sqrt{f^2 + f'^2}}, \quad \cos \varpi = \frac{f}{\sqrt{f^2 + f'^2}}.$$

On a ensuite, par le n° 64,

$$\mu e = \sqrt{f^2 + f'^2 + f''^2}, \qquad f'' = \frac{f'c' - fc''}{c};$$

ainsi, c' et c'' étant, dans la supposition précédente, de l'ordre des forces perturbatrices, f'' est du même ordre, et, en négligeant les termes de l'ordre du carré de ces forces, on aura $\mu e = \sqrt{f^2 + f'^2}$. Si l'on substitue, au lieu de $\sqrt{f^2 + f'^2}$, sa valeur μe dans les expressions de $\sin\varpi$ et de $\cos\varpi$, on aura

$$\mu e \sin\varpi = f', \qquad \mu e \cos\varpi = f;$$

ces deux équations détermineront l'excentricité et la position du périhélie, et l'on en tirera facilement

$$\mu^2 e\, de = f\, df + f'\, df', \qquad \mu^2 e^2\, d\varpi = f\, df' - f'\, df.$$

En prenant pour le plan des x et des y celui de l'orbite de m, on a, par les n°ˢ 19 et 20, dans le cas des ellipses invariables,

$$r = \frac{a(1 - e^2)}{1 + e\cos(v - \varpi)}, \qquad dr = \frac{r^2 dv \cdot e \sin(v - \varpi)}{a(1 - e^2)}.$$

$$r^2 dv = a^2 n\, dt \cdot \sqrt{1 - e^2},$$

et, par le n° 63, ces équations subsistent encore dans le cas des ellipses variables; les expressions de df et de df' deviendront ainsi

$$df = -\frac{a n\, dt}{\sqrt{1 - e^2}}\left[2\cos v + \tfrac{3}{2}e\cos\varpi + \tfrac{1}{2}e\cos(2v - \varpi)\right]\frac{\partial R}{\partial v} - a^2 n\, dt \sqrt{1 - e^2}\,\sin v\,\frac{\partial R}{\partial r},$$

$$df' = -\frac{a n\, dt}{\sqrt{1 - e^2}}\left[2\sin v + \tfrac{3}{2}e\sin\varpi + \tfrac{1}{2}e\sin(2v - \varpi)\right]\frac{\partial R}{\partial v} + a^2 n\, dt \sqrt{1 - e^2}\,\cos v\,\frac{\partial R}{\partial r};$$

partant

$$e\, d\varpi = -\frac{a n\, dt}{\mu \sqrt{1 - e^2}}\sin(v - \varpi)\left[2 + e\cos(v - \varpi)\right]\frac{\partial R}{\partial v} + \frac{a^2 n\, dt \sqrt{1 - e^2}}{\mu}\cos(v - \varpi)\frac{\partial R}{\partial r},$$

$$de = -\frac{a n\, dt}{\mu \sqrt{1 - e^2}}\left[2\cos(v - \varpi) + e + e\cos^2(v - \varpi)\right]\frac{\partial R}{\partial v} - \frac{a^2 n\, dt}{\mu}\sqrt{1 - e^2}\,\sin(v - \varpi)\frac{\partial R}{\partial r}.$$

Cette expression de de peut être mise sous une forme plus commode dans quelques circonstances. Pour cela, nous observerons que $dr\,\frac{\partial R}{\partial r} = dR - dv\,\frac{\partial R}{\partial v}$; en substituant pour r et dr leurs valeurs précédentes, on aura

$$r^2 dv . e \sin\,(v - \varpi)\,\frac{\partial R}{\partial r} = a\,(1 - e^2)\,dR - a\,(1 - e^2)\,dv\,\frac{\partial R}{\partial v};$$

or on a

$$r^2 dv = a^2 n\,dt\,\sqrt{1 - e^2}, \qquad dv = \frac{n\,dt\,[1 + e \cos\,(v - \varpi)]^2}{(1 - e^2)^{\frac{3}{2}}};$$

partant

$$a^2 n\,dt\,\sqrt{1 - e^2}\,\sin\,(v - \varpi)\,\frac{\partial R}{\partial r} = \frac{a\,(1 - e^2)}{e}\,dR - \frac{a n\,dt}{e\,\sqrt{1 - e^2}}\,[1 + e \cos\,(v - \varpi)]^2\,\frac{\partial R}{\partial v};$$

l'expression précédente de de donnera ainsi

$$e\,de = \frac{a n\,dt\,\sqrt{1 - e^2}}{\mu}\,\frac{\partial R}{\partial v} - \frac{a\,(1 - e^2)}{\mu}\,dR.$$

On peut parvenir fort simplement à cette formule, de la manière suivante. On a, par le n° 64,

$$\frac{dc}{dt} = y\,\frac{\partial R}{\partial x} - x\,\frac{\partial R}{\partial y} = - \frac{\partial R}{\partial v};$$

mais on a, par le même numéro, $c = \sqrt{\mu a\,(1 - e^2)}$, ce qui donne

$$dc = \frac{da\,\sqrt{\mu a\,(1 - e^2)}}{2a} - \frac{e\,de\,\sqrt{\mu a}}{\sqrt{1 - e^2}};$$

partant

$$e\,de = \frac{a n\,dt\,\sqrt{1 - e^2}}{\mu}\,\frac{\partial R}{\partial v} - a\,(1 - e^2)\,\frac{da}{2a^2};$$

on a ensuite, par le n° 64,

$$\frac{\mu\,da}{2a^2} = - dR;$$

on aura ainsi pour $e\,de$ la même expression que ci-dessus.

68. Nous avons vu dans le n° 65 que, si l'on néglige les carrés des forces perturbatrices, les variations du grand axe et du moyen mouvement ne renferment que des quantités périodiques dépendantes de la configuration des corps m, m', m'',... entre eux. Il n'en est pas ainsi des variations des excentricités et des inclinaisons : leurs expressions différentielles contiennent des termes indépendants de cette configuration, et qui, s'ils étaient rigoureusement constants, produiraient, par l'intégration, des termes proportionnels au temps, qui rendraient à la longue les orbites fort excentriques et très-inclinées les unes aux autres; ainsi, les approximations précédentes, fondées sur le peu d'excentricité et d'inclinaison respective des orbites, deviendraient insuffisantes et même fautives. Mais les termes constants en apparence, qui entrent dans les expressions différentielles des excentricités et des inclinaisons, sont fonctions des éléments des orbites, en sorte qu'ils varient avec une extrême lenteur, à raison des changements qu'ils y introduisent. On conçoit qu'il doit en résulter, dans ces éléments, des inégalités considérables, indépendantes de la configuration mutuelle des corps du système, et dont les périodes dépendent des rapports des masses m, m',... à la masse M. Ces inégalités sont celles que nous avons nommées précédemment *inégalités séculaires*, et que nous avons considérées dans le Chapitre VII. Pour les déterminer par cette méthode, reprenons la valeur de df du numéro précédent,

$$df = - \frac{an\,dt}{\sqrt{1-e^2}}\left[2\cos v - \tfrac{3}{2}e\cos\varpi + \tfrac{1}{2}e\cos(2v-\varpi)\right]\frac{\partial R}{\partial v} - a^2 n\,dt\sqrt{1-e^2}\sin v\,\frac{\partial R}{\partial r}.$$

Nous négligerons dans le développement de cette équation les carrés et les produits des excentricités et des inclinaisons des orbites, et parmi les termes dépendants des excentricités et des inclinaisons, nous ne conserverons que ceux qui sont constants; nous supposerons ensuite, comme dans le n° 48,

$$r = a(1+u_i), \qquad r' = a'(1+u'_i),$$
$$v = nt + \varepsilon + v_i, \qquad v' = n't + \varepsilon' + v'_i.$$

Cela posé, si l'on substitue pour R sa valeur trouvée dans le n° 48; si l'on considère ensuite que l'on a, par le même numéro,

$$\frac{\partial R}{\partial r} = \frac{a}{r}\frac{\partial R}{\partial a} = (1 - u_i)\frac{\partial R}{\partial a};$$

enfin, si l'on substitue, au lieu de u_i, u_i', v_i et v_i', leurs valeurs

$$-e\cos(nt + \varepsilon - \varpi), \qquad -e'\cos(n't + \varepsilon' - \varpi'),$$
$$2e\sin(nt + \varepsilon - \varpi), \qquad 2e'\sin(n't + \varepsilon' - \varpi'),$$

données par le n° 22, en ne conservant que les termes constants parmi ceux qui dépendent de la première puissance des excentricités des orbites, et en négligeant les carrés des excentricités et des inclinaisons, on trouvera

$$df = \frac{am'n\,dt}{2}\, e\sin\varpi\left(a\frac{\partial A^{(0)}}{\partial a} + \tfrac{1}{2}a^2\frac{\partial^2 A^{(0)}}{\partial a^2}\right)$$
$$+\, am'n\,dt.e'\sin\varpi'\left(A^{(1)} + \tfrac{1}{2}a\frac{\partial A^{(1)}}{\partial a} + \tfrac{1}{2}a'\frac{\partial A^{(1)}}{\partial a'} + \tfrac{1}{4}aa'\frac{\partial^2 A^{(1)}}{\partial a\,\partial a'}\right)$$
$$-\, am'n\,dt.\Sigma\left(iA^{(i)} + \tfrac{1}{2}a\frac{\partial A^{(i)}}{\partial a}\right)\sin\left[i(n't - nt + \varepsilon' - \varepsilon) + nt + \varepsilon\right],$$

le signe intégral Σ s'étendant dans cette expression, comme dans la valeur de R du n° 48, à toutes les valeurs entières positives et négatives de i, en y comprenant même la valeur $i = 0$.

On aura, par le numéro précédent, la valeur de df', en diminuant dans celle de df les angles ε, ε', ϖ et ϖ' d'un angle droit; d'où l'on tire

$$df' = -\frac{am'n\,dt}{2}\, e\cos\varpi\left(a\frac{\partial A^{(0)}}{\partial a} + \tfrac{1}{2}a^2\frac{\partial^2 A^{(0)}}{\partial a^2}\right)$$
$$-\, am'n\,dt.e'\cos\varpi'\left(A^{(1)} + \tfrac{1}{2}a\frac{\partial A^{(1)}}{\partial a} + \tfrac{1}{2}a'\frac{\partial A^{(1)}}{\partial a'} + \tfrac{1}{4}aa'\frac{\partial^2 A^{(1)}}{\partial a\,\partial a'}\right)$$
$$+\, am'n\,dt.\Sigma\left(iA^{(i)} + \tfrac{1}{2}a\frac{\partial A^{(i)}}{\partial a}\right)\cos\left[i(n't - nt + \varepsilon' - \varepsilon) + nt + \varepsilon\right].$$

Nommons, pour abréger, X la partie de l'expression de df renfermée sous le signe Σ, et Y la partie de l'expression de df' renfermée sous le même signe. Faisons de plus, comme dans le n° 55,

$$(0,1) = -\frac{m'n}{2}\left(a^2\frac{\partial \mathrm{A}^{(0)}}{\partial a} + \tfrac{1}{2}a^3\frac{\partial^2 \mathrm{A}^{(0)}}{\partial a^2}\right),$$

$$\boxed{0,1} = \frac{m'n}{2}\left(a\mathrm{A}^{(1)} - a^2\frac{\partial \mathrm{A}^{(1)}}{\partial a} - \tfrac{1}{2}a^3\frac{\partial^2 \mathrm{A}^{(1)}}{\partial a^2}\right).$$

Observons ensuite que le coefficient de $e'dt\sin\varpi'$, dans l'expression de df, se réduit à $\boxed{0,1}$, lorsque l'on y substitue, au lieu des différences partielles de $\mathrm{A}^{(1)}$ en a', leurs valeurs en différences partielles relatives à a; enfin, supposons, comme dans le n° 50,

$$e\sin\varpi = h, \qquad e'\sin\varpi' = h',$$
$$e\cos\varpi = l, \qquad e'\cos\varpi' = l',$$

ce qui donne, par le numéro précédent, $f = \varphi.l$, $f' = \varphi.h$, ou simplement $f = l$, $f' = h$, en prenant pour unité de masse M, et négligeant m eu égard à M; nous aurons

$$\frac{dh}{dt} = (0,1)l - \boxed{0,1}l' + am'n\mathrm{Y}, \qquad \frac{dl}{dt} = -(0,1)h + \boxed{0,1}h' - am'n\mathrm{X}.$$

De là il est aisé de conclure que, si l'on nomme (Y) la somme des termes analogues à $am'n\mathrm{Y}$, dus à l'action de chacun des corps m', m'',... sur m; si l'on nomme pareillement (X) la somme des termes analogues à $-am'n\mathrm{X}$, dus aux mêmes actions; enfin, si l'on marque successivement d'un trait, de deux traits, etc., ce que deviennent les quantités (X), (Y), h et l, relativement aux corps m', m'',..., on aura le système suivant d'équations différentielles,

$$\frac{dh}{dt} = \quad [(0,1) + (0,2) + \ldots]l - \boxed{0,1}l' - \boxed{0,2}l'' - \ldots + (\mathrm{Y}),$$

$$\frac{dl}{dt} = -[(0,1) + (0,2) + \ldots]h + \boxed{0,1}h' + \boxed{0,2}h'' + \ldots + (\mathrm{X}),$$

$$\frac{dh'}{dt} = \quad [(1,0) + (1,2) + \ldots]l' - \boxed{1,0}l - \boxed{1,2}l'' - \ldots + (\mathrm{Y}'),$$

$$\frac{dl'}{dt} = -[(1,0) + (1,2) + \ldots]h' + \boxed{1,0}h + \boxed{1,2}h'' + \ldots + (\mathrm{X}'),$$

. . . .

Pour intégrer ces équations, nous observerons que chacune des quantités h, l, h', l', ... est formée de deux parties : l'une dépendante de la configuration mutuelle des corps m, m', ...; l'autre indépendante de cette configuration, et qui renferme les variations séculaires de ces quantités. On aura la première partie en considérant que, si l'on n'a égard qu'à elle seule, h, l, h', l', ... sont de l'ordre des masses perturbatrices, et par conséquent $(o, 1)h$, $(o, 1)l$, ... sont de l'ordre des carrés de ces masses; en négligeant donc les quantités de cet ordre, on aura

$$\frac{dh}{dt} = (Y), \qquad \frac{dl}{dt} = (X),$$

$$\frac{dh'}{dt} = (Y'), \qquad \frac{dl'}{dt} = (X'),$$

$$\dots\dots\dots, \qquad \dots\dots\dots;$$

partant

$$h = \int (Y)\, dt, \quad l = \int (X)\, dt, \quad h' = \int (Y')\, dt, \quad \dots$$

Si l'on prend ces intégrales, en n'ayant point égard à la variabilité des éléments des orbites, et que l'on nomme Q ce que devient alors $\int(Y)dt$ en nommant δQ la variation de Q due à celle des éléments, on aura

$$\int (Y)\, dt = Q - \int \delta Q;$$

or, Q étant de l'ordre des masses perturbatrices, et les variations des éléments des orbites étant du même ordre, δQ est de l'ordre des carrés de ces masses; ainsi, en négligeant les quantités de cet ordre, on aura

$$\int (Y)\, dt = Q.$$

On peut donc prendre les intégrales $\int(Y)dt$, $\int(X)dt$, $\int(Y')dt$, ..., en supposant les éléments des orbites constants, et regarder ensuite ces éléments comme variables dans les intégrales; on aura ainsi d'une manière fort simple les parties périodiques des expressions de h, l, h', ...

Pour avoir les parties de ces expressions qui renferment les inégalités séculaires, on observera qu'elles sont données par l'intégration des équations différentielles précédentes privées de leurs derniers termes (Y), (X), ...; car il est clair que la substitution des parties périodiques de h, l, h', ... en fera disparaître ces termes. Mais, en privant ces équations de leurs derniers termes, elles retombent dans les équations différentielles (A) du n° 55, que nous avons considérées précédemment avec beaucoup d'étendue.

69. Nous avons observé dans le n° 65 que, si les moyens mouvements nt et $n't$ des deux corps m et m' sont à fort peu près dans le rapport de i' à i, en sorte que $i'n' - in$ soit une très-petite quantité, il peut en résulter dans les moyens mouvements de ces corps des inégalités fort sensibles. Ce rapport des moyens mouvements peut aussi produire des variations sensibles dans les excentricités des orbites et dans la position de leurs périhélies. Pour les déterminer, nous reprendrons l'équation trouvée dans le n° 67,

$$e\,de = \frac{an\,dt\,\sqrt{1 - e^2}}{\mu}\frac{\partial \mathrm{R}}{\partial v} - \frac{a(1 - e^2)}{\mu}\,d\mathrm{R}.$$

Il résulte de ce que nous avons dit dans le n° 48 que, si l'on prend pour plan fixe celui de l'orbite de m à une époque donnée, ce qui permet de négliger dans R l'inclinaison φ de l'orbite de m sur ce plan, tous les termes de l'expression de R dépendants de l'angle $i'n't - int$ seront compris dans la forme suivante

$$m'k\cos(i'n't - int + i'\varepsilon' - i\varepsilon - g\varpi - g'\varpi' - g''\theta'),$$

i, i', g, g', g'' étant des nombres entiers tels que l'on a

$$0 = i' - i - g - g' - g''.$$

Le coefficient k a pour facteur $e^g e'^{g'}(\tang\tfrac{1}{2}\varphi')^{g''}$, g, g', g'' étant pris positivement dans ces exposants; de plus, si l'on suppose i et i' positifs, et i' plus grand que i, on a vu dans le n° 48 que les termes de R qui dépendent de l'angle $i'n't - int$ sont de l'ordre $i' - i$, ou d'un ordre supérieur de deux, de quatre, etc. unités; en n'ayant donc égard qu'aux termes de l'ordre $i' - i$, k sera de la forme $e^g e'^{g'}(\tang\tfrac{1}{2}\varphi')^{g''}Q$. Q étant une fonction indépendante des excentricités et de l'inclinaison respective des orbites. Les nombres g, g', g'', renfermés sous le signe cosinus, sont alors positifs; car, si l'un d'eux, g par exemple, était négatif et égal à $-f$, k serait de l'ordre $f + g' + g''$; mais l'équation

$$o = i' - i - g - g' - g''$$

donne

$$f + g' + g'' = i' - i + 2f;$$

ainsi k serait d'un ordre supérieur à $i' - i$, ce qui est contre la supposition. Cela posé, on a, par le n° 48, $\frac{\partial R}{\partial v} = \frac{\partial R}{\partial \varepsilon}$, pourvu que dans cette dernière différence partielle on fasse $\varepsilon - \varpi$ constant; le terme de $\frac{\partial R}{\partial v}$, correspondant au terme précédent de R, est donc

$$m'(i + g)\, k \sin(i'n't - int + i'\varepsilon' - i\varepsilon - g\varpi - g'\varpi' - g''\theta').$$

Le terme correspondant de dR est

$$m'ink\, dt \sin(i'n't - int + i'\varepsilon' - i\varepsilon - g\varpi - g'\varpi' - g''\theta');$$

en n'ayant donc égard qu'à ces termes, et en négligeant e^2 vis-à-vis de l'unité, l'expression précédente de $e\, de$ donnera

$$de = \frac{m'an\, dt}{2}\, \frac{gk}{e} \sin(i'n't - int + i'\varepsilon' - i\varepsilon - g\varpi - g'\varpi' - g''\theta');$$

or on a

$$\frac{gk}{e} = ge^{g-1} e'^{g'} \left(\tang\tfrac{1}{2}\gamma'\right)^{g''} Q = \frac{\partial k}{\partial e};$$

on aura donc, en intégrant,

$$e = -\frac{m'an}{u(i'n' - in)}\, \frac{\partial k}{\partial e} \cos(i'n't - int + i'\varepsilon' - i\varepsilon - g\varpi - g'\varpi' - g''\theta').$$

Maintenant, la somme de tous les termes de R qui dépendent de l'angle $i'n't - int$ étant représentée par la quantité suivante,

$$m'\mathrm{P}\sin(i'n't - int + i'\varepsilon' - i\varepsilon) + m'\mathrm{P}'\cos(i'n't - int + i'\varepsilon' - i\varepsilon),$$

la partie correspondante de e sera

$$- \frac{m'an}{\mu(i'n' - in)} \left[\frac{\partial P}{\partial e} \sin(i'n't - int + i'\varepsilon' - i\varepsilon) + \frac{\partial P'}{\partial e} \cos(i'n't - int + i'\varepsilon' - i\varepsilon) \right].$$

Cette inégalité peut devenir fort sensible, si le coefficient $i'n' - in$ est très-petit, comme cela a lieu dans la théorie de Jupiter et de Saturne. A la vérité, elle n'a pour diviseur que la première puissance de $i'n' - in$, tandis que l'inégalité correspondante du moyen mouvement a pour diviseur la seconde puissance de cette quantité, comme on l'a vu dans le n° 65; mais $\frac{\partial P}{\partial e}$ et $\frac{\partial P'}{\partial e}$ étant d'un ordre inférieur à P et P', l'inégalité de l'excentricité peut être considérable, et même surpasser celle du moyen mouvement, si les excentricités e et e' sont très-petites; nous en verrons des exemples dans la théorie des satellites de Jupiter.

Déterminons présentement l'inégalité correspondante du mouvement du périhélie. Pour cela, reprenons les deux équations

$$e\,de = \frac{f\,df + f'\,df'}{\mu^2}, \quad e^2\,d\varpi = \frac{f\,df' - f'\,df}{\mu^2};$$

auxquelles nous sommes parvenus dans le n° 67. Ces équations donnent

$$df = \mu\,de\cos\varpi - \mu e\,d\varpi\sin\varpi;$$

ainsi, en n'ayant égard qu'à l'angle $i'n't - int + i'\varepsilon' - i\varepsilon - g\varpi - g'\varpi' - g''\theta'$, on aura

$$df = m'an\,dt\,\frac{\partial k}{\partial e}\cos\varpi\sin(i'n't - int + i'\varepsilon' - i\varepsilon - g\varpi - g'\varpi' - g''\theta') - \mu e\,d\varpi\sin\varpi.$$

Représentons par

$$- m'an\,dt\left(\frac{\partial k}{\partial e} + k'\right)\cos(i'n't - int + i'\varepsilon' - i\varepsilon - g\varpi - g'\varpi' - g''\theta')$$

la partie de $\mu e\,d\varpi$ qui dépend du même angle; on aura

$$df = m'an\,dt\left(\frac{\partial k}{\partial e} + \tfrac{1}{2}k'\right)\sin[i'n't - int + i'\varepsilon' - i\varepsilon - (g-1)\varpi - g'\varpi' - g''\theta']$$

$$- \frac{m'an\,dt}{2}k'\sin[i'n't - int + i'\varepsilon' - i\varepsilon - (g+1)\varpi - g'\varpi' - g''\theta'].$$

Il est aisé de voir, par la dernière des expressions de df données dans le n° **67**, que le coefficient de ce dernier sinus a pour facteur $e^{s+1}e'^{s'}\left(\tan\frac{1}{2}\gamma'\right)^{s''}$; k' est donc d'un ordre supérieur de deux unités à celui de $\dfrac{\partial k}{\partial e}$; ainsi, en le négligeant vis-à-vis de $\dfrac{\partial k}{\partial e}$, on aura

$$- \frac{m'an\,dt}{\mu}\,\frac{\partial k}{\partial e}\,\cos\left(i'n't - int + i'\varepsilon' - i\varepsilon - g\varpi - g'\varpi' - g''\vartheta\right),$$

pour le terme de $e\,d\varpi$ qui correspond au terme

$$m'k\cos\left(i'n't - int + i'\varepsilon' - i\varepsilon - g\varpi - g'\varpi' - g''\vartheta\right),$$

de l'expression de R. Il suit de là que la partie de ϖ, qui correspond à la partie de R exprimée par

$$m'\mathrm{P}\sin\left(i'n't - int + i'\varepsilon' - i\varepsilon\right) + m'\mathrm{P}'\cos\left(i'n't - int + i'\varepsilon' - i\varepsilon\right),$$

est égale à

$$-\frac{m'an}{\mu}\cdot\frac{1}{i'n - in}\cdot\frac{1}{e}\left[\frac{\partial \mathrm{P}}{\partial e}\cos\left(i'n't - int + i'\varepsilon' - i\varepsilon\right) - \frac{\partial \mathrm{P}'}{\partial e}\sin\left(i'n't - int + i'\varepsilon' - i\varepsilon\right)\right];$$

on aura donc ainsi, d'une manière fort simple, les variations de l'excentricité et du périhélie dépendantes de l'angle $i'n't - int + i'\varepsilon' - i\varepsilon$. Elles sont liées à la variation ζ du moyen mouvement, qui y correspond, de manière que la variation de l'excentricité est

$$\frac{1}{3in}\,\frac{\partial^2\zeta}{\partial e\,\partial t},$$

et la variation de la longitude du périhélie est

$$\frac{i'n' - in}{3ine}\,\frac{\partial\zeta}{\partial e}.$$

La variation correspondante de l'excentricité de l'orbite de m', due à l'action de m, sera

$$-\frac{1}{3i'n'}\,\frac{\partial^2\zeta'}{\partial e'\,\partial t},$$

et la variation de la longitude de son périhélie sera

$$- \frac{i'n' - in}{3 i n' e} \frac{\partial \zeta'}{\partial e'};$$

et, comme on a, par le n° 65, $\zeta' = - \frac{m \sqrt{a}}{m' \sqrt{a'}} \zeta$, ces variations seront

$$\frac{m \sqrt{a}}{3 i n' m' \sqrt{a'}} \frac{\partial^2 \zeta}{\partial e' \partial t} \quad \text{et} \quad \frac{(i'n' - in) m \sqrt{a}}{3 i n' e m' \sqrt{a'}} \frac{\partial \zeta}{\partial e}.$$

Lorsque la quantité $i'n' - in$ est fort petite, l'inégalité dépendante de l'angle $i'n't - int$ en produit une sensible dans l'expression du moyen mouvement, parmi les termes dépendants des carrés des masses perturbatrices; nous en avons donné l'analyse dans le n° 65. Cette même inégalité produit, dans les expressions de de et de $d\varpi$, des termes de l'ordre du carré de ces masses, et qui, n'étant fonctions que des éléments des orbites, ont une influence sensible sur les variations séculaires de ces éléments. Considérons, en effet, l'expression de de dépendante de l'angle $i'n't - int$. On a, par ce qui précède,

$$de = - \frac{m' an \, dt}{\wp} \left[\frac{\partial P}{\partial e} \cos i'n't - int - i'\varepsilon' - i\varepsilon - \frac{\partial P'}{\partial e} \sin i'n't - int + i'\varepsilon' - i\varepsilon) \right].$$

Par le n° 65, le moyen mouvement nt doit être augmenté de

$$\frac{3 m' an^2 i}{i'n' - in)^2 \wp} \left[P \cos i'n't - int + i'\varepsilon' - i\varepsilon - P' \sin (i'n't - int + i'\varepsilon' - i\varepsilon) \right],$$

et le moyen mouvement $n't$ doit être augmenté de

$$- \frac{3 m' an^2 i}{(i'n' - in)^2 \wp} \frac{m \sqrt{a}}{m' \sqrt{a'}} \left[P \cos i'n't - int + i'\varepsilon' - i\varepsilon - P' \sin i'n't - int + i'\varepsilon' - i\varepsilon \right].$$

En vertu de ces accroissements, la valeur de de sera augmentée de la fonction

$$- \frac{3 m' a^2 in^3 \, dt}{2 \wp^2 \sqrt{a} (i'n' - in)^2} (im' \sqrt{a'} + i'm \sqrt{a}) \left(P \frac{\partial P'}{\partial e} - P' \frac{\partial P}{\partial e} \right).$$

et la valeur de $d\varpi$ sera augmentée de la fonction

$$\frac{3m'a^2\,in^3\,dt}{2\mu^2\sqrt{a'}\,(i'n'-in)^2\,e}\,(im'\sqrt{a'}+i'm\sqrt{a})\left(P\frac{\partial P}{\partial e}+P'\frac{\partial P'}{\partial e}\right).$$

On trouvera pareillement que la valeur de de' sera augmentée de la fonction

$$-\frac{3ma^2\sqrt{a}\,.\,in^3\,dt}{2\mu^2 a'\,(i'n'-in)^2}\,(im'\sqrt{a'}+i'm\sqrt{a})\left(P\frac{\partial P'}{\partial e'}-P'\frac{\partial P}{\partial e'}\right);$$

et que la valeur de $d\varpi'$ sera augmentée de la fonction

$$\frac{3ma^2\sqrt{a}\,.\,in^3\,dt}{2\mu^2 a'\,(i'n'-in)^2\,e'}\,(im'\sqrt{a'}+i'm\sqrt{a})\left(P\frac{\partial P}{\partial e'}+P'\frac{\partial P'}{\partial e'}\right).$$

Ces différents termes sont sensibles dans la théorie de Jupiter et de Saturne, et dans celle des satellites de Jupiter. Les variations de e, e', ϖ et ϖ', relatives à l'angle $i'n't-int$, peuvent encore introduire quelques termes constants de l'ordre du carré des masses perturbatrices dans les différentielles de, de', $d\varpi$, $d\varpi'$, et dépendants des variations de e, e', ϖ et ϖ' relatives au même angle; il sera facile d'y avoir égard par l'analyse précédente. Enfin il sera facile, par notre analyse, de déterminer les termes des expressions de e, ϖ, e' et ϖ' qui, dépendant de l'angle $i'n't-int+i'\varepsilon'-i\varepsilon$, n'ont point $i'n'-in$ pour diviseur, et ceux qui, dépendant du même angle et du double de cet angle, sont de l'ordre du carré des forces perturbatrices. Ces différents termes sont assez considérables dans la théorie de Jupiter et de Saturne pour y avoir égard : nous les développerons avec l'étendue qu'ils exigent, lorsque nous nous occuperons de cette théorie.

70. Déterminons les variations des nœuds et des inclinaisons des orbites, et pour cela reprenons les équations du n° 64,

$$dc=dt\left(y\frac{\partial R}{\partial x}-x\frac{\partial R}{\partial y}\right),$$

$$dc'=dt\left(z\frac{\partial R}{\partial x}-x\frac{\partial R}{\partial z}\right),$$

$$dc''=dt\left(z\frac{\partial R}{\partial y}-y\frac{\partial R}{\partial z}\right).$$

Si l'on n'a égard qu'à l'action de m', la valeur de R du n° 46 donne

$$y\frac{\partial R}{\partial x} - x\frac{\partial R}{\partial y} = m'(x'y - xy')\left(\frac{1}{(x'^2+y'^2+z'^2)^{\frac{3}{2}}} - \frac{1}{[(x'-x)^2+(y'-y)^2+(z'-z)^2]^{\frac{3}{2}}}\right),$$

$$z\frac{\partial R}{\partial x} - x\frac{\partial R}{\partial z} = m'(x'z - xz')\left(\frac{1}{(x'^2+y'^2+z'^2)^{\frac{3}{2}}} - \frac{1}{[(x'-x)^2+(y'-y)^2+(z'-z)^2]^{\frac{3}{2}}}\right),$$

$$z\frac{\partial R}{\partial y} - y\frac{\partial R}{\partial z} = m'(y'z - yz')\left(\frac{1}{(x'^2+y'^2+z'^2)^{\frac{3}{2}}} - \frac{1}{[(x'-x)^2+(y'-y)^2+(z'-z)^2]^{\frac{3}{2}}}\right).$$

Soit maintenant

$$\frac{c''}{c} = p, \qquad \frac{c'}{c} = q:$$

les deux variables p et q détermineront, par le n° 64, la tangente de l'inclinaison φ de l'orbite de m et la longitude θ de son nœud, au moyen des équations

$$\tan g\varphi = \sqrt{p^2 + q^2}, \qquad \tan g\theta = \frac{p}{q}.$$

Nommons p', q', p'', q''.... ce que deviennent p et q relativement aux corps m', m'',...; on aura, par le n° 64,

$$z = qy - px, \qquad z' = q'y' - p'x', \quad \ldots$$

La valeur précédente de p, différentiée, donne

$$\frac{dp}{dt} = \frac{1}{c}\,\frac{dc'' - p\,dc}{dt};$$

en substituant au lieu de dc et de dc'' leurs valeurs, on aura

$$\frac{dp}{dt} = \frac{m'}{c}[(q-q')yy' + (p'-p)x'y]\left(\frac{1}{(x'^2+y'^2+z'^2)^{\frac{3}{2}}} - \frac{1}{[(x'-x)^2+(y'-y)^2+(z'-z)^2]^{\frac{3}{2}}}\right);$$

on trouvera pareillement

$$\frac{dq}{dt} = \frac{m'}{c}[(p'-p)xx' + (q-q')xy']\left(\frac{1}{(x'^2+y'^2+z'^2)^{\frac{3}{2}}} - \frac{1}{[(x'-x)^2+(y'-y)^2+(z'-z)^2]^{\frac{3}{2}}}\right)$$

Si l'on substitue pour x, y, x', y' leurs valeurs $r\cos v$, $r\sin v$, $r'\cos v'$, $r'\sin v'$, on aura

$$(q-q')yy'+(p'-p)x'y=\frac{q'-q}{2}rr'[\cos(v'+v)-\cos(v'-v)]+\frac{p'-p}{2}rr'[\sin(v'+v)-\sin(v'-v)],$$

$$(p'-p)xx'+(q-q')xy'=\frac{p'-p}{2}rr'[\cos(v'+v)+\cos(v'-v)]+\frac{q-q'}{2}rr'[\sin(v'+v)+\sin(v'-v)].$$

En négligeant les excentricités et les inclinaisons des orbites, on a

$$r=a,\quad v=nt+\varepsilon,\quad r'=a',\quad v'=n't+\varepsilon',$$

ce qui donne

$$\frac{1}{(x'^2+y'^2+z'^2)^{\frac{3}{2}}}-\frac{1}{[(x'-x)^2+(y'-y)^2+(z'-z)^2]^{\frac{3}{2}}}=\frac{1}{a'^3}-\frac{1}{[a^2-2aa'\cos(n't-nt+\varepsilon'-\varepsilon)+a'^2]^{\frac{3}{2}}};$$

on a de plus, par le n° 48,

$$\frac{1}{[a^2-2aa'\cos(n't-nt+\varepsilon'-\varepsilon)+a'^2]^{\frac{3}{2}}}=\tfrac{1}{2}\Sigma B^{(i)}\cos i(n't-nt+\varepsilon'-\varepsilon),$$

le signe intégral Σ s'étendant à toutes les valeurs entières, positives et négatives, de i, en y comprenant la valeur $i=0$; on aura ainsi, en négligeant les termes de l'ordre des carrés et des produits des excentricités et des inclinaisons des orbites,

$$\begin{aligned}\frac{dp}{dt}=&\frac{q'-q}{2e}\,\frac{m'a}{a'^2}[\cos(n't+nt+\varepsilon'+\varepsilon)-\cos(n't-nt+\varepsilon'-\varepsilon)]\\&-\frac{p'-p}{2e}\,\frac{m'a}{a'^2}[\sin(n't+nt+\varepsilon'+\varepsilon)-\sin(n't-nt+\varepsilon'-\varepsilon)]\\&+\frac{q'-q}{4e}m'aa'\Sigma B^{(i)}\{\cos[(i-1)(n't-nt+\varepsilon'-\varepsilon)]-\cos[(i+1)(n't-nt+\varepsilon'-\varepsilon)+2nt+2\varepsilon]\}\\&-\frac{p'-p}{4e}m'aa'\Sigma B^{(i)}\{\sin[(i-1)(n't-nt+\varepsilon'-\varepsilon)]-\sin[(i+1)(n't-nt+\varepsilon'-\varepsilon)+2nt+2\varepsilon]\}.\end{aligned}$$

$$\begin{aligned}\frac{dq}{dt}=&\frac{p'-p}{2e}\,\frac{m'a}{a'^2}[\cos(n't+nt+\varepsilon'+\varepsilon)+\cos(n't-nt+\varepsilon'-\varepsilon)]\\&-\frac{q-q'}{2e}\,\frac{m'a}{a'^2}[\sin(n't+nt+\varepsilon'+\varepsilon)-\sin(n't-nt+\varepsilon'-\varepsilon)]\\&-\frac{p-p'}{4e}m'aa'\Sigma B^{(i)}\{\cos[(i+1)(n't-nt+\varepsilon'-\varepsilon)]+\cos[(i+1)(n't-nt+\varepsilon'-\varepsilon)+2nt+2\varepsilon]\}\\&+\frac{q'-q}{4e}m'aa'\Sigma B^{(i)}\{\sin[(i+1)(n't-nt+\varepsilon'-\varepsilon)]+\sin[(i+1)(n't-nt+\varepsilon'-\varepsilon)+2nt+2\varepsilon]\}.\end{aligned}$$

La valeur $i = -1$ donne dans l'expression de $\frac{dp}{dt}$ la quantité constante $\frac{q'-q}{4c} m'aa' B^{(-1)}$; tous les autres termes de l'expression de $\frac{dp}{dt}$ sont périodiques; en désignant par P leur somme, et observant que $B^{(-1)} = B^{(1)}$ par le n° 48, on aura

$$\frac{dp}{dt} = \frac{q'-q}{4c} m'aa' B^{(1)} + P.$$

On trouvera par le même procédé que, si l'on désigne par Q la somme de tous les termes périodiques de l'expression de $\frac{dq}{dt}$, on aura

$$\frac{dq}{dt} = \frac{P-P'}{4c} m'aa' B^{(1)} + Q.$$

Si l'on néglige les carrés des excentricités et des inclinaisons des orbites, on a, par le n° 64, $c = \sqrt{\mu a}$; en supposant ensuite $\mu = 1$, on a $n^2 a^3 = 1$, ce qui donne $c = \frac{1}{an}$; la quantité $\frac{m'aa' B^{(1)}}{4c}$ devient ainsi $\frac{m'a^2 a'n B^{(1)}}{4}$, ce qui, par le n° 59, est égal à $(0, 1)$; on aura ainsi

$$\frac{dp}{dt} = (0, 1)(q'-q) + P,$$

$$\frac{dq}{dt} = (0, 1)(p-p') + Q.$$

Il suit de là que, si l'on désigne par (P) et (Q) la somme de toutes les fonctions P et Q, relatives à l'action des différents corps m', m'',... sur m; si l'on désigne pareillement par (P'), (Q'), (P''), (Q''),.... ce que deviennent (P) et (Q) lorsque l'on y change successivement les quantités relatives à m dans celles qui sont relatives à m', m''..... et réciproquement, on aura, pour déterminer les variables p, q, p', q',

49.

p'', q'', ..., le système suivant d'équations différentielles

$$\frac{dp}{dt} = -[(0,1) + (0,2) + \ldots]q + (0,1)q' + (0,2)q'' + \ldots + (P),$$

$$\frac{dq}{dt} = \quad [(0,1) + (0,2) + \ldots]p - (0,1)p' - (0,2)p'' - \ldots + (Q),$$

$$\frac{dp'}{dt} = -[(1,0) + (1,2) + \ldots]q' + (1,0)q + (1,2)q'' + \ldots + (P'),$$

$$\frac{dq'}{dt} = \quad [(1,0) + (1,2) + \ldots]p' - (1,0)p - (1,2)p'' - \ldots + (Q'),$$

$$\ldots\ldots\ldots\ldots\ldots\ldots\ldots\ldots\ldots\ldots\ldots\ldots\ldots$$

L'analyse du n° 68 donne, pour les parties périodiques de p, q, p', q' ....

$$p = \int (P)\, dt, \qquad q = \int (Q)\, dt,$$

$$p' = \int (P')\, dt, \qquad q' = \int (Q')\, dt,$$

$$\ldots\ldots\ldots\ldots, \qquad \ldots\ldots\ldots\ldots$$

on aura ensuite les parties séculaires des mêmes quantités, en intégrant les équations différentielles précédentes, privées de leurs derniers termes (P), (Q), (P'), ..., et alors on retombera dans les équations (C) du n° 59, que nous avons considérées avec assez d'étendue pour nous dispenser de revenir sur cet objet.

71. Reprenons les équations du n° 64,

$$\tan g \varphi = \frac{\sqrt{c'^2 + c''^2}}{c}, \qquad \tan g \vartheta = \frac{c''}{c'},$$

d'où résultent celles-ci

$$\frac{c'}{c} = \tan g \varphi \cos \vartheta, \qquad \frac{c''}{c} = \tan g \varphi \sin \vartheta.$$

En les différentiant, on aura

$$d \tan g \varphi = \frac{1}{c}(dc' \cos \vartheta + dc'' \sin \vartheta - dc \tan g \varphi),$$

$$d\vartheta \tan g \varphi = \frac{1}{c}(dc'' \cos \vartheta - dc' \sin \vartheta).$$

Si l'on substitue dans ces équations, au lieu de $\dfrac{dc}{dt}$, $\dfrac{dc'}{dt}$, $\dfrac{dc''}{dt}$, leurs valeurs

$$ y\frac{\partial R}{\partial x} - x\frac{\partial R}{\partial y}, \qquad z\frac{\partial R}{\partial x} - x\frac{\partial R}{\partial z}, \qquad z\frac{\partial R}{\partial y} - y\frac{\partial R}{\partial z}, $$

et au lieu de ces dernières quantités leurs valeurs données dans le n° 67; si l'on observe, de plus, que $s = \mathrm{tang}\,\varphi\sin(v - \theta)$, on aura

$$ d\,\mathrm{tang}\,\varphi = \frac{dt\,\mathrm{tang}\,\varphi\cos(v-\theta)}{c}\left[r\frac{\partial R}{\partial r}\sin(v-\theta) + \frac{\partial R}{\partial v}\cos(v-\theta)\right] - \frac{(1+s^2)\,dt}{c}\cos(v-\theta)\frac{\partial R}{\partial s}. $$

$$ d\theta\,\mathrm{tang}\,\varphi = \frac{dt\,\mathrm{tang}\,\varphi\sin(v-\theta)}{c}\left[r\frac{\partial R}{\partial r}\sin(v-\theta) + \frac{\partial R}{\partial v}\cos(v-\theta)\right] - \frac{(1+s^2)\,dt}{c}\sin(v-\theta)\frac{\partial R}{\partial s}. $$

Ces deux équations différentielles détermineront directement l'inclinaison de l'orbite et le mouvement des nœuds. Elles donnent

$$ \sin(v - \theta)\,d\,\mathrm{tang}\,\varphi - d\theta\cos(v - \theta)\,\mathrm{tang}\,\varphi = 0, $$

équation qui peut se déduire encore de celle-ci, $s = \mathrm{tang}\,\varphi\sin(v - \theta)$: en effet, cette dernière équation étant finie, on peut, par le n° 63, la différentier, soit en regardant φ et θ comme constants, soit en les traitant comme variables, en sorte que sa différentielle prise en ne faisant varier que φ et θ est nulle, d'où résulte l'équation différentielle précédente.

Supposons maintenant que le plan fixe soit extrêmement peu incliné à l'orbite de m, en sorte que nous puissions négliger les carrés de s et de $\mathrm{tang}\,\varphi$; on aura

$$ d\,\mathrm{tang}\,\varphi = -\frac{dt}{c}\cos(v-\theta)\frac{\partial R}{\partial s}, $$

$$ d\theta\,\mathrm{tang}\,\varphi = -\frac{dt}{c}\sin(v-\theta)\frac{\partial R}{\partial s}; $$

en faisant donc, comme précédemment,

$$ p = \mathrm{tang}\,\varphi\sin\theta, \qquad q = \mathrm{tang}\,\varphi\cos\theta, $$

on aura, au lieu des deux équations différentielles précédentes, les suivantes

$$dq = -\frac{dt}{c}\cos v\,\frac{\partial R}{\partial s}.$$

$$dp = -\frac{dt}{c}\sin v\,\frac{\partial R}{\partial s};$$

or on a $s = q\sin v - p\cos v$, ce qui donne

$$\frac{\partial R}{\partial s} = \frac{1}{\sin v}\frac{\partial R}{\partial q}, \qquad \frac{\partial R}{\partial s} = -\frac{1}{\cos v}\frac{\partial R}{\partial p};$$

partant

$$dq = \frac{dt}{c}\frac{\partial R}{\partial p}; \qquad dp = -\frac{dt}{c}\frac{\partial R}{\partial q}.$$

On a vu dans le n° 48 que la fonction R est indépendante de la position du plan fixe des x et des y; en supposant donc tous les angles de cette fonction rapportés à l'orbite de m, il est visible que R sera fonction de ces angles et de l'inclinaison respective des deux orbites, inclinaison que nous désignerons par φ'_i. Soit θ'_i la longitude du nœud de l'orbite de m' sur l'orbite de m, et supposons que $m'k(\mathrm{tang}\,\varphi'_i)^g \cos(i'n't - int + A - g\theta'_i)$ soit un terme de R, dépendant de l'angle $i'n't - int$; on aura, par le n° 60,

$$\mathrm{tang}\,\varphi'_i\,\sin\theta'_i = p' - p, \qquad \mathrm{tang}\,\varphi'_i\,\cos\theta'_i = q' - q,$$

d'où l'on tire

$$\mathrm{tang}\,\varphi'_i{}^g\,\sin g\theta'_i = \frac{[q'-q + \overline{p'-p}\,\sqrt{-1}]^g - [q'-q - \overline{p'-p}\,\sqrt{-1}]^g}{2\sqrt{-1}}.$$

$$\mathrm{tang}\,\varphi'_i{}^g\,\cos g\theta'_i = \frac{[q'-q + \overline{p'-p}\,\sqrt{-1}]^g + [q'-q - (p'-p)\sqrt{-1}]^g}{2}.$$

En n'ayant donc égard qu'au terme précédent de R, on aura

$$\frac{\partial R}{\partial p} = -g(\mathrm{tang}\,\varphi'_i)^{g-1}\,m'k\,\sin[i'n't - int + A - (g-1)\theta'_i],$$

$$\frac{\partial R}{\partial q} = -g(\mathrm{tang}\,\varphi'_i)^{g-1}\,m'k\,\cos[i'n't - int + A - (g-1)\theta'_i].$$

Si l'on substitue ces valeurs dans les expressions précédentes de dp et de dq, et si l'on observe que l'on a, à très-peu près, $c = \dfrac{v}{an}$, on aura

$$p = \frac{gm'kan}{\mu(i'n'-in)}\,\mathrm{tang}\,\varphi'^{\,g-1}\sin\left[i'n't - int + \lambda - g - i\,\zeta_i\right].$$

$$q = \frac{gm'kan}{\mu(i'n'-in)}\,\mathrm{tang}\,\varphi'^{\,g-1}\cos\left[i'n't - int + \lambda - g - i\,\zeta_i\right].$$

En substituant ces valeurs dans l'équation $s = q\sin v - p\cos v$, on aura

$$s = \frac{-gm'kan}{\mu(i'n'-in)}\,\mathrm{tang}\,\varphi'^{\,g-1}\sin\left[i'n't - int - v + \lambda - g - i\,\zeta_i\right].$$

Cette expression de s est la variation de la latitude, correspondante au terme précédent de R; il est clair qu'elle est la même, quel que soit le plan fixe auquel on rapporte les mouvements de m et de m', pourvu qu'il soit peu incliné au plan des orbites; on aura donc ainsi la partie de l'expression de la latitude que la petitesse du diviseur $i'n' - in$ peut rendre sensible. A la vérité, cette inégalité de la latitude ne renfermant ce diviseur qu'à la première puissance, elle est sous ce rapport moins sensible que l'inégalité correspondante de la longitude moyenne, qui renferme le carré de ce diviseur; mais, d'un autre côté, $\mathrm{tang}\,\varphi'$ s'y trouve élevé à une puissance moindre qu'une unité, remarque analogue à celle que nous avons faite, dans le n° 69, sur l'inégalité correspondante des excentricités des orbites. On voit ainsi que toutes ces inégalités sont liées entre elles et à la partie correspondante de R par des rapports très-simples.

Si l'on différentie les expressions précédentes de p et de q, et si, dans les valeurs de $\dfrac{dp}{dt}$ et de $\dfrac{dq}{dt}$ qui en résultent, on fait croître les angles nt et $n't$ des inégalités des moyens mouvements dépendantes de l'angle $i'n't - int$, il en résultera dans ces différentielles des quantités qui seront uniquement fonctions des éléments des orbites, et qui peuvent influer d'une manière sensible sur les variations séculaires des inclinaisons et des nœuds, quoique de l'ordre des carrés des masses perturbatrices, ce qui est analogue à ce que nous avons dit dans le n° 69 sur les variations séculaires des excentricités et des périhélies.

72. Il nous reste à considérer la variation de la longitude ε de l'époque. On a, par le n° 64,

$$d\varepsilon = de\left[\frac{d\mathrm{E}^{(1)}}{de}\sin(v-\varpi) + \tfrac{1}{2}\frac{d\mathrm{E}^{(2)}}{de}\sin 2(v-\varpi) + \ldots\right]$$
$$- d\varpi\left[\mathrm{E}^{(1)}\cos(v-\varpi) + \mathrm{E}^{(2)}\cos 2(v-\varpi) + \ldots\right];$$

en substituant pour $\mathrm{E}^{(1)}$, $\mathrm{E}^{(2)}$, … leurs valeurs en séries ordonnées suivant les puissances de e, séries qu'il est facile de conclure de l'expression générale de $\mathrm{E}^{(i)}$ du n° 16, on aura

$$d\varepsilon = -2\,de\sin(v-\varpi) - 2e\,d\varpi\cos(v-\varpi)$$
$$+ e\,de\left[\tfrac{3}{2} - \tfrac{1}{2}e^2 + \ldots\right]\sin 2(v-\varpi) - e^2\,d\varpi\left(\tfrac{3}{2} + \tfrac{1}{4}e^2 + \ldots\right)\cos 2(v-\varpi)$$
$$+ e^2\,de(1 + \ldots)\sin 3(v-\varpi) - e^3\,d\varpi(1 + \ldots)\cos 3(v-\varpi)$$
$$+ \ldots \ldots \ldots \ldots \ldots \ldots \ldots \ldots \ldots \ldots \ldots \ldots$$

Si l'on substitue pour de et $e\,d\varpi$ leurs valeurs données dans le n° 67, on trouvera, en ne portant la précision que jusqu'aux quantités de l'ordre e^2 inclusivement,

$$d\varepsilon = \frac{a^2 n\,dt}{\mu}\sqrt{1-e^2}\left[2 - \tfrac{3}{2}e\cos(v-\varpi) + e^2\cos 2(v-\varpi)\right]\frac{\partial R}{\partial r}$$
$$- \frac{an\,dt}{\mu\sqrt{1-e^2}}\,e\sin(v-\varpi)\left[1 + \tfrac{1}{2}e\cos(v-\varpi)\right]\frac{\partial R}{\partial v}.$$

L'expression générale de $d\varepsilon$ contient des termes de la forme

$$m'kn\,dt\cos(i'n't - int + \mathrm{A}),$$

et par conséquent l'expression de ε en contient de la forme

$$\frac{m'kn}{i'n'-in}\sin(i'n't - int + \mathrm{A});$$

mais il est facile de se convaincre que le coefficient k dans ces termes est de l'ordre $i' - i$, et qu'ainsi ces termes sont du même ordre que ceux de la longitude moyenne qui dépendent du même angle. Ceux-ci ayant pour diviseur le carré de $i'n' - in$, on voit que l'on peut négliger à leur égard les termes correspondants de ε, lorsque $i'n' - in$ est une très-petite quantité.

Si, dans les termes de l'expression de $d\varepsilon$ qui sont uniquement fonctions des éléments des orbites, on substitue, au lieu de ces éléments, les parties séculaires de leurs valeurs, il est clair qu'il en résultera des termes constants, et d'autres termes affectés des sinus et des cosinus des angles dont dépendent les variations séculaires des excentricités et des inclinaisons des orbites. Les termes constants produiront dans l'expression de ε des termes proportionnels au temps et qui se confondront avec le moyen mouvement de m. Quant aux termes affectés de sinus et de cosinus, ils acquerront par l'intégration, dans l'expression de ε, de très-petits diviseurs du même ordre que les forces perturbatrices, en sorte que, ces termes étant à la fois multipliés et divisés par ces forces, ils pourront devenir sensibles, quoique de l'ordre des carrés et des produits des excentricités et des inclinaisons. Nous verrons, dans la théorie des planètes, que ces termes y sont insensibles; mais ils sont très-sensibles dans la théorie de la Lune et des satellites de Jupiter, et c'est de ces termes que dépendent leurs équations séculaires.

On a vu, dans le n° 65, que le moyen mouvement de m a pour expression $\frac{3}{\mu} \int \int an\, dt\, dR$, et que, si l'on n'a égard qu'à la première puissance des masses perturbatrices, dR ne renferme que des quantités périodiques. Mais, si l'on considère les carrés et les produits de ces masses, cette différentielle peut contenir des termes qui sont uniquement fonctions des éléments des orbites. En y substituant, au lieu de ces éléments, les parties séculaires de leurs valeurs, il en résultera des termes affectés des sinus et des cosinus des angles dont dépendent les variations séculaires des orbites. Ces termes acquerront par la double intégration, dans l'expression du moyen mouvement, de très-petits diviseurs, qui seront de l'ordre des carrés et des produits des masses

perturbatrices, en sorte que, étant à la fois multipliés et divisés par les
carrés et les produits de ces masses, ils pourront devenir sensibles,
quoiqu'ils soient de l'ordre des carrés et des produits des excentricités
et des inclinaisons des orbites. Nous verrons encore que ces termes
sont insensibles dans la théorie des planètes.

73. Les éléments de l'orbite de m étant déterminés par ce qui précède, on les substituera dans les expressions du rayon vecteur, de la
longitude et de la latitude, que nous avons données dans le n° 22; on
aura ainsi les valeurs de ces trois variables au moyen desquelles les
astronomes déterminent la position des corps célestes. En réduisant
ensuite ces valeurs en séries de sinus et de cosinus, on aura une suite
d'inégalités, dont on formera des Tables, et l'on pourra ainsi calculer
avec facilité la position de m à un instant quelconque.

Cette méthode, fondée sur la variation des paramètres, est très-utile
dans la recherche des inégalités qui, par les rapports des moyens mouvements des corps du système, acquièrent de petits diviseurs et par là
deviennent fort sensibles. Ce genre d'inégalités affecte principalement
les éléments elliptiques des orbites; en déterminant donc les variations
qui en résultent dans ces éléments, et en les substituant dans l'expression du mouvement elliptique, on aura, de la manière la plus simple,
toutes les inégalités que ces diviseurs rendent sensibles.

La méthode précédente est encore utile dans la théorie des comètes;
nous n'apercevons ces astres que dans une très-petite partie de leur
cours, et les observations ne font connaître que la partie de l'ellipse
qui se confond avec l'arc de l'orbite qu'elles décrivent pendant leurs
apparitions; ainsi, en déterminant la nature de l'orbite considérée
comme une ellipse variable, on aura les changements que cette ellipse
subit dans l'intervalle de deux apparitions consécutives de la même
comète; on pourra donc annoncer son retour et, lorsqu'elle reparaît,
comparer la théorie aux observations.

Après avoir donné les méthodes et les formules pour déterminer par
des approximations successives les mouvements des centres de gravité

des corps célestes, il nous reste à les appliquer aux différents corps du Système solaire; mais, l'ellipticité de ces corps influant d'une manière sensible sur les mouvements de plusieurs d'entre eux, il convient, avant que d'en venir aux applications numériques, de nous occuper de la figure des corps célestes, dont la considération est d'ailleurs aussi intéressante par elle-même que celle de leurs mouvements.

FIN DU TOME PREMIER.

Paris. — Imprimerie de GAUTHIER-VILLARS, quai des Augustins, 55.